职业院校智能制造专业“[illegible]”系列教材

逆向造型综合实训教程

主　编　刘明俊
副主编　陈吉祥
参　编　张学良　肖方敏　常　幸

机械工业出版社

本书以源于工程实际的项目案例（涵盖艺术品、生活用品和工业产品等领域）为载体，按照“三维数据扫描→扫描数据处理→逆向造型实施”的产品逆向设计流程组织内容，将逆向设计的知识和技能贯穿其中。在各个案例中，不仅详细说明操作方法，更注重原理和思路的讲解，使读者能够举一反三。

本书共6章，第1章介绍了逆向工程的概念、应用领域、软硬件系统和实施流程，第2~6章为由浅入深的工程案例，涵盖了桌面式扫描仪、蓝光扫描仪和手持激光扫描仪三种逆向扫描设备，以及Geomagic Design X和Siemens NX 10两种逆向设计软件。

本书可作为职业院校汽车、模具、工业设计、机械设计与制造等相关专业的教材，也可作为逆向工程技术人员的培训教程或参考书。

图书在版编目（CIP）数据

逆向造型综合实训教程/刘明俊主编．—北京：机械工业出版社，2020.9（2022.7重印）

职业院校智能制造专业“十三五”系列教材

ISBN 978-7-111-66578-6

Ⅰ.①逆…　Ⅱ.①刘…　Ⅲ.①工业产品－计算机辅助设计－高等职业教育－教材　Ⅳ.①TB472-39

中国版本图书馆CIP数据核字（2020）第179356号

机械工业出版社（北京市百万庄大街22号　邮政编码100037）
策划编辑：王振国　责任编辑：王振国
责任校对：张　薇　封面设计：陈　沛
责任印制：常天培
北京机工印刷厂有限公司印刷
2022年7月第1版第2次印刷
184mm×260mm · 14印张 · 343千字
标准书号：ISBN 978-7-111-66578-6
定价：39.80元

电话服务	网络服务
客服电话：010-88361066	机　工　官　网：www.cmpbook.com
010-88379833	机　工　官　博：weibo.com/cmp1952
010-68326294	金　　书　　网：www.golden-book.com
封底无防伪标均为盗版	机工教育服务网：www.cmpedu.com

前言

PREFACE

逆向工程技术是消化吸收先进技术和缩短产品开发周期的重要技术手段，广泛应用于汽车、家电、机械、模具等行业领域进行产品复制、仿制、修复、改进及创新设计。

本书以原理和思路讲解为指引，以应用技术操作为重点，以源于工程实际的项目案例为载体，按照产品逆向实施的流程设计学习任务，由浅入深地讲解逆向工程技术的各个方面，包括三维扫描、扫描点云数据处理、逆向实体建模、逆向曲面建模等。本书每个案例都配套提供详细的操作示范视频。

本书具有以下特色：

1. 追踪技术升级，突出技术应用

围绕新技术、新工艺、新设备在典型产品逆向设计中的应用，采用桌面式扫描仪、手持激光扫描仪、蓝光扫描仪等先进测量设备，选用 Geomagic Design X、Siemens NX 10 等业内领先的三维数字化设计软件，引入自由曲面快速重构等新技术，在内容选取上，力求能反映行业新动态和新技术的实际应用。

2. 校企双元合作，内容真实合理

与杭州浙大旭日科技开发有限公司、杭州中测科技有限公司等从事逆向工程技术研发、工程应用和人才培训的企业合作，由企业工程师、培训师和学校一线教师组成编写团队，共同编写教材并制作配套资源。企业工程师在大量工程项目中积累了丰富的工程项目经验，企业培训师和学校一线教师具有丰富的教学经验，强强联手，选取的项目案例充分反映了逆向工程真实的技术现状，编写的教材内容符合学生的认知规律，便于学生理解和掌握。

3. 基于工作过程，设计教材结构

遵循“基于工作过程”的职业院校课程改革理念，以典型产品的逆向设计为项目载体，按照“三维数据扫描→扫描数据处理→逆向造型实施”的产品逆向设计流程设计教材结构，组织教学任务，使学生在完成项目的过程中，学习知识、技术和方法，对产品的逆向设计有整体的认识。通过对项目中涉及的重要知识点进行系统指导，对项目相关的实践经验技巧加以概括总结，强化学生对逆向工程技术的理解和应用能力。在任务设计上，兼顾了学生对不同技术知识的掌握和应用能力的培养。选取的案例涵盖了艺术品、生活用品和工业产品。根据产品结构特点，采用不同的数据扫描设备；结合不同产品的设计要求，选择不同的逆向软件和建模方法。在项目中体现工作流程，在工作流程中融入知识和技能，全面支持“做中教，做中学”。

为方便读者学习，本书提供配套数字化资源，包括案例操作的数据文件和视频文件等，以便读者通过实践操作掌握逆向设计技术。需要数字化资源的读者可到机工官网“www.cmpedu.com”免费下载。

本书由刘明俊（深圳信息职业技术学院）任主编，陈吉祥（深圳信息职业技术学院）任副主编，张学良（杭州科技职业技术学院）、肖方敏（杭州中测科技有限公司）、常幸（杭州中测科技有限公司）参加编写。此外，在本书编写过程中，得到了杭州中测科技有限公司、杭州浙大旭日科技开发有限公司的帮助，在此一并表示衷心的感谢！

由于作者水平有限，书中疏漏及不足之处在所难免，欢迎各位专家、同仁批评指正并提出宝贵意见。

编者

目 录

CONTENTS

逆向工程概述

1.1 逆向工程的定义

逆向工程（Reverse Engineering）又称为反向工程，是一种技术过程，即对一项目标产品进行逆向分析及研究，从而演绎并得出该产品的处理流程、组织结构、功能规格等设计要素，以制作出功能相近，但又不完全一样的产品的过程。

基于以上定义，从广义的产品而言，逆向工程技术几乎普适于绝大多数领域。从狭义的技术领域而言，逆向工程技术是指需要采用数字化测量手段的逆向技术。

与“逆向”相对应的概念为“正向”，两者加以对比可以更清晰地理解何为“逆向”。通常，人们认为产品开发过程应该是从设计开始，到实物（产品）结束，这个过程被称为产品开发的正向过程。简而言之，“正向”为事物发展的自然过程，即“起因→发展→结果”，从产品的展示流程而言，就是“构思→数字模型→产品”。

然而在许多情况下，产品的实际开发过程则恰恰相反，即：以现有的实物作为依据，采用特定的技术手段来完成产品设计，所依据的实物，既可以是产品样品，也可以是模型。这就是产品开发中的逆向工程技术。因此，“逆向”是从事情发展的结果出发，反推出产生结果的起因和过程，即“结果→起因”，从产品的展示流程而言，就是“产品实物→数字模型→新产品”。正向过程与逆向过程的比较如图 1-1 所示。

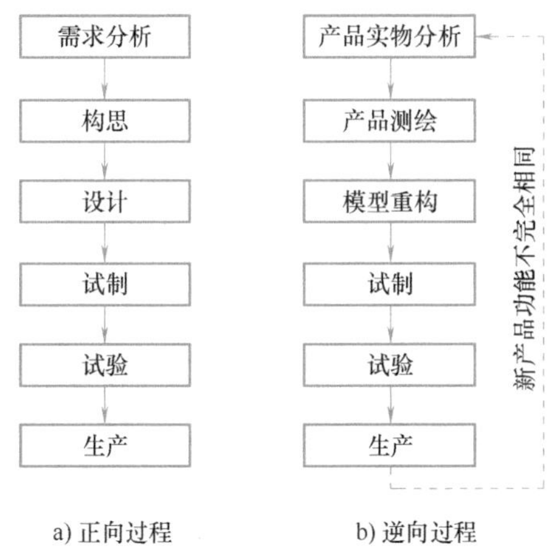

图 1-1　正向过程与逆向过程的比较

1.2 逆向工程的作用

按照逆向工程的工作性质，其作用包括：

（1）仿制　仿制现有产品，但是若完全仿制他人产品用于商业目的，将触犯相关法律且有背职业道德。

（2）设计恢复　原始设计文档缺失，只能从产品实物反向分析原始设计意图。

（3）设计换代　对依照原有落后设计或工艺手段获得的产品进行模型结构重建，并改进其生产工艺等。

（4）数字化　建立对象的 CAD 模型，例如对人体数字化进行医学研究，对珍贵文物及建筑物等的数字化可用于批量生产和保护。

（5）系统兼容　解析一个系统，使自己开发的系统能与之兼容。

（6）竞争策略　解析市场上正在销售的产品，以了解其特性，规避专利，获取关键数据，改进设计。

逆向工程技术固然可以进行产品仿制，但是在许多重要产品（如汽车、摩托车、电子产品、医疗器械等）的原创设计过程中并不是简单地由设计阶段直接过渡到生产制造阶段，在开发过程中，还涉及中间试样及模型，在此情况下，逆向工程技术就显得非常必要和重要。

在产品设计阶段，三维 CAD 模型的确可以更形象地直观展示产品结构及外观的“立体”效果，但是通过计算机屏幕展示的效果（即使通过 VR 等技术进行展示）仍然不能等同于对实物的真实观感。例如，汽车、摩托车、剃须刀以及特殊医疗器械等人机工程要求较高的产品，直接接触人体的部分对手感、体感等要求很高，需要考虑使用者在操作时的自然形态或舒适度。这些产品如果仅直接在计算机上完成外观结构设计，几乎很难保证人机工程要求，尤其是当产品外形尺寸很大或者结构很复杂的时候问题尤其突出。另一方面，由于汽车等产品结构很复杂，开发成本往往非常高，仅在计算机上完成的设计很难发现其中存在的问题。如果设计之后直接投产，其风险是不言而喻的。

因此，一般在设计方案初步完成后，通过快速原型制造等技术制作产品的实物模型或油泥模型，再对模型进行试验和优化，使其满足操作舒适性、外观结构及工艺的合理性等要求，然后以最终定型的模型为依据，采用逆向工程技术，完成产品最终设计。高端复杂产品的原创设计基本上都需要经历此开发过程，并采用逆向工程技术，从最大程度上减少开发的风险。逆向工程在原创设计中的应用如图 1-2 所示。

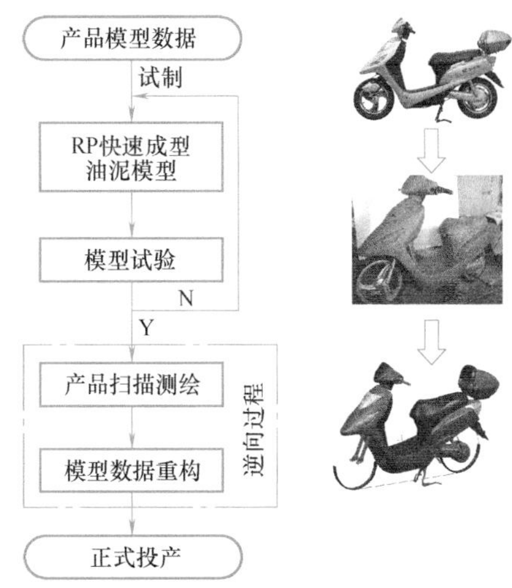

图 1-2　逆向工程在原创设计中的应用

事实上，技术在工程界是流通的，在产品研发过程中，不少企业正是通过逆向手段实现了技术的自主性。如针对市场中的某型产品，最先通过外购零部件和设备进行组装生产，即所谓的 KD（Knocked Down，拆装）生产，然后再逐步实现产品及技术的内化和自主性。

此外，产品的 AM（After Market，售后市场）往往也需要依靠逆向技术。对于产品的零部件而言，特别是标准件或常用件，当需要更换时，客户由于各种原因往往不会选择原厂产品，而是采用其他厂商提供的同类产品或者仿制品，此时就需要通过逆向技术获得此类产品。

综上，可以把逆向工程的应用划分为三个层次：

（1）低级应用阶段——仿制　在只有实物而缺乏相关技术资料（图样或 CAD 模型）的情况下，利用逆向工程技术进行数据测量和数据处理，重建实物的 CAD 模型，例如文物、艺术品的修复。

（2）中级应用阶段——改进设计　针对现有的产品，利用逆向工程技术进行结构性能分析、设计模型重构、再设计优化与制造，可以用于产品的外形修复、优化改造和创新设计。

（3）高级应用阶段——创新设计　在人机工程要求高的产品设计和制造过程中，产品外观及结构通常由复杂的自由曲面拼接而成。在此情况下，设计者通常先设计出概念图，再以油泥、黏土模型或木模等材料制作实物模型，并进行修改测试，定型后采用测量设备测量模型外形，重构 CAD 模型，在此基础上优化设计，最终制造出产品。

1.3 逆向工程的应用领域

从广义概念而言，逆向工程普适于绝大多数行业。从涉及数字化测量技术的狭义领域而言，主要包括：

（1）机械行业　机械产品的逆向技术应用很早，技术成熟，已经广泛应用于产品原创开发。根据逆向工程的核心技术——数字化测量，该技术也可以用于复杂产品的检测，即可以通过对加工后的产品实物进行扫描重构，并与原 CAD 模型进行匹配对比，从而获得整体的误差评价。

（2）工艺美术行业　逆向工程使外形复杂的工艺品（如瓷器、浮雕、雕塑）得以批量化生产制造。

（3）医疗行业　如人体的数字化为医学研究提供了重要的手段。人体器官及组织的数字模型为个性化的医疗提供精准的数据支撑，如在牙齿、骨骼、关节、义肢等外科医疗修复的时候，可以采用逆向技术及快速原型制造，在医疗器械以及人体器官组织方面制定精确的解决方案。

（4）服装行业　未来的衣服、鞋子可以采用逆向技术，精确地扫描人体部位，按照个体的特征进行“量身”订制。

（5）考古及文物保护　对珍稀文物、古建筑、雕像以及考古现场等进行三维扫描及数字化存档，可用于文物的保护、修复，也可建立三维数字化博物馆进行展示，还可以用于文物的高保真复制及衍生品的设计制作。

（6）影视制作行业　在影视动画制作中，可以通过逆向技术创建角色及场景。通过三维扫描，可以创建与演员真人高度一致的虚拟角色，在此基础上制作真人所不能完成的各种特效。而场景的制作也往往以某真实的建筑或场景作为对象，进行复制及渲染处理。

其他的应用还包括地理、军事、展览、娱乐等，覆盖很多工业领域。

1.4 逆向工程的本质

先以一个立方体的逆向建模为例做说明。在立方体的六个面各测量三个点，共计 18 个点，如图 1-3a 所示，利用这 18 个点重构立方体的三维模型。

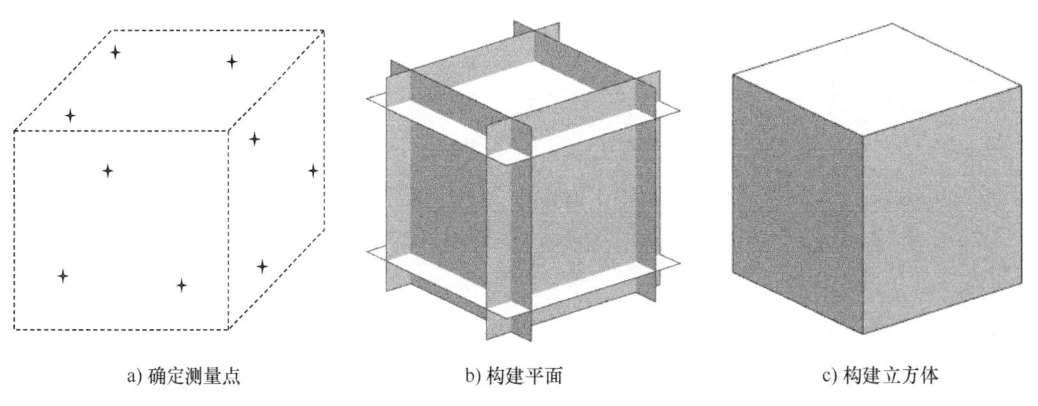

a) 确定测量点　　b) 构建平面　　c) 构建立方体

图 1-3　立方体逆向建模

一般的建模流程可能是：

1）确定参考坐标系。

2）利用各面所测得的 3 个点分别构建 6 个平面，如图 1-3b 所示。

3）将 6 个平面构建立方体，如图 1-3c 所示。

上述方法从表面的流程而言似乎是可以接受的，然而这里面显然并未考虑任何误差。需要知道的是，由于样件本身的尺寸误差以及测量的误差，并不能保证根据测量点构造的各个平面是互相垂直或平行的，也不能保证所构造的立方体的边长完全相等。因此，采用以上方法完成建模以后，如果精确计算模型尺寸，会发现得到的并不是“真正的”立方体。如果逆向工程仅仅停留在这种层次，显然不能体现出其本质或优势，也不能在工程界得到全面认可。

因此，逆向工程的本质是还原产品的真实设计意图，不仅要“形似”，更要“神似”。所谓的真实设计意图，既包括设计的基本流程，也包括产品的工艺流程等要素。因此，在逆向工程中，固然必须充分利用测量数据，但是又不能完全依赖数据。由于样件变形、加工误差、测量误差等因素，测量数据已经不能完全真实反映产品的原始设计意图，必然会产生一定的偏差。为真实还原以上立方体，可以将图 1-3 所示的建模过程改进如下：

1）利用各面上测得的 3 个点，求出立方体的平均边长，并对边长数值进行圆整，即还原最初的设计数据。

2）利用 CAD 软件，直接以圆整后的边长进行立方体建模。

因此，产品的原始设计意图只能通过主动设计去还原。另一方面，从建模技术而言，逆向建模也应该遵循合理的建模手法及流程，如特征的创建、曲线或曲面的构建及连接方式和建模次序，这些都是逼近原始设计的重要措施。

1.5 逆向工程系统

逆向工程的工作过程涉及数据测量、数据处理以及三维 CAD 模型的重构，需要使用相关的硬件和软件系统。

1. 硬件系统

（1）数据测量基本分类　测量硬件主要用于数据采集。在机械行业，目前市场上常见的数据采集系统有多种，如三坐标测量机、关节臂测量机、手持激光扫描仪等。其测量原理不同，所能达到的精度、数据采集的效率以及所需投入的成本也各不相同。选择合适的装备对逆向工程的实施能力、品质和效率有重要的影响，构建逆向工程系统的关键是选择合适的数据测量设备、数据处理与逆向造型软件。因此，应根据精度需求、被测件的实际情况等因素进行合适的选择。图 1-4 按测量的基本原理对常见测量设备做了一个大致的分类，供参考对比。

对于接触式测量，一般是通过三坐标测量机 CMM（Coordinate Measuring Machine）或者关节臂测量机（Arm-CMM），配合检测探针（机械测头）进行逐点扫描测量，如图 1-5 所示。三坐标和关节臂也可以配置光学测头，此时和光学非接触式测量原理一样。

非接触式测量使用光学测量较多，主要有激光扫描式及光栅结构光式。激光扫描式多为单线激光，光源可以采用红色或蓝色激光，手持式设备较多，操作方便，扫描效率高，受外界光学环境干扰较小。光栅结构光式则多为固定拍照式，采用白光、蓝光等面结构光，一次可以测量较大范围面域内的点云，因此测量速度及扫描精度都更高，稳定性强。对于测量光源而言，蓝光在物理特性上具有一定的优势。蓝光的波长为 400 ~ 450nm，相对于白光及红光而言，能量较高，穿透性强，受环境光干扰小，具有更佳的稳定性及测量精度，一般采用 LED 冷光源。需要注意的是，在使用光学测量时，对表面粗糙度、颜色、反射性等有一定要求，因此有时需要对被测物表面均匀喷涂白色的反差增强剂，以获得更好的测量结果。接触式测量与非接触式测量的基本特点对比见表 1-1。

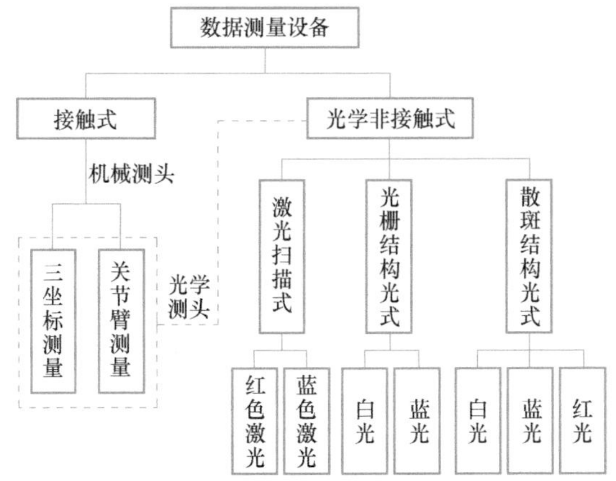

图 1-4　测量设备基本分类

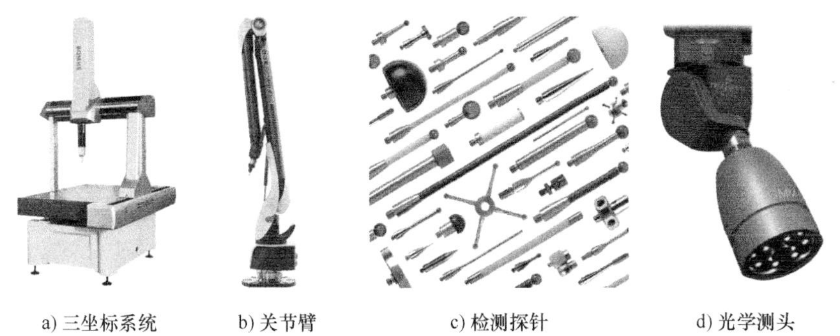

a) 三坐标系统　　b) 关节臂　　c) 检测探针　　d) 光学测头

图 1-5　三坐标及关节臂测量硬件

表 1-1　接触式测量与非接触式测量基本特点对比

要　素	接 触 式	非 接 触 式
测量介质	机械测头，需进行测头半径补偿	光，理论上无须补偿
测量方式	接触点测量	点、线、面扫描测量
测量效率	低	高
精度级别	通常在 10^{-3}mm 或更高级别	通常为 10^{-2}mm
被测件材质	硬质	无特殊要求
对被测件表面特性要求	对表面粗糙度、颜色、反射性等无特殊要求	对表面粗糙度、颜色、反射性等有一定要求
被测特征	可直接测量	不能直接测量

（2）光学测量基本原理　光学测量结合了光技术、光学相位测量技术及计算机视觉等

技术。在扫描过程中，光源照射被扫描物体并发生反射，工业相机读取反射光（被调制的光），这些信息经过扫描软件识别及处理，还原成以三维数据点云所表达的型面信息。图 1-6 所示为光学扫描测量示意图及基本处理流程。

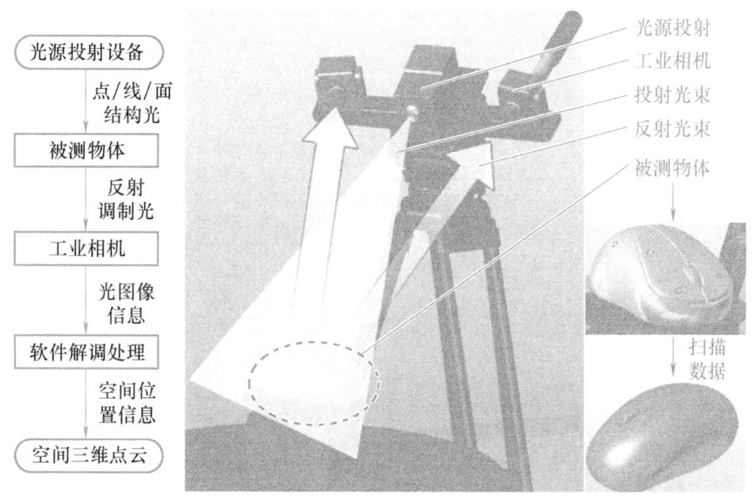

图 1-6　光学扫描测量示意图及基本处理流程

这里所涉及的逆向数据采集过程均采用光学扫描，扫描仪品牌型号及所采用的光源信息如图 1-7 所示。

a) EinScan-S (白光)

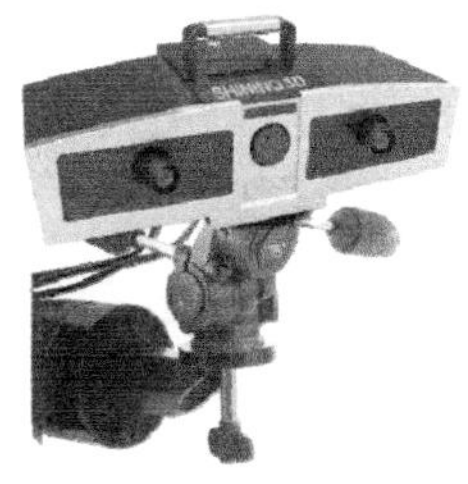

b) OptimScan-5M (蓝光)

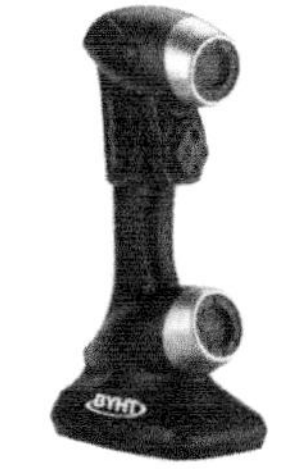

c) BYSCAN510 (红色激光)

图 1-7　扫描硬件

2. 软件系统

软件主要分为两类：一类是测量设备的配套软件，例如三坐标测量设备的配套软件，手持三维扫描仪的配套软件等，有些配套软件能够进行数据拼合、数据平滑、孔洞修补等基本的数据处理操作；另一类是数据处理与模型重建软件，例如本书使用了 Geomagic Design X 及 Siemens NX 10 软件，这些软件除了具有基本的数据处理功能外，还能够进行高级复杂曲面及实体建模，甚至具有更高级的设计功能。

1.6 逆向工程的数据流程

前面分析了逆向工程的基本过程为“产品实物→数字模型→新产品”。在实施过程中，具体表现为数据的处理流程，即“数据采集→数据处理→CAD 模型重构→数据输出”。基本流程及其对应的软硬件工具、基本流程和具体工作内容如图 1-8 所示。

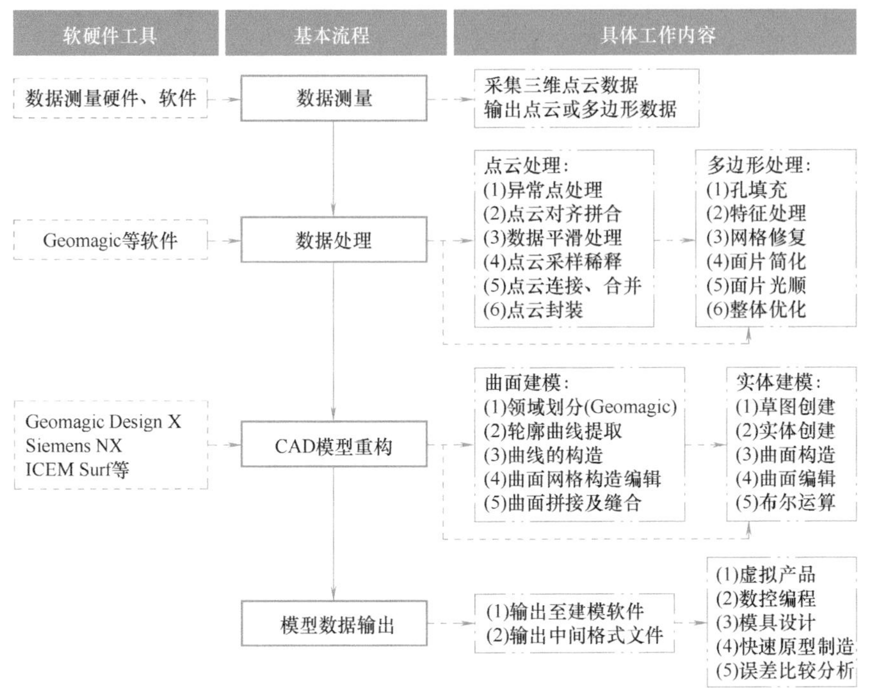

图 1-8　逆向数据处理流程及内容

图 1-9 以一个简单的例子对典型的数据流程加以说明。

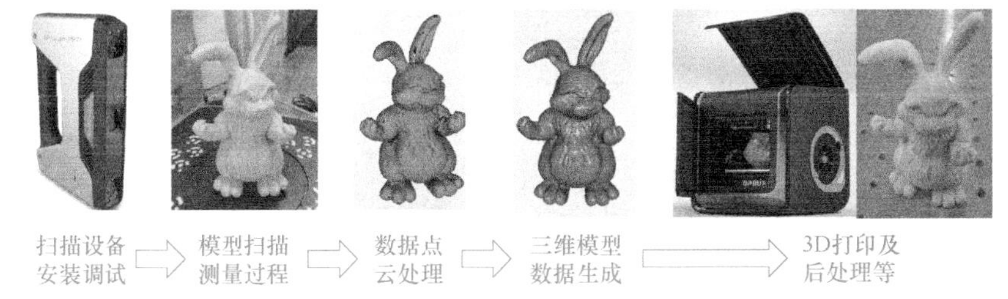

图 1-9　简单模型的逆向基本流程

1.7 逆向工程的技术要素

基于以上对逆向工程的定义以及工作流程等各方面的分析，逆向工程的工作过程包括以下知识和技能：

（1）专业基础知识　如机械制图、机械基础、公差与测量、材料和标准等。

（2）产品开发知识与经验　包括产品制造工艺、设计方法、设计标准与规范。

（3）软件技能　正向、逆向设计相关软件的使用技能。

(4) 硬件技能　三坐标、光学扫描仪的操作技能。

其中专业基础知识、三维 CAD 软件技能是学习逆向工程技术的前提，而产品设计知识、经验与产品的类型密切相关，需要在逆向训练和实际工作中学习和积累。逆向设计技能是本书重点讲授的内容。

随着先进制造业的发展，逆向工程技术在国内得到了广泛的应用，成为产品开发人员必备的技能。逆向工程是一门高度综合的技术领域，需要软件与硬件的协同，光学、测量、计算机视觉及图形处理的协同，也需要配合正向设计技能。在使用的时候，需要严格执行设计标准及工作流程规范，积累大量的建模技巧经验，能够以设计的眼光，从整体上把握产品的设计流程、要点、方法等，用于规划和引导逆向工程的实施。同时，需要具备良好的误差分析及质量控制意识，养成严谨细致的工作作风。

第2章 工艺品逆向工程

2.1 产品分析

本章介绍一款大力神杯工艺品的逆向过程，大力神杯工艺品如图 2-1 所示。该产品外观主要由自由曲面组成，这里采用 Geomagic Design X 软件进行逆向建模。基于 Geomagic Design X 的逆向建模方法是根据点云数据得到优化的面片，然后在面片的基础上构建规则而精确的模型。产品的外观特征分为规则曲面和自由曲面。对于规则曲面，如机械类零件等产品，常采用基于实体特征的逆向建模方法创建产品的实体模型；对于自由曲面，如艺术品等，常采用基于曲面特征的曲面拟合逆向建模方法，通过拟合得到产品的曲面。

图 2-1　大力神杯工艺品

2.2 软硬件选配

大力神杯工艺品软硬件选配如图2-2所示，即产品测绘硬件选择桌面式扫描仪EinScan-S；数据处理软件选择Geomagic Design X；建模实施软件选择Geomagic Design X。

图2-2　大力神杯工艺品软硬件选配

2.3 建模分析及常用功能命令

1. Geomagic 建模分析

大力神杯模型主要由自由曲面组成，这里采用Geomagic Design X软件进行逆向建模，首先根据点云数据得到优化的面片，然后在面片的基础上构建规则而精确的模型。

Geomagic Design X逆向设计的基本原理是对直接的三维扫描数据（包括点云或多边形，可以是完整的或不完整的）进行处理并生成面片，再对面片进行领域划分，依据所划分的领域重建CAD模型或NURBS曲面来逼近还原实体模型，最后输出CAD模型。

整个建模操作过程主要包括点阶段、多边形阶段、领域划分阶段和模型重建阶段。

1）点阶段：主要是对点云进行预处理，包括删除杂点、点云采样等操作，从而得到一组整齐、精简的点云数据。

2）多边形阶段：主要目的是对多边形网格数据进行表面光顺与优化处理，以获得光顺、完整的多边形模型。

3）领域划分阶段：根据扫描数据的曲率和特征将面片分为相应的几何领域，得到经过领域划分后的面片数据，为后续模型重建提供参考。

4）模型重建阶段：可分为两个流程，即精确曲面阶段和实体建模阶段。精确曲面阶段的主要目的是进行规则的网格划分，通过对各网格曲面片的拟合和拼接，拟合出光顺的NURBS曲面。实体建模阶段的主要目的是以所划分的面片数据为参考建立截面草图，再通过旋转、拉伸等正向建模方法重建实体模型。

2. 常用功能命令

使用Geomagic Design X软件对大力神杯产品进行数据处理和逆向造型时的常用功能指令有：消减、手动对齐和自动曲面创建等。

（1）消减　消减是指在保证几何特征形状的同时，通过合并单元顶点的方式减少面片或选定区域的单元面数量。高分辨率的面片会生成较大的文件，增加处理时的负担。低分辨率的面片处理时比较轻松，但又不能精确地反映物体的特征信息。理想的面片应当与原始数据保持在一定公差内，使用较小数量的单元面来表示模型，且高曲率区域应具有密集的单元面，低曲率区域应具有稀疏的单元面。图 2-3 所示为不同分辨率的面片。

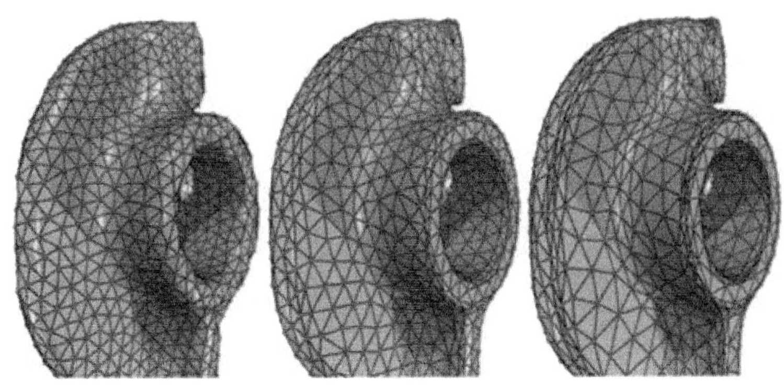

图 2-3　不同分辨率的面片

（2）手动对齐　通过定义扫描模型中的基准特征或选择点云数据领域，与世界坐标系中的坐标轴或坐标平面匹配，使模型与世界坐标系对齐。存在一个面片或点云时有效。手动对齐有两种对齐方法。

1）3-2-1 对齐方式：使用的要素为模型的面-线-点要素。

2）X-Y-Z 对齐方式：所使用的要素为三条直线或两条直线和一个原点。

（3）自动曲面创建　将多边形模型转化为 NURBS 曲面。【自动曲面创建】对话框说明如下：

【面片】：“机械”适用于较规则模型的自动曲面化，“有机”适用于非规则模型的自动曲面化。

【曲面片网格选项】：“自动估算”根据轮廓曲线细分长度或曲面片计数来构造曲面网格。“对象曲面片计数”通过设置曲面片数量来构建曲面片网格。该参数可根据操作人员对曲面的了解及设计经验来进行设置，不建议初学者使用该功能。

【拟合方法】：“非平均”拟合方法将自适应地设置每个曲面片内所使用的控制点数量。“固定”拟合方法使用控制点为常数的曲面进行拟合。

【拟合选项】：“几何形状捕捉精度”设置拟合曲面对面片几何精度捕捉的强度。“公差”指定拟合后的曲面与面片模型偏离的最大距离。

2.4 产品测绘

EinScan-S 进行数据采集的操作流程如图 2-4 所示。

1. 标定

软件安装后第一次扫描前需要先进行标定，不标定无法进入扫描模式。若无标定数据，则软件将提示“没有标定数据，请先进行标定”。

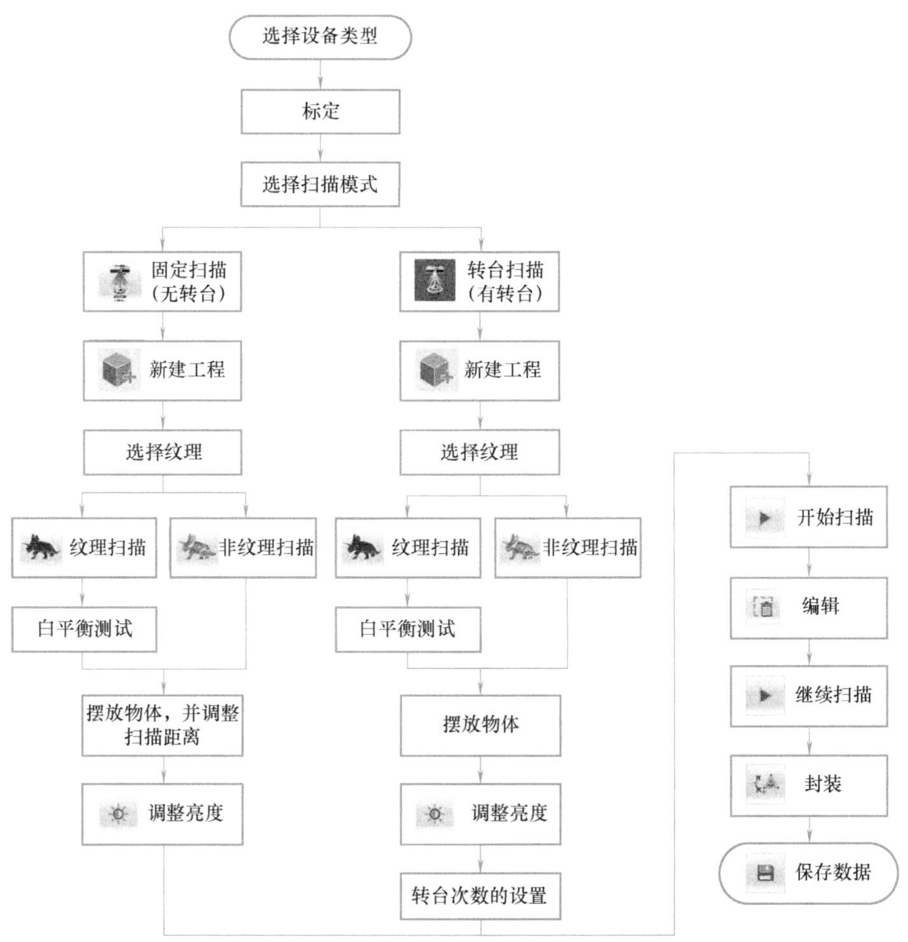

图 2-4　EinScan-S 进行数据采集的操作流程

首次安装软件后，应选择设备类型，单击“下一步”后会自动进入标定界面，如图 2-5 所示。

相机标定时，标定板需要摆放三个位置，位置摆放根据软件向导操作。

首先根据软件向导提示，调整好投影仪与标定板之间的距离，扫描仪十字对准标定板，确保十字清晰。第一组平放标定板，摆放的方位与图示的方位一致。如图 2-5 所示，将标定板放置在转台中心位置。

确保标定板放置平稳且正对测头后单击【采集】，转台自动旋转一周采集数据，采集过程中不要移动标定板。采集完毕后转台停止不动，软件界面显示进行 B 标定，如图 2-6 所示。

如图 2-7 所示，将标定板从标定板支架上取下，将标定板逆时针旋转 90°，嵌入标定板支架槽中。注意：只反转标定板，标定板支架不动。

B 标定完成后进入 C 标定。将标定板从标定板支架上取下，将标定板逆时针旋转 90°，嵌入标定板支架槽中，如图 2-8 所示。

采集完成，进行标定计算，如图 2-9 所示。

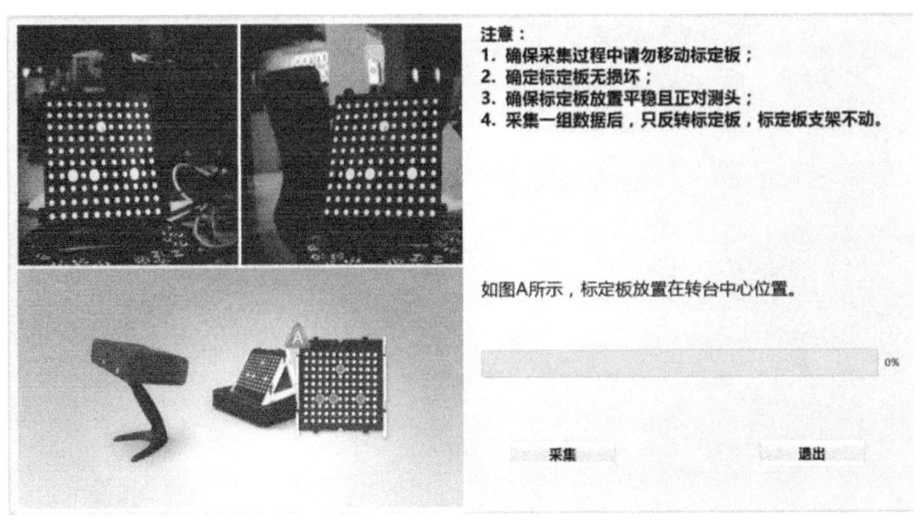

图 2-5　标定界面

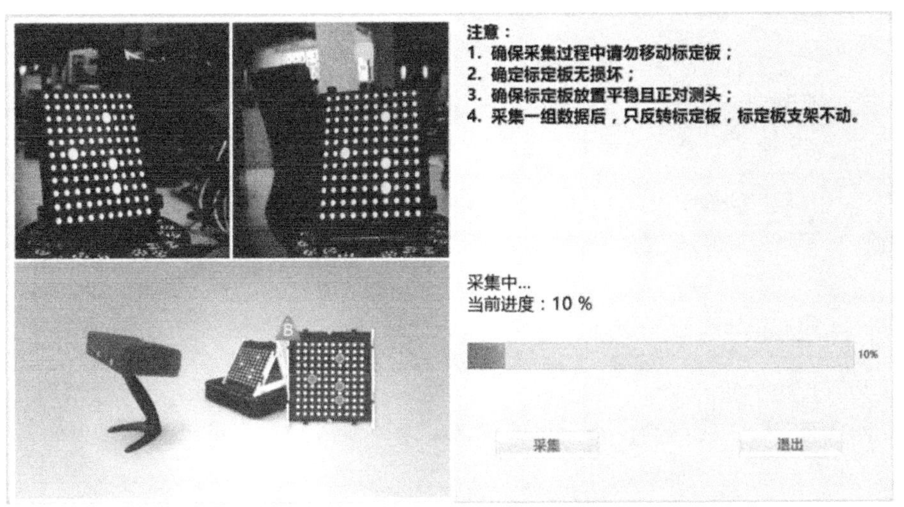

图 2-6　软件界面显示进行 B 标定

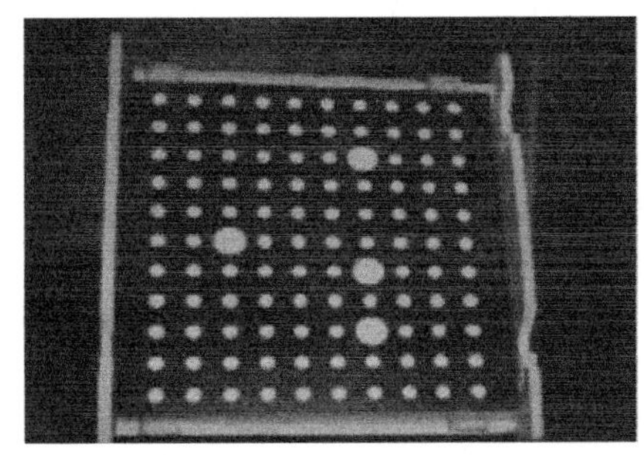

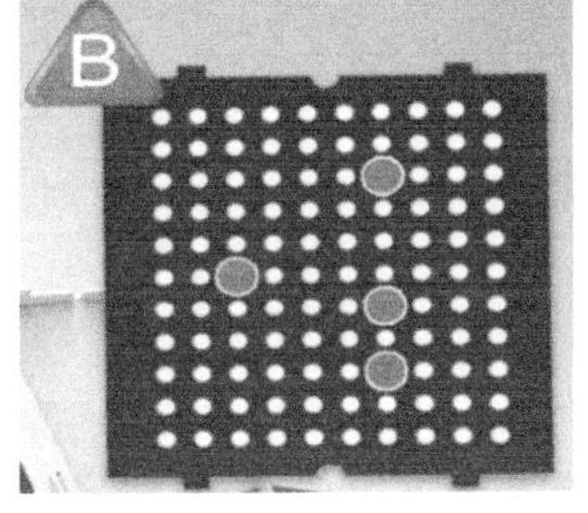

图 2-7　B 标定时标定板摆放位置

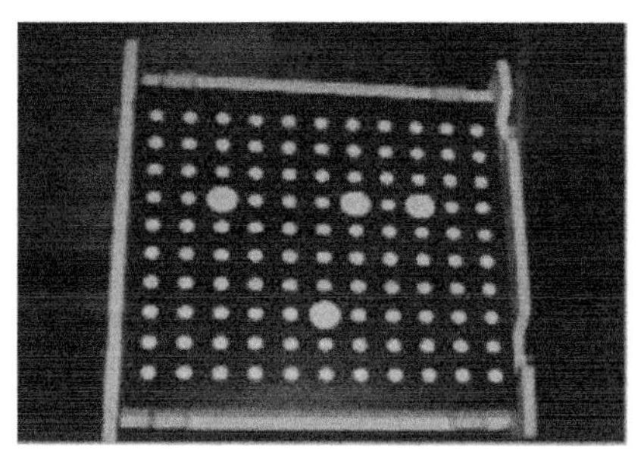
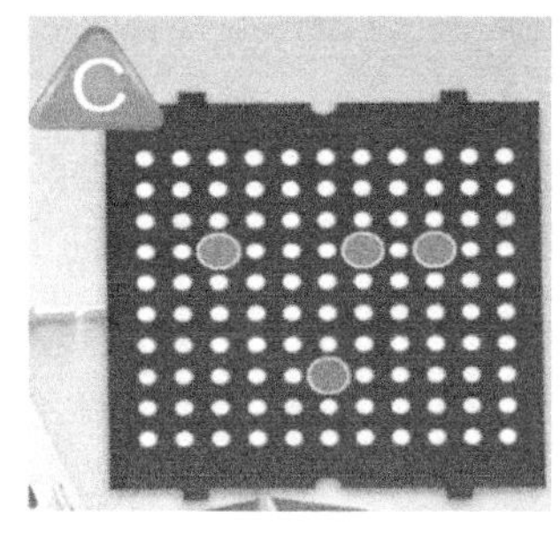

图 2-8　C 标定时标定板摆放位置

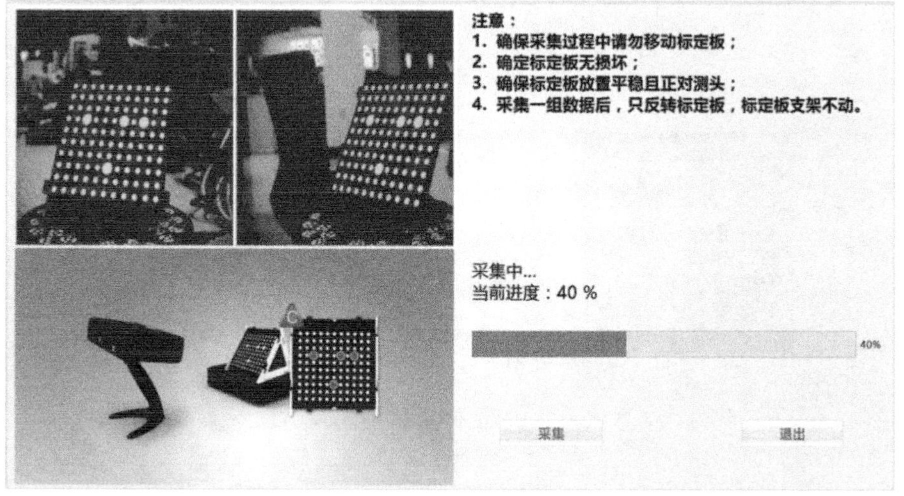

图 2-9　标定计算

标定成功后会自动返回扫描界面。如果提示标定失败，请按照上述步骤，重新进行标定。

初次标定时，必须按照流程标定完。以下情况需要再次进行标定：

① 扫描仪初次使用或长时间放置后使用。

② 扫描仪在运输过程中发生严重振动。

③ 扫描过程中频繁出现拼接错误、拼接失败等现象。

④ 扫描过程中，扫描数据不完整，数据质量严重下降。

2. 扫描

1）将大力神杯工艺品放置在转台上，如图 2-10 所示。调整好设备与物体之间的距离（合适的工作距离为 290 ~ 480mm），投影出清晰十字时为最佳扫描距离。

2）打开桌面式扫描仪 EinScan-S 的配套扫描软件，选择设备为【EinScan-S】后单击【下一步】，如图 2-11 所示。

3）选择扫描模式为【转台扫描】后单击【下一步】，如图 2-12 所示。

4）单击【新建工程】后输入工程名，如图 2-13 和图 2-14 所示。

5）单击【非纹理扫描】后单击【应用】，如图 2-15 所示。

图 2-10　将大力神杯工艺品放置在转台上

图 2-11　选择扫描设备

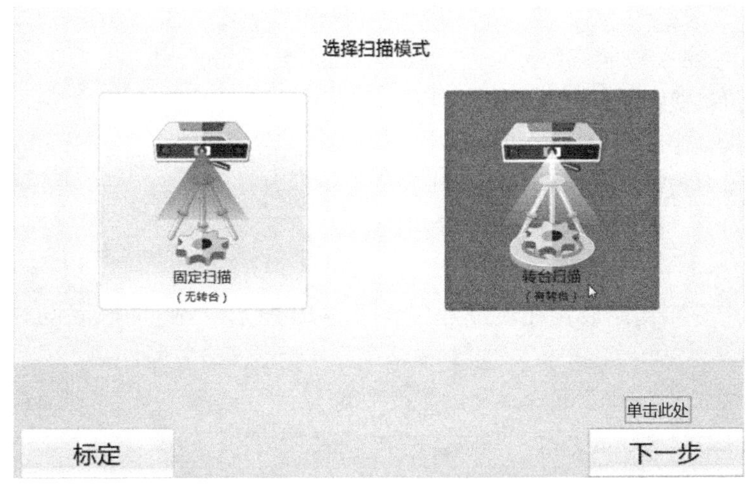

图 2-12　选择扫描模式

如果选择“纹理扫描”，进入白平衡测试。为了达到更好的扫描效果，扫描彩色物体时，建议每次重新设定物体亮度都进行白平衡测试。在放标定板的位置铺一张白纸，单击白平衡测试，然后单击【是否需要继续做白平衡测试】按钮进行白平衡测试，如图 2-16 所示。

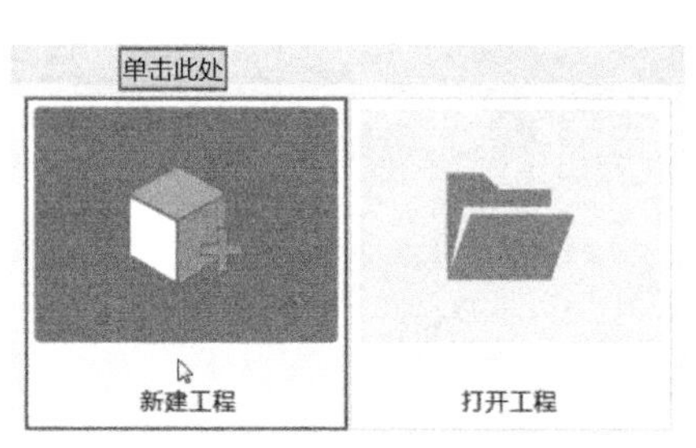

图 2-13　新建工程

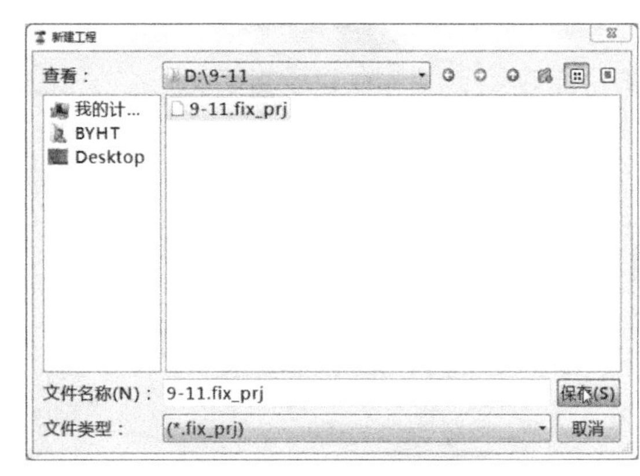

图 2-14　输入工程名称

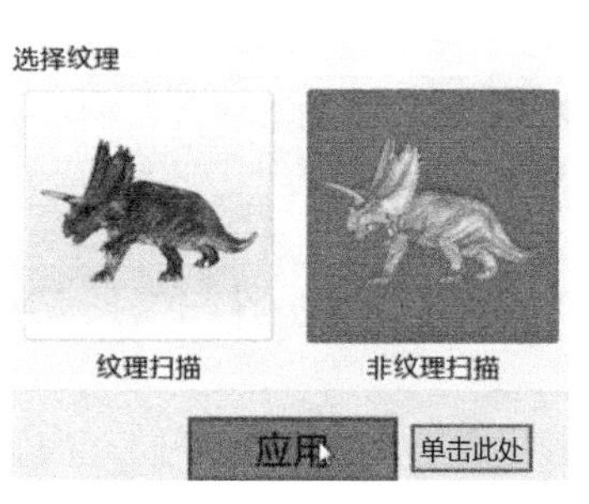

图 2-15　选择非纹理扫描

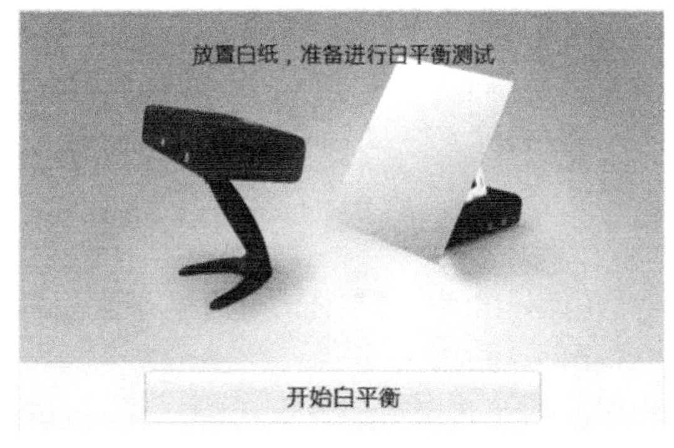

图 2-16　白平衡测试

6）根据物体的明暗程度，选择合适的亮度设置，可以在左侧预览窗口中实时查看当前亮度，呈现白色或者稍许泛红为宜。这里设置为最亮，如图 2-17 所示，单击【应用】。

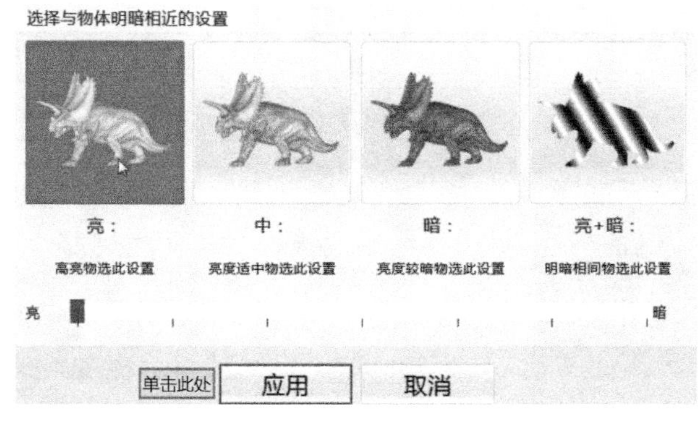

图 2-17　调整亮度

7）扫描次数为默认值，即 8 次。单击【扫描】▶按钮开始扫描，扫描过程中不要移动物体和设备。

8）扫描结束后，保存单组扫描数据如图 2-18 所示，屏幕下方出现一组编辑工具，从左到右分别表示：①撤销选择；②反选；③删除选中；④撤销删除。每扫描一组数据，可对当前扫描的单组数据进行编辑，可删除数据多余部分或杂点，数据和标志点均可进行编辑。单击右下方的✔按钮保存扫描数据。

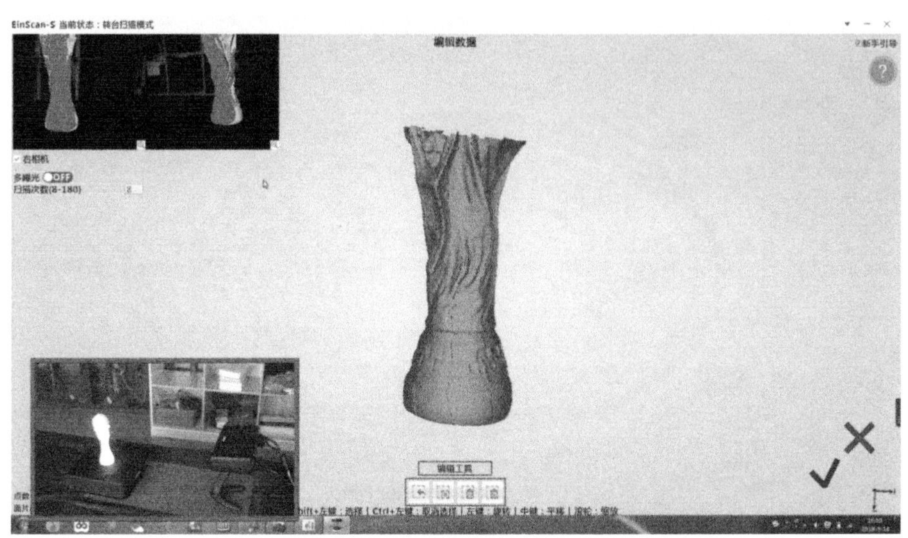

图 2-18　保存单组扫描数据

9）为了能扫描到大力神杯的顶部和底部，将其平放在转台上，单击【扫描】▶按钮继续扫描，如图 2-19 所示。

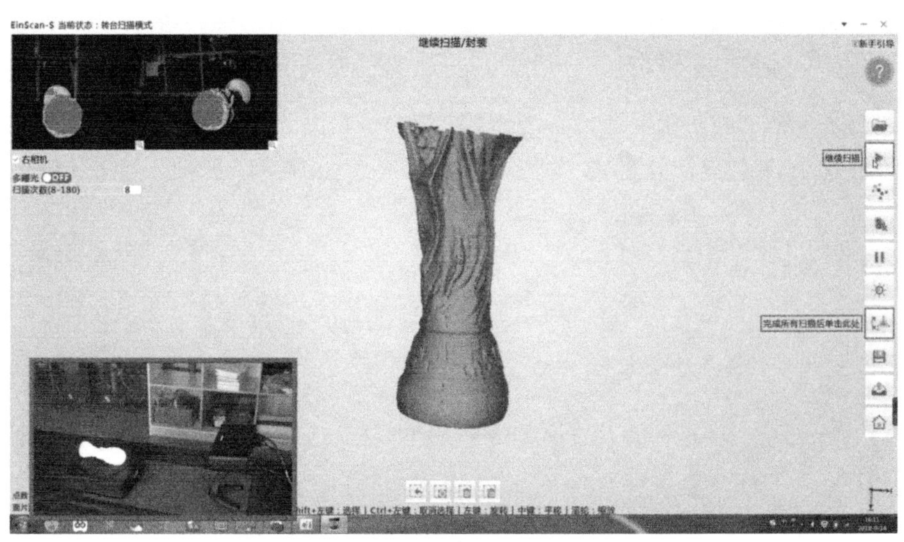

图 2-19　调整大力神杯在转台上的摆放方位

10）扫描结束后单击界面右下方的按钮，两组扫描数据会自动拼接在一起，如图 2-20 所示。

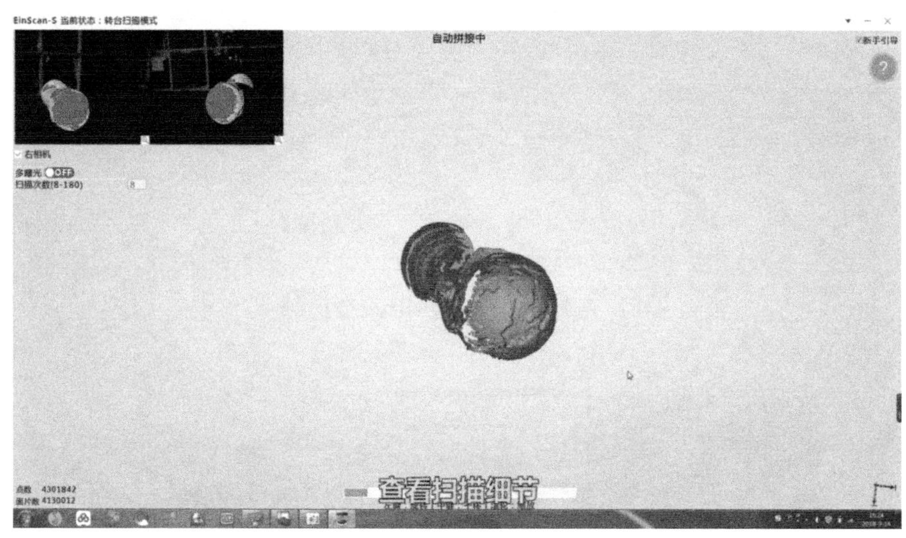

图 2-20　数据自动拼接

11）数据扫描完成后，单击【封装】按钮可对数据进行封装处理，包括封闭和非封闭两种模式。

封闭封装可直接用来 3D 打印模型。选择封闭封装模式后，需要选择物体的细节程度。对存在精细纹理的物体进行高细节设置，对表面比较光滑细节较少的物体进行中或者低细节设置。数据的处理时间和细节的设置有关，细节等级越高，处理时间越长，而且高精细封装速度比较慢，经常出现在 95% 时保持很长时间的现象，需要耐心等待，应根据实际需要选择封装类型。

非封闭封装即网格封装。

封闭封装的速度一般会比非封闭封装速度慢，在纹理扫描模式下，数据融合时间比非纹理模式下时间长。不同封装模式的效果如图 2-21 所示。

a) 封闭封装模型

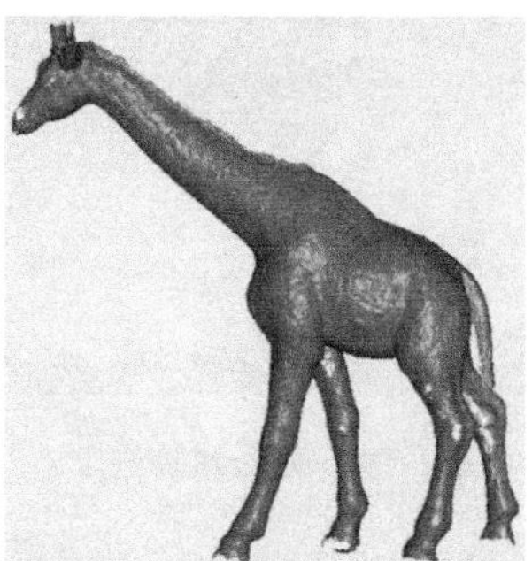

b) 非封闭封装模型

c) 纹理封装后的效果

图 2-21　不同封装模式的效果

这里先选择【封闭模型】，如图 2-22 所示；然后选择【高细节】，如图 2-23 所示。软件会显示数据封装进度，如图 2-24 所示。

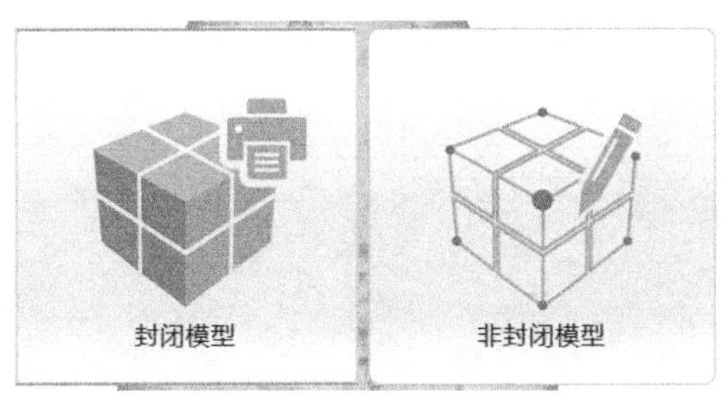

图 2-22　选择【封闭模型】

图 2-23　选择【高细节】

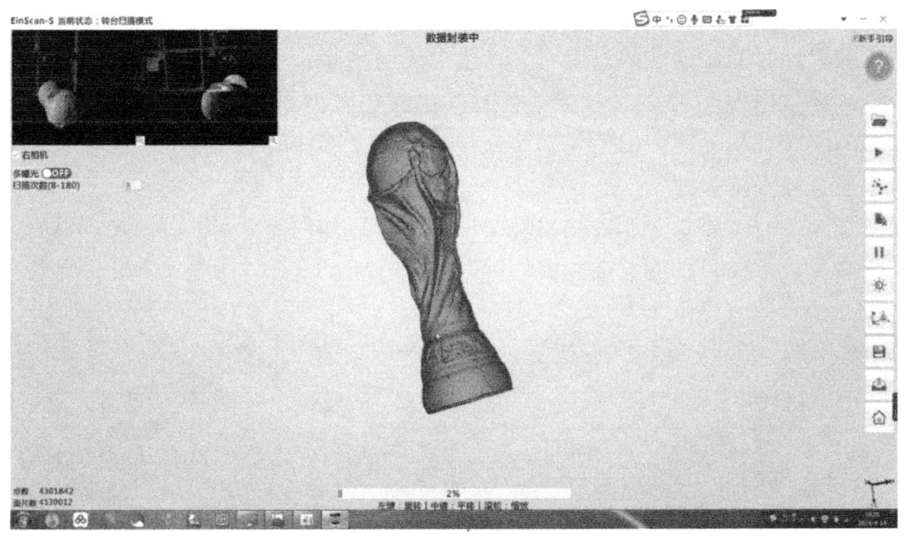

图 2-24　数据封装进度

12）封装结束后会出现数据后处理对话框，可对数据进行简化、补洞、平滑和锐化操作。非封闭封装和封闭封装的后处理界面有所不同，如图 2-25 所示。

① 补洞：默认不勾选补洞和标志点补洞，勾选补洞后，需要设置周长，建议周长范围

为 10～100mm，小于所设置周长的洞都会被补上。补洞前后效果对比如图 2-26 所示。

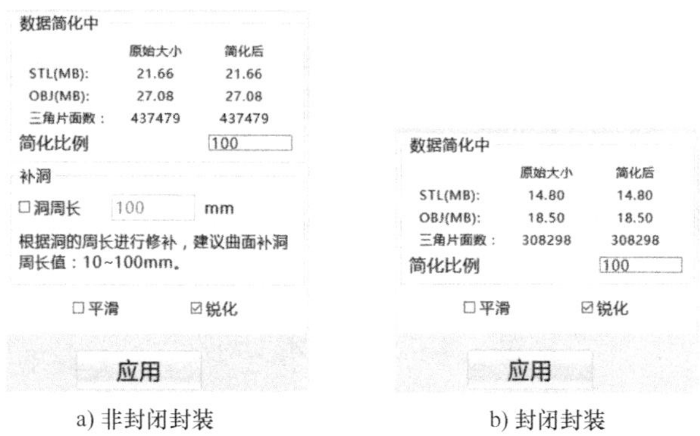

a) 非封闭封装　　b) 封闭封装

图 2-25　数据简化

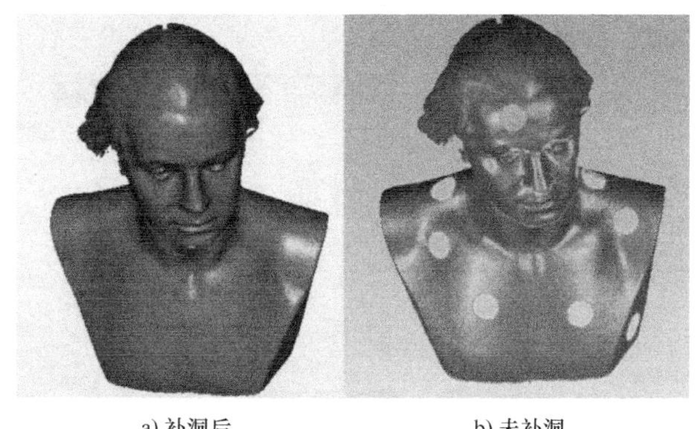

a) 补洞后　　b) 未补洞

图 2-26　补洞前后效果对比

② 平滑：对数据进行去噪处理，以改善数据质量。平滑前后效果对比如图 2-27 所示。

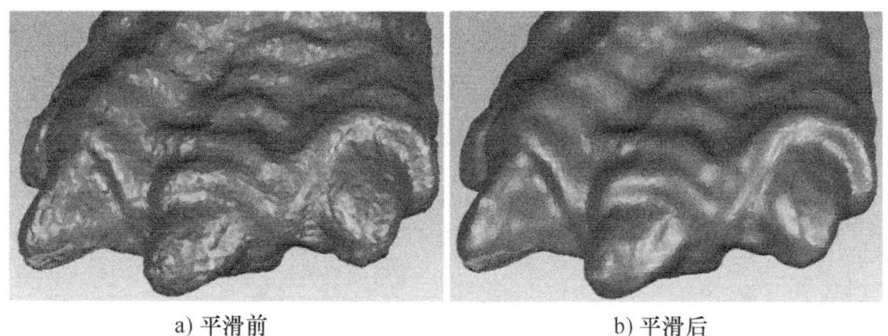

a) 平滑前　　b) 平滑后

图 2-27　平滑前后效果对比

③ 锐化：提高数据整体清晰度。锐化前后效果对比如图 2-28 所示。

这里不对数据进行简化，直接单击【应用】，如图 2-29 所示。

13）开始数据后处理，后处理结束后，单击【保存】按钮保存模型数据为 STL 格式，如图 2-30 所示。

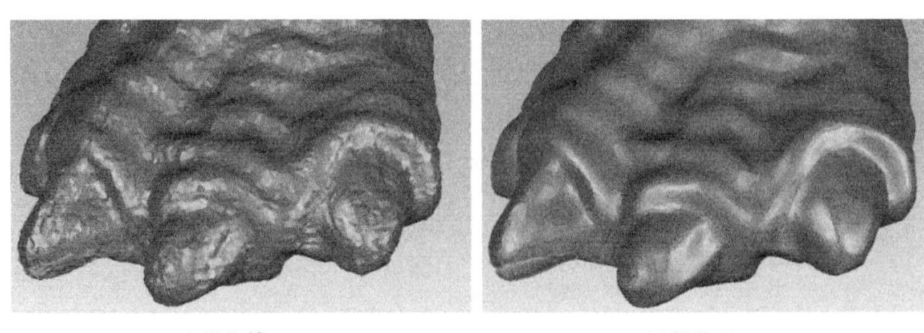

a) 锐化前　　b) 锐化后

图 2-28　锐化前后效果对比

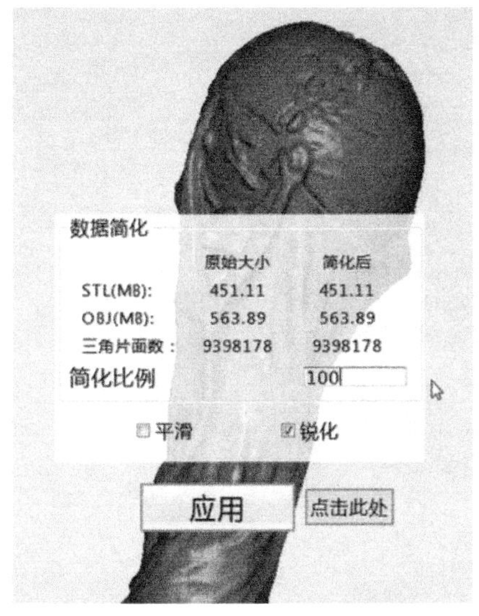

图 2-29　设置是否进行数据简化

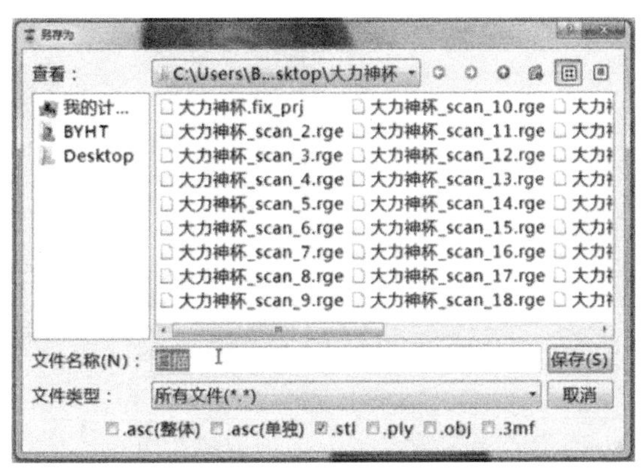

图 2-30　保存为 STL 文件

14）随后出现数据尺寸缩放窗口，如图 2-31a 所示，这里缩放比例保持默认值 100，即不缩放数据。数据尺寸缩放只对扫描数据体积尺寸进行缩放，不会减少三角面片的数量以及数据的大小。数据尺寸缩放结果如图 2-31b 所示。

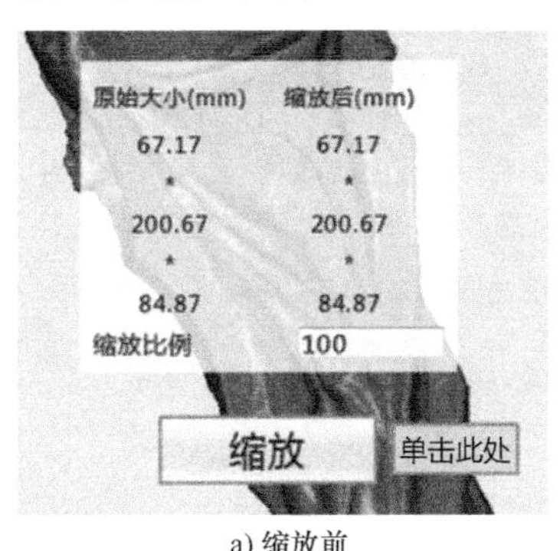

a) 缩放前　　b) 缩放后

图 2-31　数据尺寸缩放

2.5 数据处理

下面使用 Geomagic Design X 软件对大力神杯工艺品进行数据处理，具体步骤如下：

（1）导入模型　启动 Geomagic Design X 应用软件，单击界面左上方的【导入】按钮，如图 2-32 所示，选择扫描生成的模型数据后单击【仅导入】，将大力神杯模型数据导入到 Geomagic Design X 软件中，如图 2-33 所示。

图 2-32　单击【仅导入】按钮

图 2-33　导入的大力神杯扫描数据

（2）消减　如图 2-34 所示，单击【多边形】模块中的【消减】按钮，弹出【消减】对话框，设置【消减率】为 50%，然后单击✔按钮如图 2-35 所示。

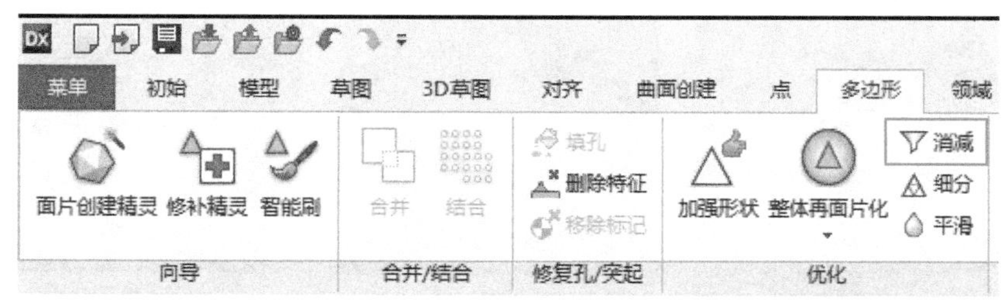

图 2-34　单击【消减】按钮

（3）面片优化　如图 2-36a 所示，单击【多边形】模块中的【面片的优化】按钮，弹出图 2-36b 所示的对话框，单击✔按钮完成操作。

（4）加强形状　单击【多边形】模块中的【加强形状】按钮，弹出图 2-37 所示的对话框。这里将【锐度】【整体平滑】和【加强水平】这三个选项都调至适中的位置，然后单击✔按钮完成操作。

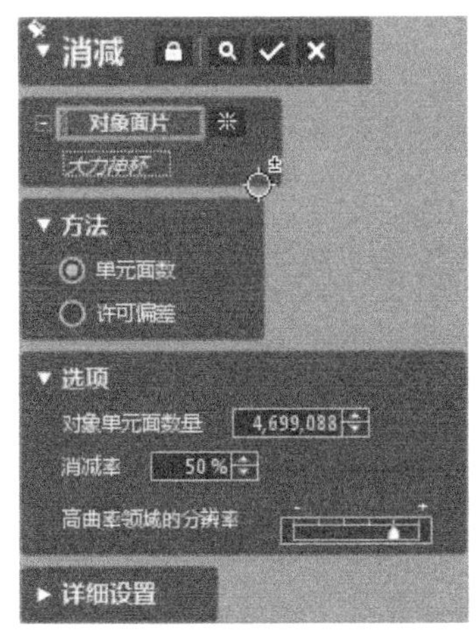

图 2-35　设置【消减】参数

a) 单击【面片的优化】按钮　　b)【面片的优化】对话框

图 2-36　面片的优化

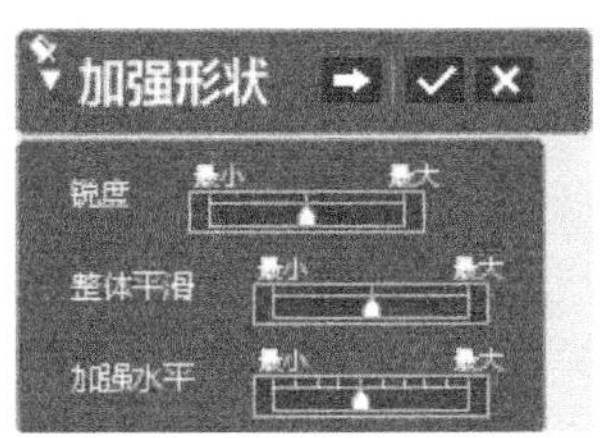

图 2-37　【加强形状】对话框

(5) 删除特征　单击【多边形】模块中的【删除特征】按钮，弹出如图 2-38a 所示的对话框。如图 2-39 所示，选择【套索】工具。选择如图 2-38b 所示的区域，单击✓按钮后，结果如图 2-38c 所示。用同样的方法处理如图 2-38d 所示的区域。

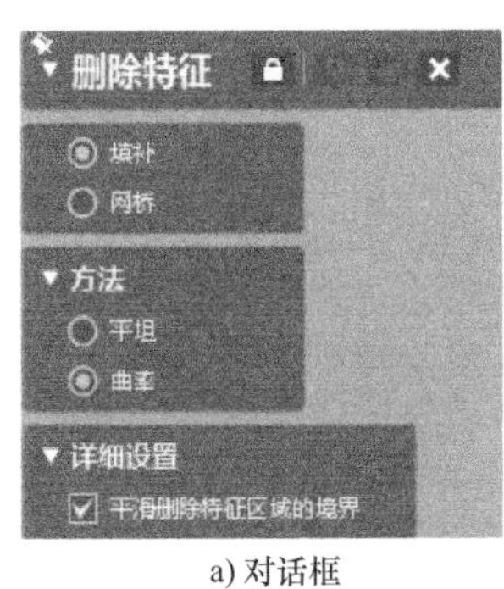

a) 对话框

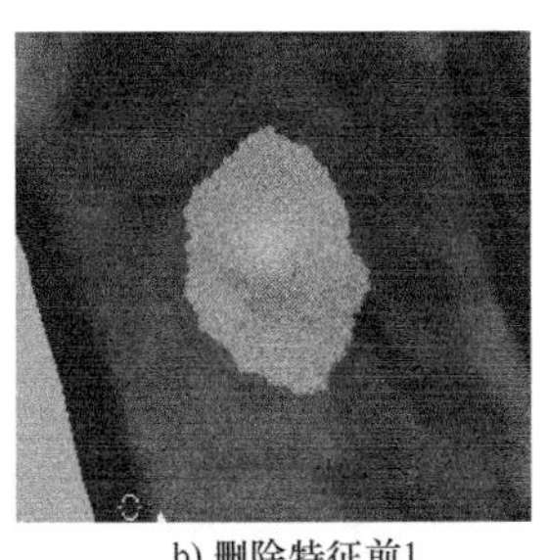

b) 删除特征前1

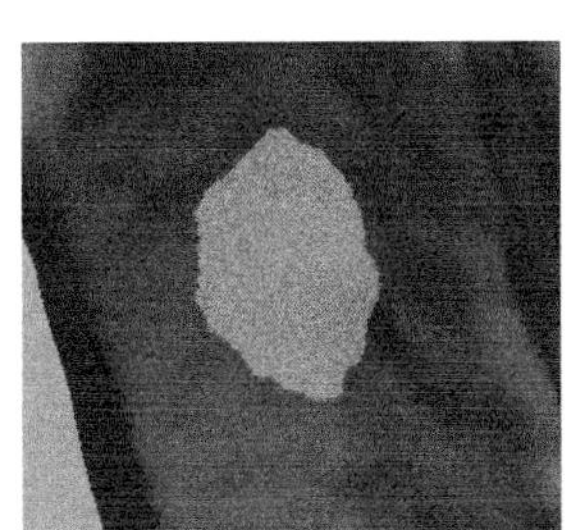

c) 删除特征后1

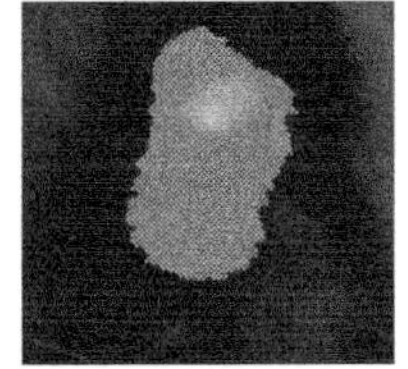
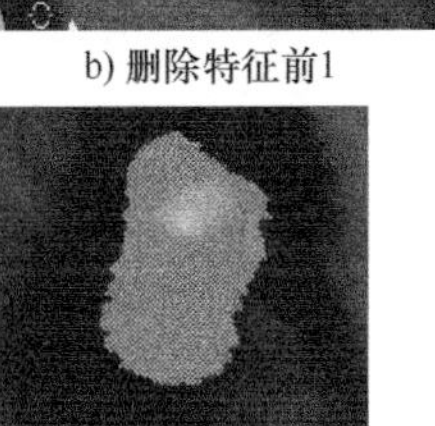

d) 删除特征前2

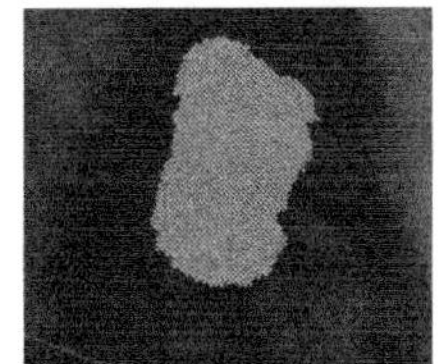

e) 删除特征后2

图 2-38　删除特征

图 2-39　选择【套索】工具

2.6 建模实施

使用 Geomagic Design X 软件对大力神杯工艺品进行逆向建模的步骤如图 2-40 所示。

追加平面 ⇨ 添加线 ⇨ 手动对齐 ⇨ 自动曲面创建 ⇨ 输出实体模型

图 2-40　逆向建模的步骤

（1）追加平面　单击【模型】模块中的【平面】按钮，弹出【追加平面】对话框。如图 2-41a 所示，单击下拉箭头，在弹出的下拉列表中选择【选择多个点】。如图 2-41b 所示，在模型底部选择三个点，单击☑按钮后，新创建的平面如图 2-41c 所示。刚创建的平面默认处于选中状态，按下键盘上的【ESC】键取消选中。

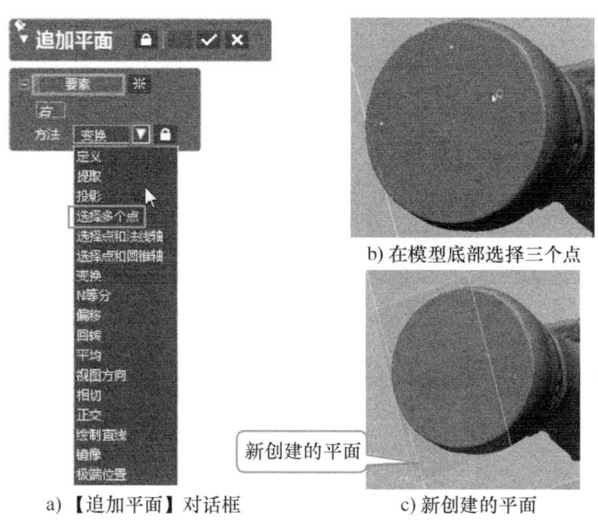

a)【追加平面】对话框　b) 在模型底部选择三个点　c) 新创建的平面

图 2-41　创建平面

（2）添加线　单击【模型】模块中的【线】按钮，弹出【添加线】对话框。如图 2-42a所示，单击下拉箭头，在弹出的下拉列表中选择【检索圆柱轴】，在底座圆周表面均匀选取一些区域，如图 2-42b 所示，单击☑按钮后，直线创建完成。

（3）手动对齐　单击【对齐】模块中的【手动对齐】按钮，弹出图 2-43a 所示的对话框。单击➡按钮后，弹出图 2-43b 所示对话框。选择【X-Y-Z】选项，单击对话框中的【位置】，然后选择“线 1”和“平面 1”，可以在图形窗口中选择，也可以在特征树中选择，位置就是“线 1”和“平面 1”的交点位置。单击对话框中的【Z 轴】，然后选择“平面 1”，

Z 轴就是“平面 1”的法线方向。检查坐标系的 Z 轴是否由大力神杯的底部指向头部，若不是，则双击 Z 轴箭头使其反向。单击☑按钮后，创建得到的坐标系如图 2-43c 所示。

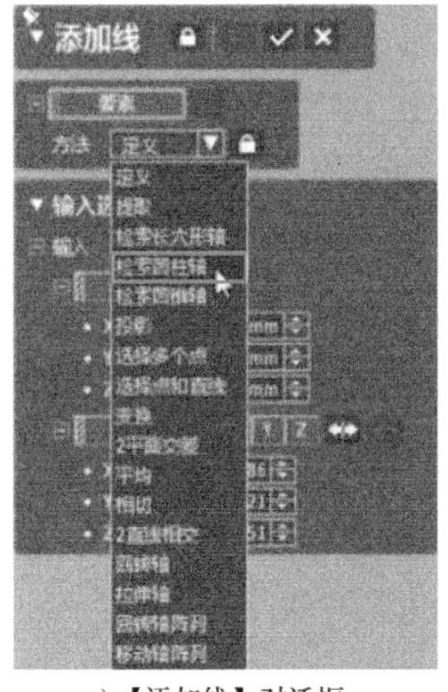

a)【添加线】对话框

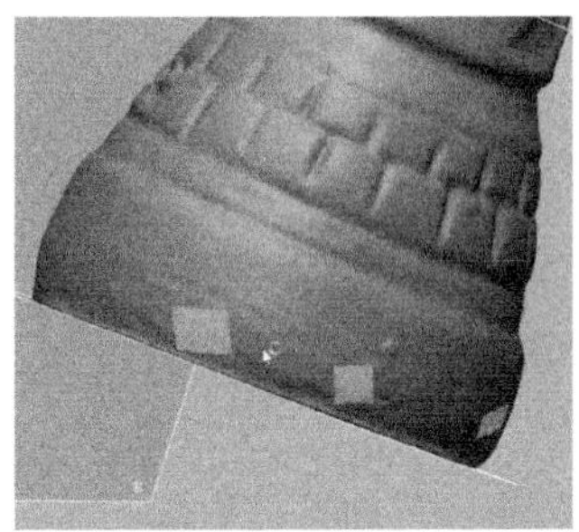

b) 选择区域

图 2-42　【添加线】对话框

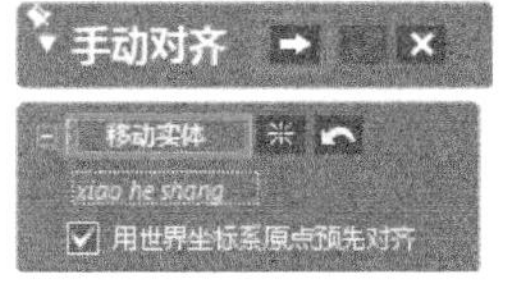

a) 单击【手动对齐】按钮

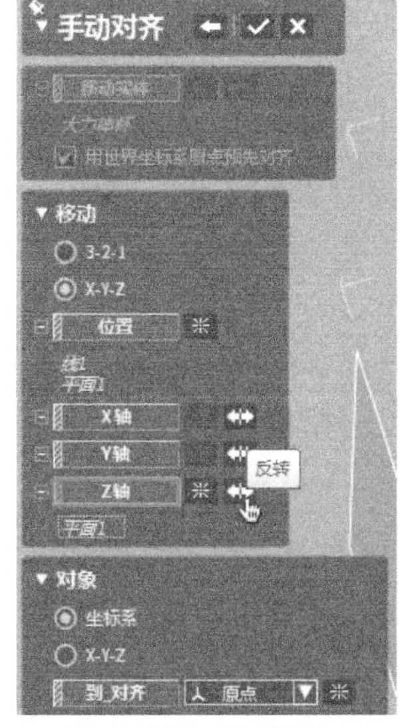

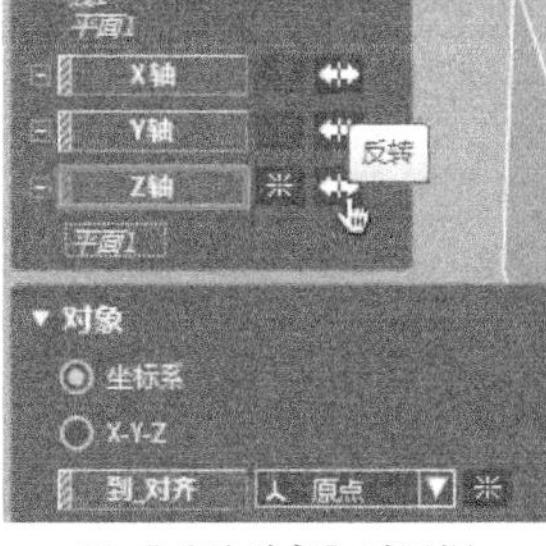

b)【手动对齐】对话框

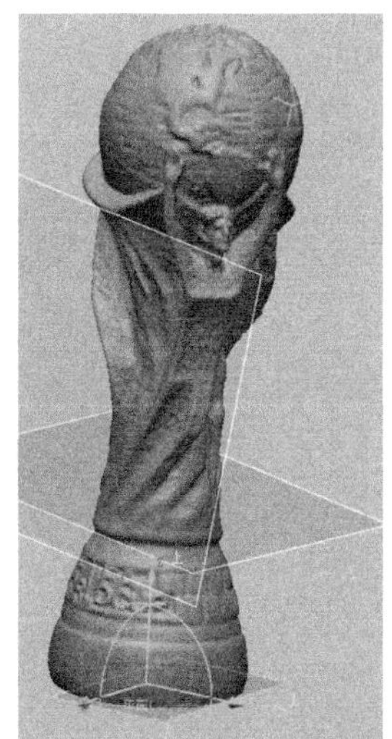

c) 坐标系

图 2-43　创建坐标系

(4) 自动曲面创建　单击【曲面创建】模块中的【自动曲面创建】按钮，弹出图 2-44a 所示的对话框，在【面片】选项中选择【有机】。单击➡按钮后，对话框如图 2-44b 所示。单击☑按钮后，自动曲面开始创建，如图 2-45a 所示。在特征树中，如图 2-45b 所示，关闭【面片】前面的眼睛图标◎，可以看到创建生成的曲面，如图 2-45c 所示。

(5) 输出实体模型　选择【菜单】|【文件】|【输出】命令，选择特征树中的“实体”，单击☑按钮，如图 2-46 所示。在弹出的【输出】对话框中，选择保存类型为“Parasolid Text File (*. x_ t)”并输入文件名，单击【保存】。

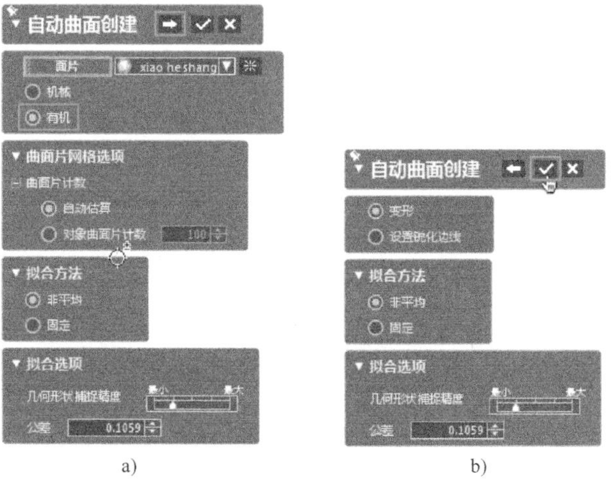

a)　　　　　　　　b)

图 2-44　【自动曲面创建】对话框

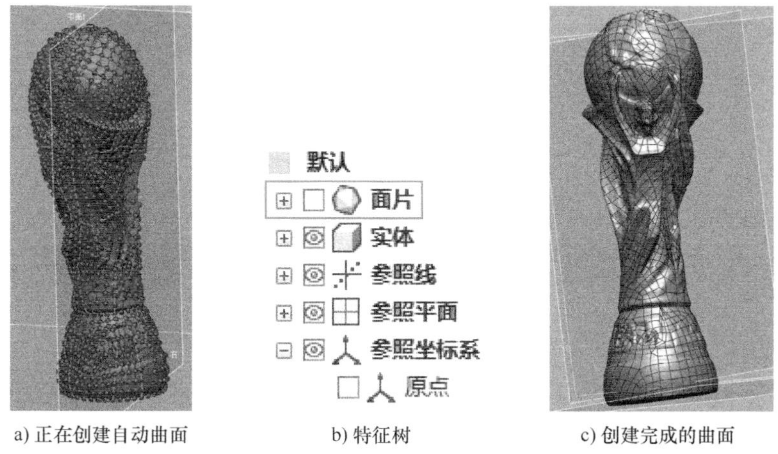

a) 正在创建自动曲面　　　　b) 特征树　　　　c) 创建完成的曲面

图 2-45　创建生成的曲面

图 2-46　输出实体模型

第3章 生活用品逆向工程

3.1 产品分析

本章介绍一款挤牙膏器的逆向过程，产品外观如图 3-1 所示。挤牙膏器采用真空压缩原理，通过挤压按钮挤出牙膏。该产品材质为 ABS 塑料，由上盖和下盖两部分组成，由磁铁连接，拆卸方便，下盖背部有加厚双面胶，用于固定在墙面。产品结构特征如下：

1）产品并不存在复杂的曲面，大部分特征可以通过拉伸、拔模和倒角来完成。

2）产品是一个关于主体中心左右对称的件，所以在确定基准坐标系后须调好对称面再制作相应特征。

3）产品的诸多特征须制作规范，如特征的高度、宽度尽量做成小数点后圆整一位的数值。

a) 外部

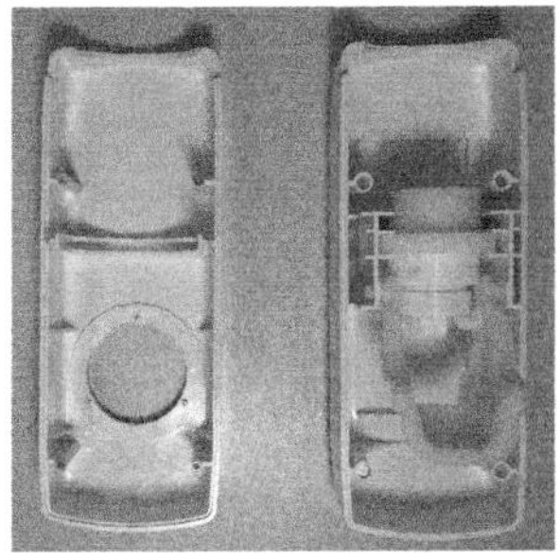

b) 内部

图 3-1 挤牙膏器产品

4）产品是一个装配件，制作时上、下两部分的外侧轮廓线大小须一致，设计完成后须检查产品之间是否存在干涉。

3.2 软硬件选配

挤牙膏器逆向过程软硬件选配如图3-2所示，即产品测绘选择手持激光扫描仪BYSCAN510及其配套软件ScanViewer；数据处理软件选择Geomagic Design X；建模实施软件选择Siemens NX 10。

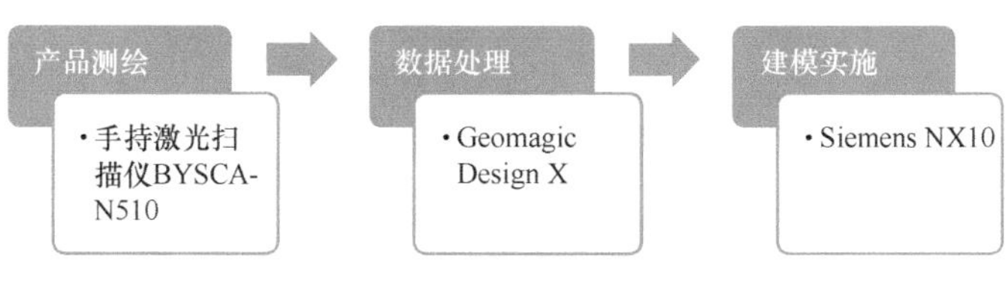

图3-2　软硬件选配

3.3 常用功能命令

使用Geomagic Design X软件对挤牙膏器产品进行数据处理时的常用功能指令有：修补精灵、加强形状、面片的优化、平滑和填孔等。

使用Siemens NX 10软件对挤牙膏器产品进行逆向建模时的常用功能指令有：拉伸、拆分体、修剪体、基本曲线、拔模、边倒圆、替换面、偏置面、移动对象、变换、图层设置、隐藏、移动到图层，WCS原点和旋转WCS等。

3.4 产品测绘

扫描挤牙膏器的步骤大致可以分为三步：扫描整体标记点；扫描挤牙膏器上盖；扫描挤牙膏器下盖。

在扫描之前将标记点均匀且无规律地粘贴在挤牙膏器上，如图3-3所示。需要注意的是，标记点的粘贴位置要避开挤牙膏器的细节特征。挤牙膏器由上盖和下盖两部分组成，上盖和下盖的内、外表面上都要粘贴上标记点。

使用手持激光扫描仪BYSCAN510扫描物体时可以直接扫描激光点，也可以先扫描标记点再扫描激光点，后者的扫描精度更高，而且扫描过程中过渡方便，所以这里先扫描标记点。

1. 扫描整体标记点

1）打开ScanViewer软件，在扫描控制面板中将扫描解析度设置为1mm，曝光参数设置为1ms，如图3-4a所示。扫描解析度越小，扫描细节越丰富，数据量也越大。当扫描物体反光、颜色较深时，适度调高曝光参数。选择【标记点】并单击【开始】按钮，开始扫描标记点。

图3-3　粘贴标记点

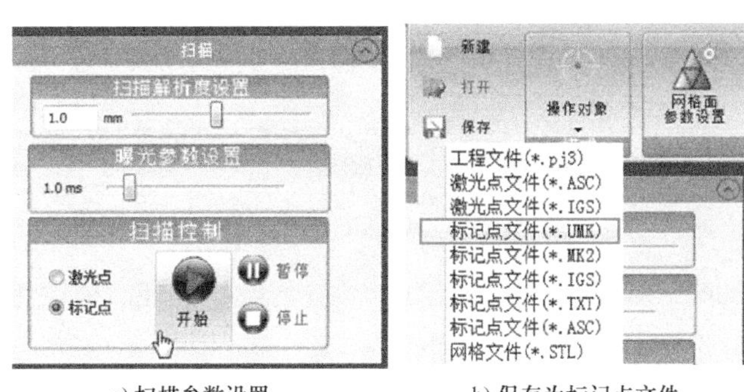

a) 扫描参数设置　　b) 保存为标记点文件

图3-4　参数设置和标记点保存

2）如图3-5所示，将激光扫描仪正对挤牙膏器，按下扫描仪上的扫描键，开始扫描标记点。图3-6所示为扫描标记点时的软件界面。

3）标记点扫描完成后，单击【编辑】选项卡中的【保存】按钮，在弹出的下拉列表中选择“标记点文件（＊.UMK）”（图3-4b），弹出【另存为】对话框，选择保存路径并输入文件名“自动挤牙膏器-标记点”后，单击【保存】按钮。

2. 扫描挤牙膏器上盖

1）单击【扫描】选项卡中的【扫描参数设置】按钮，弹出【扫描参数设置】对话框，进行如图3-7a所示的参数设置。在【扫描】控制面板中将扫描解析度设置为0.3mm，曝光参数设置为2.1ms，选择【激光点】后单击【开始】按钮，如图3-7b所示。

2）将扫描仪正对挤牙膏器上盖，距离为300mm左右，按下扫描仪上的扫描键开始扫描，如图3-8a所示。

3）扫描过程中不可避免地将垫块、支架等无关物体也扫描进去，必要时按下扫描仪上的扫描键停止扫描，再单击扫描软件上的暂停扫描，然后使用套索工具选择不需要的数据，按下键盘上的【Delete】键将其删除，如图3-8b所示。

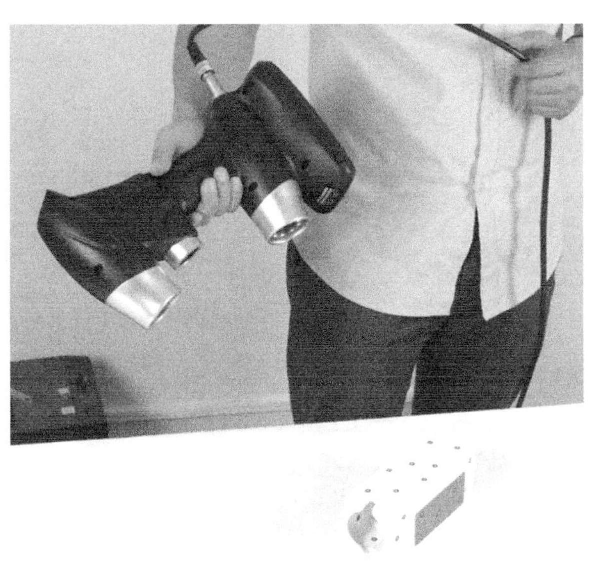

图 3-5　扫描挤牙膏器整体标记点

图 3-6　扫描标记点时的软件界面

4）删除不需要的数据后，单击【开始】按钮，然后按下扫描仪上的扫描键继续扫描。按下扫描仪上的视窗放大键，可以放大视图，从而便于观察扫描区域。同样地，按下扫描仪上的视窗缩小键，可以缩小视图。对于深孔、细小结构等较难扫描的部位，可以双击扫描仪上的扫描键，切换到单条激光扫描模式，如图 3-8c 所示。

5）扫描完成后，先按下扫描仪上的扫描键停止扫描，再单击 ScanViewer 软件中的【停止】按钮。用套索工具选择不需要的数据，按下键盘上的【Delete】键将其删除。

6）单击【工程】选项卡中的【生成网格】按钮，系统开始生成网格，并显示进度条，生成的上盖网格模型如图 3-9a 所示。

7）单击【网格】选项卡中的【保存】按钮，在弹出的下拉列表中选择【网格文件（*.STL)】，如图 3-9b 所示。弹出【另存为】对话框，选择保存路径并输入文件名“挤牙膏器上盖”后，单击【保存】按钮。

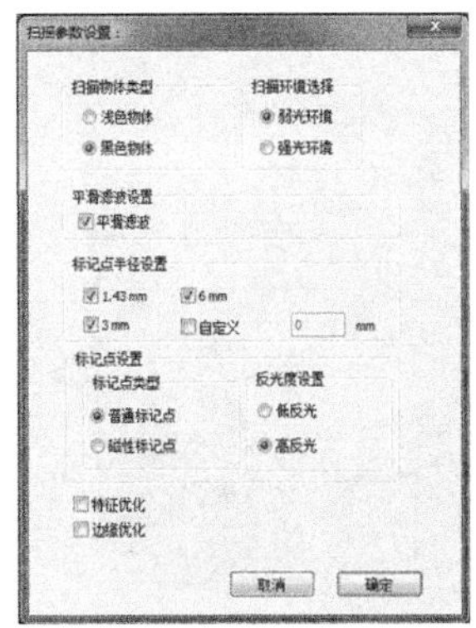

a) 保存为标记点文件

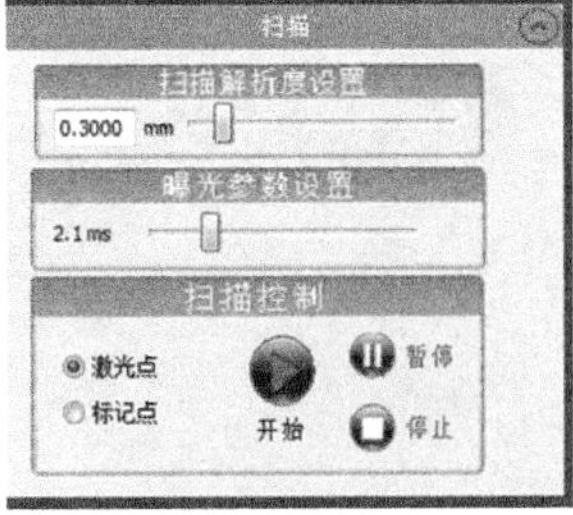

b) 扫描参数设置

图 3-7　参数设置和标记点保存

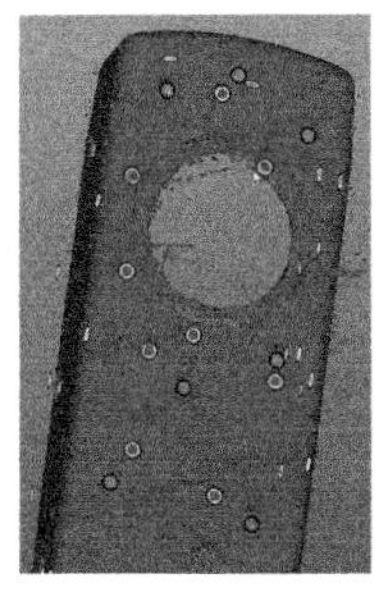

a) 多条激光

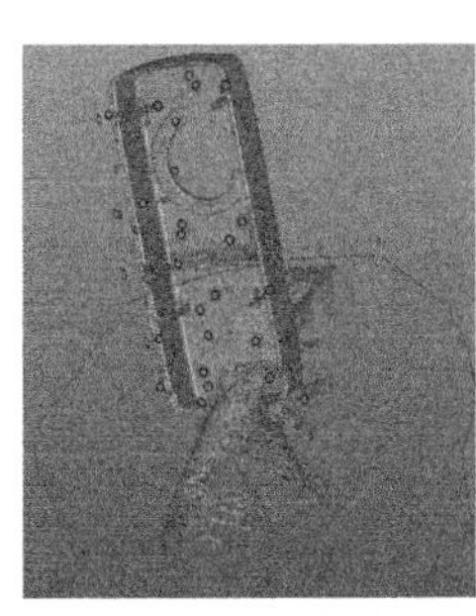

b) 套索选择工具

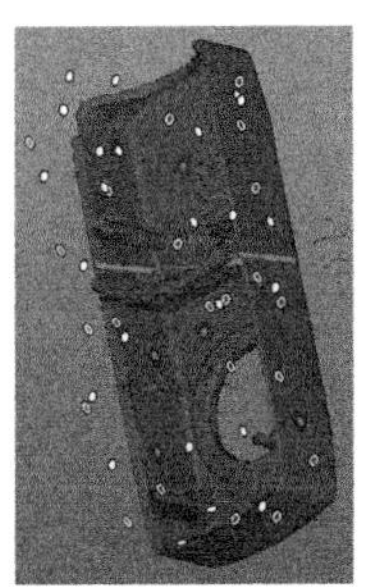

c) 单条激光

图 3-8　扫描上盖

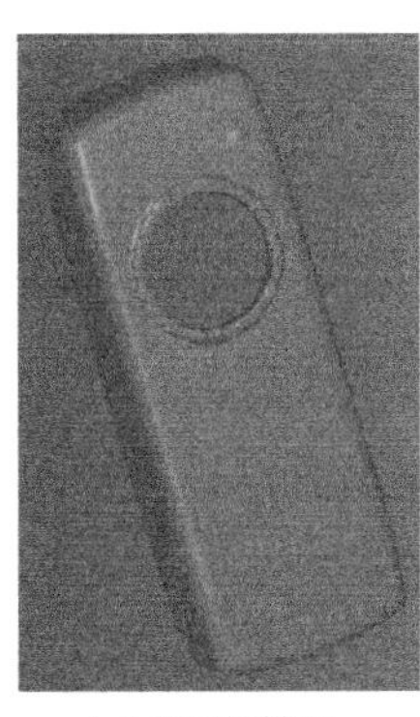

a) 上盖网格模型

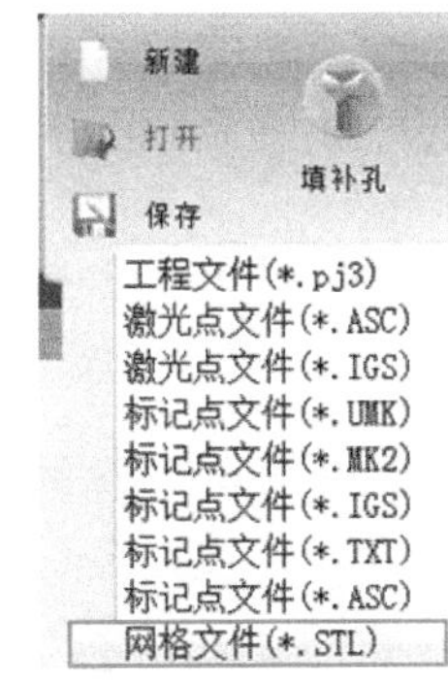

b) 保存文件

图 3-9　保存上盖的扫描数据

3. 扫描挤牙膏器下盖

1）将挤牙膏器下盖放置在辅助板上，如图 3-10a 所示。借助辅助板上的标记点，进行下盖内外表面的过渡拼接。

2）打开 ScanViewer 软件，单击【扫描】选项卡中的【打开】按钮，打开之前保存的

“. UMK”格式的标记点文件，导入标记点。

3）在【扫描】控制面板中将扫描解析度设置为 0. 3mm，曝光参数设置为 3ms，选择【激光点】并单击【开始】按钮，在弹出的下拉列表中选择【红光】，如图 3-10 所示。将扫描仪正对下盖，距离 300mm 左右，按下扫描仪上的扫描键开始扫描。

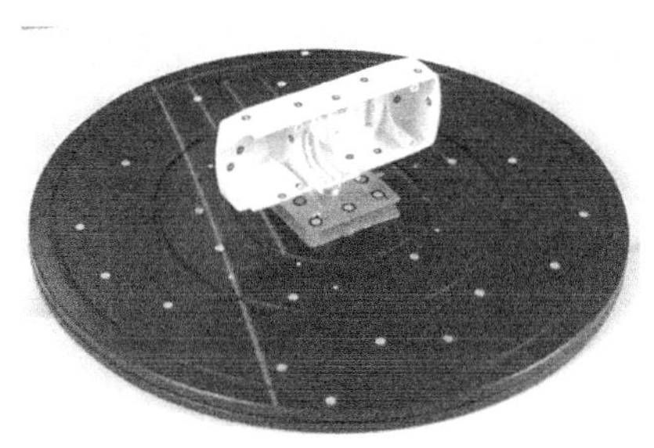

a) 将下盖放置在辅助板上

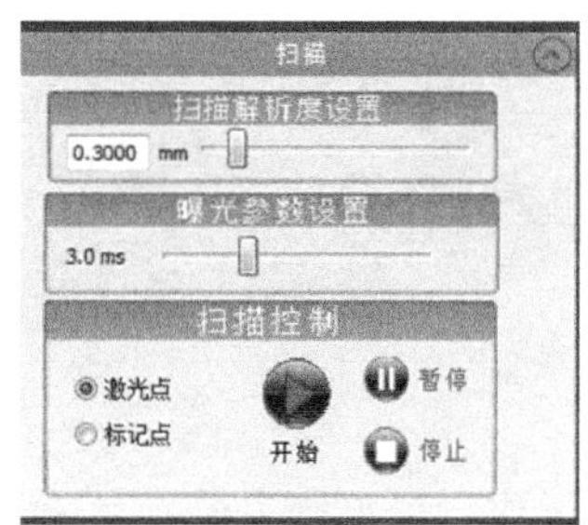

b) 参数设置

图 3-10 扫描挤牙膏器下盖

4）下盖的扫描过程和上盖类似，此处不再赘述。将扫描得到的下盖数据保存为“挤牙膏器下盖 . STL”。

3.5 数据处理

下面使用 Geomagic Design X 软件对挤牙膏器的上盖和下盖分别进行填孔、加强形状等数据处理操作。

1. 上盖数据处理

(1) 导入模型　打开 Geomagic Design X 软件，单击界面左上方的【导入】按钮，导入挤牙膏器上盖和下盖的 STL 模型，导入后如图 3-11a 所示。由于在扫描时采用了先扫描标记点再扫描激光点的方法，所以挤牙膏器的上下盖是对齐的。

在特征树中选择【挤牙膏器下盖】后，右键单击，在弹出的右键菜单中选择【隐藏】，如图 3-11b 所示。

(2) 修补精灵　用来检索面片模型上的缺陷，如重叠单元面、悬挂的单元面、非流形单元面、交差单元面等，并自动修复各种缺陷。单击【多边形】模块中的【修补精灵】按钮，弹出【修补精灵】对话框，如图 3-12 所示，软件会自动检索面片模型中存在的各种缺陷，单击✓按钮软件自动修复检索到的缺陷。

(3) 上盖凸起处的修改　通过观察扫描数据可以发现，挤牙膏器上盖存在一处凸起。选择【套索】工具，如图 3-13 所示。选择凸起处的扫描数据，如图 3-14a 所示，按下键盘上的【Delete】键删除所选数据。单击【多边形】模块中的【填孔】按钮，弹出如图 3-14b 所示的【填孔】对话框，选择如图 3-14c 所示的孔，单击✓按钮，结果如图 3-14d 所示。可以看到，该处的扫描数据质量得到了明显改善。

(4) 填孔　单击【多边形】模块中的【填孔】按钮，弹出如图 3-14b 所示的【填孔】对话框，选择图 3-15a 所示的孔，单击✓按钮，结果如图 3-15b 所示。

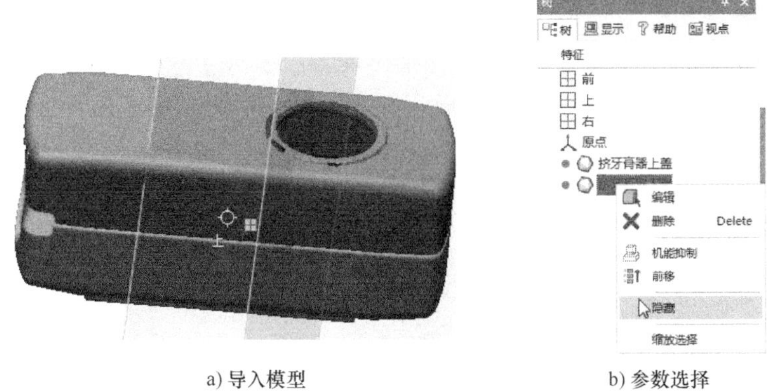

a) 导入模型　　b) 参数选择

图 3-11　导入挤牙膏器的 STL 模型

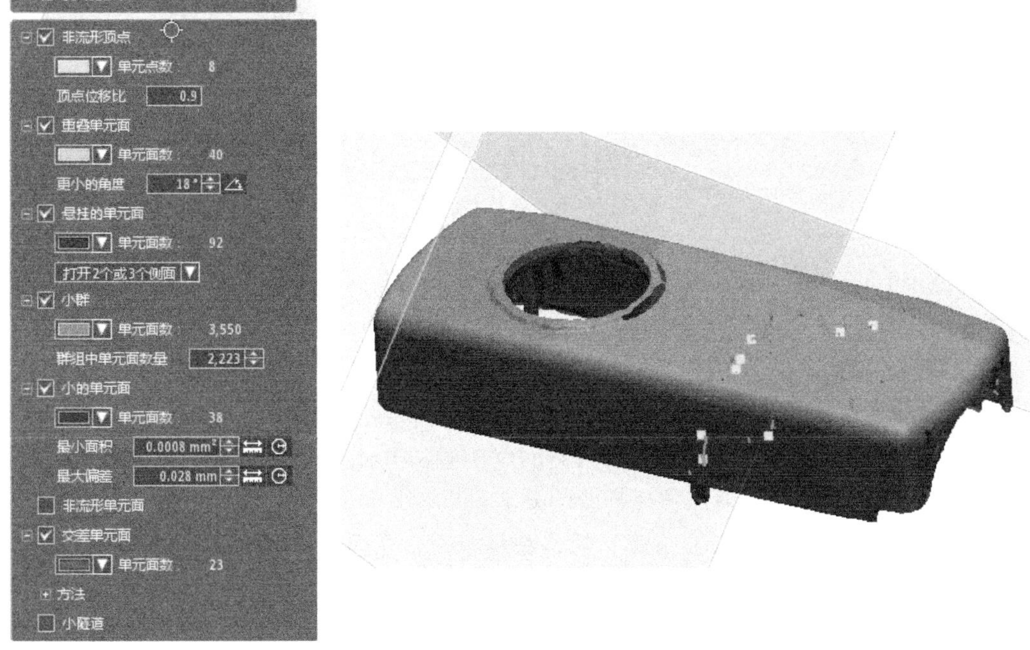

图 3-12　修补精灵

图 3-13　选择【套索】工具

(5) 加强形状　用于锐化面片上的尖锐区域（棱角），同时平滑平面或圆柱面区域来提高面片的质量。单击【多边形】模块中的【加强形状】按钮，弹出图 3-16a 所示的对话框。【锐度】表示设置执行锐化的尖锐区域范围。【整体平滑】表示设置执行平滑的圆角区域范围。【加强水平】表示设置执行操作的迭代次数。这里保持默认的参数设置，然后单击☑按钮完成操作。

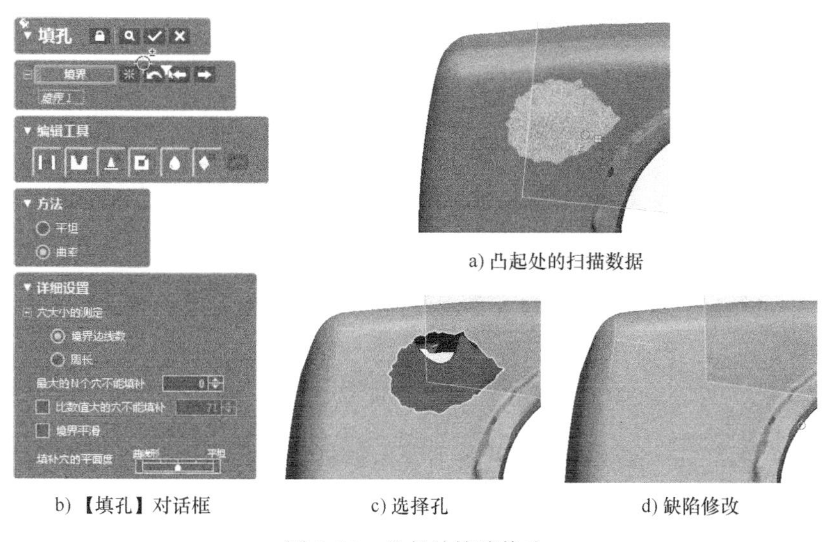

a) 凸起处的扫描数据

b) 【填孔】对话框　　c) 选择孔　　d) 缺陷修改

图 3-14　凸起处缺陷修改

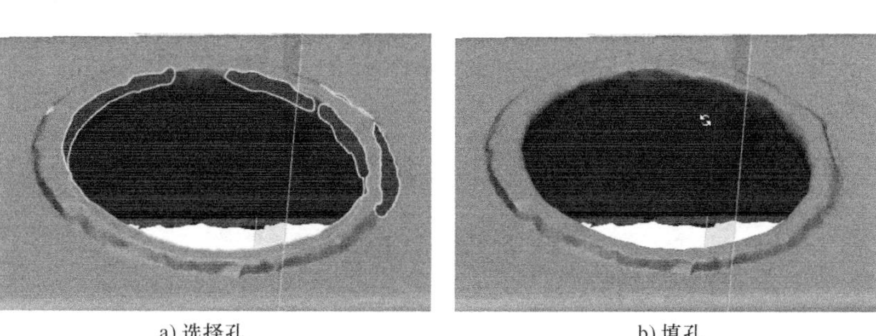

a) 选择孔　　b) 填孔

图 3-15　填孔

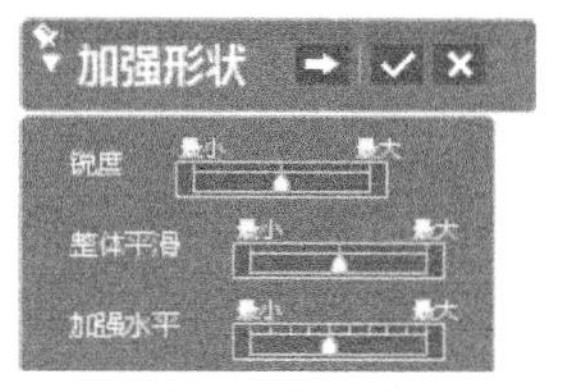

a) 【加强形状】对话框　　b) 【输出】对话框

图 3-16　【加强形状】和【输出】对话框

（6）输出为 STL 文件　选择【菜单】|【文件】|【输出】命令，选择特征树中的挤牙膏器上盖，单击☑按钮，如图 3-16b 所示。在弹出的【输出】对话框中，选择保存类型为“Binary STL File（ *. STL）”并输入文件名，单击【保存】。

2. 下盖数据处理

（1）显示下盖　在特征树中选择【挤牙膏器下盖】，右键单击，在弹出的右键菜单中选择【显示】，如图 3-17 所示。选择【挤牙膏器上盖】，选择右键菜单中的【隐藏】。

（2）修补精灵　单击【多边形】模块中的【修补精灵】按钮，弹出【修补精灵】对话框，如图 3-12 所示，单击☑按钮软件自动修复检索到的缺陷。

图 3-17　挤牙膏器下盖

（3）填孔　单击【多边形】模块中的【填孔】按钮，弹出如图 3-14b 所示的【填孔】对话框，选择下盖外表面上的孔，单击☑按钮，结果如图 3-18 所示。

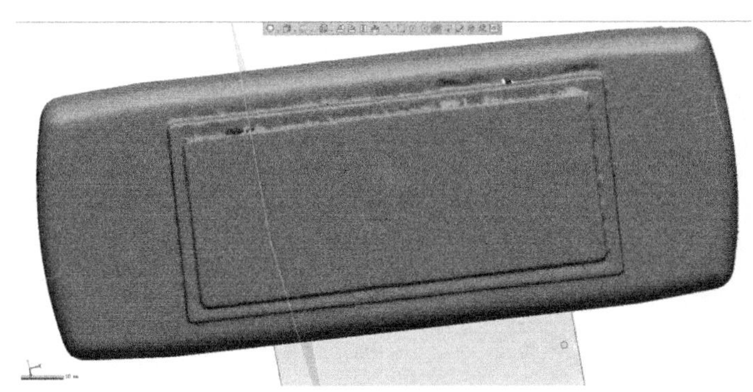

图 3-18　填孔

（4）加强形状　单击【多边形】模块中的【加强形状】按钮，弹出图 3-16a 所示的对话框。这里保持默认的参数设置，单击☑按钮完成操作。

（5）输出为 STL 文件　选择【菜单】|【文件】|【输出】命令，选择特征树中的挤牙膏器下盖，单击☑按钮，如图 3-16b 所示。在弹出的【输出】对话框中，选择保存类型为"Binary STL File（＊. STL）"并输入文件名，单击【保存】。

3.6 建模实施

挤牙膏器由上盖和下盖两部分组成，上盖和下盖分别进行逆向建模，不过它们共用一个基准坐标系。因此，逆向设计的第一步是建立基准坐标系，然后依次对上盖和下盖进行逆向建模，最后根据上盖和下盖之间的装配关系进行细节完善，如图 3-19 所示。

1. 建立基准坐标系

为挤牙膏器建立基准坐标系，首先确定 Z 轴方向，再确定 X 轴方向，然后依次确定坐标原点的 Y 值、X 值和 Z 值，如图 3-20 所示。

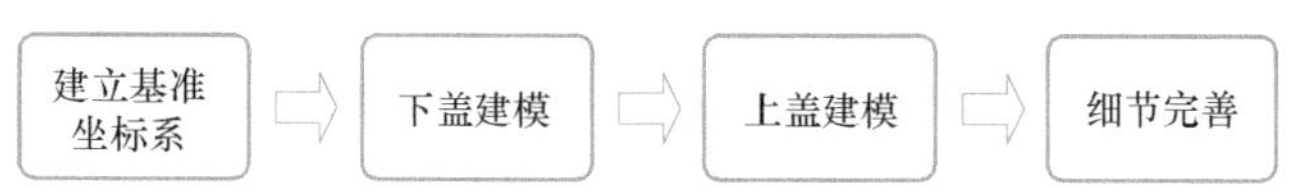

图 3-19　挤牙膏器的逆向建模思路

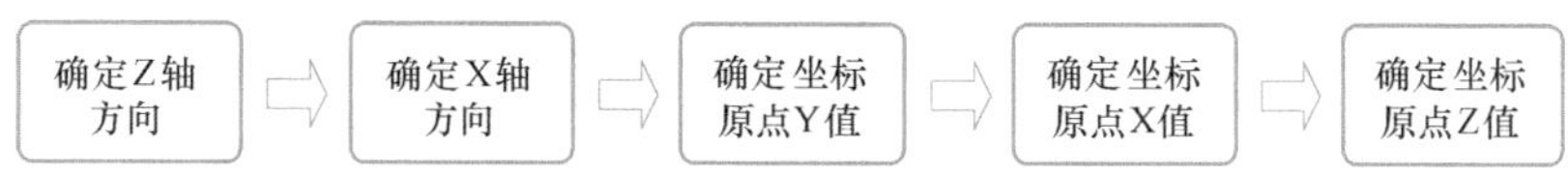

图 3-20　确定基准坐标系的步骤

1）打开 Siemens NX 10 软件，选择【文件】|【新建】命令或单击【标准】工具条中的【新建】图标，在【新建】对话框中将【单位】设置为“毫米”，【模板】选择“模型”，【名称】中输入“挤牙膏器”，单击【确定】按钮，进入建模模块。

2）选择【文件】|【导入】|【STL】命令，单击【STL 导入】对话框中的【浏览】图标，选择“挤牙膏器下盖 .STL”文件，【角度公差】选择“中等”，【STL 文件单位】选择“毫米”，单击【确定】。用同样的方法导入上盖的 STL 模型，如图 3-21 所示。

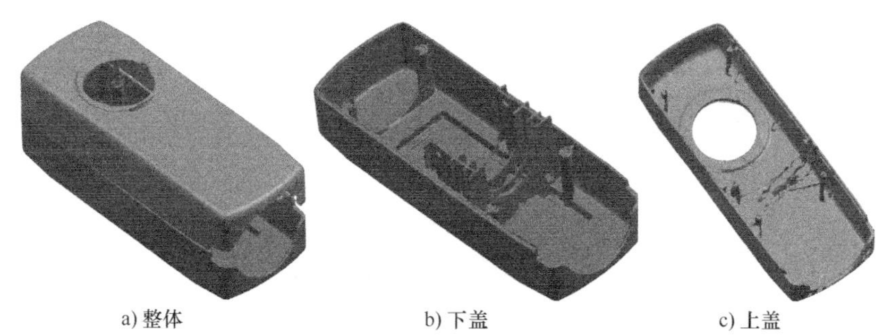

a) 整体　　b) 下盖　　c) 上盖

图 3-21　挤牙膏器 STL 模型

3）单击选择条上的【面上的点】图标，使用【基本曲线】命令，通过抓取小平面上的点创建直线 1 和直线 2。使用【扫掠】命令，以直线 1 为截面、直线 2 为引导线，创建片体 1，如图 3-22 所示。可以看到片体 1 与扫描数据的贴合度较好。

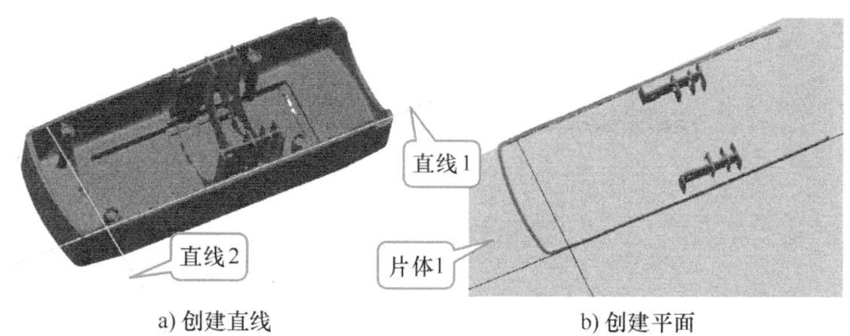

a) 创建直线　　b) 创建平面

图 3-22　创建平面

4）选择【WCS 定向】命令，在弹出的【CSYS】对话框中【类型】选择“自动判断”，依次选择片体 1 上的点 1、点 2 和点 3，得到如图 3-23a 所示的工作坐标系，该坐标系的 XC

轴方向为点 1 指向点 2 的方向，YC 轴方向为垂直于 XC 轴并且指向点 3 的方向。如图 3-23b 所示，通过观察可以看到，此时 XC 轴方向并未摆正，需要继续调整。

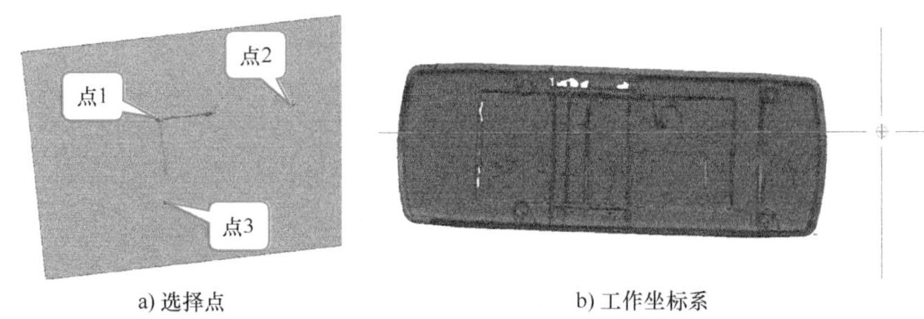

a) 选择点　　b) 工作坐标系

图 3-23　建立坐标系

5）使用【基本曲线】命令，选择如图 3-24 所示的点 1 和点 2，创建直线 3。使用【投影曲线】命令，将直线 3 投影到工作坐标系的 XC-ZC 平面，得到直线 4。使用【WCS 定向】命令，【类型】选择“动态”，单击 XC 轴手柄箭头，然后选择直线 4，将 XC 轴方向调整为直线 4 的方向。通过观察可以发现，此时 XC 轴方向与产品外形方向平行，如图 3-25 所示，三个坐标轴方向调整到位，接下来调整 WCS 原点的位置。

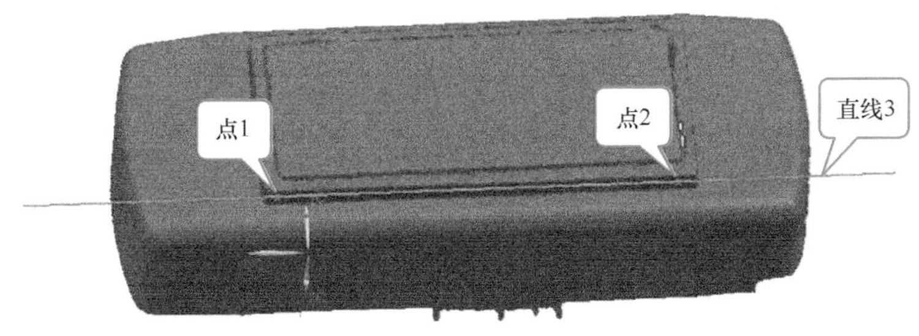

图 3-24　创建直线

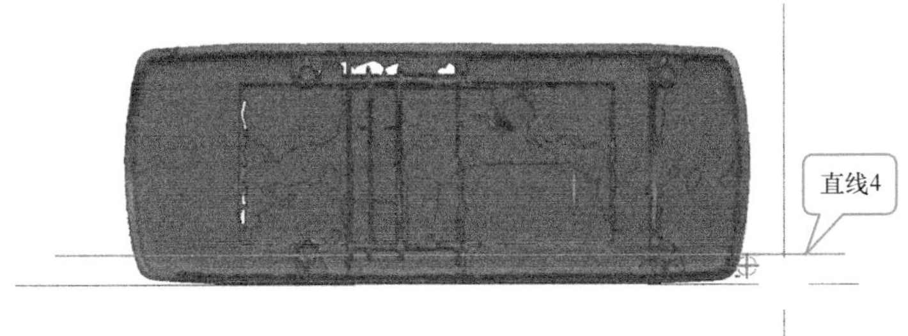

图 3-25　观察坐标方位

6）使用【拉伸】命令，以图 3-24 所示的直线 3 为截面曲线，以 ZC 轴为拉伸方向，创建如图 3-26 所示的片体 2。使用【测量距离】命令，测得片体 2 距离另一侧面的距离为 44.6799mm。

7）使用【偏置曲面】命令，将片体 2 偏置 44.6/2mm，得到片体 3。使用【变换】命令，将片体 2 关于片体 3 所在的平面进行镜像复制，得到片体 4，如图 3-27 所示。经过观察，片体 4 与侧面的贴合度较好。

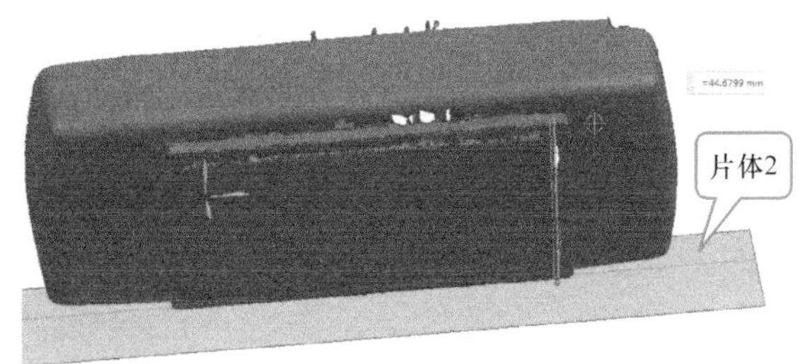

图 3-26　创建片体

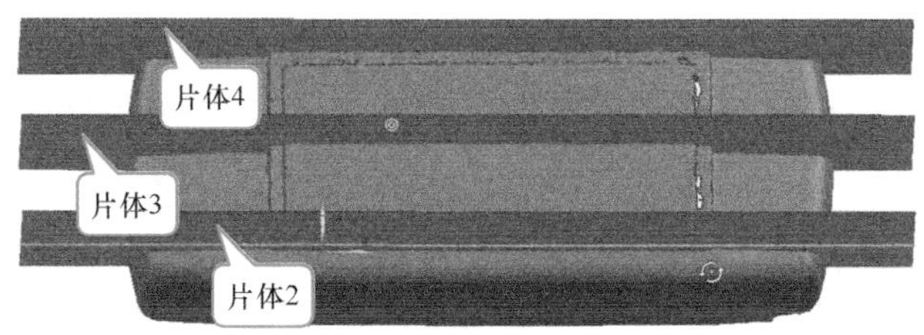

图 3-27　创建片体

8）使用【WCS 原点】命令，选择片体 3 上的一个点，单击【确定】后效果如图 3-28 所示。此时，XC 轴是产品的对称中心线所在的位置，接下来继续调整 WCS，使产品关于 YC 轴也是对称的。

图 3-28　工作坐标系

9）使用【基本曲线】命令，抓取小平面体上的三个点，创建一个圆弧，并使用【曲线长度】命令将其延长，如图 3-29a 所示。使用【规律延伸】命令，以该圆弧为基本轮廓，输入角度规律值 0.5°，创建如图 3-29b 所示的片体 5。

10）使用【修剪体】命令，以片体 3 为工具对片体 5 进行修剪，结果如图 3-30a 所示。使用【变换】命令，将修剪后的片体 5 关于 XC-ZC 平面镜像复制，结果如图 3-30b 所示。选择片体的三个端点，即点 1、点 2 和点 3，创建一个圆弧。通过该圆弧重新创建片体 5，如图 3-30c 所示。新创建的片体 5 关于 XC-ZC 平面是对称的。

11）使用【变换】命令，将片体 5 关于 YC-ZC 平面镜像复制，得到片体 6。通过测量可知片体 6 与左侧小平面体上的点的距离大约为 2.7mm，如图 3-31 所示。说明坐标系位置还需继续调整，删除片体 6。

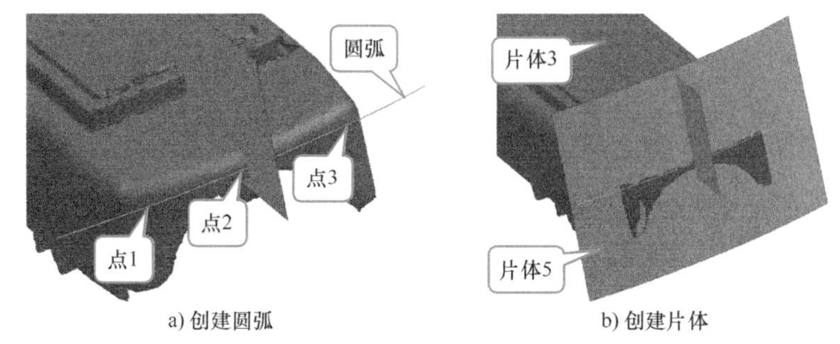

a) 创建圆弧　　b) 创建片体

图 3-29　创建圆弧和片体

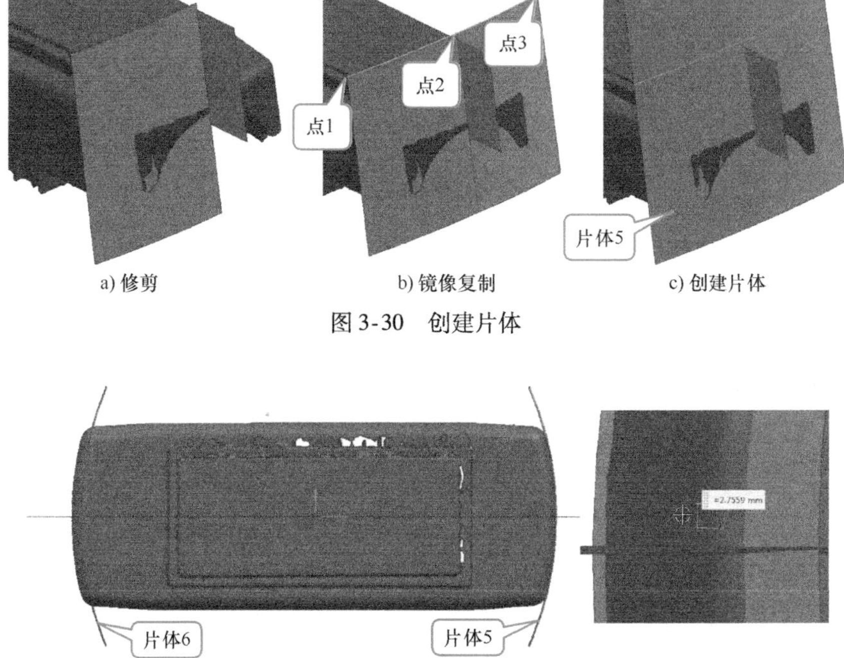

a) 修剪　　b) 镜像复制　　c) 创建片体

图 3-30　创建片体

a) 镜像复制　　b) 测量距离

图 3-31　镜像复制

12）使用【WCS 动态】命令，单击 XC 轴手柄箭头，输入距离值为-2.7/2，将 WCS 向 XC 轴负方向移动 1.35mm，如图 3-32a 所示。使用【变换】命令，将片体 5 关于 YC-ZC 平面镜像复制，重新得到片体 6，如图 3-32b 所示，此时的片体 6 距离左侧小平面体上的点的距离大约为 0.1mm，在精度控制范围之内。

13）使用【块】命令，以 WCS 原点为原点，创建一个边长为 10mm 的立方块，如图 3-33 所示。使用【曲线长度】命令，选择立方体中通过 ZC 轴的边，将其延长后得到一条直线，该直线与 ZC 轴共线。使用【移动至图层】命令，将立方块放置到第 99 层。

2. 下盖建模

挤牙膏器下盖的几何结构如图 3-34 所示，其制作主要分为下盖主体、四个柱体和 U 形筋三个部分，其逆向建模流程如图 3-35 所示。

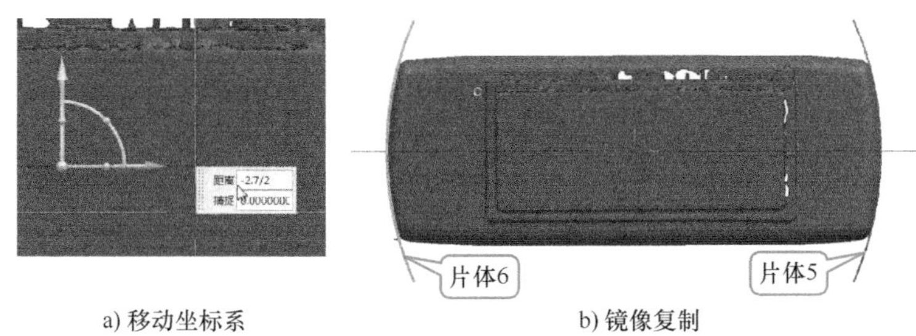

a) 移动坐标系　　b) 镜像复制

图 3-32　移动坐标系和镜像复制

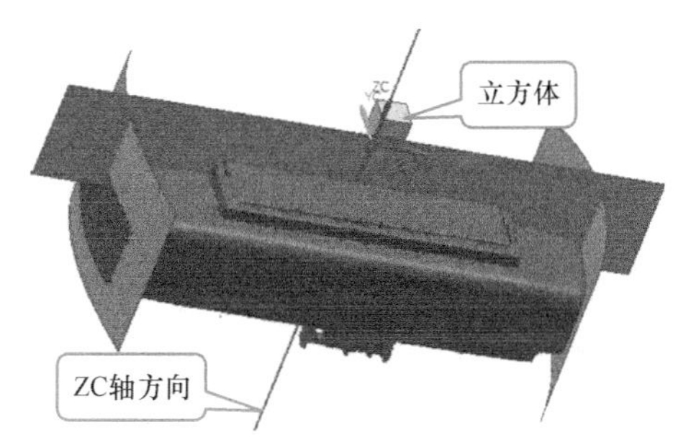

图 3-33　WCS 记号

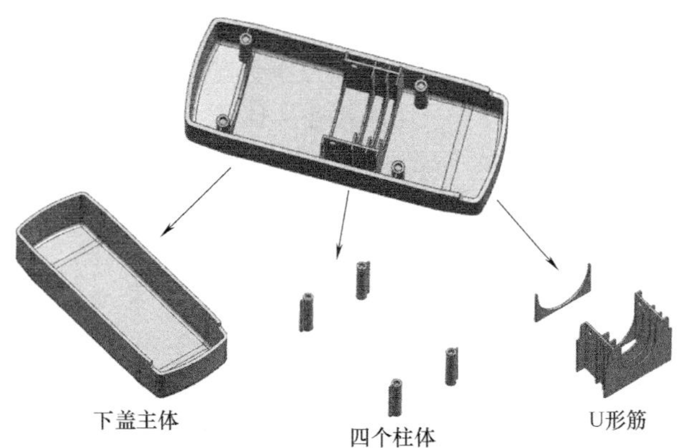

图 3-34　挤牙膏器下盖的几何结构

图 3-35　挤牙膏器下盖的逆向建模流程

（1）制作下盖主体

1）选择侧面上的点，创建直线 1 与直线 2，其中直线 1 与 XC 轴平行，如图 3-36 所示。

2）使用【规律延伸】命令，以该直线 1 为基本轮廓，输入角度规律值为 0.5°，创建片体 7。用同样的方法，通过直线 2 创建片体 8。使用【修剪体】命令，对片体 7 和片体 8 进行修剪，结果如图 3-37 所示。

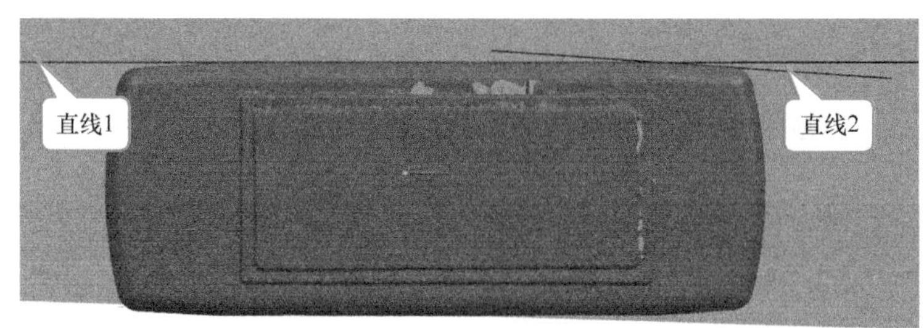

图 3-36　创建直线

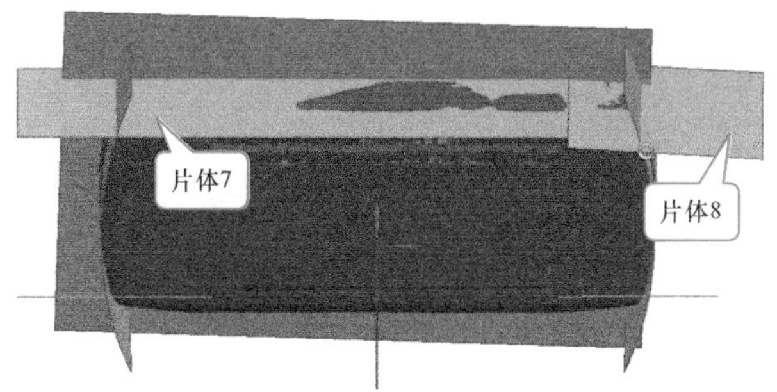

图 3-37　创建片体

3）使用【变换】命令，将片体 8 关于 YC-ZC 平面镜像复制，得到片体 9。经测量，片体 9 与扫描数据间的距离约为 0.12mm，在精度控制范围之内。

4）使用【变换】命令，将片体 7、片体 8 和片体 9 关于 XC-ZC 平面镜像复制，得到片体 10、片体 11 和片体 12，如图 3-38 所示。经测量，片体 10、11 和 12 与扫描数据间的距离为 0.25 ~ 0.30mm，误差相对较大。

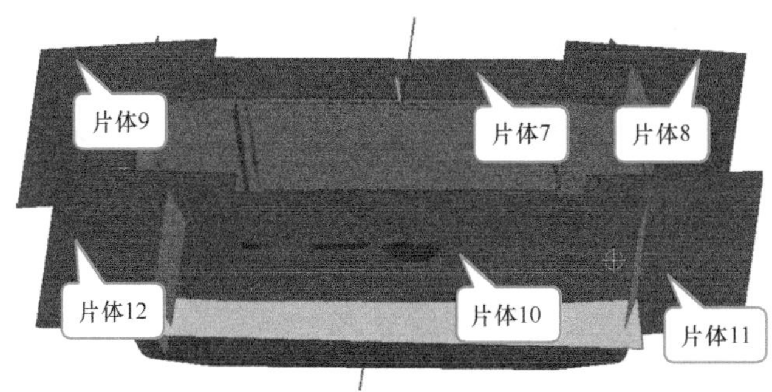

图 3-38　镜像复制

5）删除片体 9 ~ 12。使用【偏置曲面】命令，将片体 7 和片体 8 向 YC 轴方向偏置 -0.15mm，然后使用【变换】命令，通过镜像复制重新得到片体 9 ~ 12。

6）使用【偏置曲面】命令，将图 3-22b 所示的片体 1 向上偏置 30.2mm，得到片体 13，如图 3-39 所示。

7）创建两条与 YC 轴平行的直线。使用【规律延伸】命令，分别以这两条直线为基本轮廓，以 ZC 轴为矢量方向，输入角度规律值 85°，得到片体 14 和片体 15，如图 3-40 所示。

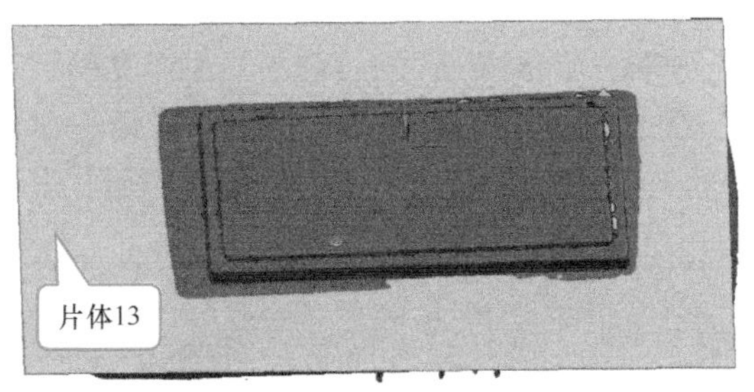

图 3-39　偏置曲面

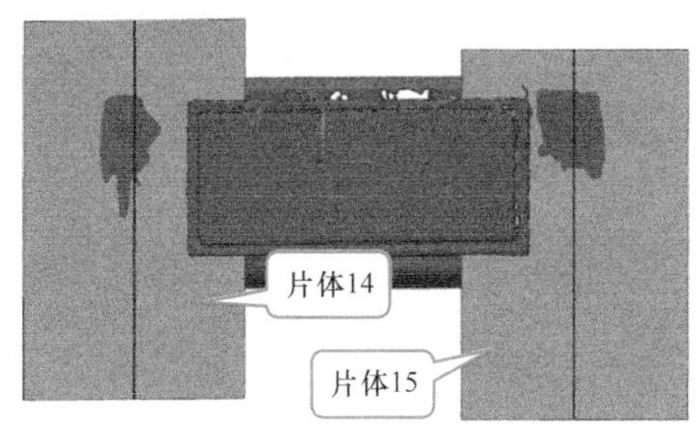

图 3-40　创建片体

8）使用【修剪体】命令对片体 13、片体 14 和片体 15 进行修剪。拟合下盖外表面的各个片体，如图 3-41a 所示。使用【修剪体】和【修剪片体】命令，将这些片体修剪后，结果如图 3-41b 所示。使用【缝合】命令，将这些片体缝合后得到实体。

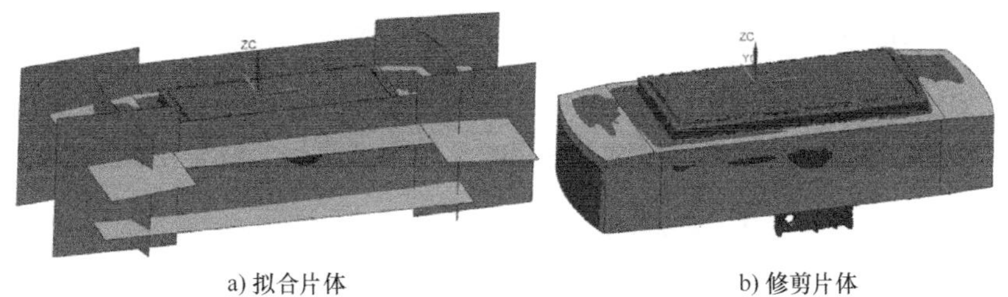

a) 拟合片体　　b) 修剪片体

图 3-41　修剪片体

9）经检验，下盖外形不仅前后对称而且左右对称。使用【扩大】命令，选择面 1 得到片体 16。将片体 16 关于 YC-ZC 平面镜像复制，得到片体 17，如图 3-42 所示。使用【替换面】命令，将面 2 替换为片体 17。

图 3-42　镜像复制

10）创建一条通过凸起处侧面并且与YC轴平行的直线。使用【拉伸】命令，以该直线为截面曲线，创建片体18。将片体18关于YC-ZC平面镜像复制，得到片体19，如图3-43a所示。经测量，片体19与侧面的距离约为4.4mm。使用【偏置曲面】命令，将片体19偏置4.4mm，使其与侧面处的扫描数据相贴合。使用【偏置曲面】命令，选择面3，将其向上偏置6.1mm，得到片体20，如图3-43b所示。

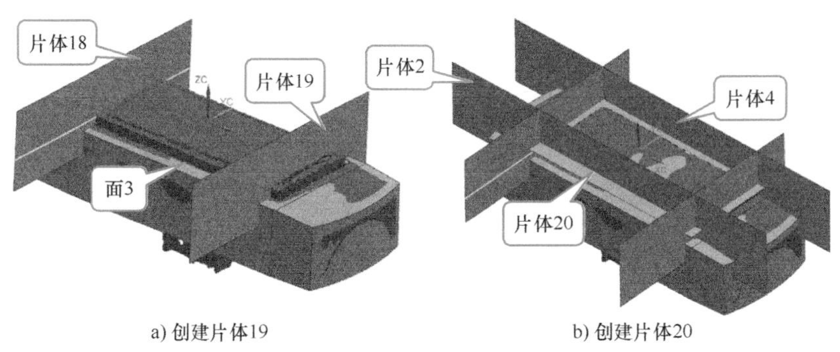

a) 创建片体19　　b) 创建片体20

图3-43　创建片体

11）使用【加厚】命令，选择片体4对其进行加厚，得到一个实体，如图3-44a所示。使用【替换面】命令，使用如图3-43所示的片体2、片体18、片体19和片体20对该实体的面进行替换，并使用【修剪体】命令，以面3为工具对该实体进行修剪，结果如图3-44b所示。

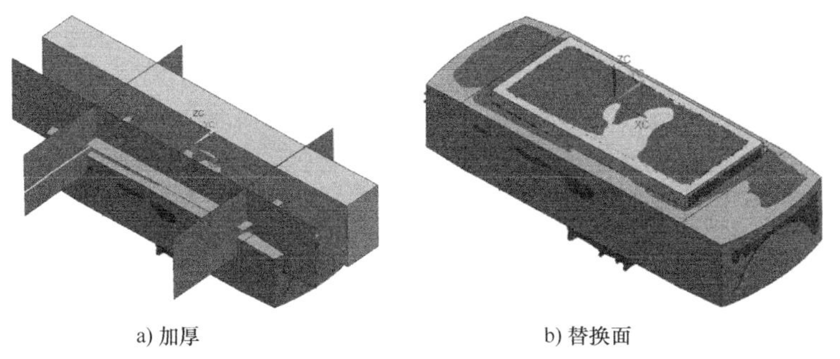

a) 加厚　　b) 替换面

图3-44　加厚和替换面

12）使用【偏置曲面】命令，选择如图3-43所示的片体20，将其向下偏置1mm，得到片体21。使用片体21对实体进行拆分。使用【偏置面】命令，将位于上方的实体的4个侧面向内偏置3.5mm，如图3-45所示。使用【合并】命令，将拆分出来的两个实体进行布尔求和。

13）使用【拔模】命令，选择边1所在的一圈边，输入拔模角度3°，单击【确定】。对边2所在的一圈边进行角度为6°的拔模。对下盖主体进行边倒圆操作，遵循“先断后连”的原则，首先创建$R5$和$R50$的圆角，然后创建$R4.8$的圆角，如图3-46所示。

14）使用【抽壳】命令对下盖主体进行抽壳，抽壳厚度为2.4mm；使用【边倒圆】命令，创建4个$R2$的圆角，如图3-47所示。

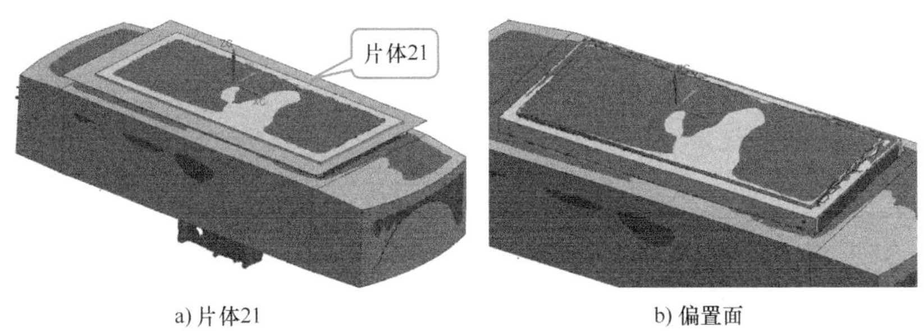

a) 片体21　　b) 偏置面

图 3-45　偏置面

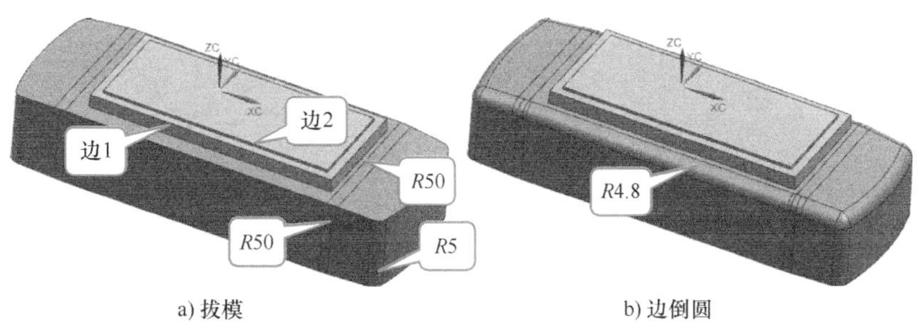

a) 拔模　　b) 边倒圆

图 3-46　拔模和边倒圆

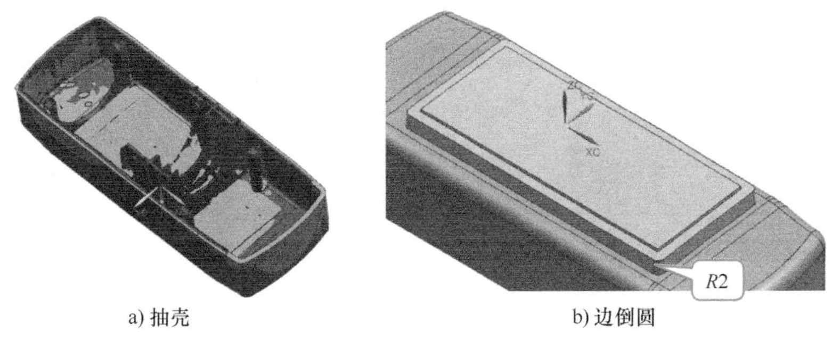

a) 抽壳　　b) 边倒圆

图 3-47　抽壳和边倒圆

15）使用【基本曲线】命令，选择缺口处小平面体上的点，创建与 YC 轴平行的直线 1 和直线 2。使用【规律延伸】命令，以直线 1 为基本轮廓，以 ZC 轴为矢量方向，输入角度规律值为 3°，创建片体 22。使用【拉伸】命令，以直线 2 为截面曲线，以 XC 轴为矢量方向，输入拔模角度为 -5°，创建片体 23，如图 3-48 所示。

16）使用【修剪体】命令，对片体 22 和片体 23 进行修剪，然后进行缝合。以缝合后的片体为工具，对下盖主体进行拆分，隐藏缺口处的实体，结果如图 3-49a 所示。使用【边倒圆】命令创建两个半径为 1.5mm 的圆角，如图 3-49b 所示。

（2）制作柱体

1）使用【基本曲线】命令，选择柱体小平面体上的三个点，创建一个圆，如图 3-50a 所示。双击该圆，弹出如图 3-50b 所示的对话框，可以看到该圆的直径约为 6.46mm。创建一条通过该圆的圆心并且与 ZC 轴平行的直线，作为柱体的轴线，如图 3-50c 所示。

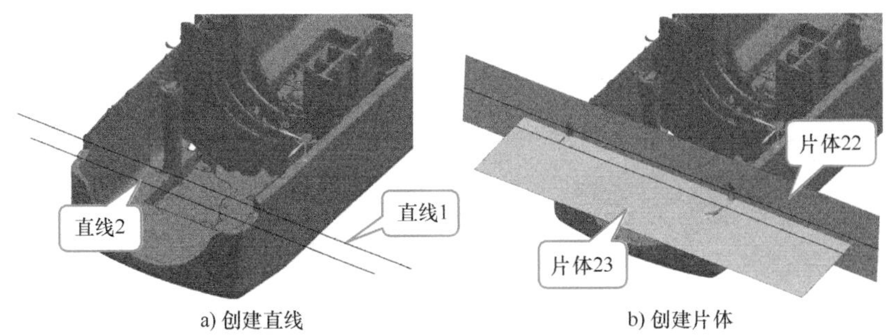

a) 创建直线　　b) 创建片体

图 3-48　创建片体

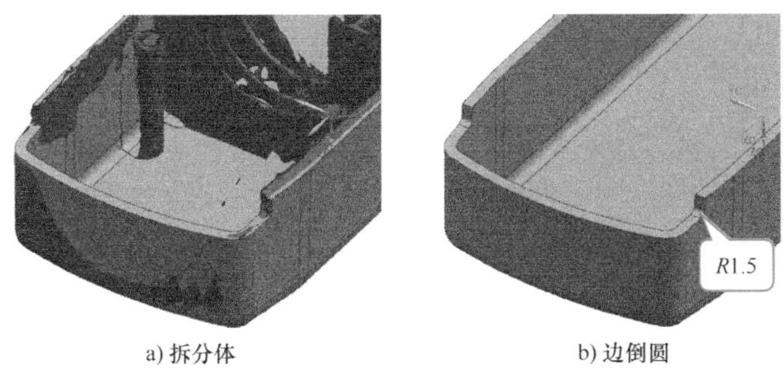

a) 拆分体　　b) 边倒圆

图 3-49　拆分体和边倒圆

a) 创建圆　　b) 对话框　　c) 创建轴线

图 3-50　创建圆弧和轴线

2）使用【管道】命令，以该直线为路径，创建一个外径为 6.5mm 的柱体，如图 3-51a 所示。使用【扩大】命令，选择如图 3-51a 所示的面，得到片体 1，如图 3-51b 所示。经测量，片体 1 与柱体顶部的距离约为 1mm。使用【偏置曲面】命令，将片体 1 向下偏置 1mm 得到片体 2。将柱体顶面替换为片体 2，结果如图 3-51c 所示。

3）以柱体轴线为截面曲线，拉伸得到片体 2，将片体 2 两侧各加厚 0.5mm 得到一个实体，如图 3-52 所示。使用【替换面】将该实体替换成如图 3-53a 所示，柱体和实体的底面要替换到面 1 处。

4）对主体和加强筋进行拔模，拔模角度为 0.3°。创建一个直径为 4mm、深度为 2mm 的内孔，如图 3-53 所示。

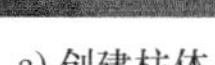
a) 创建柱体

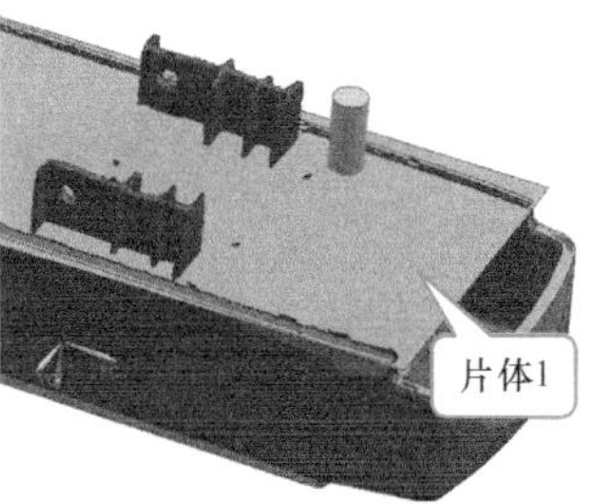

b) 创建片体1

c) 替换面

图 3-51 创建片体和替换面

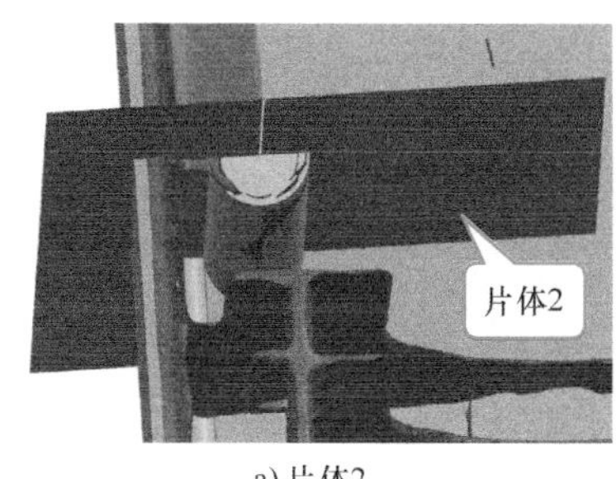

a) 片体2

b) 实体

图 3-52 制作加强筋

a) 面1

b) 底面

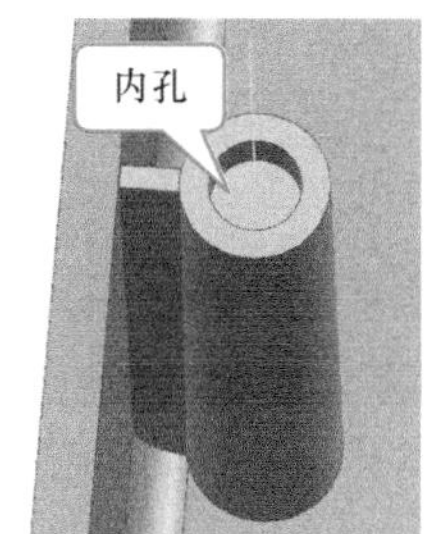

c) 内孔

图 3-53 制作加强筋

5）使用【移动对象】命令，选择【复制原先的】，将柱体 1 向 YC 轴方向移动-91mm，得到柱体 2。使用【变换】命令，将柱体 1 和柱体 2 关于 YC-ZC 平面镜像复制，得到柱体 3 和柱体 4，如图 3-54 所示。在上述操作中，在选择柱体的同时选择柱体对应的加强筋和轴线。

（3）制作 U 形筋

1）选择 U 形筋上的一点，创建一条与 XC 轴平行的直线，如图 3-55a 所示。使用【规律延伸】命令，以该直线为基本轮廓，以 ZC 轴为矢量方向，输入角度规律值 0.1°，创建如图 3-55b 所示的片体 3。使用【扩大】命令，选择如图 3-54 所示的面，得到片体 4。经测量，U 形筋高出片体 4 大约 12.187 1mm。使用【偏置曲面】命令，将片体 4 向上偏置 12.1mm，得到片体 5，如图 3-55c 所示。

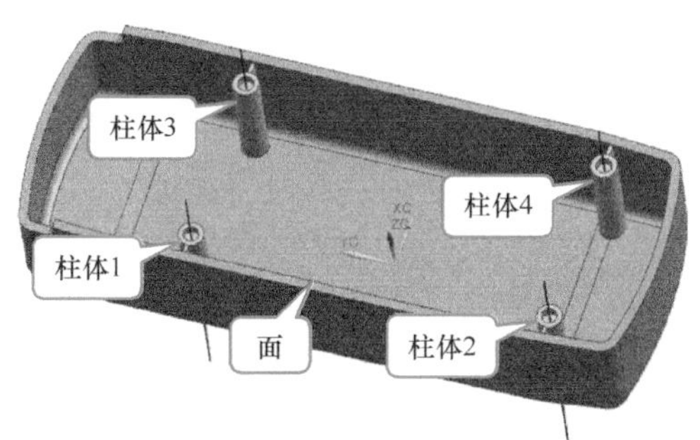

图 3-54　移动复制

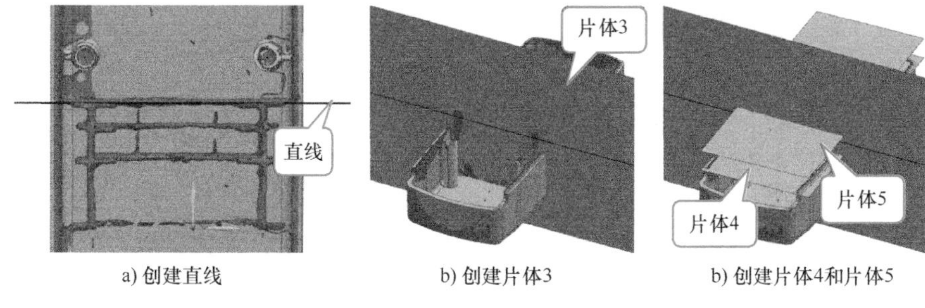

a) 创建直线　　b) 创建片体3　　b) 创建片体4和片体5

图 3-55　创建片体

2）经测量，U 形筋的厚度大约为 0.905 3mm。使用【加厚】命令，选择片体 3，将其加厚 0.9mm 得到实体 1。使用【替换面】命令，使用下盖主体的内侧面和内底面以及片体 5，对实体 1 进行替换面操作，结果如图 3-56a 所示。对实体 1 两侧都进行角度为 0.1°的拔模操作。

3）选择 U 形筋侧面上的一点，创建一条与 YC 轴平行的直线。使用【规律延伸】命令，以该直线为基本轮廓，以 ZC 轴为矢量方向，输入角度规律值 1°，创建如图 3-56b 所示的片体 6。将片体 6 加厚得到实体 2，如图 3-56c 所示。将实体 2 的底面替换为如图 3-56c 所示的面。

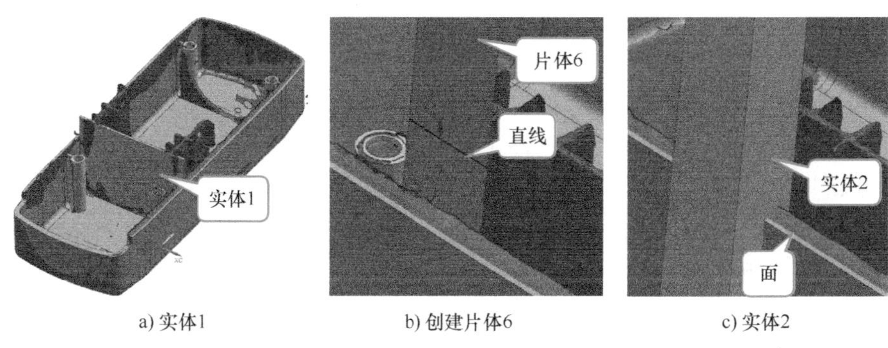

a) 实体1　　b) 创建片体6　　c) 实体2

图 3-56　制作 U 形筋

4）使用【变换】命令，将实体 2 关于 YC-ZC 平面镜像复制得到实体 3。使用【减去】命令，将实体 2 和实体 3 从实体 1 中减去，如图 3-57 所示。使用【边倒圆】命令，创建半径为 1mm 的圆角。

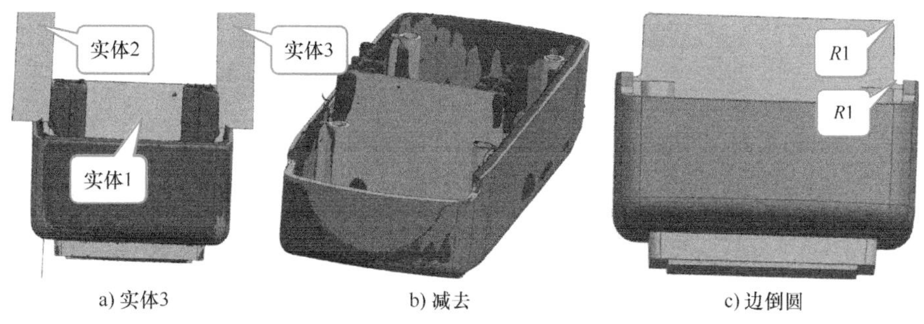

a) 实体3　　b) 减去　　c) 边倒圆

图 3-57　制作 U 形筋

5）使用【移动对象】命令，选择【复制原先的】，将第一道筋沿 YC 轴负方向移动 5.6mm 得到第二道筋，移动 12.9mm 得到第三道筋，移动 28mm 得到第四道筋，如图 3-58a 所示。

6）选择第二道筋侧面上的一点，创建一条与 YC 轴平行的直线。使用【规律延伸】命令，以该直线为基本轮廓，以 ZC 轴为矢量方向，输入角度规律值 0.1°，创建片体 7，如图 3-58b 所示。使用【变换】命令，将片体 7 关于 YC-ZC 平面镜像复制，得到片体 8。以片体 7 和片体 8 为工具，对第二道筋和第三道筋进行修剪，如图 3-58c 所示。

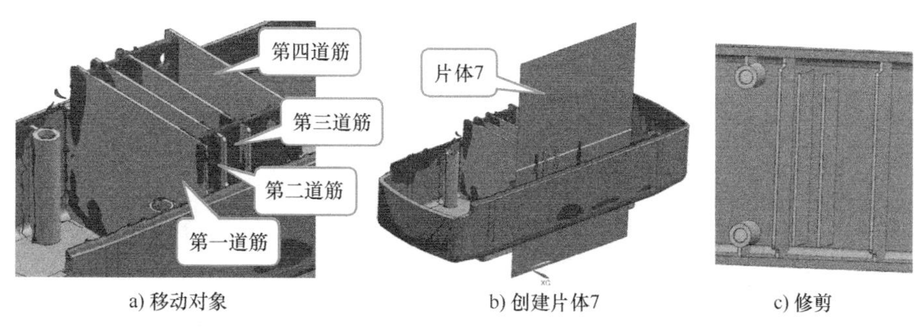

a) 移动对象　　b) 创建片体7　　c) 修剪

图 3-58　创建四道筋

7）选择筋侧面上的一点，创建一条与 YC 轴平行的直线。使用【规律延伸】命令，以该直线为基本轮廓，以 ZC 轴为矢量方向，输入角度规律值 0.1°，创建片体 9，如图 3-59a 所示。将片体 9 加厚 1.3mm，得到一个实体，如图 3-59b 所示。对该实体进行替换面操作，得到第五道筋。通过镜像复制，得到第六道筋。

8）将这 6 道筋进行求和，结果如图 3-60a 所示。使用【替换面】命令，将这 6 道筋的顶面替换成一张大面，如图 3-60b 所示。

9）创建如图 3-61a 所示的片体 10 ~ 12。片体 10 与 YC-ZC 平面平行，拔模角度为 0.3°。片体 11 与 XC-YC 平面平行。使用【变换】命令，将片体 10 关于 YC-ZC 平面镜像复制得到片体 12。使用【面倒圆】命令，创建如图 3-61b 所示的半径为 14mm 的两个圆角面。圆角半径值通过测量片体 10 和片体 12 之间的距离来确定。

10）使用【修剪片体】命令，对图 3-61 所示的片体进行修剪，然后使用【缝合】命令进行缝合。以缝合后的片体为工具，对 U 形筋进行修剪，如图 3-62 所示。

a) 拉伸

b) 加厚

图 3-59　拉伸和加厚

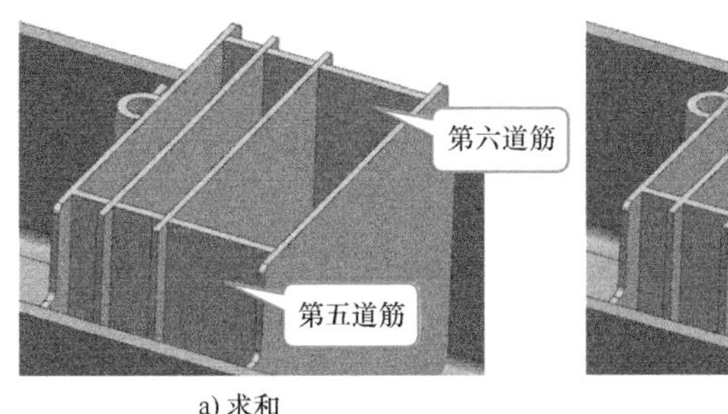

a) 求和　　b) 替换面

图 3-60　创建加强筋

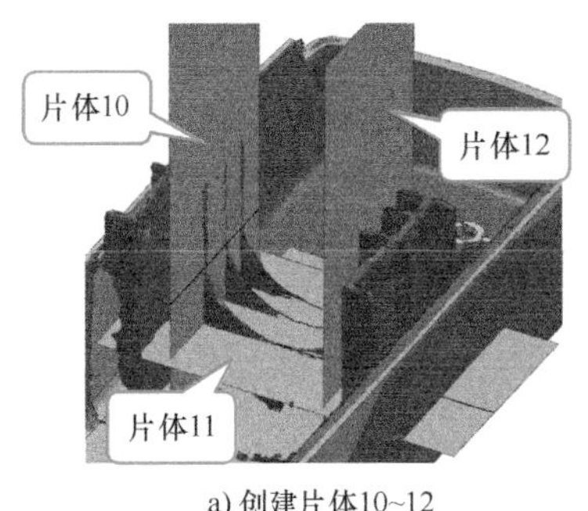

a) 创建片体10~12

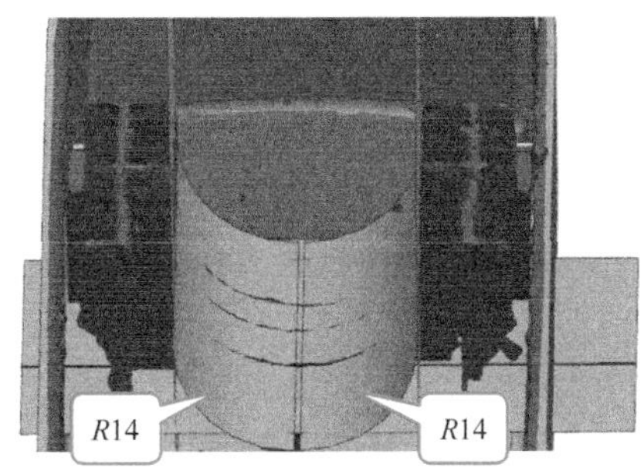

b) 面倒圆

图 3-61　创建修剪 U 形筋的片体

11）使用【基本曲线】命令，抓取扫描数据中孔上的三个点创建一个圆，如图 3-63a 所示。双击该圆，在弹出的对话框中可以看到该圆的直径为 4.014 7mm。通过该圆的圆心创建一条与 XC 轴平行的直线，如图 3-63b 所示。保存该直线，以备后用。

12）以图 3-63 所示的直线为路径，创建一个外径为 4mm 的管道。将该管道从 U 形筋中减去，如图 3-64 所示。

13）制作第七道筋，它与两个柱体相切。以柱体 2 的轴线为截面曲线，沿 YC 轴方向拉伸，得到片体 13。使用【相交曲线】命令，求得片体 13 和柱体 2 的交线。对柱体 4 进行同样的操作。使用【直纹】命令，以两条交线为截面曲线创建片体 15。将片体 15 加厚 1.3mm，如图 3-65 所示。

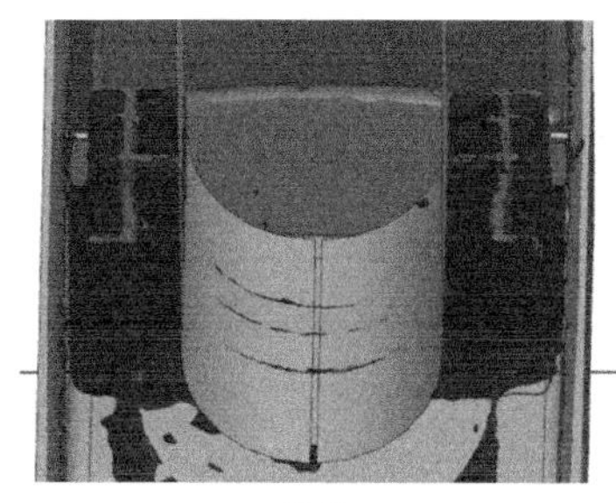

a) 修剪

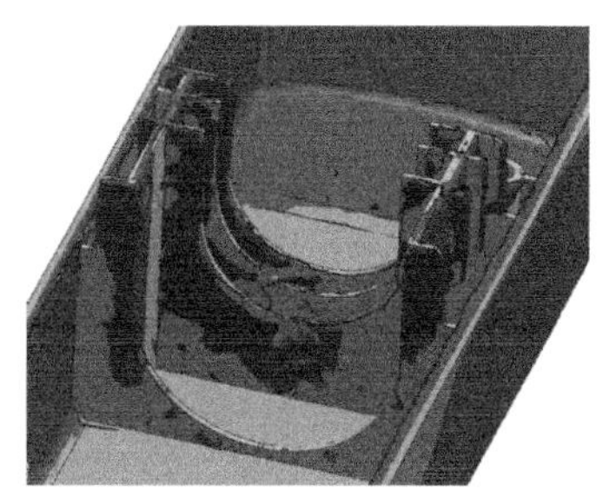

b) 对U形筋进行修剪

图 3-62　修剪 U 形筋

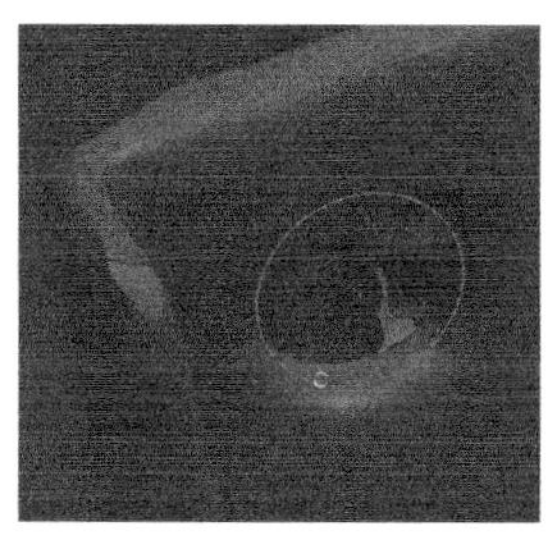

a) 创建孔

b) 创建轴线

图 3-63　创建孔的轴线

a) 创建管道

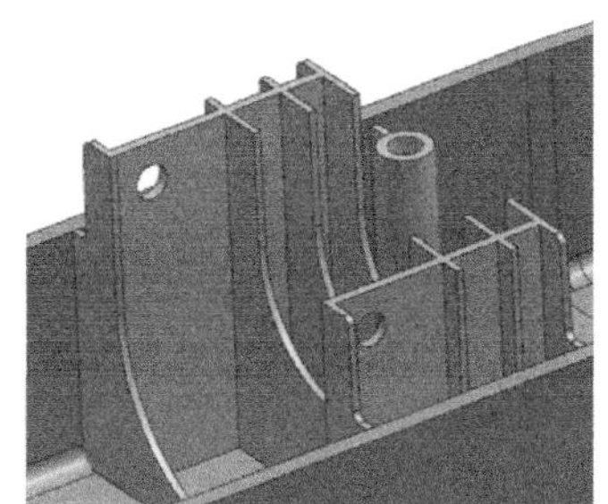

b) 从U形筋中减去管道

图 3-64　创建孔

14）使用【扩大】命令，选择柱体 2 的顶面，得到片体 16。使用【偏置曲面】命令，将片体 16 向下偏置 3mm，得到片体 17。将第七道筋的顶面替换到片体 17，如图 3-66 所示。

15）第七道筋中 U 形中空的做法与前面类似，此处不再赘述，如图 3-67a 所示。下盖造型如图 3-67b 所示。这里保留了 4 个柱体的轴线、孔的轴线以及表示 ZC 轴的直线，在上盖造型时会用到这些轴线。

3. 上盖建模

挤牙膏器上盖的几何结构如图 3-68 所示，其制作主要分为上盖主体、四个柱体、加强筋、圆孔和圆弧形缺口五个部分，其逆向建模流程如图 3-69 所示。上盖主体和下盖主体是对称关系，在为上盖制作圆弧形缺口时，也同时为下盖制作圆弧形缺口。

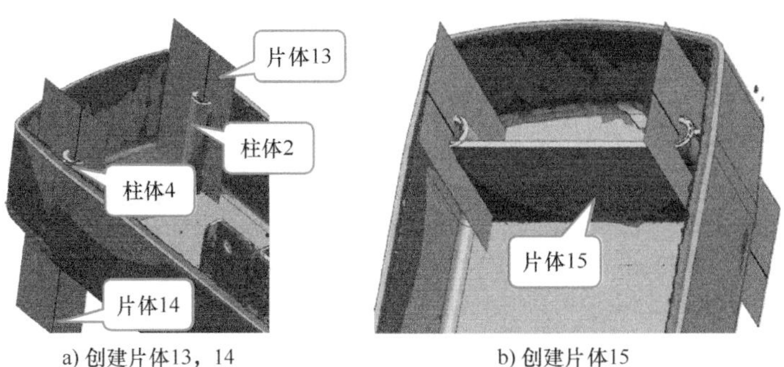

a) 创建片体13，14　　b) 创建片体15

图 3-65　创建第七道筋

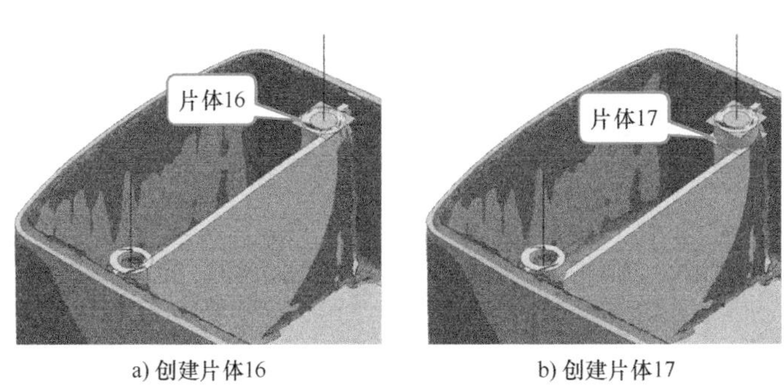

a) 创建片体16　　b) 创建片体17

图 3-66　替换第七道筋的顶面

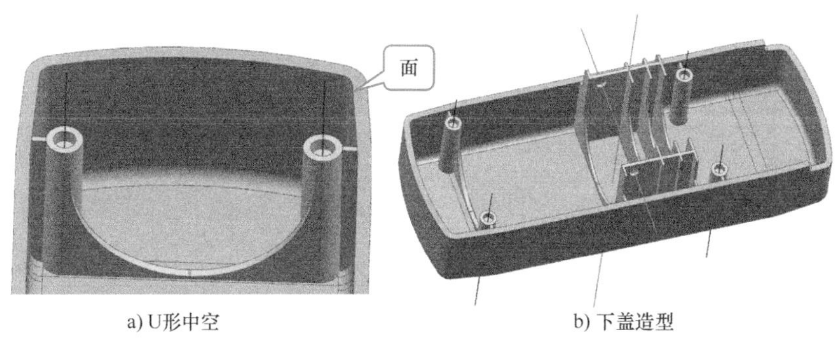

a) U形中空　　b) 下盖造型

图 3-67　下盖造型

（1）制作上盖主体

1）使用【扩大】命令，选择如图 3-67a 所示的面，得到片体 1。使用【移动对象】命令，选择上盖的扫描数据，将其沿 ZC 轴移动-0.5mm，使其更加贴近片体 1，如图 3-70a 所示。

2）使用【变换】命令，选择下盖主体，将其关于片体 1 镜像复制，得到上盖主体，如图 3-70b 所示。使用【移动至图层】命令，将上盖主体移动至第 20 层，将上盖扫描数据移动至第 21 层。

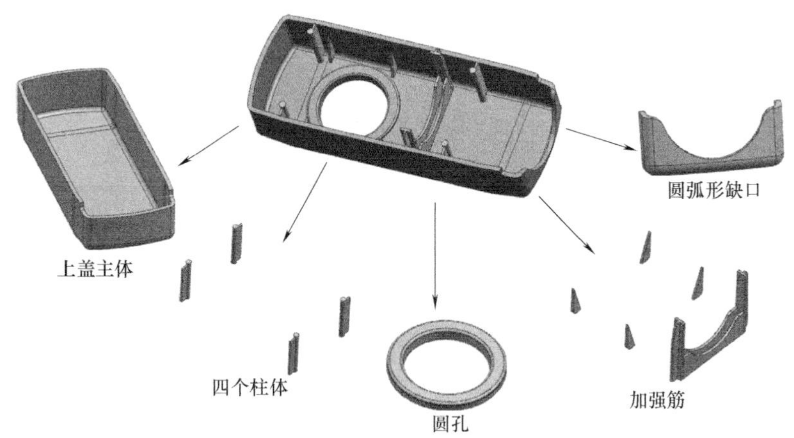

图 3-68 挤牙膏器上盖的几何结构

图 3-69 挤牙膏器上盖的逆向建模流程

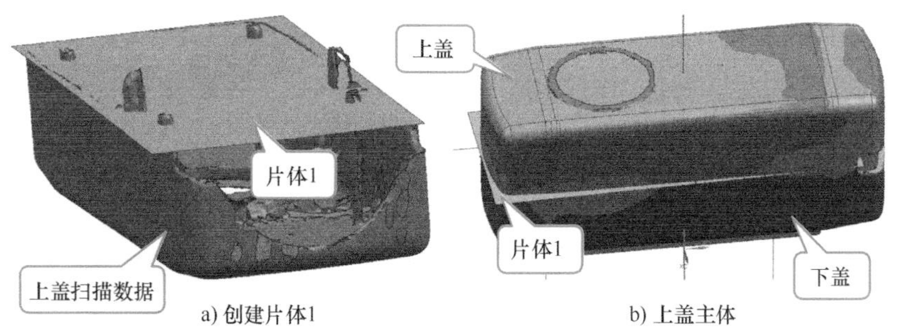

图 3-70 创建上盖主体

（2）制作四个柱体

1）显示下盖中的柱体、加强筋等实体，可以看到上、下盖之间的配合关系，如图 3-71 所示。

2）使用【基本曲线】命令，选择上盖柱体上的三个点，创建一个圆，如图 3-72a 所示。双击该圆，在弹出的对话框中可以看到该圆的直径约为 3.659 7mm。使用【管道】命令，以制作下盖时保存的柱体轴线为路径，输入外径值 3.5mm，创建如图 3-72b 所示的柱体。

3）使用【扩大】命令，选择下盖中如图 3-73a 所示的面，得到片体 2。可以看到片体距离上盖中柱体的扫描数据还有一段距离，因此，使用【偏置曲面】命令，将片体 2 向下偏置 1mm，得到片体 3，如图 3-73c 所示。

4）将图 3-72b 所示柱体的顶面替换为片体 3，将它们的底面替换为上盖的底面，如图 3-74a所示。为了使上盖和下盖能够正确地配合，需要将如图 3-74b 所示的四个面向上偏置 1mm。

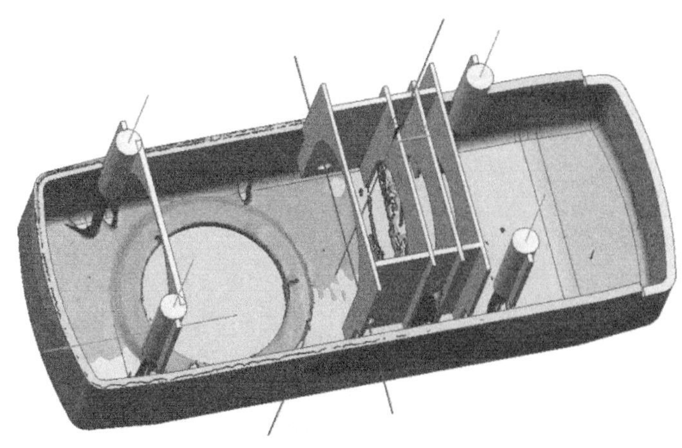

图 3-71　上盖与下盖的配合关系

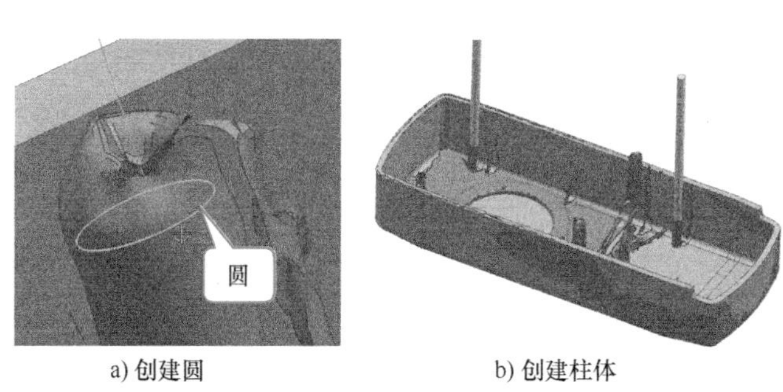

a) 创建圆　　b) 创建柱体

图 3-72　创建柱体

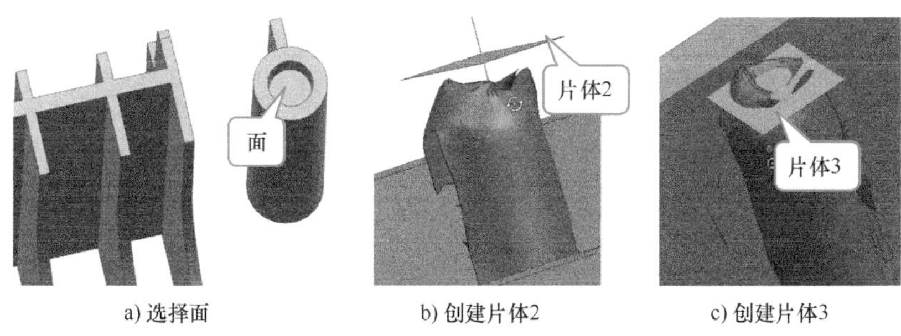

a) 选择面　　b) 创建片体2　　c) 创建片体3

图 3-73　创建片体

5）以柱体的轴线为截面曲线，通过拉伸得到如图 3-75a 所示的片体 4。将片体 4 两侧各加厚 0.5mm，得到如图 3-75b 所示的实体。通过对该实体进行替换面操作，得到如图 3-75c 所示的加强筋。对如图 3-75c 所示的柱体和加强筋进行拔模，拔模角度为 0.3°。

6）使用【移动对象】命令，选择【复制原先的】，选择如图 3-75c 所示的柱体和加强筋，将其沿 YC 轴方向移动 -91mm，得到第二组柱体和加强筋。使用【变换】命令，选择第一组和第二组柱体和加强筋，将其关于 YC-ZC 平面镜像复制，得到第三组和第四组柱体和加强筋，如图 3-76所示。

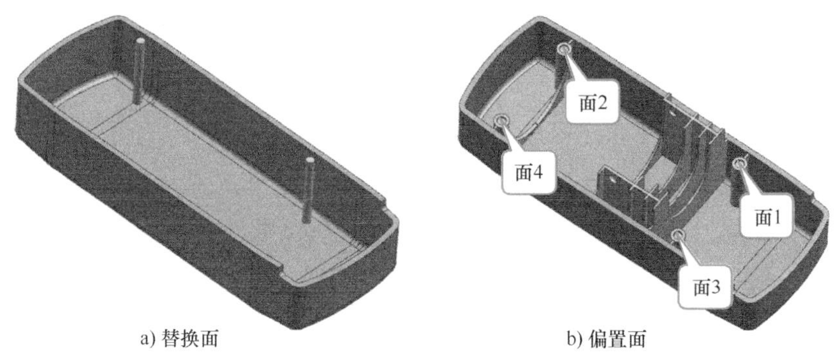

a) 替换面　　b) 偏置面

图 3-74　上、下盖中柱体的制作和修改

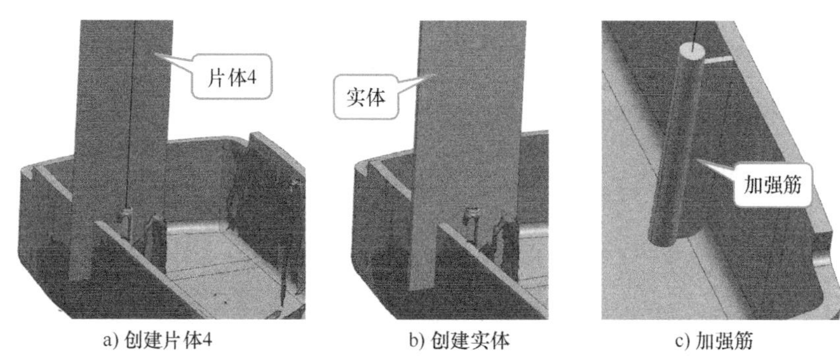

a) 创建片体4　　b) 创建实体　　c) 加强筋

图 3-75　制作加强筋

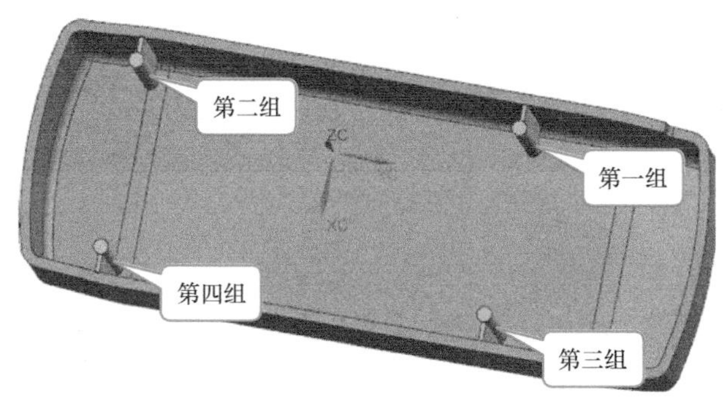

图 3-76　创建柱体和加强筋

（3）制作加强筋

1）使用【抽取几何特征】命令，抽取下盖中的三个面，如图 3-77a 所示。使用【偏置曲面】命令，将面 1 偏置 1mm 得到片体 1，将面 2 和面 3 都偏置 0.3mm，分别得到片体 2 和片体 3，如图 3-77b 所示。将片体 1 加厚 1.2mm 得到实体 1，并用片体 2 和片体 3 对实体 1 进行替换面操作，如图 3-77c 所示。

2）选择加强筋顶面上的一点，创建一条与 XC 轴平行的直线，以该直线为截面曲线，拉伸后得到片体 4，将实体 1 的顶面替换到片体 4，如图 3-78b 所示。对实体 1 拔模，角度为 0.3°。

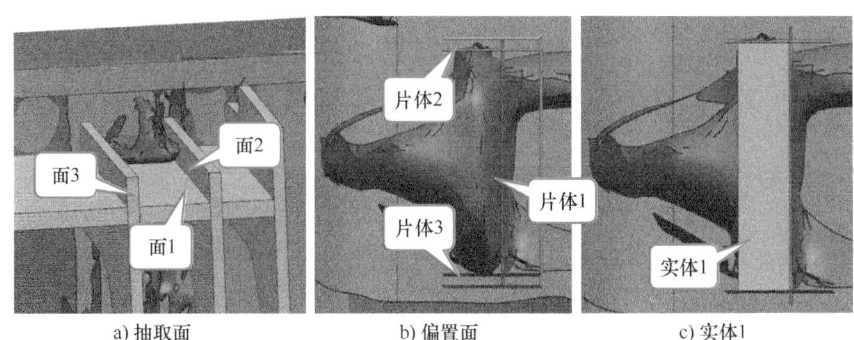

a) 抽取面　　b) 偏置面　　c) 实体1

图 3-77　抽取和偏置片体

3）选择实体 1 顶面上的两个端点创建直线 1。选择直线 1 的中点，创建与 XC 轴平行的直线 2，如图 3-78c 所示。

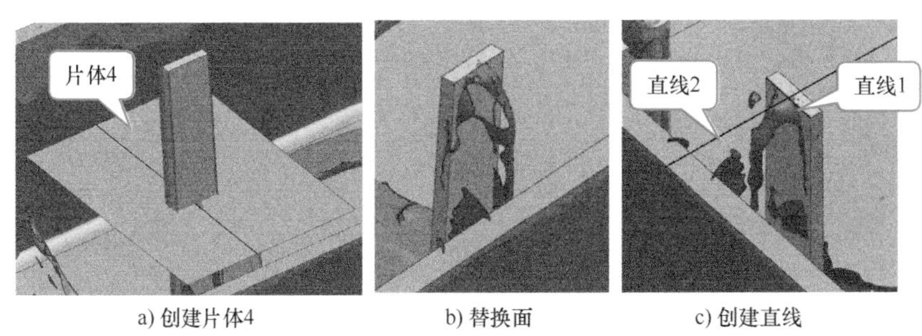

a) 创建片体4　　b) 替换面　　c) 创建直线

图 3-78　制作加强筋

4）以直线 2 为截面曲线，通过拉伸得到片体 5。将片体 5 两侧各加厚 0.5mm 得到实体 2。对实体 2 进行替换面操作后，结果如图 3-79 所示。

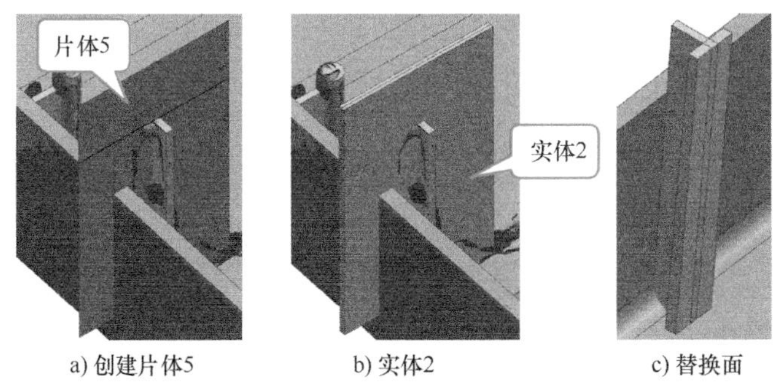

a) 创建片体5　　b) 实体2　　c) 替换面

图 3-79　制作加强筋

5）使用【规律延伸】命令，以 ZC 轴为矢量方向，输入角度规律值 2°，创建片体 6，如图 3-80a 所示。将片体 6 加厚 5mm 得到实体 3，如图 3-80b 所示。替换实体 3 的底面，如图 3-80c 所示。将实体 3 从实体 2 中减去，如图 3-80d 所示。对实体 2 进行拔模，角度为 0.3°。

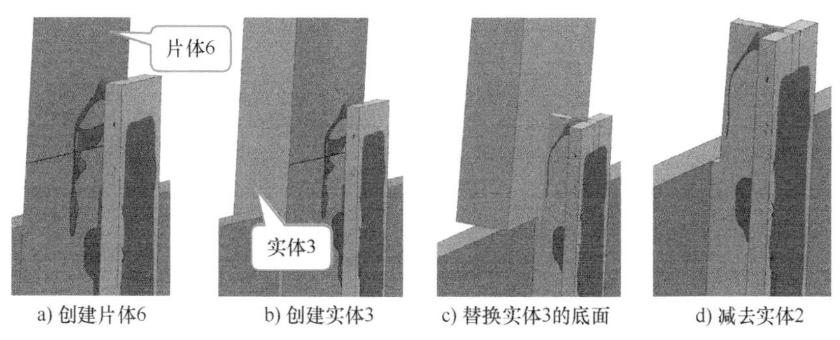

a) 创建片体6　b) 创建实体3　c) 替换实体3的底面　d) 减去实体2

图 3-80　制作加强筋

6）创建一条直线并拉伸成片体 7，以片体 7 为工具对实体 2 进行修剪，如图 3-81 所示。对实体 1 和实体 2 进行合并。使用【变换】命令，将合并后的实体关于 YC-ZC 平面镜像复制，结果如图 3-81d 所示。

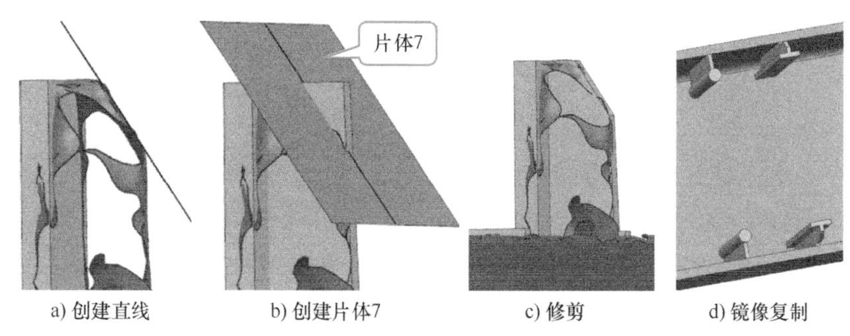

a) 创建直线　b) 创建片体7　c) 修剪　d) 镜像复制

图 3-81　制作加强筋

7）创建一条如图 3-82a 所示与 XC 轴平行的直线。以该直线为截面曲线，沿 YC 轴方向拉伸，创建如图 3-82b 所示的片体 8。

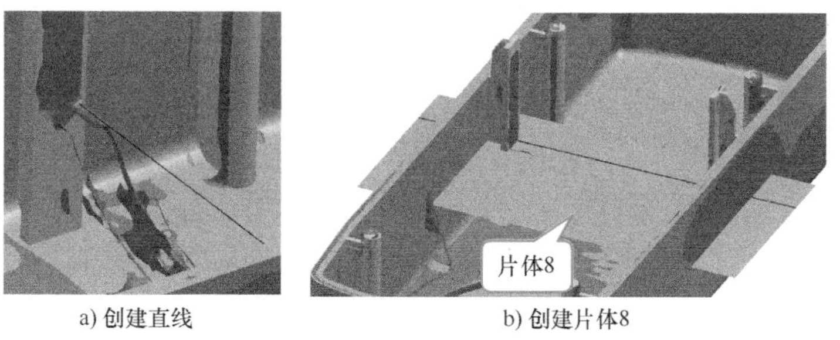

a) 创建直线　b) 创建片体8

图 3-82　制作加强筋

8）以加强筋的一条边为截面曲线，沿 XC 轴方向拉伸得到片体 9，如图 3-83a 所示。将片体 9 单侧加厚 1.3mm 得到实体 4。利用片体 8、加强筋的侧面和主体的底面对实体 4 进行替换面操作，结果如图 3-83b 所示。对实体 4 进行拔模，角度为 0.3°。

9）制作如图 3-84a 所示的圆弧形状的片体 10，以该片体为工具对实体 4 进行修剪，结果如图 3-84b 所示。片体 10 关于 YC-ZC 平面是对称的，制作方法可以参照图 3-29 和图 3-30。使用【边倒圆】命令，选择边 1 和边 2，创建半径为 3mm 的圆角。

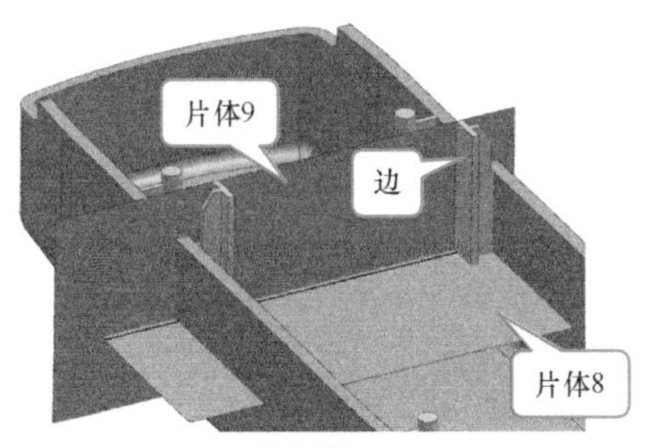

a) 创建片体9

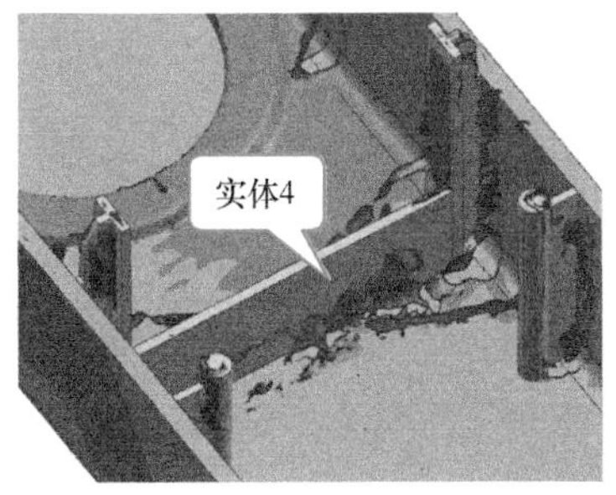

b) 实体4

图 3-83 制作加强筋

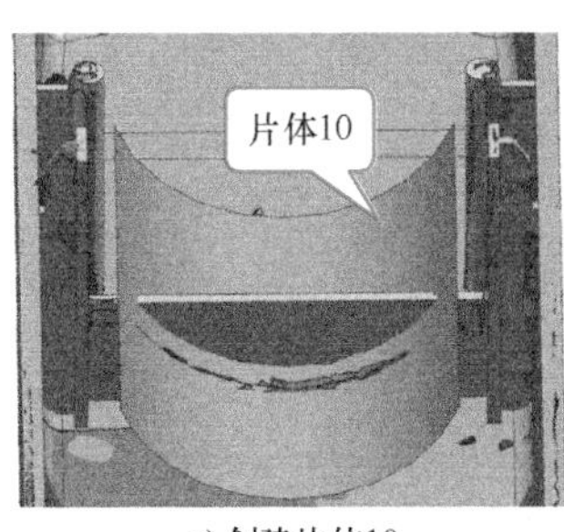

a) 创建片体10

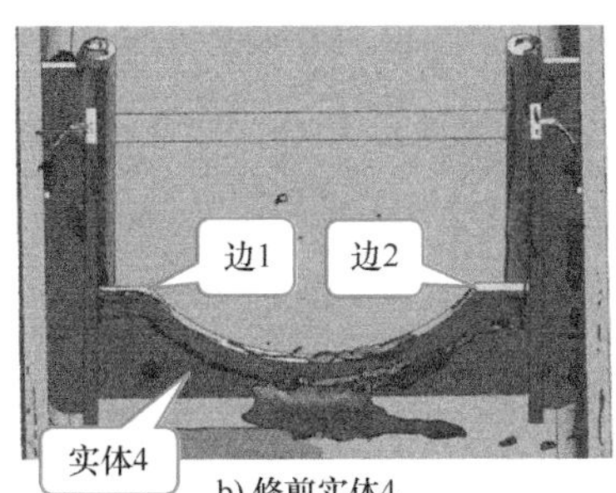

b) 修剪实体4

图 3-84 制作圆弧形中空

10）创建一条平分加强筋的直线，通过该直线沿 ZC 轴方向拉伸得到片体 11。以片体 11 为镜像平面，将实体 4 镜像复制得到实体 5，如图 3-85 所示。

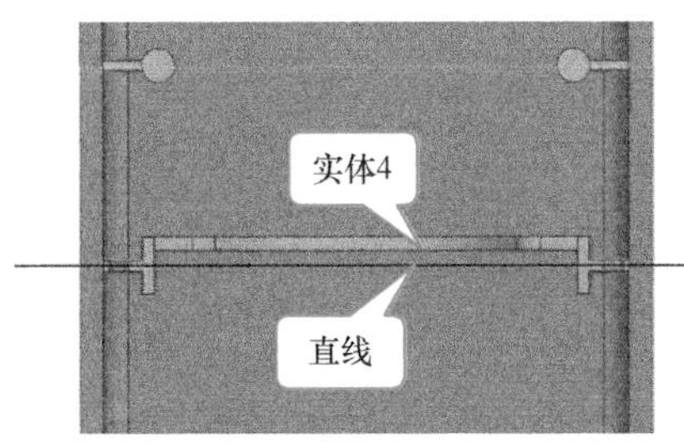

a) 创建直线

b) 实体5

图 3-85 镜像复制

11）选择加强筋上的两个点创建一条直线，如图 3-86a 所示。使用【拉伸】命令，将该直线沿 ZC 轴拉伸得到片体 1，如图 3-86b 所示。将片体 1 加厚 1.3mm 得到一个实体。将该直线沿 YC 轴拉伸得到片体 2。将如图 3-86c 所示的面替换到片体 2，并使用上盖主体的面对该实体进行修剪，得到如图 3-86d 所示的加强筋 1。对加强筋 1 进行拔模，角度为 1°。

12）使用【变换】命令，将加强筋 1 关于 YC-ZC 平面镜像复制，得到加强筋 2。使用【移动对象】命令，选择【复制原先的】，选择加强筋 1 和加强筋 2，将其沿 YC 轴方向移动 -35mm，得到加强筋 3 和加强筋 4，如图 3-87 所示。

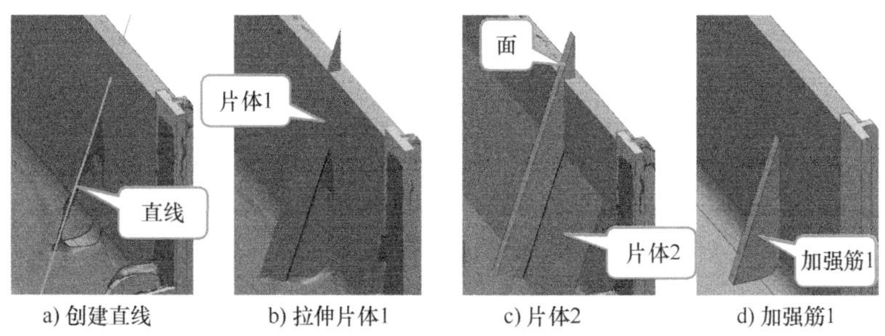

a) 创建直线　b) 拉伸片体1　c) 片体2　d) 加强筋1

图 3-86　制作加强筋

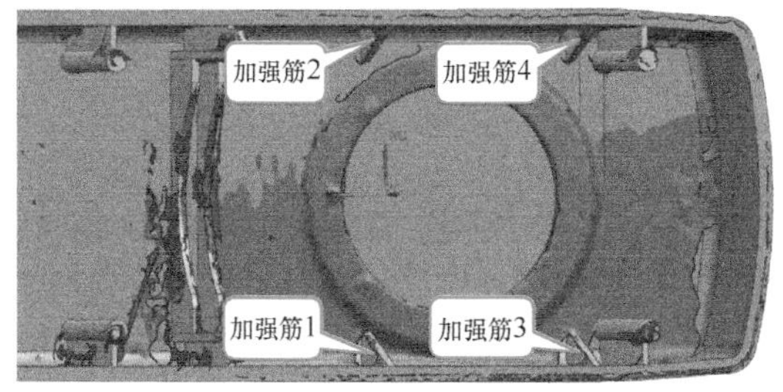

图 3-87　制作加强筋

（4）制作圆孔

1）使用【基本曲线】命令，选择圆孔上的三个点创建一个圆。双击该圆，在弹出的对话框中可以看到该圆的直径约为 36.238 3mm。通过该圆的圆心，创建与 ZC 轴平行的直线 1，如图 3-88a 所示。注意直线 1 不能直接作为圆孔的轴线，因为该直线可能在对称面上。将直线 1 沿 XC 轴方向拉伸得到片体 1，如图 3-88b 所示。

2）使用【图层设置】命令，打开第 99 层，显示之前保存的作为记号的立方块以及表示 ZC 轴方向的直线，如图 3-88a 所示。使用【曲线长度】命令，选择如图 3-88a 所示立方体的边，将其延长得到直线 2。以直线 2 为截面曲线，沿 ZC 轴方向拉伸，得到片体 2，如图 3-88b所示。

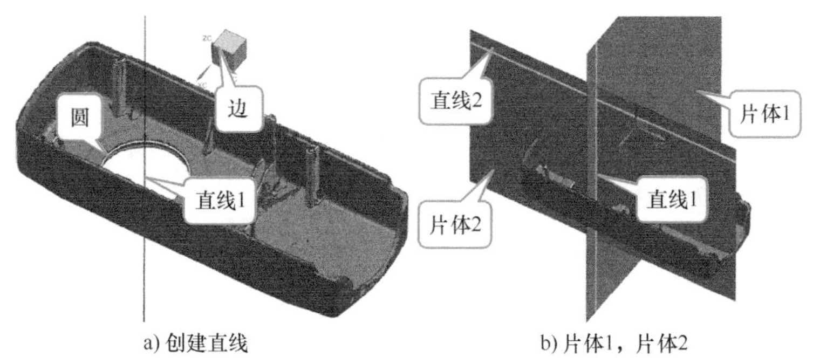

a) 创建直线　b) 片体1，片体2

图 3-88　制作圆孔

3）使用【相交曲线】命令，求得片体 1 和片体 2 的交线，该交线必定位于对称面上，是圆孔的轴线。使用【管道】命令，以圆孔轴线为路径，输入外径值 36.2mm，得到如

图3-89a所示的圆柱体。使用【求差】命令，将该圆柱体从上盖主体中减去，结果如图3-89b所示。

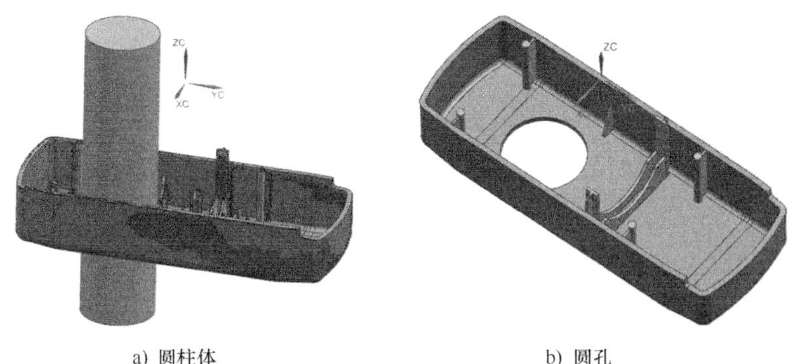

a) 圆柱体　　b) 圆孔

图3-89　制作圆孔

4）使用【扩大】命令，选择如图3-89a所示的圆柱体，得到如图3-90a所示的片体3。经测量，图3-90a所示凸台的高度约为0.973 5mm、外径约为2.895 3mm。将片体3加厚3mm得到一个圆环形实体。使用【偏置曲面】命令，选择面1将其向上偏置1mm得到片体4。使用【替换面】命令，将面2替换到片体4，将面4替换到面3。第一个圆环形凸起制作完毕，如图3-91a所示。

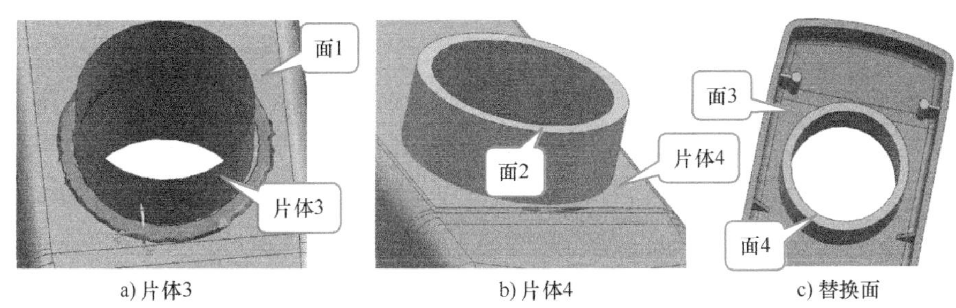

a) 片体3　　b) 片体4　　c) 替换面

图3-90　制作圆环形凸起

5）经测量第二个圆环形凸起的高度约为1.372 4mm、外径约为6.566 3mm，由此确定高度为1.5mm、外径为6.5mm。第二个凸起的创建方法与第一个凸起类似，此处不再赘述，结果如图3-91b所示。将这两个凸起和上盖主体进行合并。

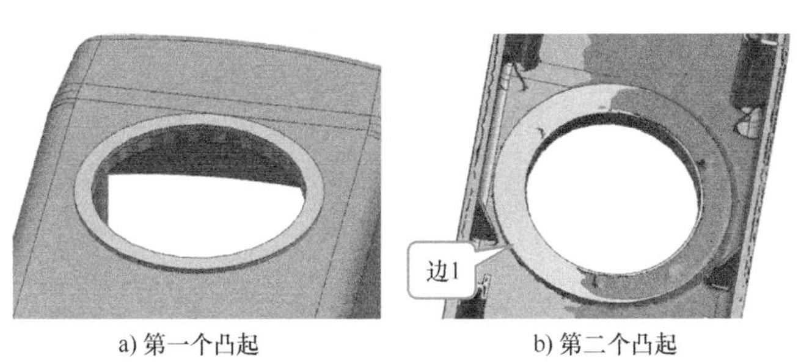

a) 第一个凸起　　b) 第二个凸起

图3-91　制作圆环形凸起

6）如图3-92a所示，圆孔的内表面由三个面组成，使用【删除面】命令，删除其中两个面，结果如图3-92b所示。对图3-91和图3-92所示的边1、边2和边3进行拔模，角度分别为5°、3°和10°。

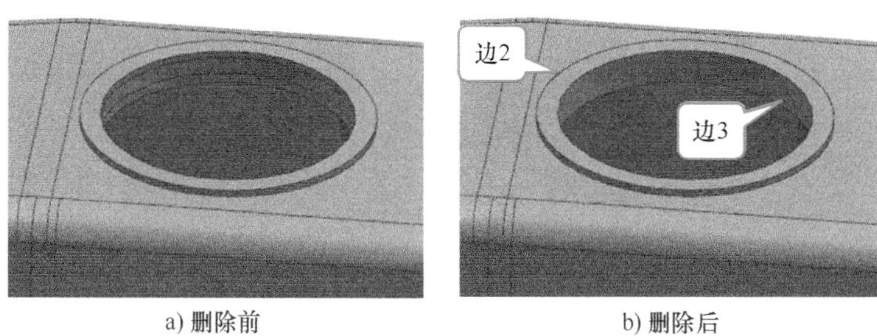

a) 删除前　　b) 删除后

图3-92　删除碎面

7）使用【边倒圆】命令，创建如图3-93所示的三个半径为1mm的圆角。

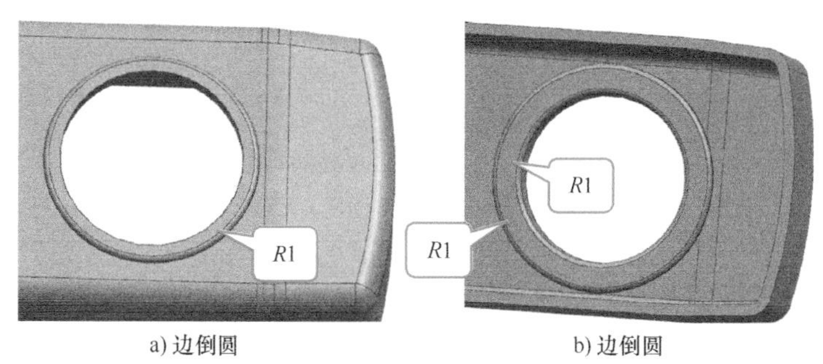

a) 边倒圆　　b) 边倒圆

图3-93　边倒圆

（5）制作圆弧形缺口

1）使用【基本曲线】命令，选择圆弧形缺口上的三个点创建一个圆弧，并使用【曲线长度】命令将其延长，如图3-94a所示。以该圆弧为截面曲线，沿YC轴方向拉伸得到一个片体，如图3-94b所示。以YC-ZC平面为工具，对其进行修剪，如图3-94c所示。使用【变换】命令，将修剪后的片体关于YC-ZC平面镜像复制，如图3-94d所示。

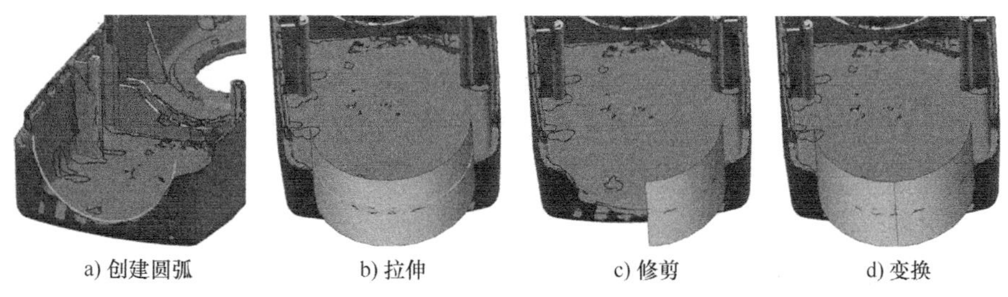

a) 创建圆弧　　b) 拉伸　　c) 修剪　　d) 变换

图3-94　制作圆弧形缺口

2）选择如图3-95a所示片体的三个端点创建一个圆弧。以该圆弧为截面曲线，沿YC轴方向拉伸得到一个片体，如图3-95b所示。

3）使用【变换】命令，将片体1关于片体3镜像复制，得到片体2，如图3-96a所示。

以片体 1 和片体 2 为工具，分别对上盖和下盖进行修剪，如图 3-96b 所示。使用【边倒圆】命令，创建 4 个半径为 5mm 的圆角，如图 3-96c 所示。

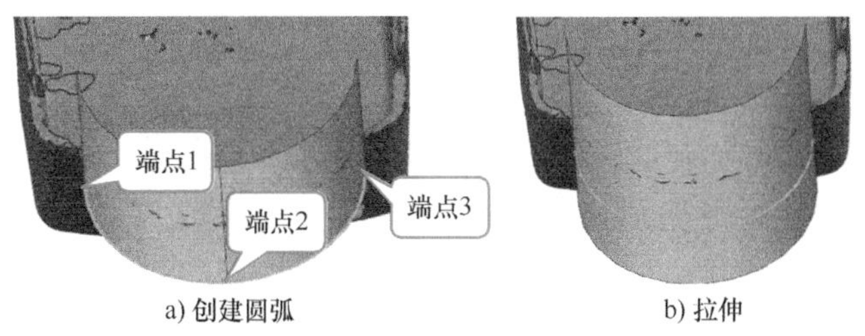

a) 创建圆弧　　b) 拉伸

图 3-95　制作圆弧形缺口

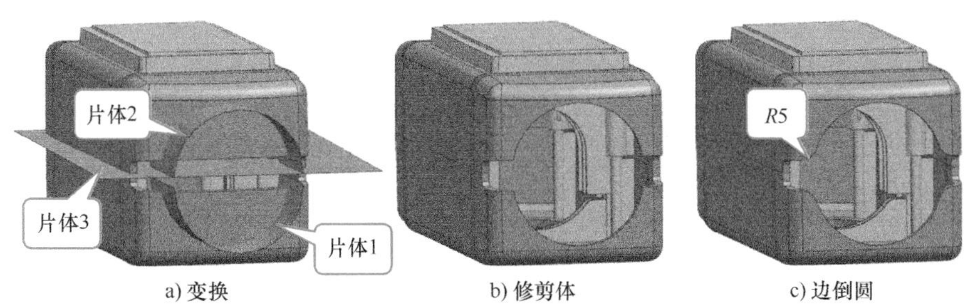

a) 变换　　b) 修剪体　　c) 边倒圆

图 3-96　制作圆弧形缺口

4. 细节完善

细节完善主要是制作下盖的凸台部分以及上盖和下盖之间的配合部分。制作配合部分时要特别注意是否符合产品成型工艺要求。考虑到塑料产品在成型过程中不可避免地会产生变形，所以在制作上、下盖的配合表面时，需要在两者之间留出 0.3mm 左右的间隙。这样即使产生轻微变形，上下盖也能够正确装配。同时，为了使产品外形美观，一般间隙取在产品的内侧。具体步骤如下所述。

1）打开第 10 层，显示下盖。使用【替换面】命令，将凸台的底面（面 1）替换为下盖主体的面 2，如图 3-97a、b 所示。使用【修剪体】命令，在选择条中选择【体的面】，选择凸台的面对下盖主体进行修剪，如图 3-97c 所示。使用【抽壳】命令对凸台进行抽壳，抽壳厚度为 2.4mm，如图 3-97d 所示。使用【合并】命令，将凸台和下盖主体进行合并。

2）使用【边倒圆】命令，创建 4 个半径为 2mm 的圆角，如图 3-98a 所示；创建 2 个半径为 0.5mm 的圆角，如图 3-98b 所示。创建 8 个半径为 0.5mm 的圆角，如图 3-99a 所示；创建半径为 0.5mm 和 1mm 的圆角，如图 3-99b 所示。

3）使用【替换面】命令，将 U 形筋底面的碎面替换成面 2，如图 3-100 所示。

4）使用【替换面】命令，将如图 3-100b 所示的面 2 替换到如图 3-99a 所示的面 1，结果如图 3-101a 所示。使用【修剪体】命令，选择主体中与 U 形筋相交的面，对 U 形筋进行修剪，结果如图 3-101b 所示。

5）对如图 3-102a 所示的两个柱体同样进行替换面和修剪体操作。使用【边倒圆】命令，创建半径为 1mm 的圆角，如图 3-102b 所示。

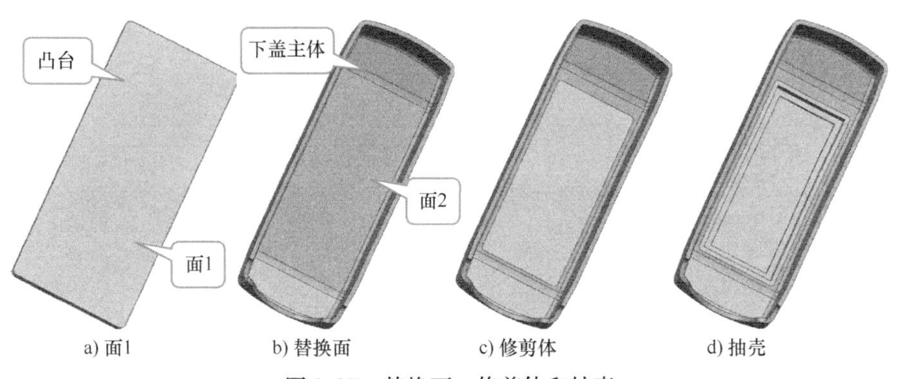

a) 面1　b) 替换面　c) 修剪体　d) 抽壳

图 3-97　替换面、修剪体和抽壳

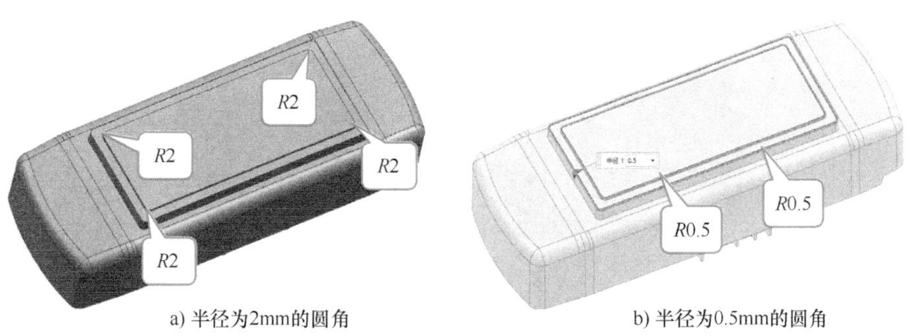

a) 半径为2mm的圆角　b) 半径为0.5mm的圆角

图 3-98　创建圆角

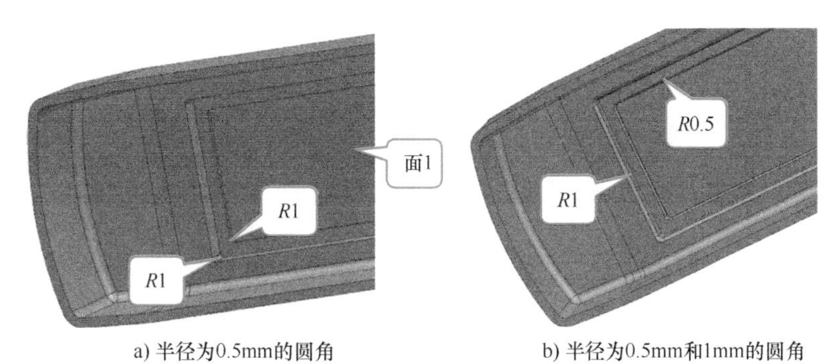

a) 半径为0.5mm的圆角　b) 半径为0.5mm和1mm的圆角

图 3-99　创建圆角

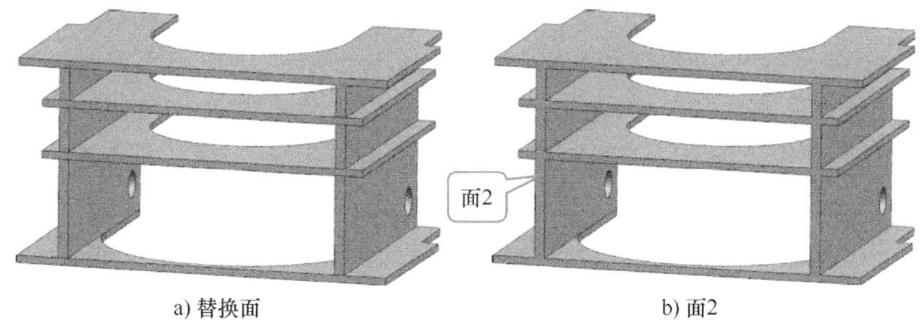

a) 替换面　b) 面2

图 3-100　删除碎面

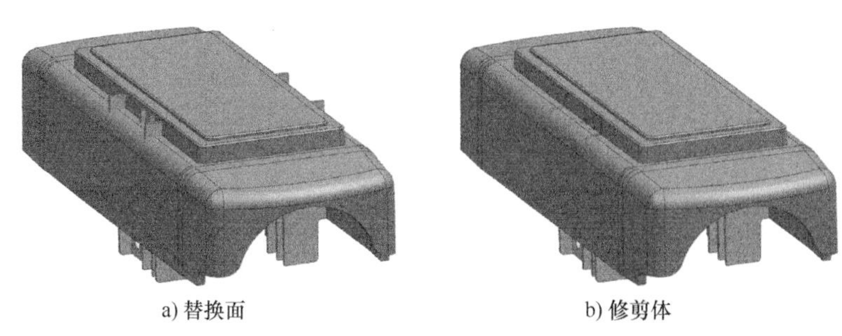

a) 替换面　　b) 修剪体

图 3-101　替换面和修剪体

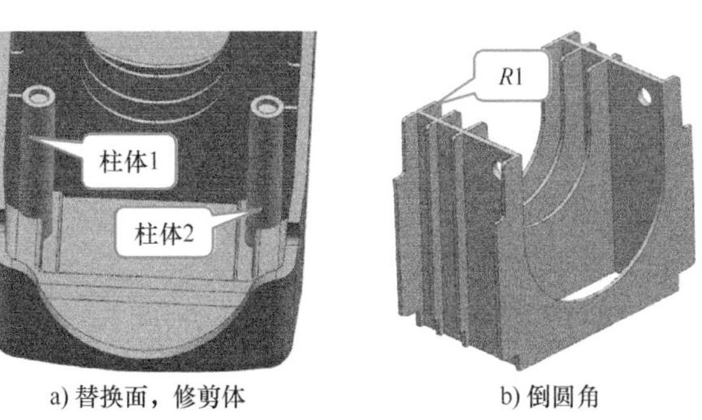

a) 替换面，修剪体　　b) 倒圆角

图 3-102　替换面、修剪体和倒圆角

6）使用【扩大】命令，得到片体 1。使用【偏置曲面】命令，将片体 1 向下偏置 1mm，得到片体 2，如图 3-103 所示。

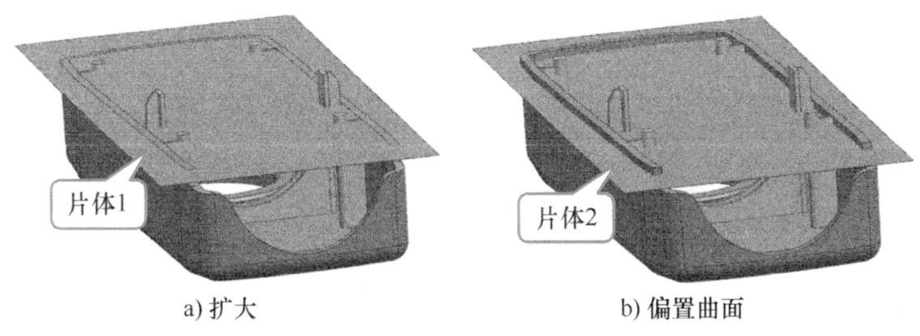

a) 扩大　　b) 偏置曲面

图 3-103　扩大和偏置曲面

7）使用【拆分体】命令，以片体 2 为工具对上盖主体进行拆分得到实体 1，如图 3-104a所示。使用【偏置曲面】命令，选择实体 1 的外侧面，将其向内偏置 1mm，得到片体 3，如图 3-104b、图 3-105a 所示。

8）使用【延伸片体】命令将片体 3 延伸，使片体 3 超出实体 1，如图 3-105b 所示。使用【拆分体】命令，以片体 3 为工具对实体 1 进行拆分，得到实体 2 和实体 3，如图 3-105c 所示。

9）使用【合并】命令，将如图 3-106a 所示的上盖主体、实体 2、加强筋和柱体等进行合并。使用【偏置面】命令，将实体 3 的底面和右侧面偏置 0.3mm，使实体 3 与上盖的两个配合面处有 0.3mm 的间隙，如图 3-106b 所示。使用【合并】命令，将如图 3-106c 所示的下盖主体、实体 3、U 形筋和柱体等进行合并。

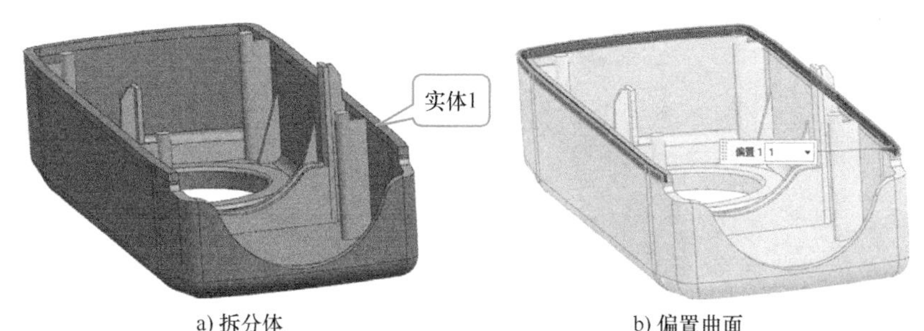

a) 拆分体　　b) 偏置曲面

图 3-104　拆分体和偏置曲面

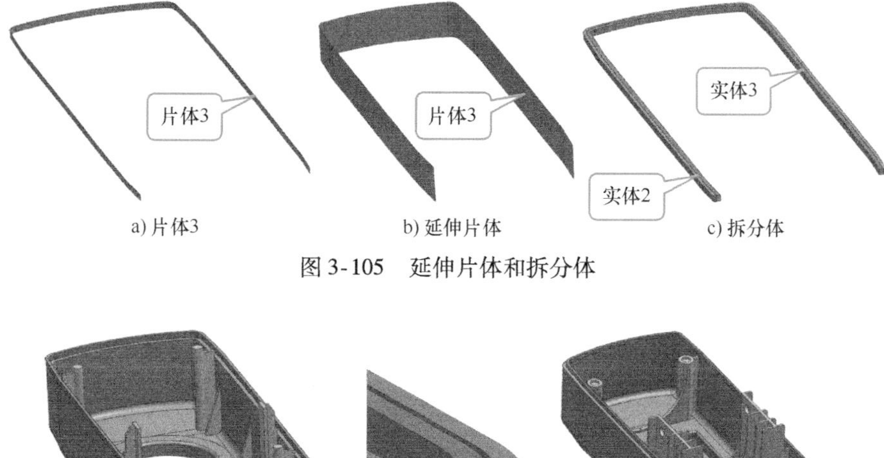

a) 片体3　　b) 延伸片体　　c) 拆分体

图 3-105　延伸片体和拆分体

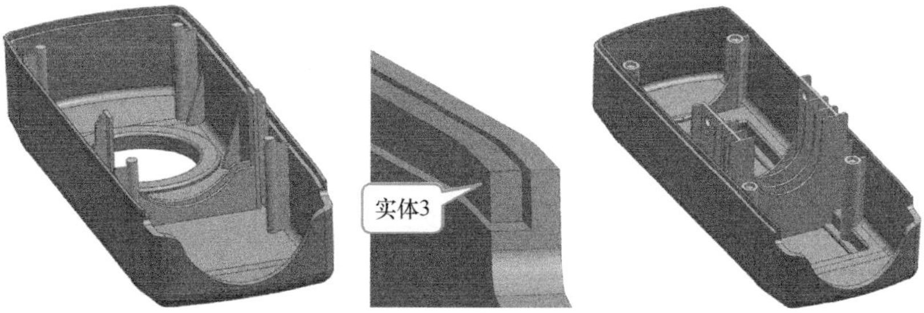

a) 合并　　b) 偏置面　　c) 合并

图 3-106　合并和偏置面

10）挤牙膏器制作完成，最终效果如图 3-107 所示。

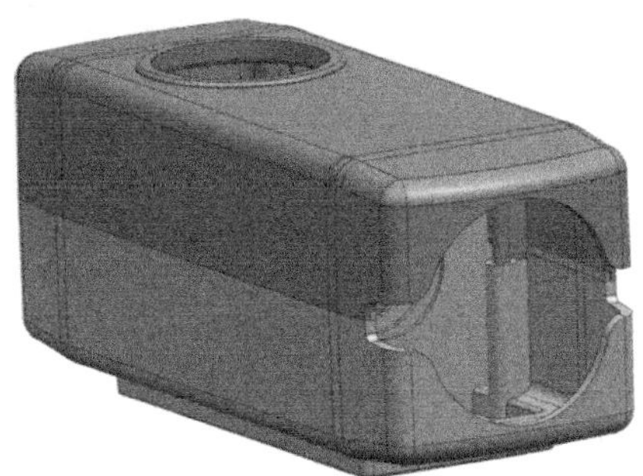

图 3-107　挤牙膏器最终效果

第4章 Chapter 工业产品逆向工程

4.1 产品分析

本章介绍涡轮叶片的逆向过程。涡轮叶片是燃气涡轮发动机中涡轮段的重要组成部件。典型的产品是由曲面组成的回转体，结构如图 4-1 所示。外观特点分析如下。

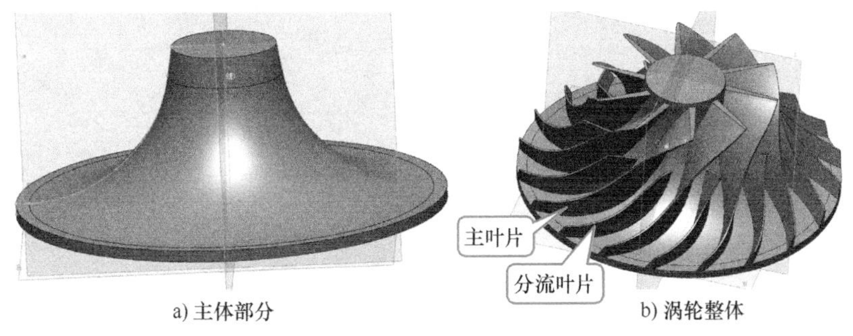

a) 主体部分　　b) 涡轮整体

图 4-1　涡轮叶片

1）由主体和叶片两部分组成，其中叶片部分又可以分为主叶片和分流叶片，所有叶片沿轴向对称分布。

2）在制作叶片时，只需制作其中一组，其余可以通过阵列的方式得到。

3）逆向建模的重点和难点在于回转截面的制作。

4.2 软硬件选配

涡轮叶片逆向过程软硬件选配如图 4-2 所示，即产品测绘选择手持激光扫描仪 BYSCAN510 及配套扫描软件 ScanViewer；数据处理软件选择 Geomagic Design X；建模实施软件选择 Geomagic Design X。

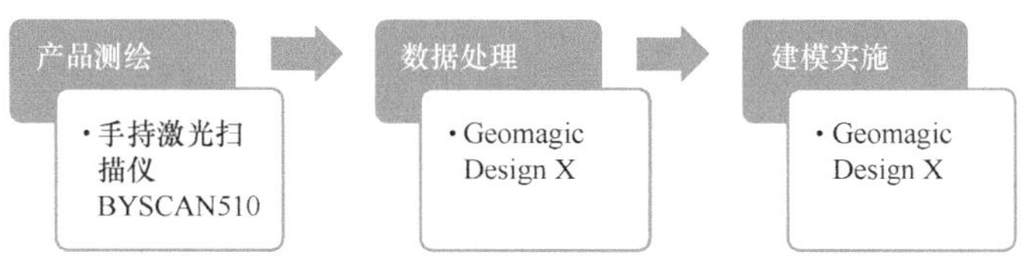

图 4-2　软硬件选配

4.3 常用功能命令

Geomagic Design X 的草图模块在逆向建模过程中的主要功能是利用基准平面的偏移平面截取模型特征的轮廓线，并利用其草图绘制功能对截取的截面轮廓线进行绘制、拟合和约束等操作，使其尽可能精确地反映模型的真实轮廓。

Geomagic Design X 的领域模块主要作用是根据扫描数据的曲率和特征将面片划分为不同的几何区域。包含的主要功能有：

1）自动分割领域。

2）重新对局部进行领域划分。

3）手动合并、分割、插入、分离、扩大与缩小领域。

4）定义划分领域的公差与孤立点比例。

使用 Geomagic Design X 软件对涡轮叶片产品进行数据处理和逆向建模时的常用功能指令有：修补精灵、加强形状、面片的优化、平滑、填孔、直线、圆角、智能尺寸、回转、自动分割、放样向导和剪切曲面等。

4.4 产品测绘

涡轮叶片的产品测绘大致分为三个步骤：粘贴标记点；扫描标记点；扫描涡轮叶片。

1. 粘贴标记点

开始扫描前，先在涡轮叶片的正反面都贴上标记点，如图 4-3 所示，并且在正面和反面的过渡区域贴上 5 ~6 个标记点。当正面扫描完成后，翻转过来扫描反面的时候，注意不要碰落或移动过渡区域的标记点，否则可能会影响拼接的准确性。

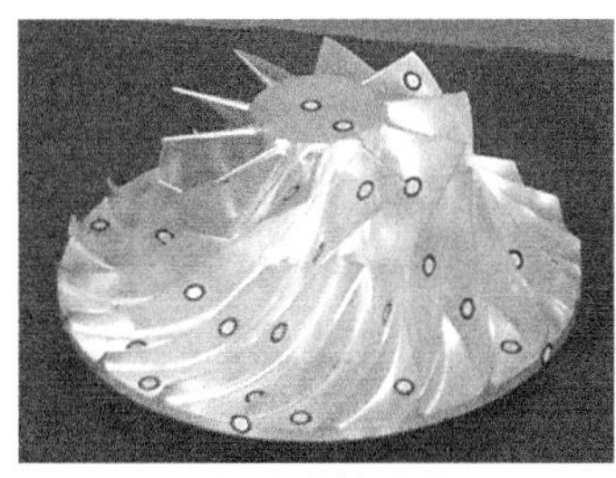

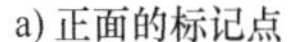
a) 正面的标记点

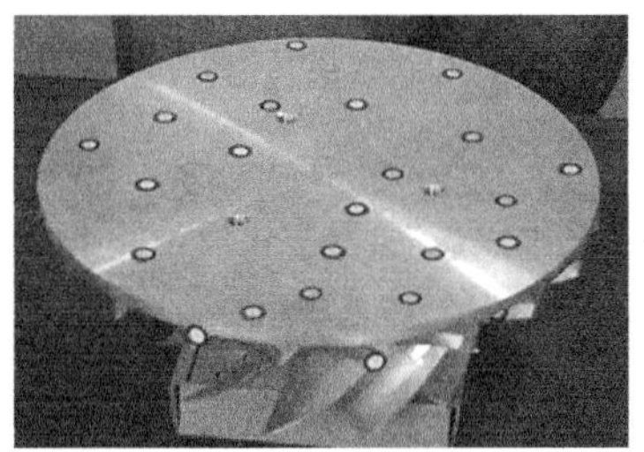
b) 反面的标记点

图 4-3　粘贴标记点

2. 扫描标记点

使用手持激光扫描仪 BYSCAN510 扫描物体时可以直接扫描激光点，也可以先扫描标记点再扫描激光点，后者的扫描精度更高，而且扫描过程中过渡方便。涡轮叶片的正反面过渡区域是垂直于底面的比较窄的圆周区域，实际操作表明，直接扫描激光点的方式很容易造成拼接失败，所以这里采用先扫描标记点再扫描激光点的方式，并且在扫描标记点时使用辅助板的方式。

1）打开手持激光扫描仪 BYSCAN510 的配套扫描软件 ScanViewer。

2）在【扫描】控制面板中，将【扫描解析度设置】设为 1mm，将【曝光参数设置】设为 1ms，选中【标记点】选项后单击【开始】按钮，如图 4-4 所示。

3）如图 4-5 所示，摆放好涡轮叶片，将扫描仪正对涡轮叶片，按下扫描仪上的扫描键，开始扫描。扫描标志点时的软件界面如图 4-6 所示。

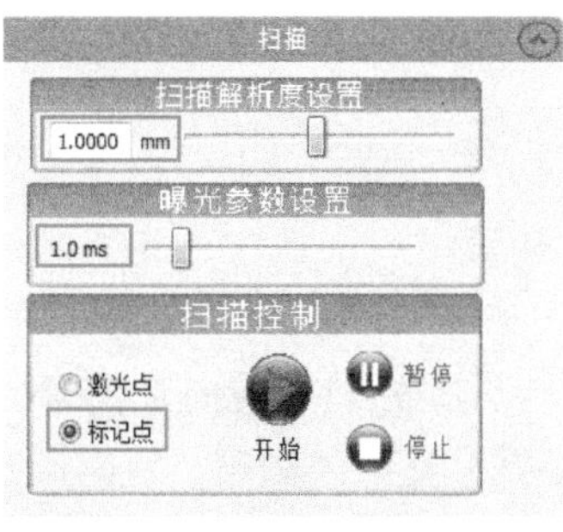

图 4-4　扫描标记点的参数设置

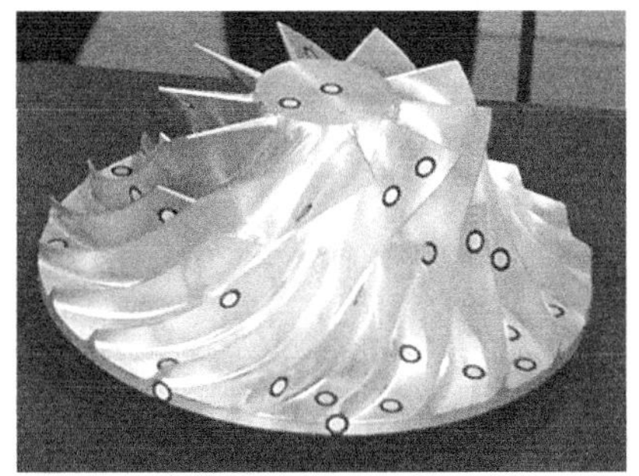
图 4-5　摆放好涡轮叶片

4）扫描好涡轮叶片正面的标记点之后，在工作台上放置辅助板并调整涡轮叶片的摆放位置，使其正反面的标记点都能扫描到，如图 4-7 所示。由于涡轮叶片的正反面呈 90°过渡，如果直接扫描正面和反面，则正反面标记点的相对位置关系不便于确定，所以这里使用了辅助板。首先扫描涡轮叶片的正面和辅助板，由此确定涡轮叶片正面的标记点和辅助板上标记点的相对位置关系，然后扫描涡轮叶片的反面和辅助板，由此确定涡轮叶片反面的标记点和辅助板上标记点的相对位置关系。这样，以辅助板上的标记点为“桥梁”，便确定了涡轮叶片正面和反面标记点的相对位置关系。

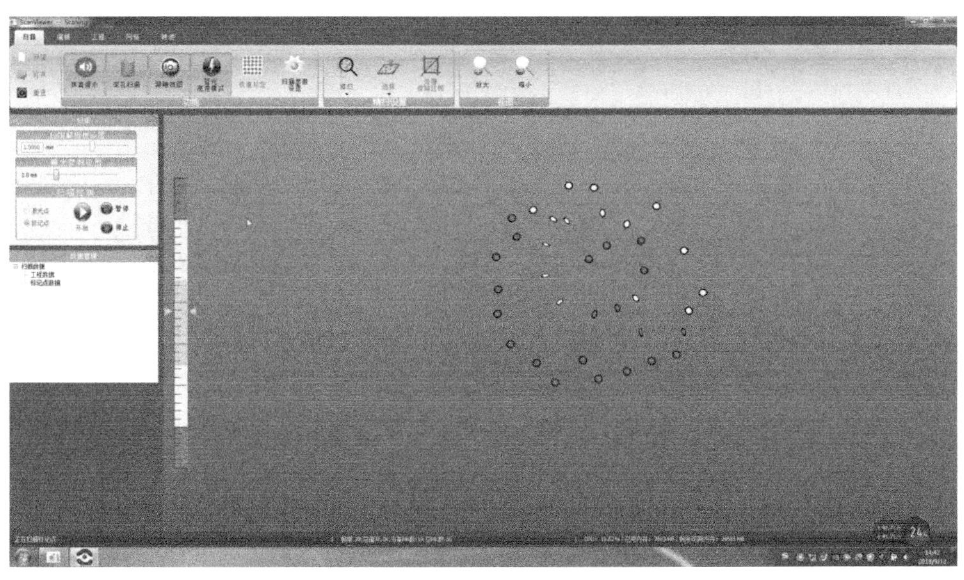

图 4-6　扫描标志点时的软件界面

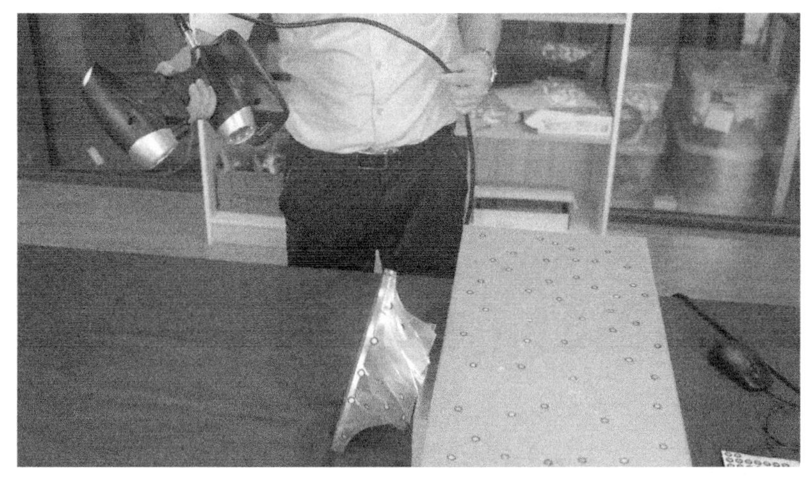

图 4-7　使用辅助板

5）最后，删除扫描到的辅助板上的标记点，如图 4-8 所示，标记点扫描完成。

3. 扫描涡轮叶片

标记点扫描完成之后，接下来扫描涡轮叶片。涡轮叶片之间的区域比较难扫描到，为便于扫描，可以采用单束光扫描的方式。

1）在扫描控制面板中，将【扫描解析度设置】设为 0.5mm，将【曝光参数设置】设为 1ms，选中【激光点】选项后单击【开始】按钮，在弹出的下拉列表中选择【红光】，如图 4-9 所示。

2）摆放好涡轮叶片，使其正面朝上，将扫描仪正对涡轮叶片，按下扫描仪上的扫描键，开始扫描。扫描激光点时的软件界面如图 4-10 所示。

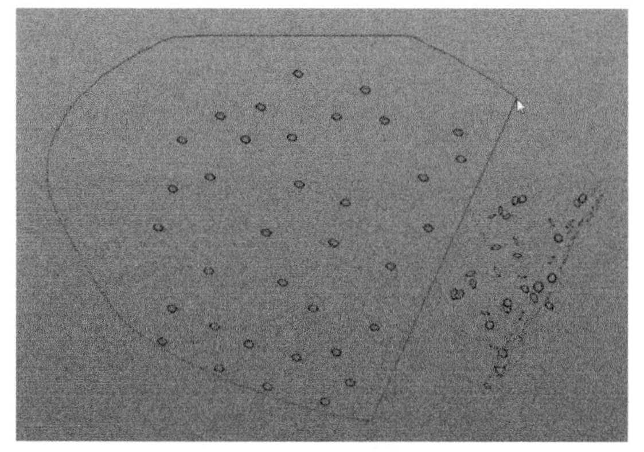

图 4-8　选择辅助板上的标记点并删除

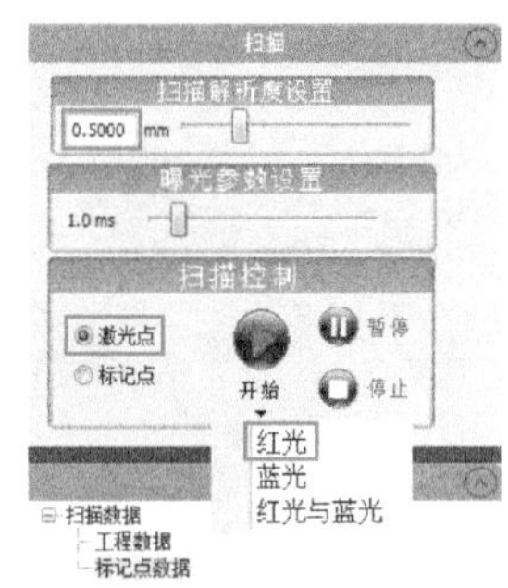

图 4-9　扫描激光点的参数设置

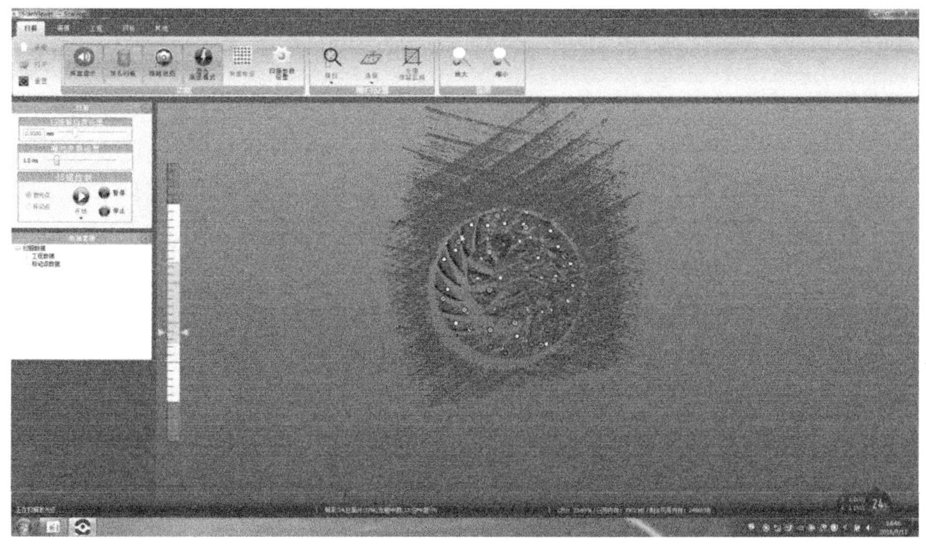

图 4-10　扫描激光点时的软件界面

叶片之间的区域比较难扫描，双击扫描仪上的扫描键，可以切换到单束激光扫描的模式，此时的软件界面如图 4-11 所示。单束光和多束光交替使用，有助于扫描到叶片之间的区域，如图 4-12 所示。

按下扫描仪上的视窗放大键，可以放大视图，从而便于观察扫描区域，如图 4-13 所示。同样，按下扫描仪上的视窗缩小键，可以缩小视图。

3）正面扫描好之后，按下扫描仪上的扫描键停止扫描，再单击扫描软件上的【暂停】按钮。使用套索工具选中扫描到的无关数据，按下键盘上的【Delete】键将其删除，如图 4-14所示。

4）调整涡轮叶片的摆放位置，使其反面朝上，单击软件界面上的【开始】按钮，在弹出的下拉列表中选择【红光】，如图 4-9 所示。然后按下扫描仪上的扫描键，开始扫描，如图 4-15 所示。

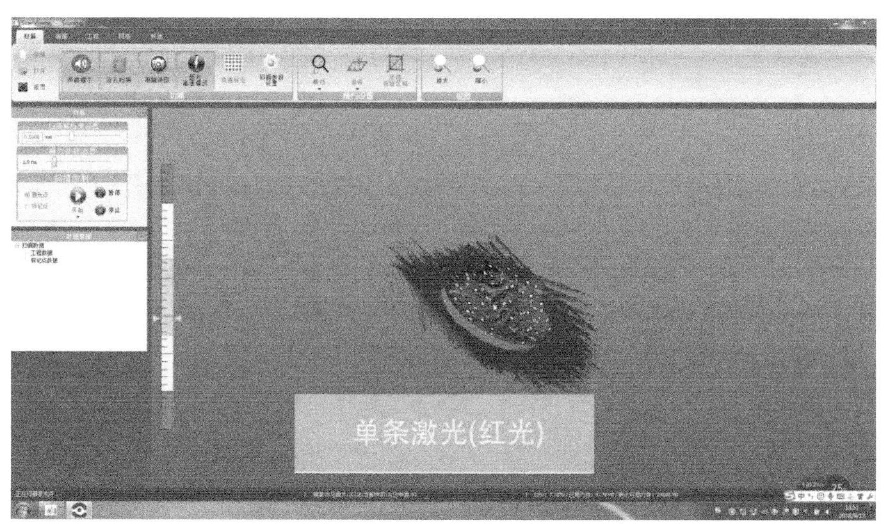

图 4-11　单束激光扫描时的软件界面

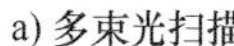
a) 多束光扫描

b) 单束光扫描

图 4-12　多束光扫描与单束光扫描

5）反面扫描好之后，按下扫描仪上的扫描键停止扫描，再单击扫描软件上的【停止】按钮。使用套索工具选中扫描到的无关数据，按下键盘上的【Delete】键将其删除，如图 4-16 所示。

6）单击【工程】选项卡中的【生成网格】按钮，系统开始生成网格，并显示进度条，生成的涡轮叶片网格模型如图 4-17a 所示。

7）单击【网格】选项卡中的【保存】按钮，在弹出的下拉列表中选择“网格文件（*.STL）”（图 4-17b），弹出【另存为】对话框，选择保存路径并输入文件名“涡轮叶片”后，单击【保存】按钮。

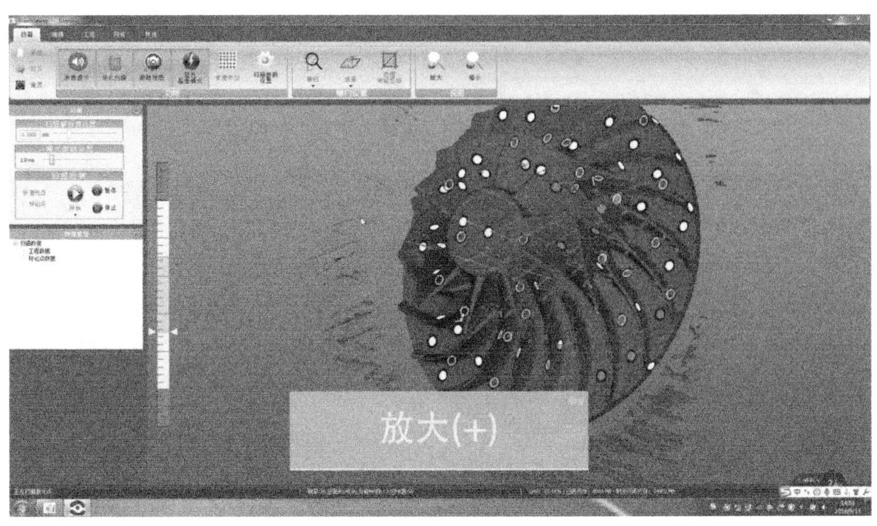

图 4-13　放大视图

图 4-14　选中并删除无关数据

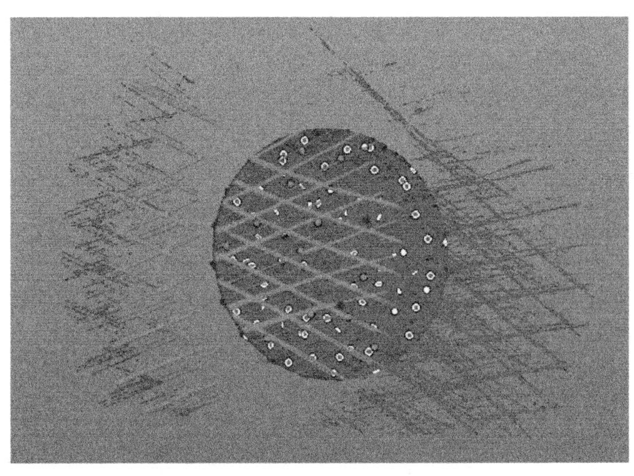

图 4-15　扫描涡轮叶片的反面

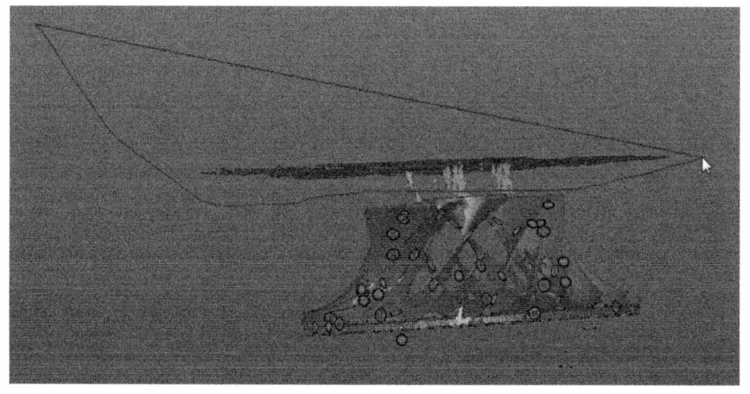

图 4-16 删除无关的扫描数据

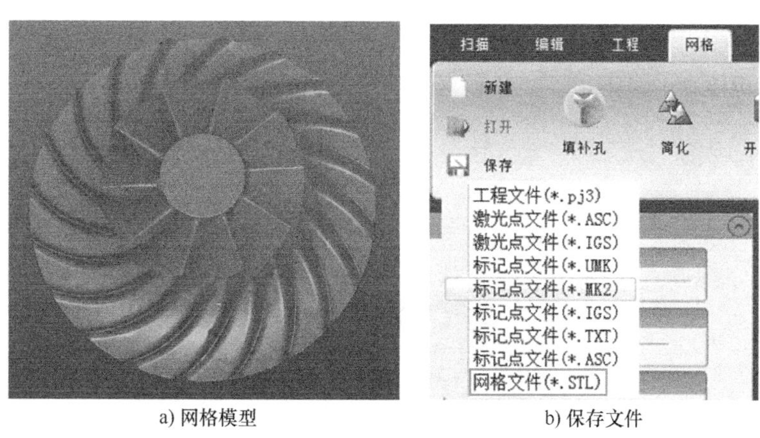

a) 网格模型　　b) 保存文件

图 4-17 生成网格模型并保存

4.5 数据处理

下面使用 Geomagic Design X 软件对涡轮叶片进行填孔等数据修复处理并为其创建坐标系。

1）导入模型。启动 Geomagic Design X 应用软件，单击界面左上方的【导入】按钮（图 4-18），选择扫描生成的模型数据后单击【仅导入】，（图 4-19），涡轮叶片模型就导入到 Geomagic Design X 软件中了，如图 4-20 所示。

2）单击【多边形】模块中的【修补精灵】按钮，弹出【修补精灵】对话框，软件会自动检索面片模型中存在的各种缺陷，如非流形顶点、重叠单元面、悬挂的单元面、交差单元面等。如图 4-21 所示，单击✓按钮，软件自动修复检索到的缺陷。

图 4-18　单击【导入】按钮

图 4-19　【导入】对话框

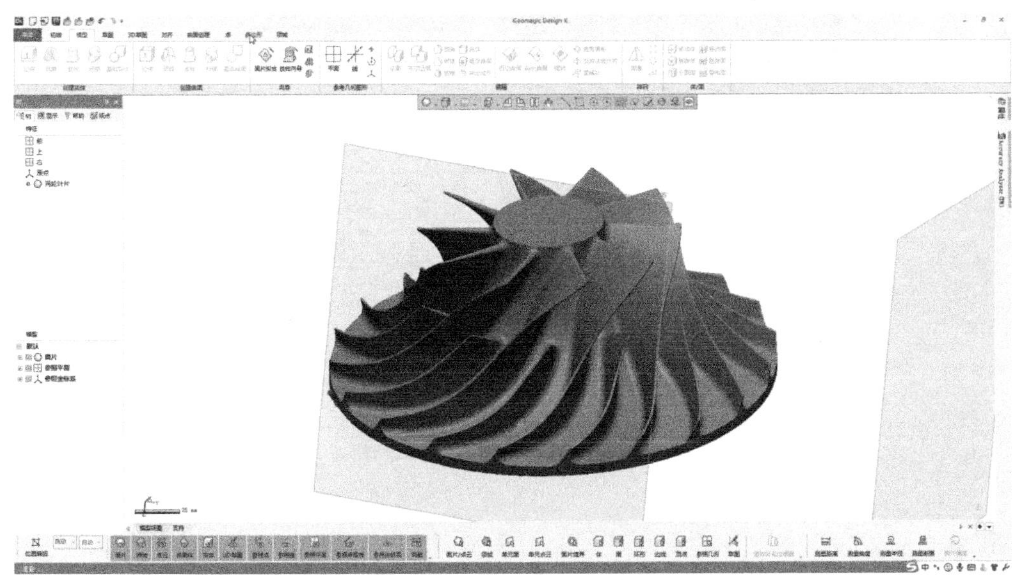

图 4-20　导入涡轮叶片模型

3）单击【多边形】模块中的【加强形状】按钮，弹出图 4-22 所示的对话框。【锐度】表示设置执行锐化的尖锐区域范围。【整体平滑】表示设置执行平滑的圆角区域范围。【加强水平】表示设置执行操作的迭代次数。这里将这三个选项都保持默认值，然后单击☑按钮完成操作。加强形状用于锐化面片上的尖锐区域（棱角），同时平滑平面或圆柱面区域，进而提高面片的质量。

4）单击【多边形】模块中的【整体再面片化】按钮，弹出如图 4-23b 所示的对话框。保持默认的参数设置，单击☑按钮完成操作。使用【整体再面片化】命令，系统会重新计算整体面片并提高面片质量。

5）通过旋转、平移、放大、缩小等方式观察涡轮叶片模型，查找是否存在缺陷，图 4-24a 所示为其中一处缺陷。

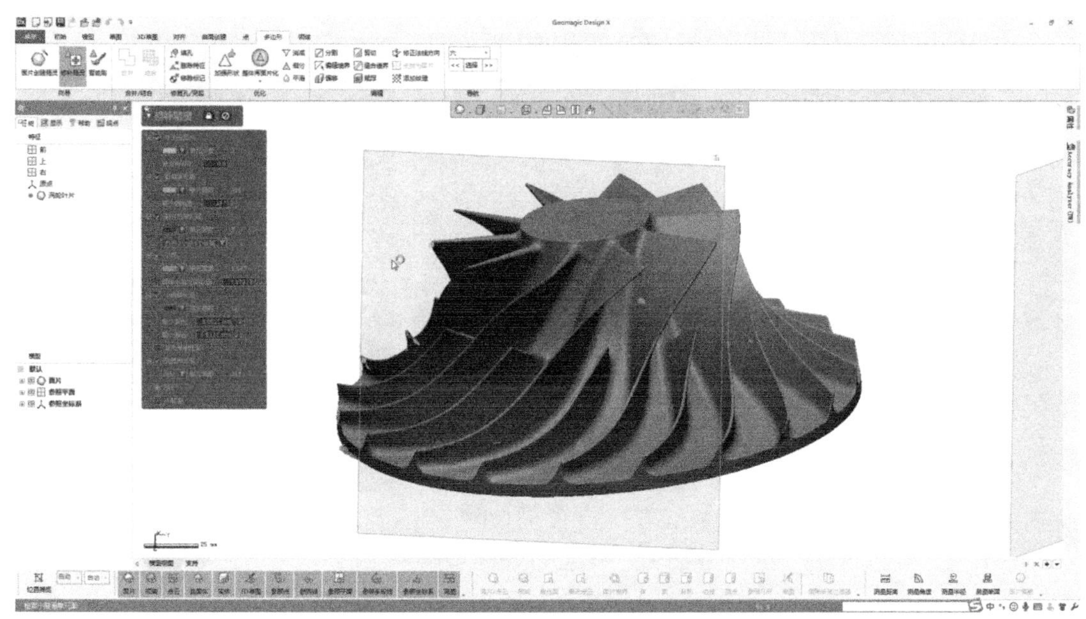

图 4-21　使用【修补精灵】自动修复面片缺陷

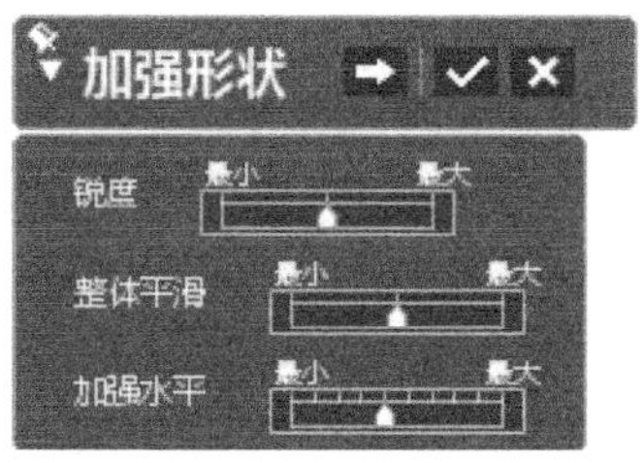

图 4-22　【加强形状】对话框

a) 单击【整体再面片化】按钮

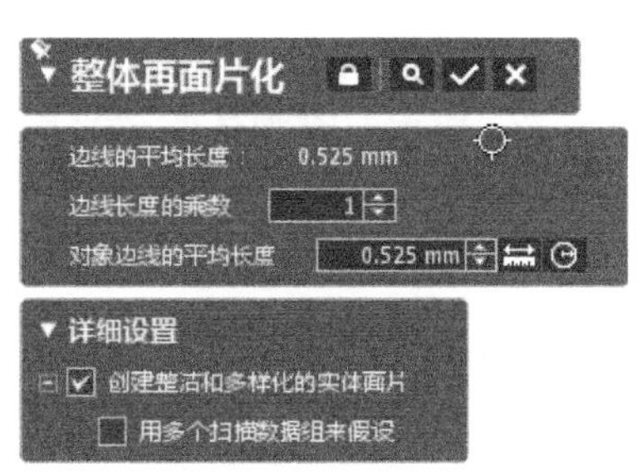

b) 【整体再面片化】对话框

图 4-23　整体再面片化

首先尝试用【删除特征】命令修复该处缺陷，该命令会移除所选单元面并通过智能填孔修复该区域。使用如图 4-25 所示的套索工具选择缺陷区域，单击【多边形】模块中的【删除特征】命令，弹出图 4-26a 所示的对话框，参数设置保持默认，单击☑按钮完成操作，效果如图 4-24c 所示。由于修复效果不好，所以按下键盘上的【Ctrl + Z】撤销删除特征操作。

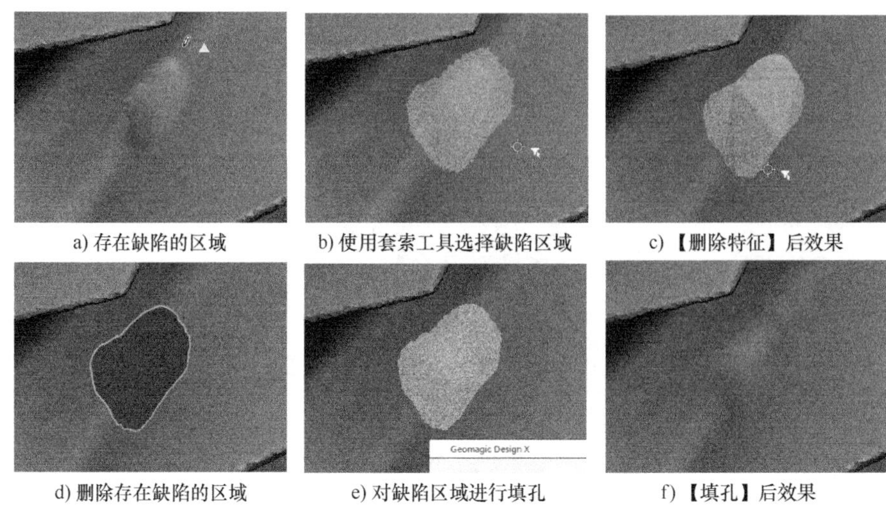

a) 存在缺陷的区域　b) 使用套索工具选择缺陷区域　c) 【删除特征】后效果

d) 删除存在缺陷的区域　e) 对缺陷区域进行填孔　f) 【填孔】后效果

图 4-24　修复存在缺陷的区域

图 4-25　选择套索工具并选择仅可见

接下来尝试用【填孔】命令修复该处缺陷。使用套索工具选择该处缺陷区域并按下键盘上的【Delete】键将其删除。单击【多边形】模块中的【填孔】按钮，弹出图 4-26b 所示的【填孔】对话框，选择图 4-24d 所示的孔，参数设置保持默认，单击按钮完成操作，效果如图 4-24f 所示。采用删除缺陷区域后再填孔的修复方法效果较好。单击对话框中的按钮，关闭对话框。

继续查找涡轮叶片中是否存在其他缺陷，若存在可继续用删除后填孔的方法进行修复。

6）单击【模型】模块中的【平面】按钮，弹出【追加平面】对话框，如图 4-27 所示，单击下拉箭头，在弹出的下拉列表中选择【选择多个点】。如图 4-28a 所示，在涡轮叶片底面选择 4 个点，单击按钮。3 个点也可以创建一个平面，选择 4 个点创建的平面拟合精度更高。如图 4-28b 所示，刚创建的“平面 1”默认处于选中状态，按下键盘上的【Esc】键取消选中。

7）单击【模型】模块中的【线】按钮，弹出【添加线】对话框，如图 4-29 所示，单击下拉箭头，在弹出的下拉列表中选择【检索圆柱轴】。如图 4-30 所示，使用套索工具选择涡轮叶片底部圆柱面上的区域，注意不要选择该圆柱面上的质量不好的区域，所选的区域大致均布在该圆柱圆周上，单击按钮后得到“线 1”。

8）单击【对齐】模块中的【手动对齐】按钮，弹出图 4-31a 所示的对话框。单击按钮后的对话框如图 4-31b 所示。选择【X-Y-Z】选项，单击对话框中的【位置】，然后选择“线 1”和“平面 1”，可以在图形窗口中选择，也可以在特征树中选择，位置就是“线 1”和“平面 1”的交点位置。单击对话框中的【Z 轴】，然后选择“平面 1”，Z 轴就是“平面 1”的法线方向。检查坐标系的 Z 轴是否由涡轮的底部指向头部，若不是，则双击 Z 轴箭头使其反向。单击按钮后，创建得到的坐标系如图 4-31c 所示。

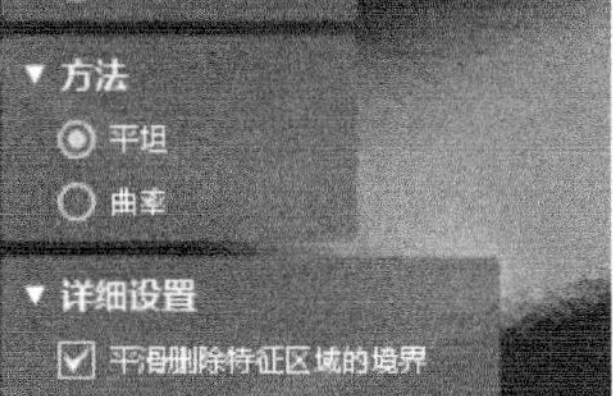

a)【删除特征】对话框

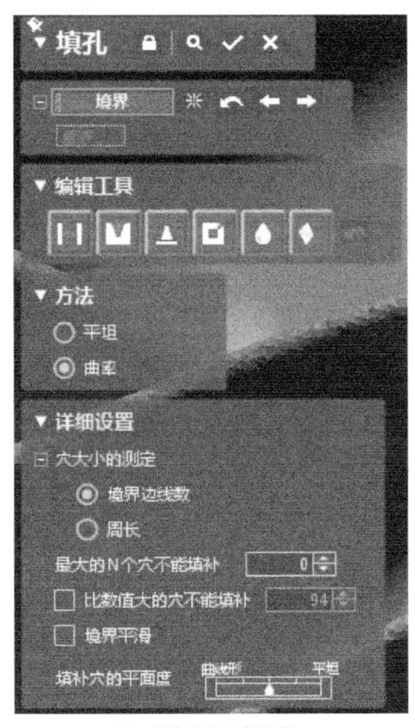

b)【填孔】对话框

图 4-26　【删除特征】和【填孔】对话框

图 4-27　【追加平面】对话框

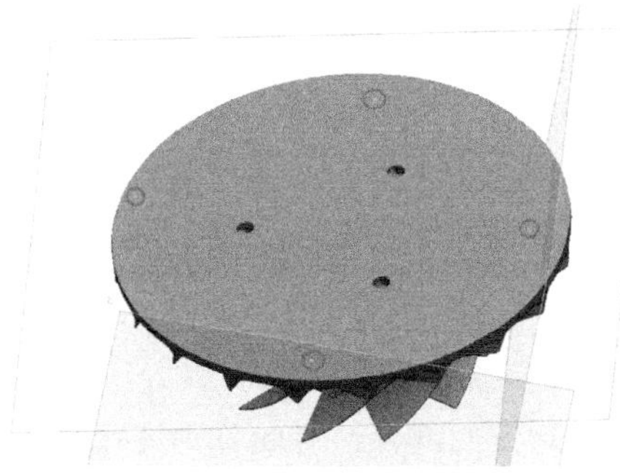

a) 选择4个点

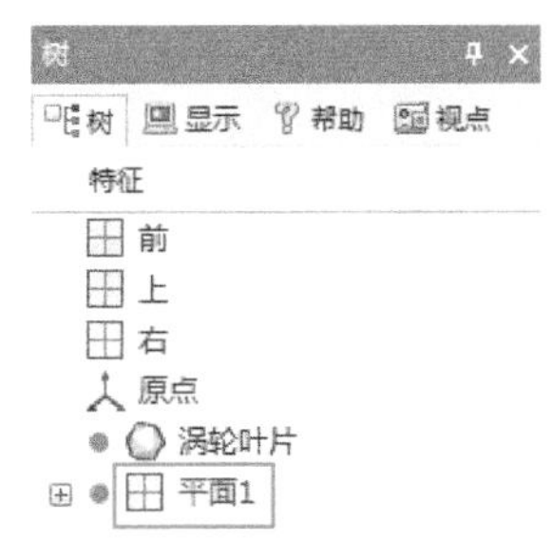

b) 平面1

图 4-28　创建平面 1

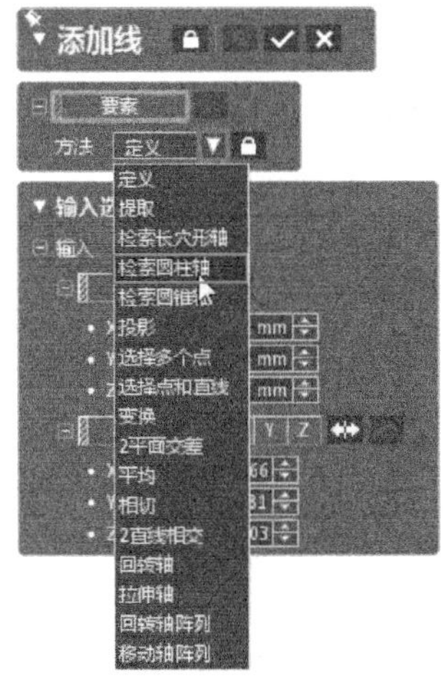

图 4-29 【添加线】对话框

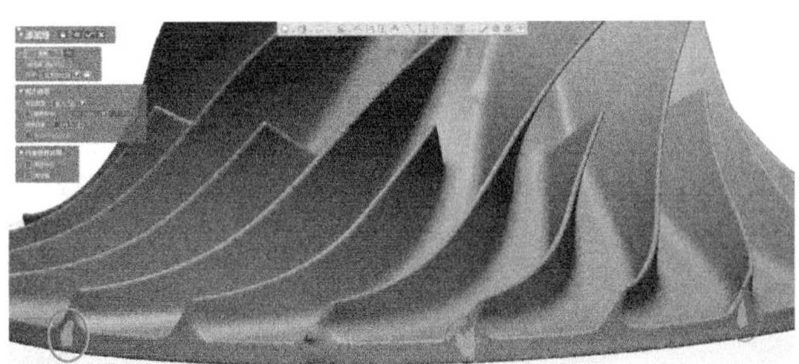

图 4-30 使用套索工具选择涡轮叶片底部圆柱面上的区域

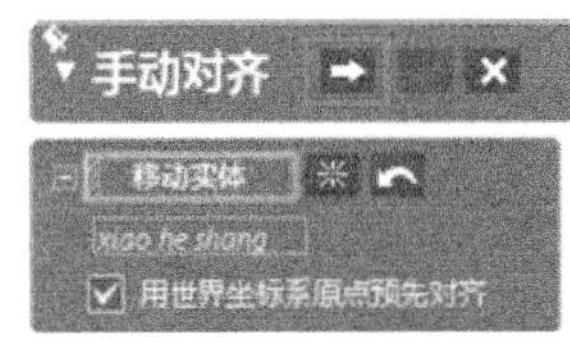

a)【手动对齐】对话框

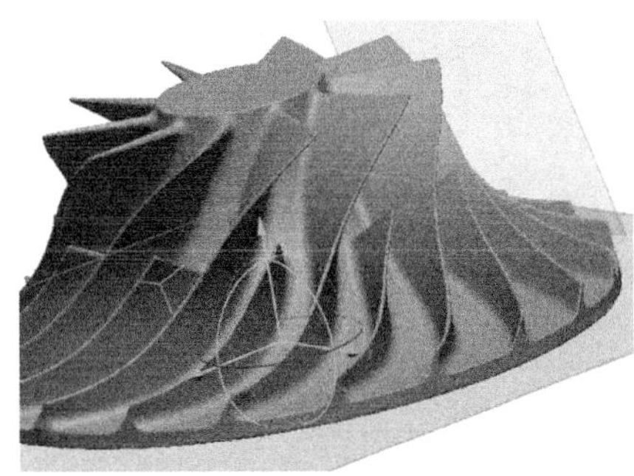

c) 坐标系

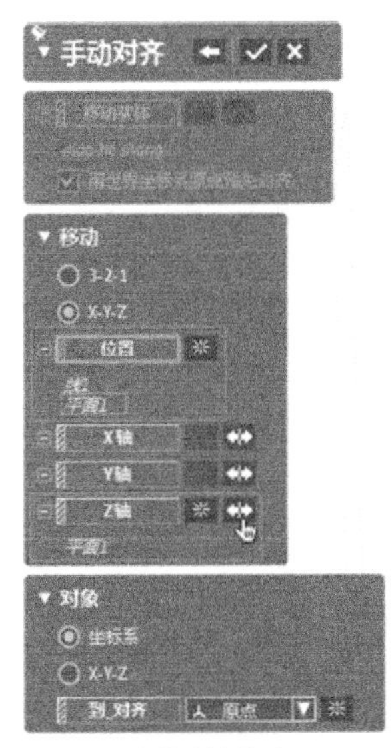

b) 参数选择界面

图 4-31 创建坐标系

4.6 建模实施

涡轮叶片的逆向建模分为主体建模和叶片建模两部分，下面分别进行介绍。

1. 主体建模

1）选择特征树中的平面 1 和线 1，单击【删除】，在弹出的对话框中单击【是】，如图 4-32所示。

2）单击【模型】模块中的【线】按钮，弹出【添加线】对话框，如图 4-33 所示，单击下拉箭头，在弹出的下拉列表中选择【2 平面交差】。选择【上】平面和【右】平面，单击✔按钮后创建【上】平面和【右】平面的交线，即“线 1”。

a) 选择平面1和线1

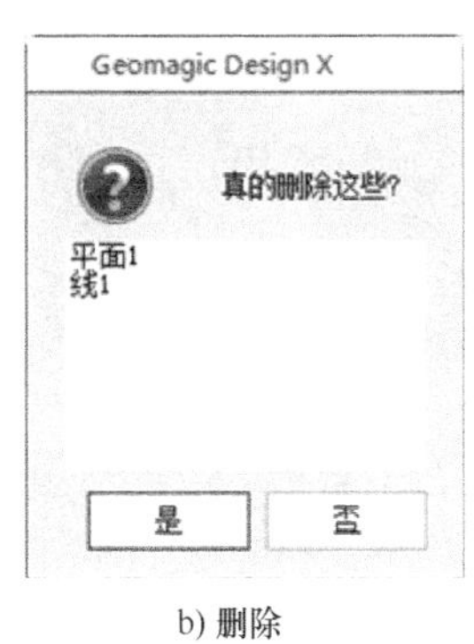

b) 删除

图 4-32　删除平面 1 和线 1

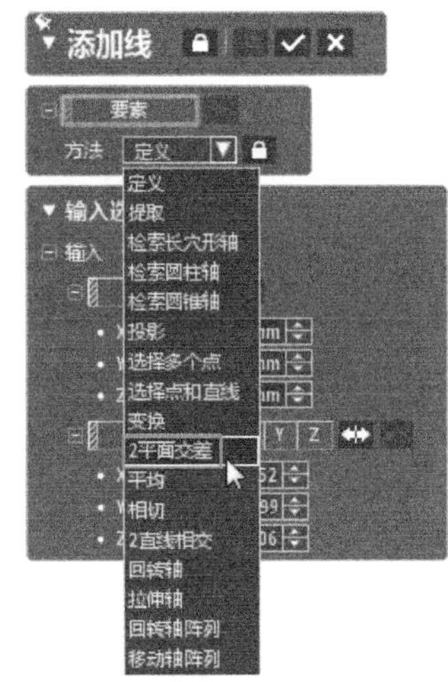

图 4-33　【添加线】对话框

3）单击【草图】模块中的【面片草图】按钮，弹出【面片草图的设置】对话框，如图 4-34 所示。选择【回转投影】，单击【中心轴】后选择“线 1”，单击【基准平面】后选择“右”平面，【轮廓投影范围】设为 30°，效果如图 4-35b 所示。

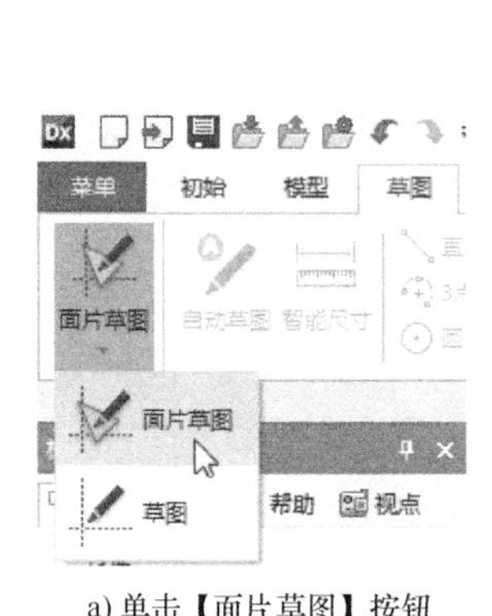

a) 单击【面片草图】按钮

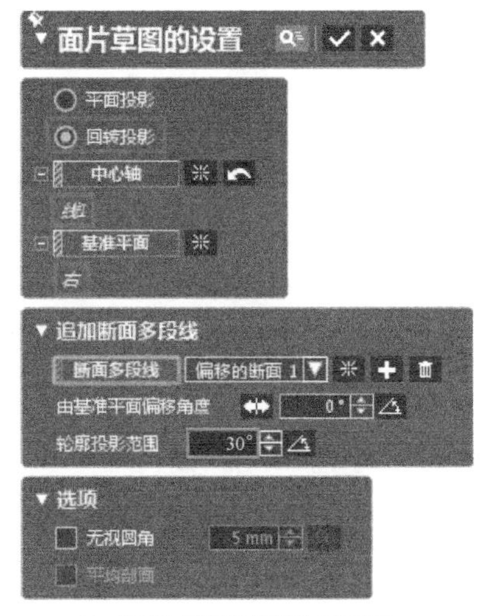

b) 【面片草图的设置】对话框

图 4-34　面片草图

单击✔按钮后，投影轮廓线如图 4-36a 所示。在特征树中关闭【面片】前面的眼睛图标，隐藏面片，可以更清楚地看到创建生成的投影轮廓线，如图 4-36b 所示。

4）单击【草图】模块中的【直线】按钮，弹出【直线】对话框。选择坐标系的原点作为直线的起点，向右拖动，系统自动捕捉到水平约束一，在超过投影轮廓线的位置单击选择直线的终点，如图 4-37 所示。创建直线过程中按下键盘上的【Esc】键可以取消连续直线的创建。用同样的方法创建第二条直线，可以左右拖动该直线，使其通过投影轮廓线的端点，如图 4-38 所示。用同样的方法继续创建其余直线，如图 4-39 所示。

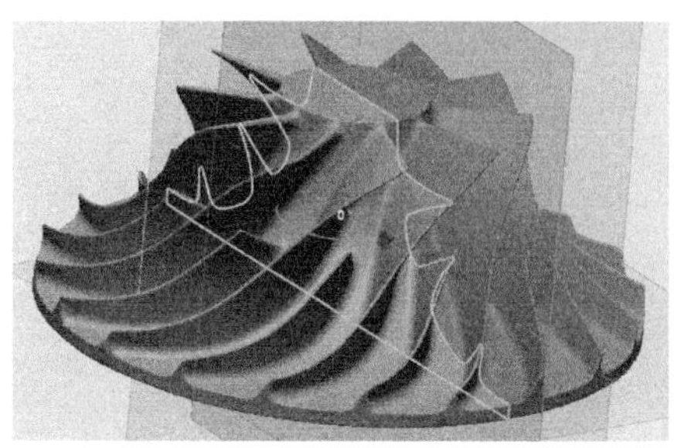

a) 轮廓投影范围：0°

b) 轮廓投影范围：30°

图 4-35　不同轮廓投影范围的效果

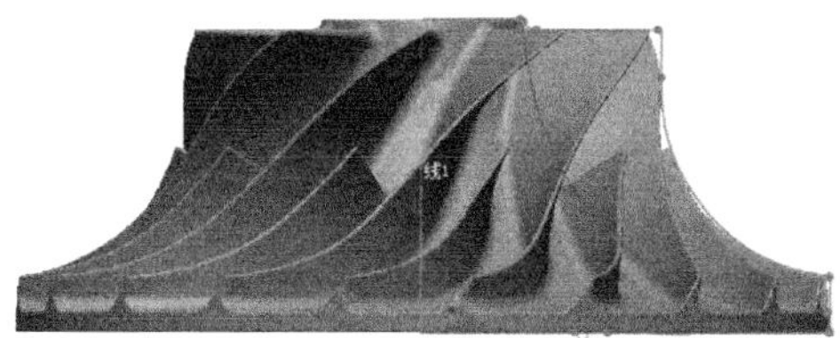

a) 投影轮廓线

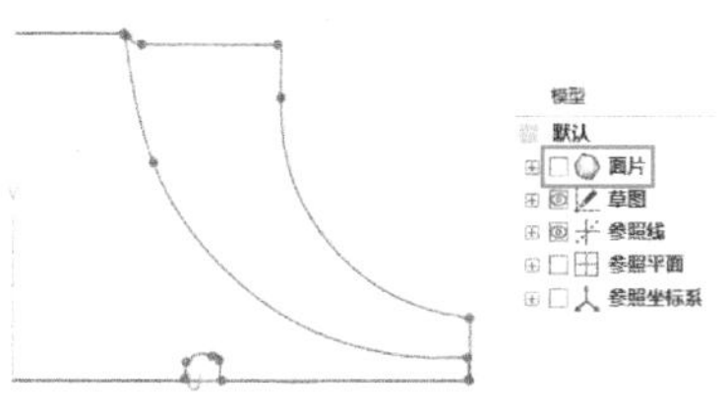

b) 隐藏面片后的投影轮廓线

图 4-36　投影轮廓线

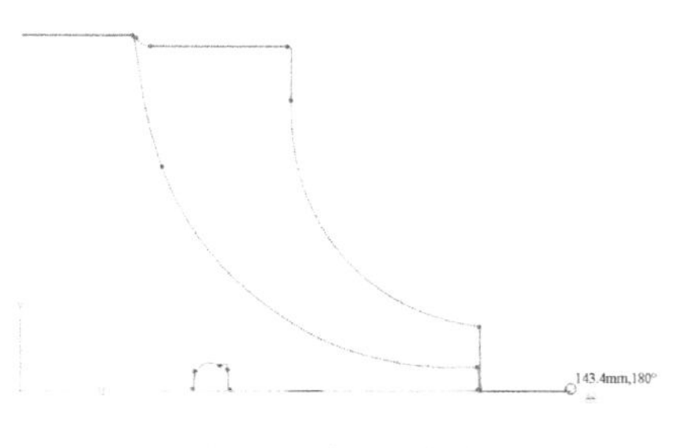

图 4-37　创建第一条直线

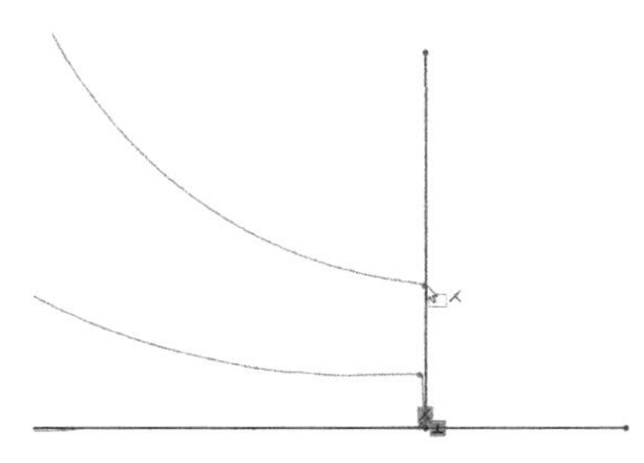

图 4-38　创建第二条直线

5）单击【草图】模块中的【圆角】按钮，如图 4-40所示。依次选择图 4-39 所示的直线 6 和直线 5，继续按住鼠标左键不放，拖动改变圆角的大小，使其与轮廓线重合，如图 4-41a、b 和 c 所示。释放鼠标左键后，会自动创建该圆角的半径尺寸，双击该半径尺寸，输入“80.8”。

6）单击【草图】模块中的【剪切】按钮，在需要修剪的部位单击，修剪后的效果如图 4-41d所示。

7）单击【草图】模块中的【智能尺寸】按钮，进行如图 4-42 所示的尺寸标注。

8）当需要添加草图要素间的相互约束条件时，可以先选择第一个需要约束的草图要素，再按住【Shift】键双击另一个草图要素，此时弹出关于两者约束条件的操作窗口，如图4-43所示。在【共同的约束条件】中显示的是两个要素之间的相互约束条件，在【独立的约束条件】中显示的是两个要素各自的约束条件。

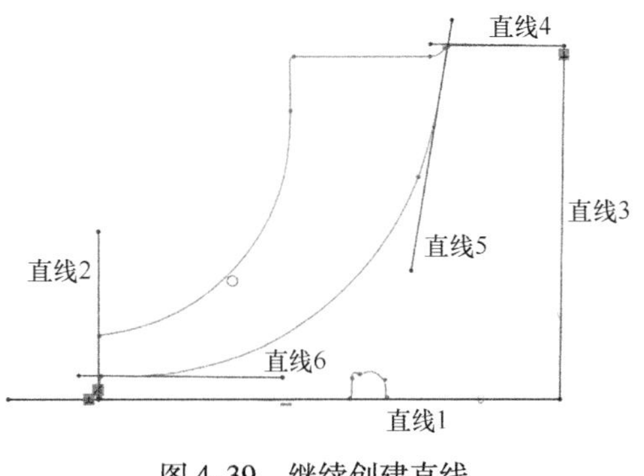

图4-39　继续创建直线

图4-43中存在过约束，过约束用红色表示。直线3和直线4的垂直约束，直线1和直线3的90°角度尺寸约束，以及直线1和直线4之间的平行约束，这三者中去掉一个就能解决过约束的问题。如果要删除约束条件，可以在【约束条件】对话框中选择要删除的约束，然后单击下方的【移除约束】。

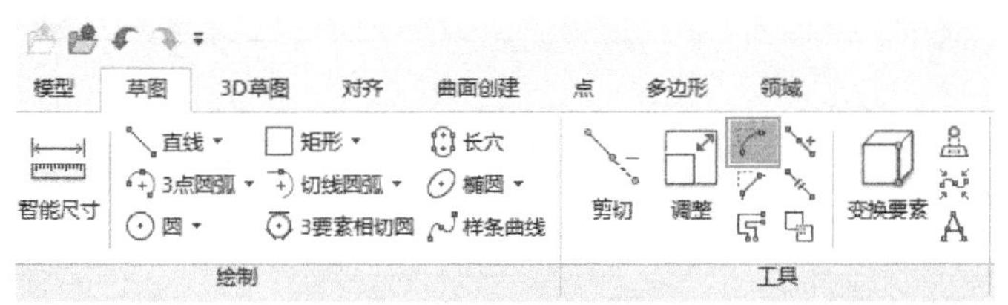

图4-40　单击【圆角】按钮

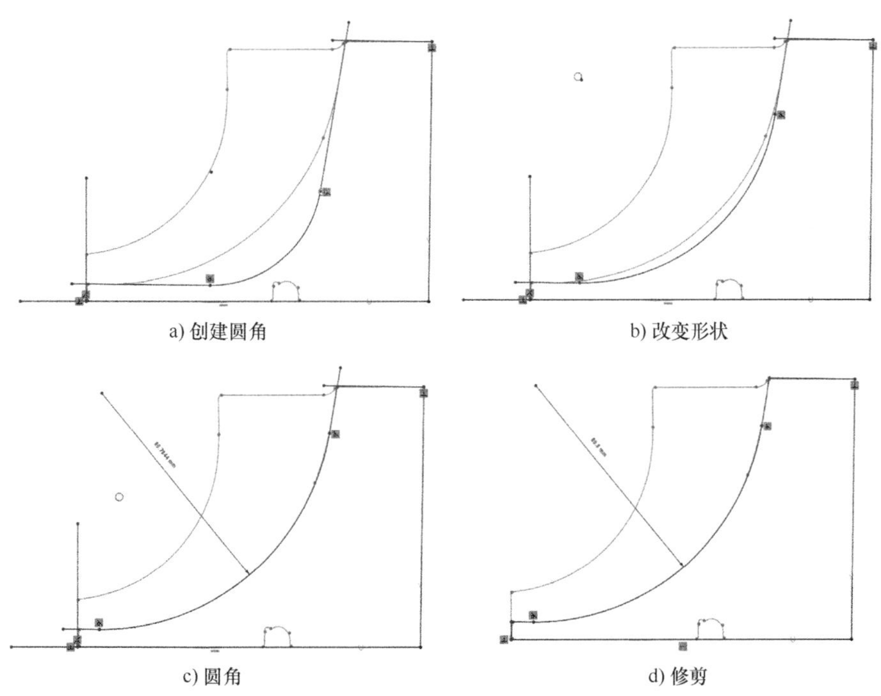

图4-41　创建圆角并拖动改变其形状

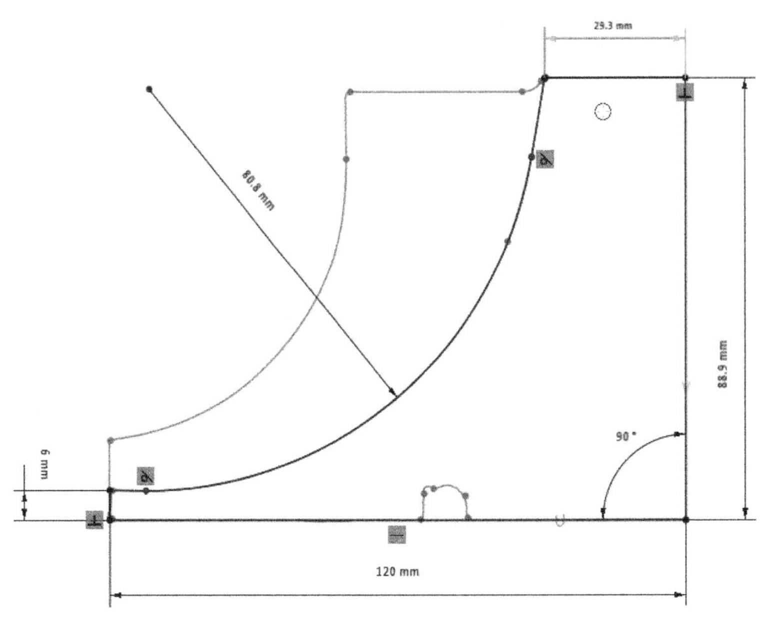

图 4-42　标注尺寸并设置约束

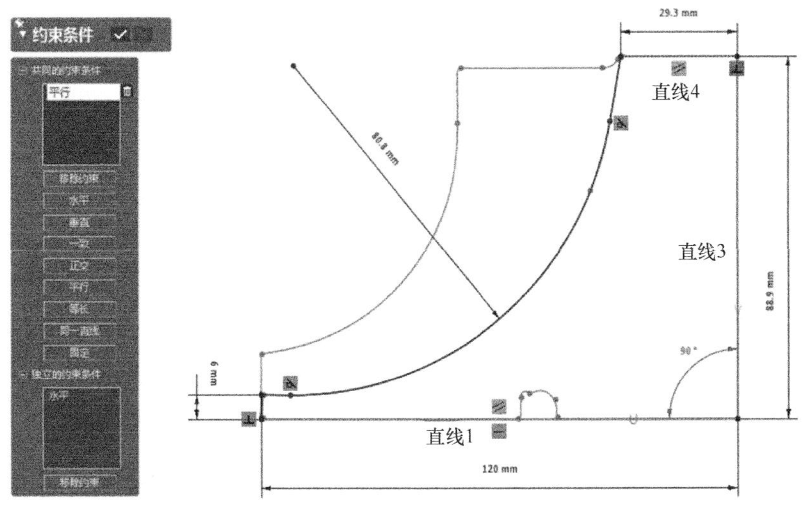

图 4-43　设置约束条件

9）单击界面左上角的退出按钮，或界面右下角的退出按钮，退出草图。

10）单击【模型】模块中【创建实体】组中的【回转】按钮，如图 4-44 所示。自动生成的回转实体如图 4-45 所示。

11）单击模型特征树中“面片”前面的方框，出现眼睛图标，使面片可见，如图 4-46a所示。观察面片和回转实体的接近程度，可以发现在涡轮的上端部分回转实体与面片不够接近，如图 4-46b 所示。

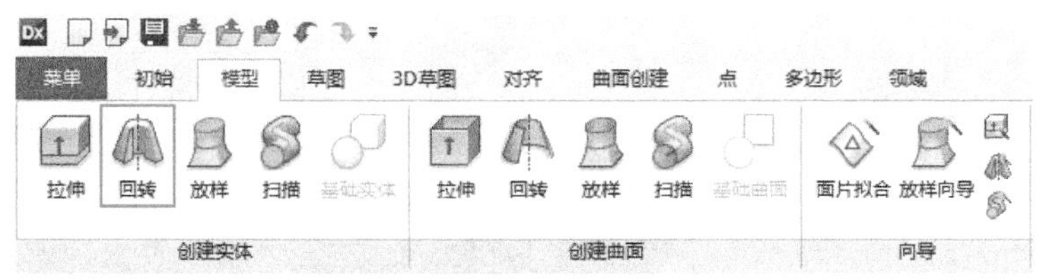

图4-44　单击【回转】按钮

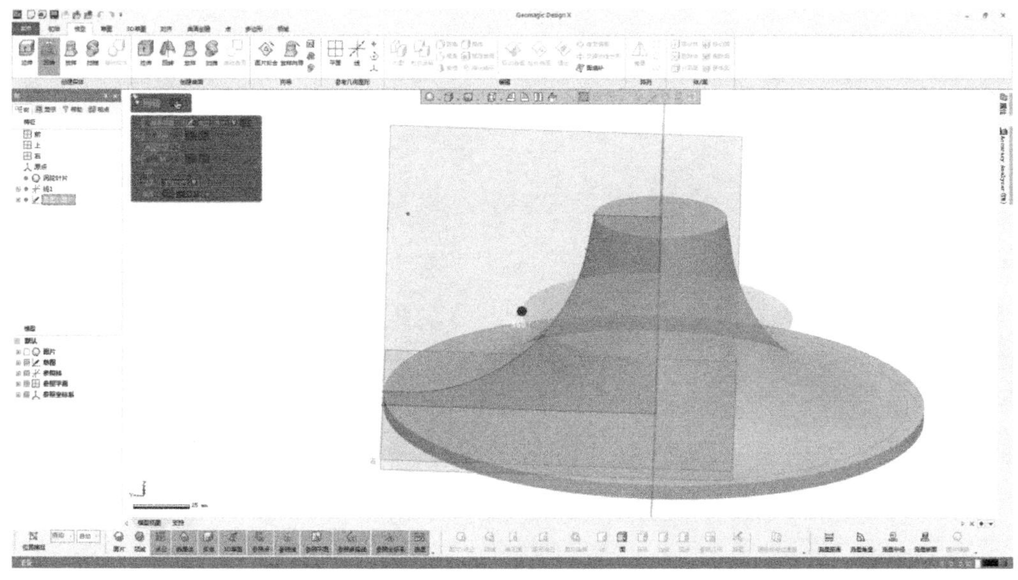

图4-45　生成回转实体

a) 单击“面片”前面的方框　　b) 上端部分回转实体与面片不够接近

图4-46　上端部分回转实体与面片不够接近

12）双击特征树中的“草图1（面片）”，如图4-47所示，进入草图模块。双击图4-48所示的尺寸，将其由原来的“29.3”修改至“29.5”，然后退出草图，可以看到修改后回转实体与面片相接近，如图4-49所示。

13）涡轮叶片的主体部分建模完成，如图4-50所示。

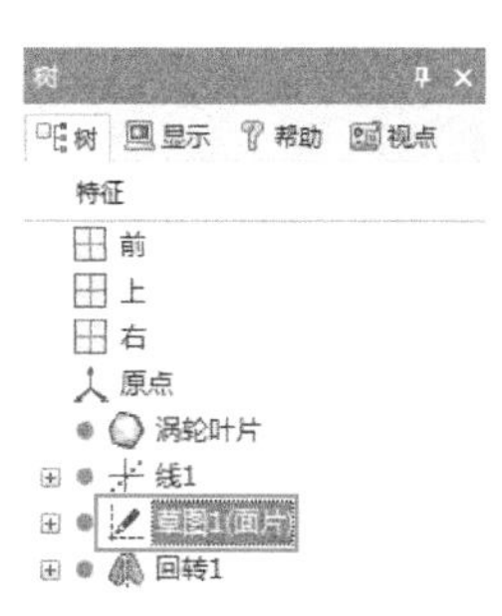

图 4-47　双击“草图 1（面片）”

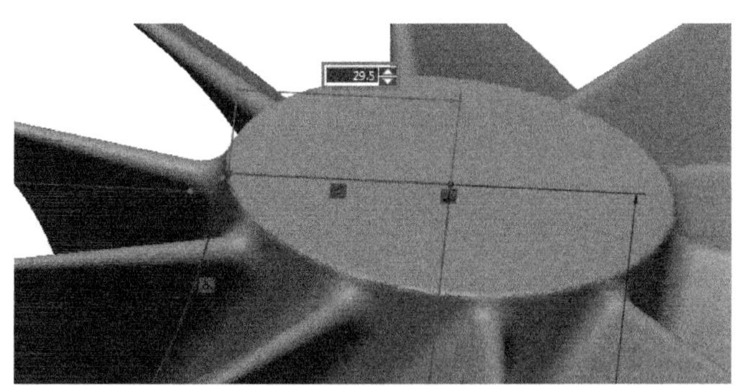

图 4-48　将尺寸值修改至“29.5”

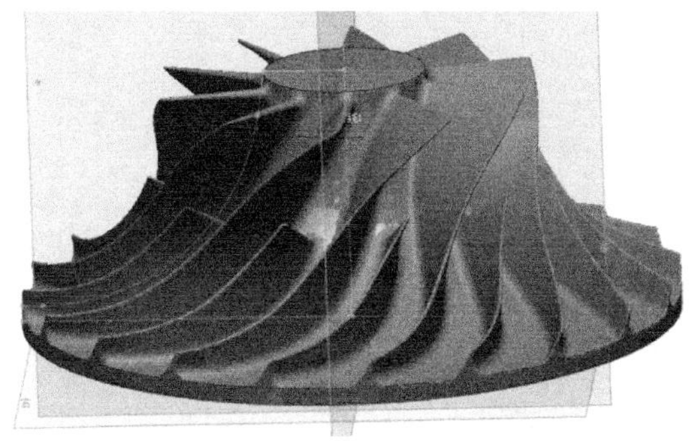

图 4-49　修改后回转实体与面片相接近

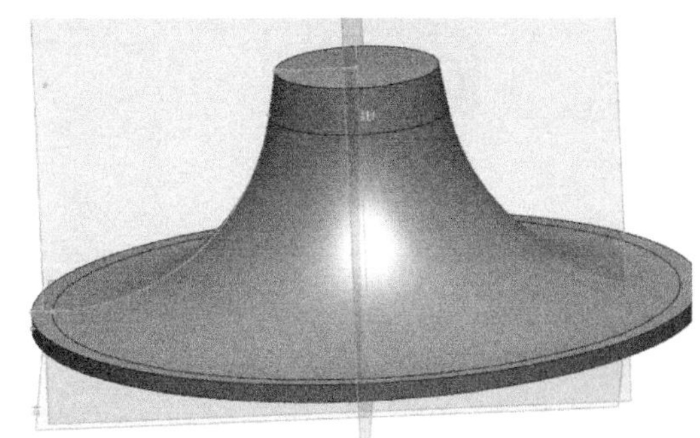

图 4-50　涡轮叶片的主体

2. 叶片建模

1）检查涡轮叶片主体的拟合精度。单击界面右侧的【Accuracy Analyzer（TM）】，如图 4-51a 所示，在弹出的对话框中选择【体偏差】，偏差图如图 4-51b 所示，从偏差图中可以看出拟合精度符合要求。

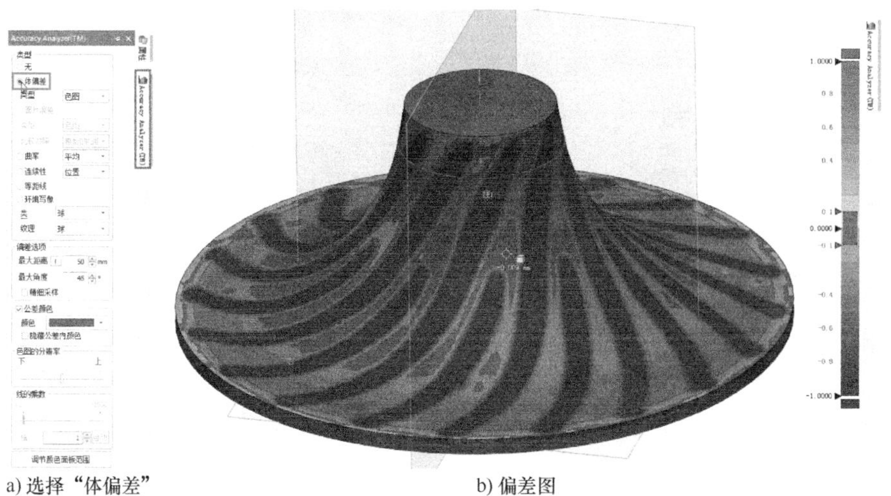

a) 选择“体偏差”　　b) 偏差图

图 4-51　偏差图

2）单击【领域】模块中的【自动分割】按钮，弹出图4-52所示的对话框，保持默认的参数设置，单击按钮后的结果如图4-53所示，不同的颜色表示不同的领域。

【自动分割】对话框中主要选项说明如下：

① 敏感度：指曲率敏感度，敏感度值越低，划分的领域数量越少；反之，划分的领域数量越多。选择范围是0~100。

② 面片的粗糙度：指当前多边形模型的粗糙度情况，用于计算曲率时，忽略粗糙度对领域划分的影响。自平滑至粗糙分为4个等级，一般单击估算按钮，自动计算粗糙度情况。

③ 保持当前领域：指不改动已划分的领域区域，对未划分区域进行领域划分。

④ 合并相同的原始形状：指将曲率变化相同但不相互连接的领域合并为同一领域。

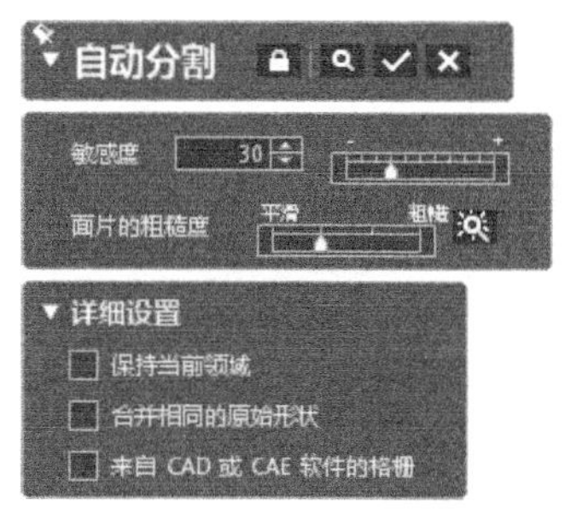

图4-52　【自动分割】对话框

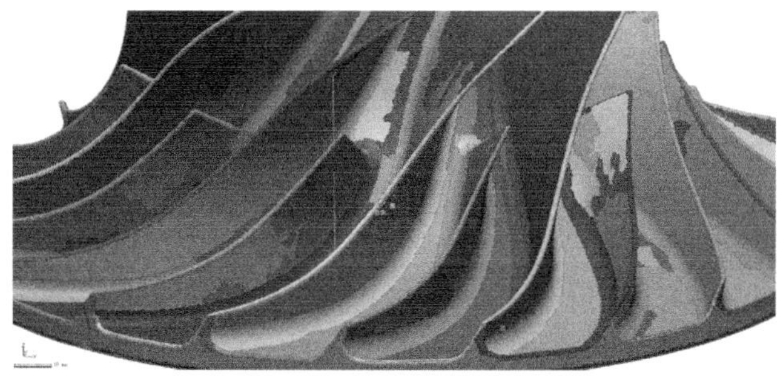

图4-53　自动分割后的领域

3）查找质量较好且相邻的一个大叶片和一个小叶片。选择大叶片其中一侧上的领域，然后单击【领域】模块中的【合并】按钮，将这三个领域合并，如图4-54所示。用同样的方式将大叶片另一侧上的领域合并。小叶片两侧上的领域也要分别合并。

4）单击【模型】模块中的【放样向导】按钮，弹出【放样向导】对话框，选择图4-56a所示的领域，参数设置如图4-55所示，单击按钮观察效果，然后单击按钮，结果如图4-56b所示。用同样的方式对大叶片另一侧的领域进行【放样向导】操作。

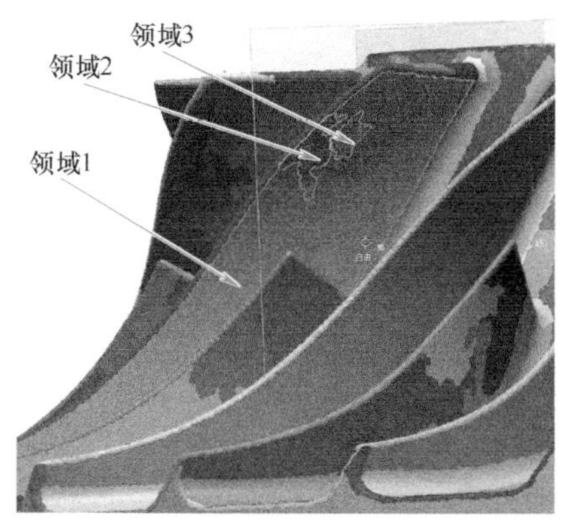

图4-54　大叶片其中一侧上的领域

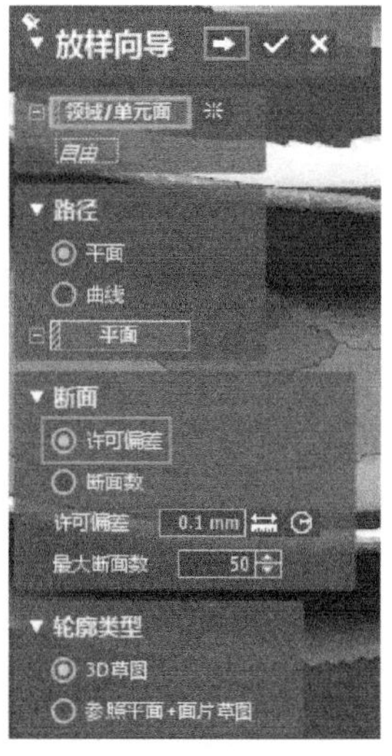

图4-55　【放样向导】对话框

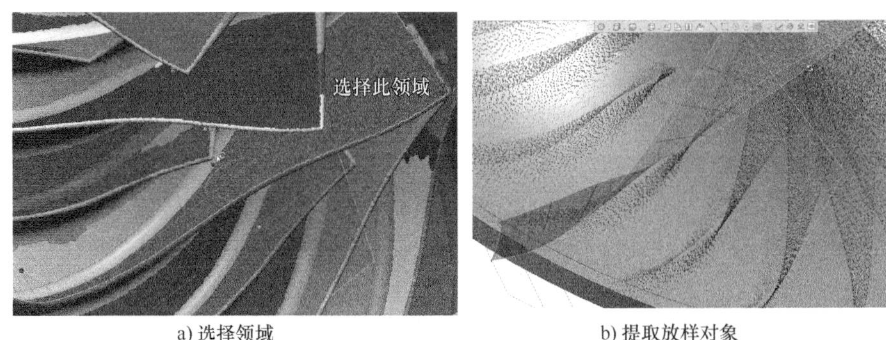

a) 选择领域　　b) 提取放样对象

图 4-56　从领域中提取放样对象

5）单击界面右侧的【Accuracy Analyzer（TM）】，在弹出的对话框中选择【体偏差】，偏差图如图 4-57 所示，从偏差图中可以看出放样面的绝大部分都是绿色的（有一部分是红色），表示偏差较大，但是该部分后面会被裁剪掉。

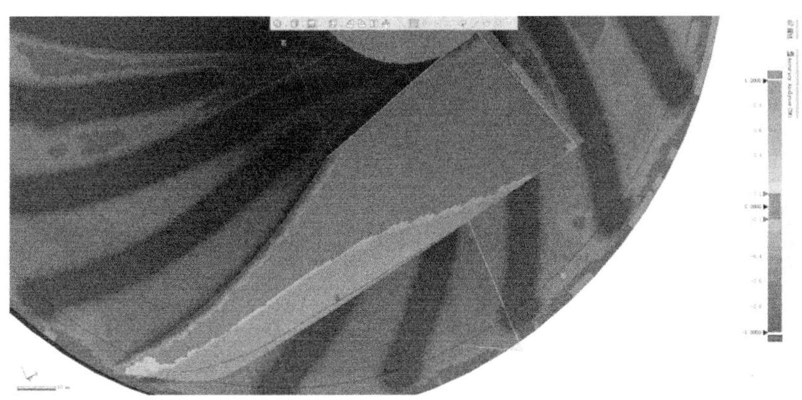

图 4-57　放样面的偏差分析

6）用同样的方式对小叶片两侧的领域分别进行【放样向导】操作，结果如图 4-58 所示。

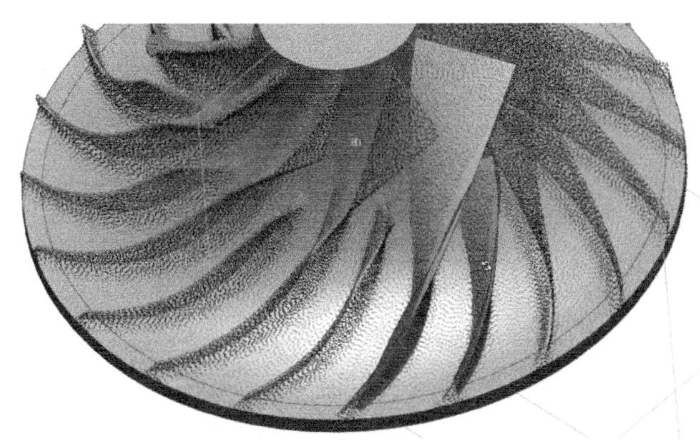

图 4-58　创建的 4 个放样面

7）单击【草图】模块中的【面片草图】按钮，弹出【面片草图的设置】对话框，如图4-59a所示。选择【回转投影】，单击【中心轴】后选择“上”平面和“右”平面，以这两个平面的交线作为中心轴，单击【基准平面】后选择“右”平面，将【轮廓投影范围】设为30°。

单击✅按钮并在特征树中关闭【面片】前面的眼睛图标👁，隐藏面片，可以更清楚地看到创建生成的投影轮廓线，如图4-59b所示。

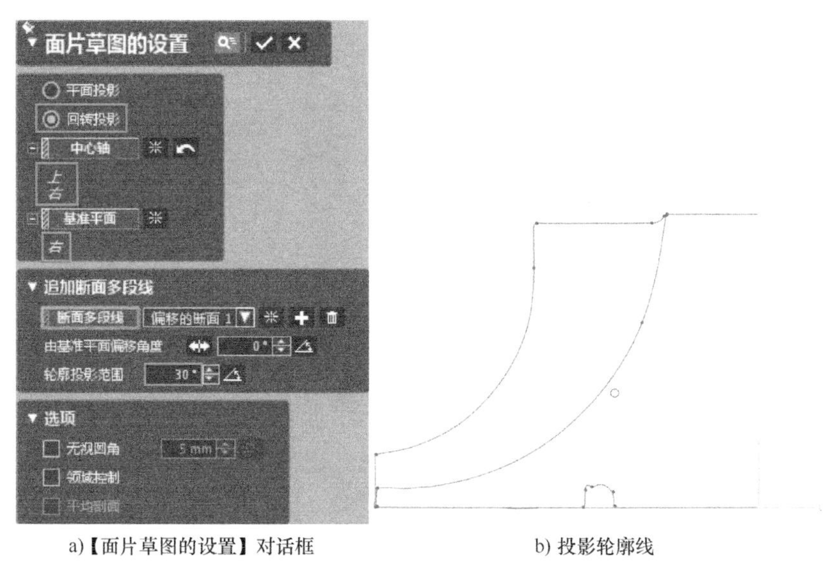

a)【面片草图的设置】对话框　　b) 投影轮廓线

图4-59　投影轮廓线

8）单击【草图】模块中的【直线】按钮，弹出【直线】对话框，如图4-60所示。选择投影轮廓中的一条直线后，单击对话框中的☑按钮，一条直线就自动创建好了。如图4-61所示，直线1、直线2和直线3就是采用这种方法创建的，直线4是通过选择两个端点的方式创建的，并且其中一个端点要通过坐标系的原点。

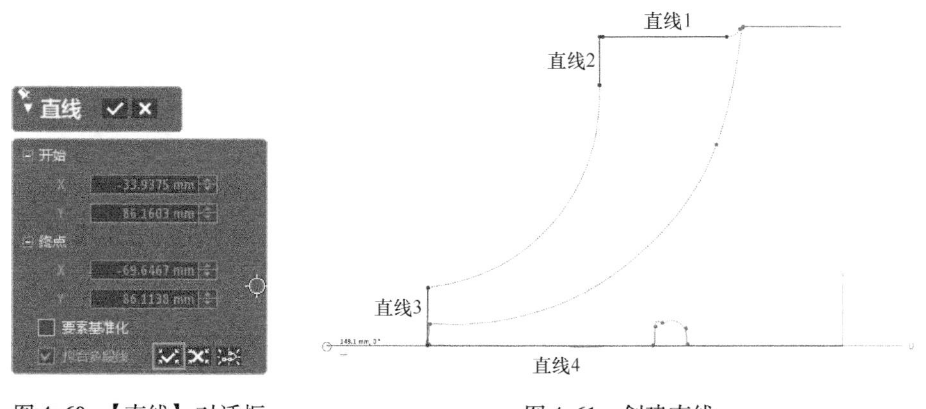

图4-60　【直线】对话框　　图4-61　创建直线

9）拖动直线3的端点使其延长。选择直线3，按住【Shift】键选择直线4，此时弹出【约束条件】对话框，单击【共同的约束条件】中的【垂直】，单击✅按钮为直线3和直线4添加垂直约束，如图4-62所示。

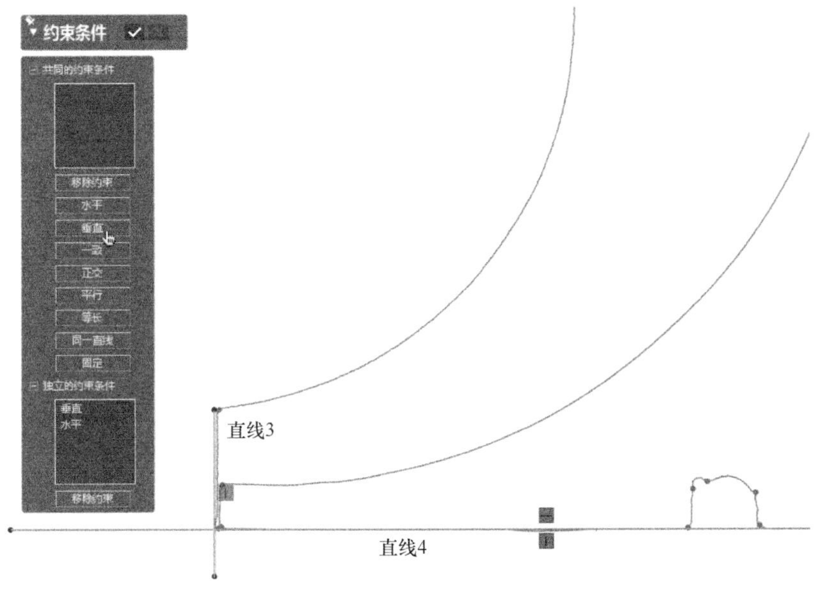

图 4-62　添加垂直约束

10）单击【草图】模块中的【三点圆弧】按钮，选择图 4-61 中直线 2 和直线 3 之间的圆弧，单击✓按钮圆弧就自动创建完成了。

11）拖动直线的端点使其延长，然后使用【草图】模块中的【剪切】工具进行修剪。

12）单击【草图】模块中的【智能尺寸】按钮，进行如图 4-63 所示的尺寸标注，其中下方的尺寸值为 120mm，右侧的尺寸值为 85.8mm，并设置相切等约束条件。单击界面左上角的退出按钮，或界面右下角的退出按钮，退出草图。

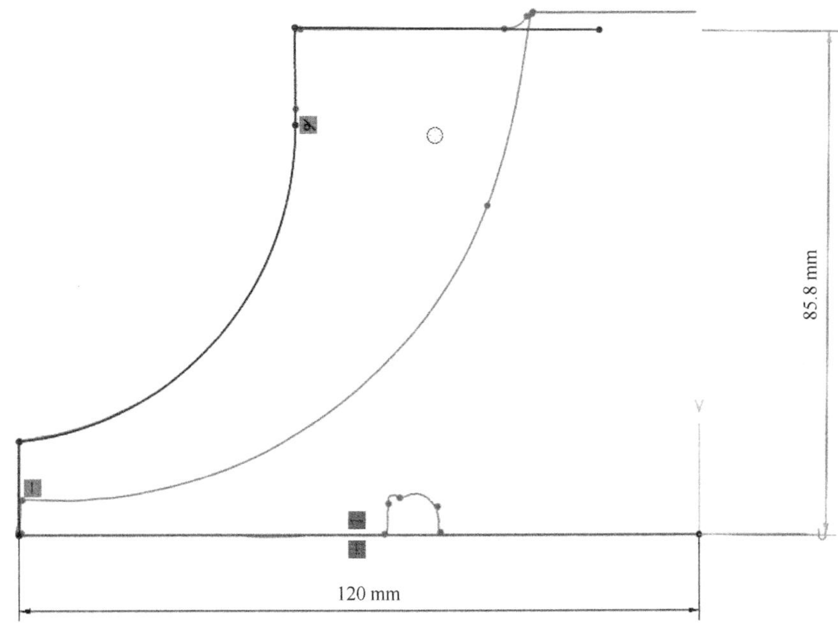

图 4-63　调整后的草图曲线

13）单击【模型】模块中【创建曲面】组中的【回转】按钮，弹出图4-64所示的【回转】对话框，设置【方法】为【两方向】，拖动图4-65a所示的两个箭头，使创建的回转曲面能够与之前创建的4个放样面相交。单击【回转】对话框上的✓按钮，结果如图4-65b所示。

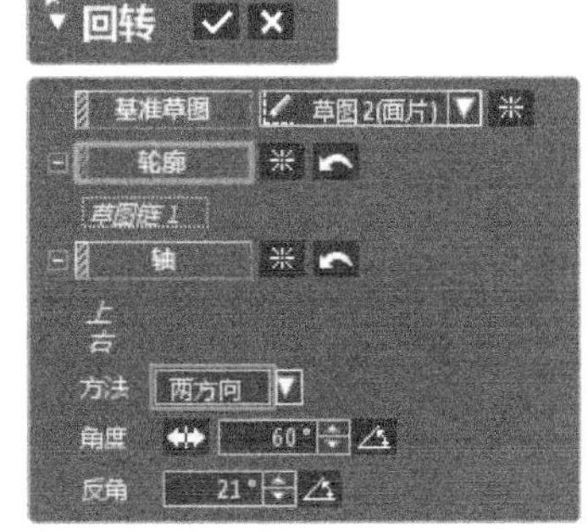

图4-64　【回转】对话框

14）单击【草图】模块中的【面片草图】按钮，弹出【面片草图的设置】对话框，如图4-66所示。选择【回转投影】，单击【中心轴】后选择“上”平面和“右”平面，以这两个平面的交线作为中心轴，单击【基准平面】后选择“右”平面，调整【轮廓投影范围】和【由基准平面偏移角度】这两个参数值，直至小叶片上端的截面线投影到草图平面上，如图4-67a所示。

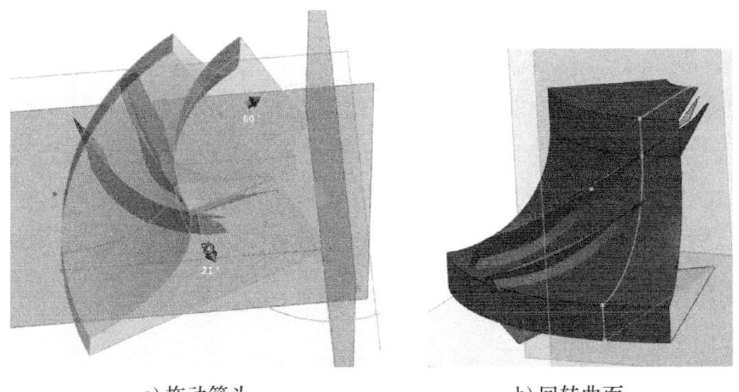

a) 拖动箭头　　b) 回转曲面

图4-65　创建回转曲面

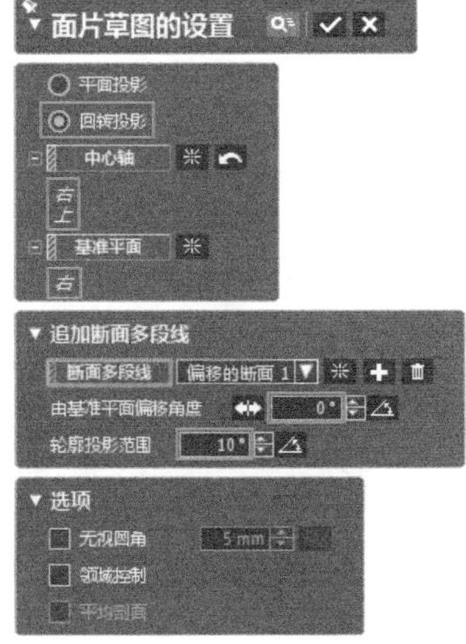

图4-66　面片草图的设置

15）单击【草图】模块中的【直线】按钮，弹出【直线】对话框，选择图4-67b中箭头所指的直线后，单击对话框中的按钮，直线就自动创建好了。拖动这条直线的两个端点使其延长，如图 4-67c 所示。单击界面左上角的退出按钮或界面右下角的退出按钮，退出草图。

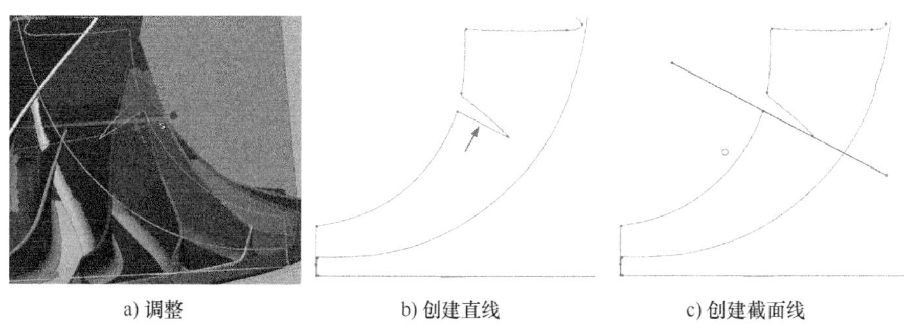

a) 调整　　b) 创建直线　　c) 创建截面线

图 4-67　创建小叶片上端的截面线

16）单击【模型】模块中【创建曲面】组中的【回转】按钮，弹出图 4-64 所示的【回转】对话框，设置【方法】为【两方向】，拖动图 4-69a 所示的两个箭头，使创建的回转曲面能够与小叶片相交。为便于观察，单击图 4-68 所示模型特征树中“曲面体”前面的方框，出现眼睛图标，使之前创建的曲面可见，如图 4-69b 所示。单击【回转】对话框上的按钮，结果如图 4-69c 所示。

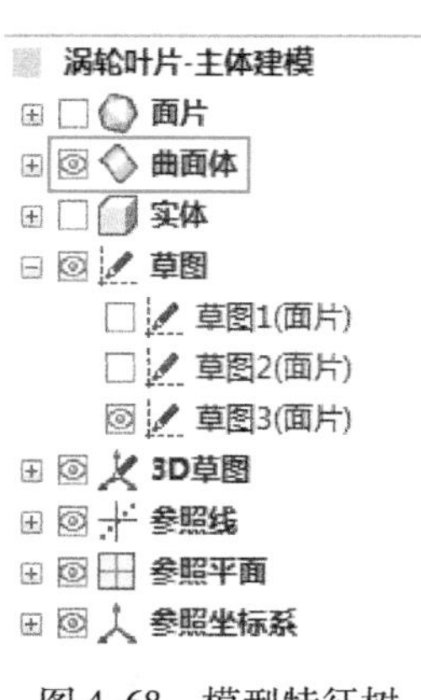

图 4-68　模型特征树

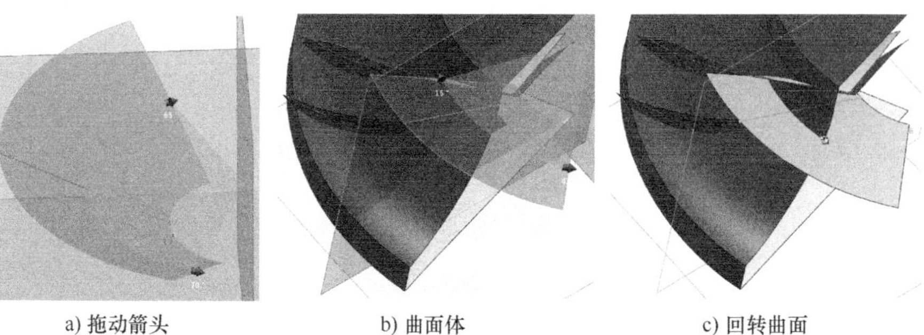

a) 拖动箭头　　b) 曲面体　　c) 回转曲面

图 4-69　创建回转曲面

17）单击【模型】模块中的【曲面偏移】按钮，弹出如图 4-70a 所示的【曲面偏移】对话框，输入【偏移距离】为 0mm，选择涡轮主体上的三个面，单击☑按钮，结果如图 4-70b 所示。

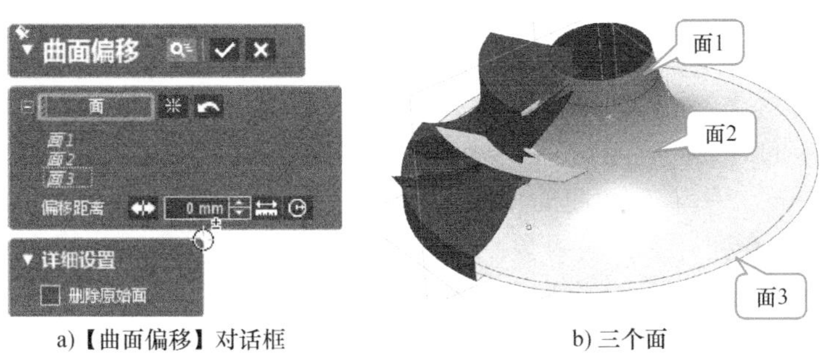

a)【曲面偏移】对话框　　b) 三个面

图 4-70　抽取涡轮主体上的三个面

18）观察模型后发现，步骤 13）创建的回转曲面并未完全与放样曲面相交，如图 4-71b 所示。因此，双击图 4-71a 所示特征树中的“回转 2”，拖动箭头对回转角度进行修改，修改后的结果如图 4-71c 所示。

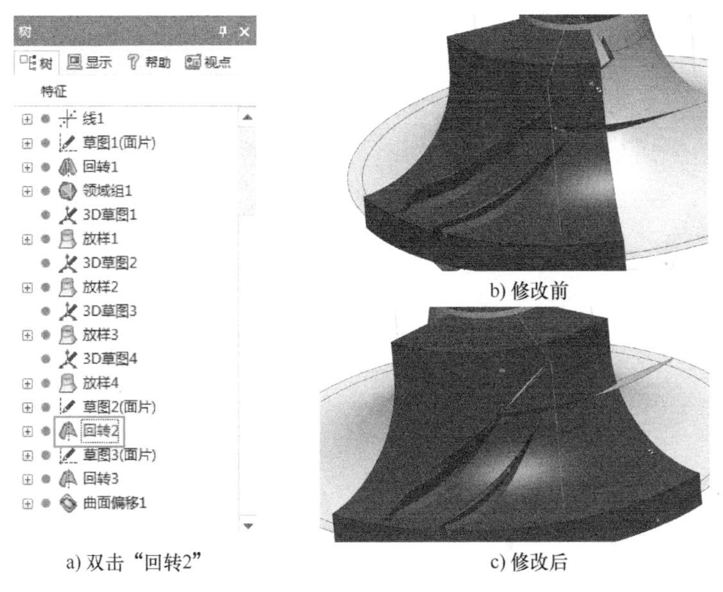

a) 双击“回转2”　　b) 修改前　　c) 修改后

图 4-71　调整回转面的回转范围

19）观察模型后发现，之前创建的 4 个放样面并未与涡轮主体完全相交，如图 4-73a 所示，因此需要对这 4 个放样面进行延长。单击【模型】模块中的【延长曲面】按钮，出现图 4-72 所示的对话框，设置【距离】为 10mm，选择图 4-73a 中箭头所指的放样面，出现图 4-73b 所示的预览效果，此时放样面与涡轮主体完全相交，单击☑按钮。用同样的方法延长其余 3 个放样面。

20）单击【模型】模块中的【剪切曲面】按钮，出现图 4-74a 所示的对话框，单击

【工具要素】，选择图 4-75a 所示的三个面作为工具，单击【对象体】，选择 4 个放样面作为对象。单击➡按钮，出现图 4-74b 所示的对话框，在图形窗口中选择要保留的曲面，如图 4-75b 所示。单击☑按钮完成对 4 个放样面的修剪。

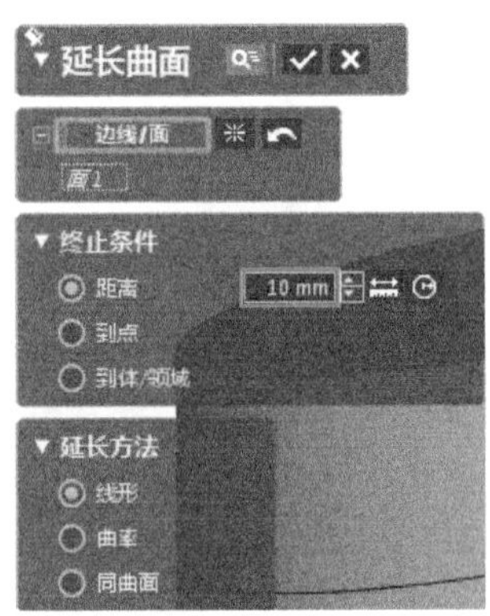

图 4-72 【延长曲面】对话框

21）单击【模型】模块中的【剪切曲面】按钮，出现图 4-76a 所示的对话框，单击【工具要素】，选择剪切后的 4 个放样面、回转 3 和曲面偏移 1 作为工具，单击【对象体】，选择回转 2 作为对象。单击➡按钮出现图 4-76b 所示的对话框，在图形窗口中选择要保留的曲面，如图 4-77a 所示。单击☑按钮完成对回转 2 的修剪，结果如图 4-77b 所示。

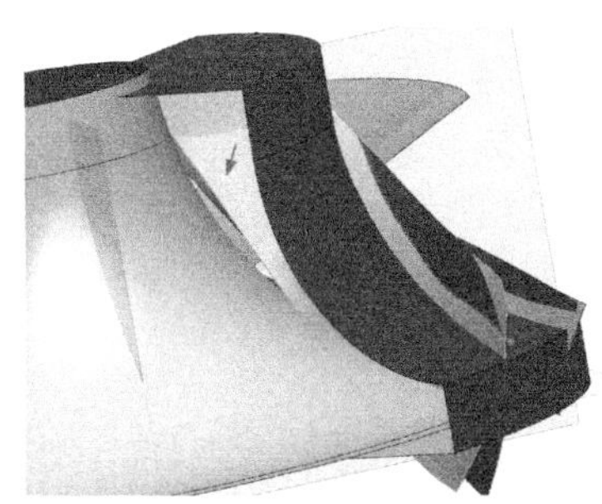

a) 选择放样面

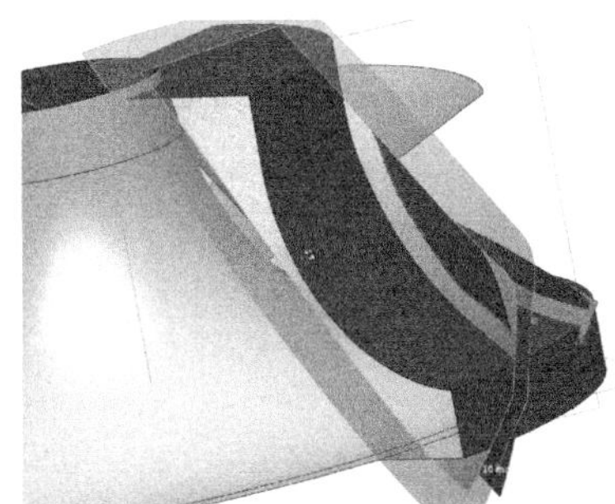

b) 延长放样面

图 4-73 延长放样面

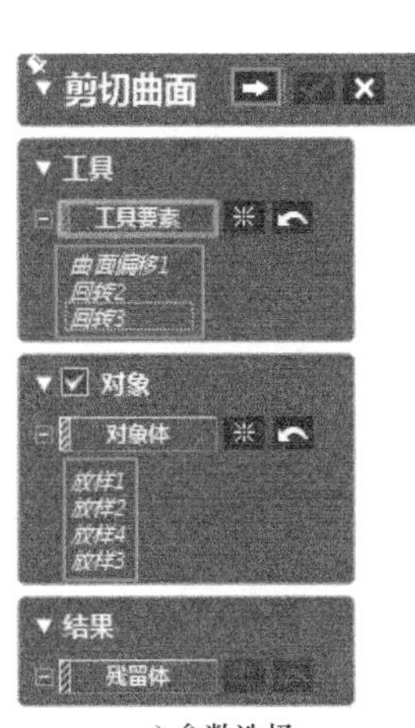

a) 参数选择

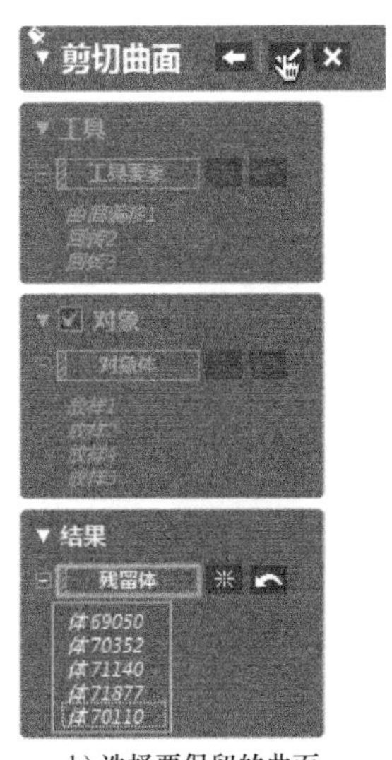

b) 选择要保留的曲面

图 4-74 【剪切曲面】对话框

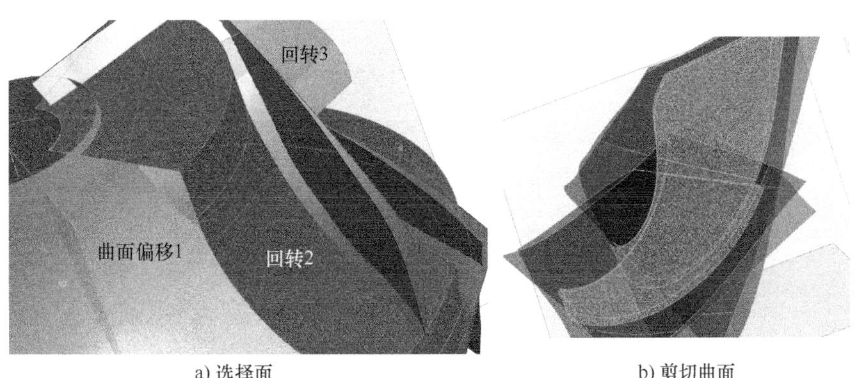

a) 选择面　　b) 剪切曲面

图 4-75　剪切曲面

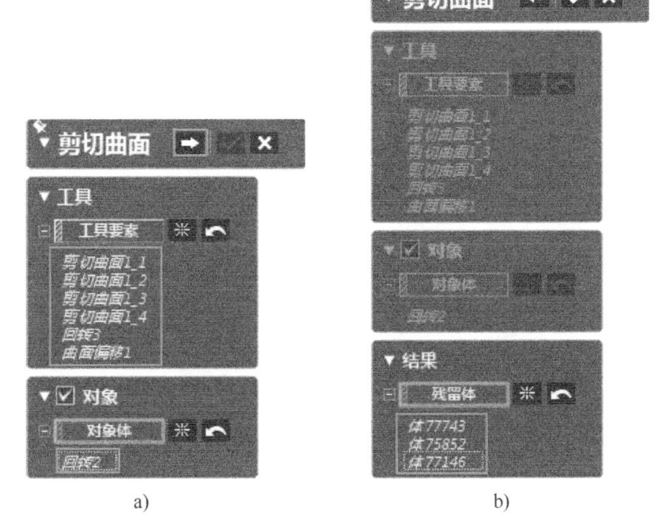

a)　　b)

图 4-76 【剪切曲面】对话框

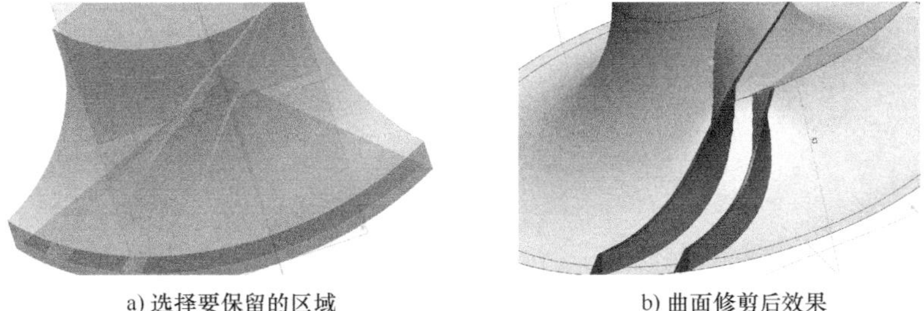

a) 选择要保留的区域　　b) 曲面修剪后效果

图 4-77　修剪曲面

22）单击【模型】模块中的【剪切曲面】按钮，出现图 4-78a 所示的对话框，单击【工具要素】，选择上平面作为工具，单击【对象体】，选择曲面偏移 1 作为对象。单击➡按钮出现图 4-78b 所示的对话框，在图形窗口中选择要保留的曲面，单击✔按钮，从主体上抽取的 3 个面被剪切掉 1/2，如图 4-79 所示。

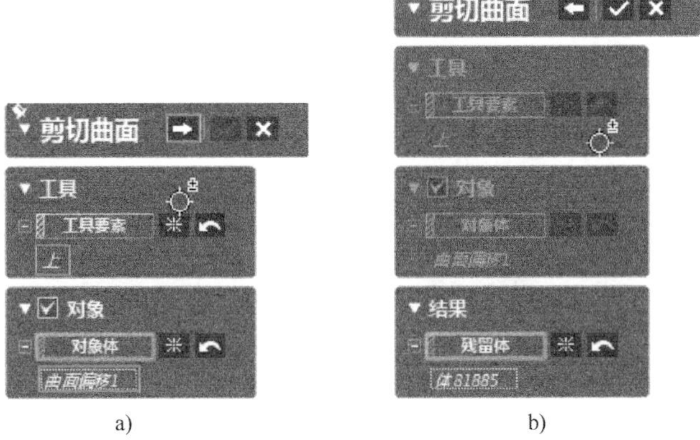

a)　　b)

图 4-78 【剪切曲面】对话框

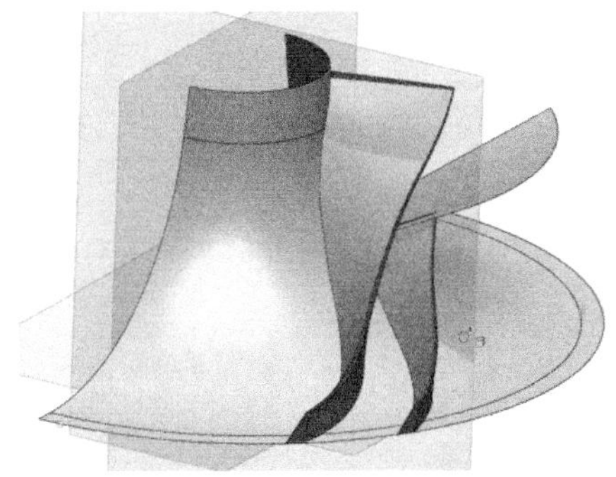
图 4-79 曲面修剪后的效果

23）用同样的方法对回转 3 曲面进行修剪，结果如图 4-80b 所示。

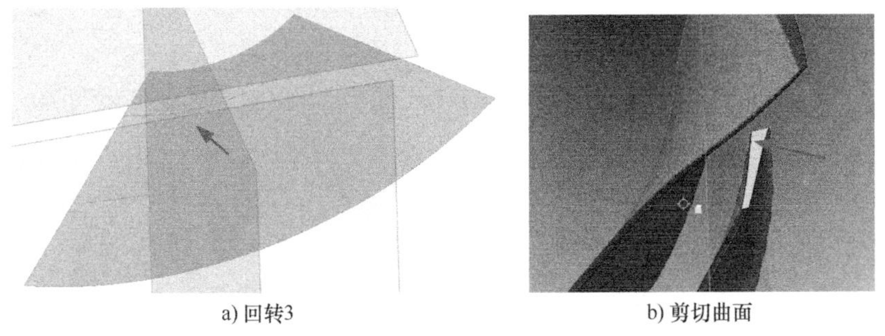
a) 回转3　　b) 剪切曲面

图 4-80 回转 3 剪切曲面后效果

24）用同样的方法继续剪切曲面，如图 4-81 所示。

25）单击【模型】模块中的【缝合】按钮，出现图 4-82a所示的对话框，选择组成小叶片的所有面片。单击➡按钮出现图 4-82b 所示的对话框，单击✔按钮组成小叶片的面片被缝合成一个实体。用同样的方法缝合大叶片，缝合后的结果如图 4-83 所示。

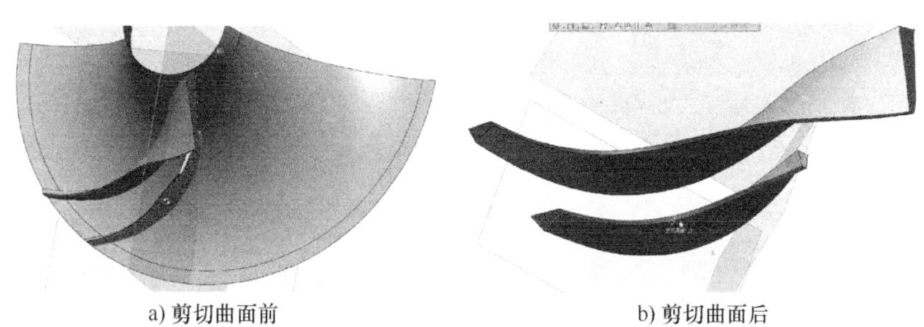

a) 剪切曲面前　　b) 剪切曲面后

图 4-81　曲面剪切后效果

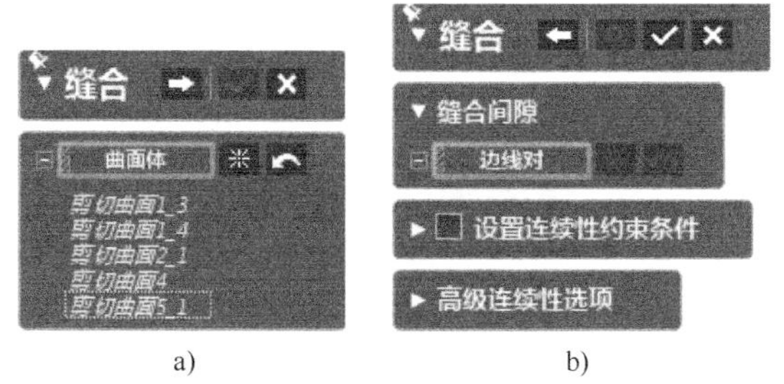

a)　　b)

图 4-82　【缝合】对话框

26）单击【模型】模块中的【圆形阵列】按钮，如图 4-84 所示。单击【体】，选择缝合后的小叶片和大叶片，单击【回转轴】，选择线 1，设置【要素数】为“10”，如图 4-85a 所示。单击☑按钮，结果如图 4-85b 所示。

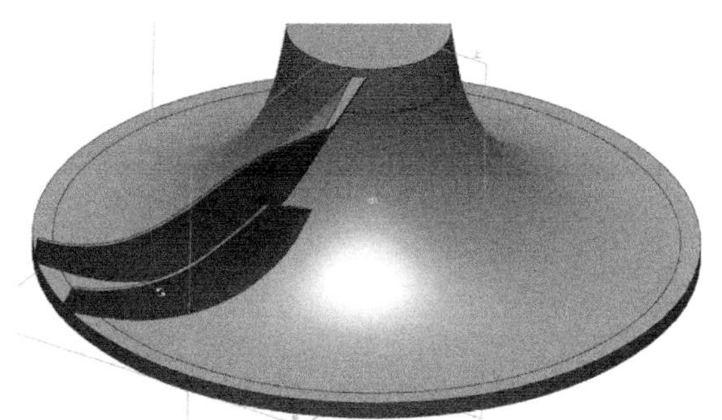

图 4-83　缝合成实体

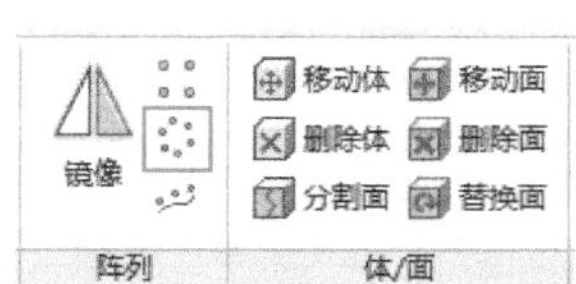

图 4-84　【圆形阵列】按钮

27）单击【模型】模块中的【布尔运算】按钮，弹出图 4-86 所示的对话框，选择【操作方法】为【合并】，选择所有实体，单击☑按钮，涡轮叶片建模完成。

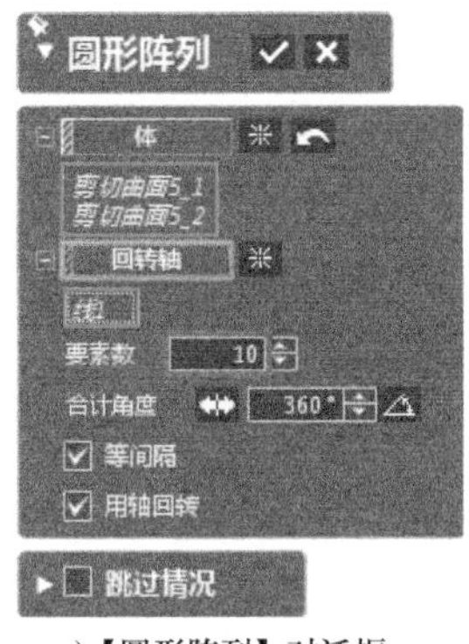

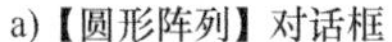
a)【圆形阵列】对话框

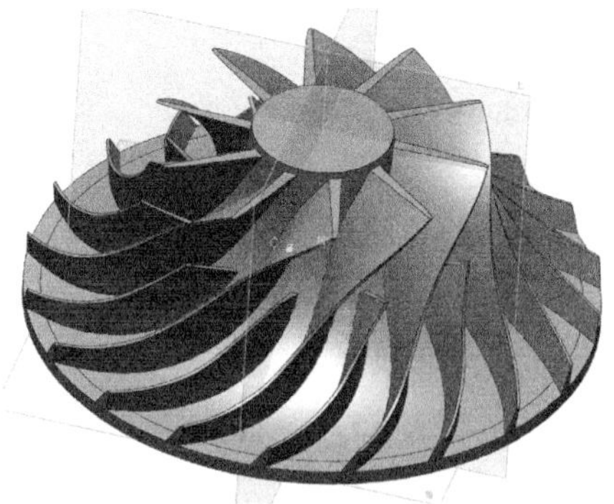
b) 圆形阵列

图 4-85　圆形阵列

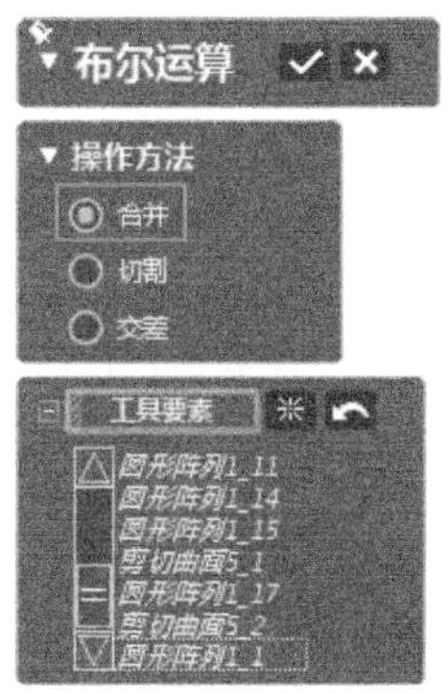

图 4-86　【布尔运算】对话框

第5章 综合实例（基础案例）

5.1 产品分析

本章介绍一个医疗产品——制氧器配件装配体的逆向过程，产品外观如图 5-1 所示。该产品装配件由五个零件组成，外观特点分析如下。

a) 整体结构

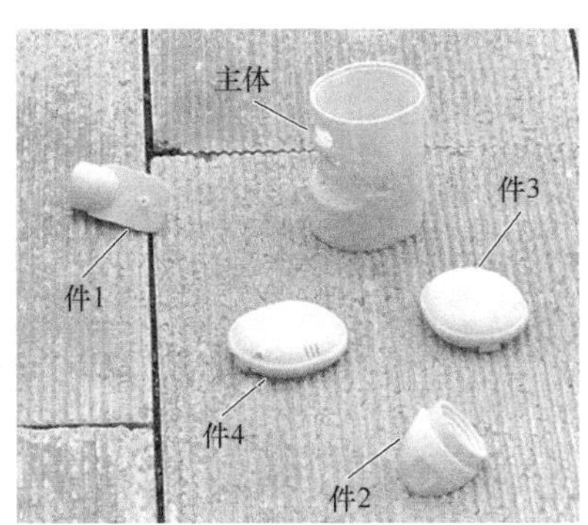

b) 组成部件

图 5-1　制氧器配件

1）产品并不存在复杂的曲面，大部分特征可以通过拉伸、拔模和倒圆角来完成。

2）产品的诸多特征必须制作规范，如特征的高度、宽度尽量做成小数点后圆整一位的数值。

3）产品是一个装配件，设计完成后必须检查产品之间是否存在干涉。

5.2 软硬件选配

制氧器配件装配体逆向过程软硬件选配如图 5-2 所示，即产品测绘硬件选择工业级蓝光三维扫描仪 OptimScan-5M；数据处理软件选择 Geomagic Design X；建模实施软件选择 Siemens NX 10。

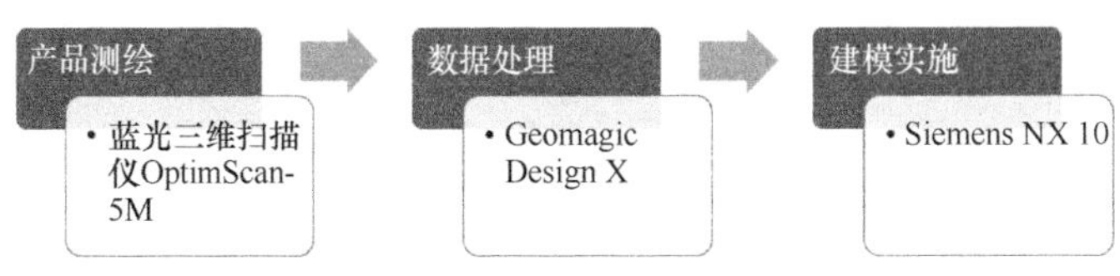

图 5-2　软硬件选配

5.3 常用功能命令

使用 Geomagic Design X 软件对医疗配件进行数据处理时的常用功能指令有：三角面片化、加强形状、平滑和填孔等。

使用 Siemens NX 10 软件对医疗配件进行逆向建模时的常用功能指令有：拉伸、拆分体、修剪体、基本曲线、拔模、边倒圆、替换面、偏置面、移动对象、变换、图层设置、隐藏、移动到图层、WCS 原点和旋转 WCS 等。

5.4 产品测绘

1. 系统标定

如果在使用过程中已经标定过系统，在系统未发生任何变动的情况下，进行下一次扫描时可以不用再进行标定，否则应该重新标定。

2. 扫描前的准备

该产品外观呈黄色，不适合直接扫描，需要对其喷涂反差增强剂。喷涂前要将反差增强剂摇晃至均匀，喷涂时与制氧器模型保持适当的距离，并确保每个组件的内外表面都喷涂均匀，如图 5-3 所示。

制氧器的扫描顺序为先扫描整个装配件，再依次扫描各个组件，因此先给制氧器整体贴好标志点，如图 5-4a 所示。待整体扫描结束后，将各个组件拆开，再分别粘贴标志点，如图 5-4b 所示。

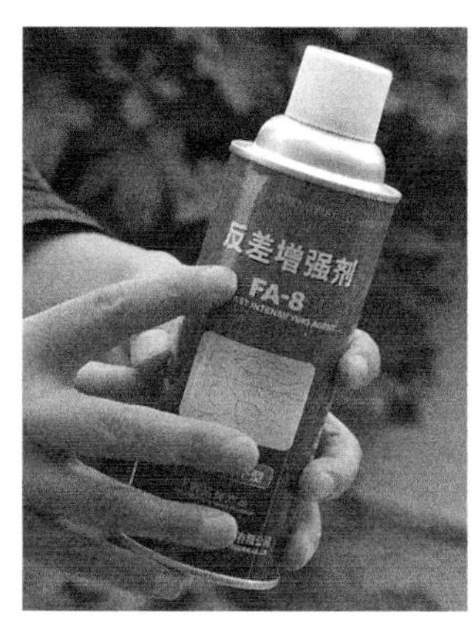

图 5-3 均匀喷涂反差增强剂

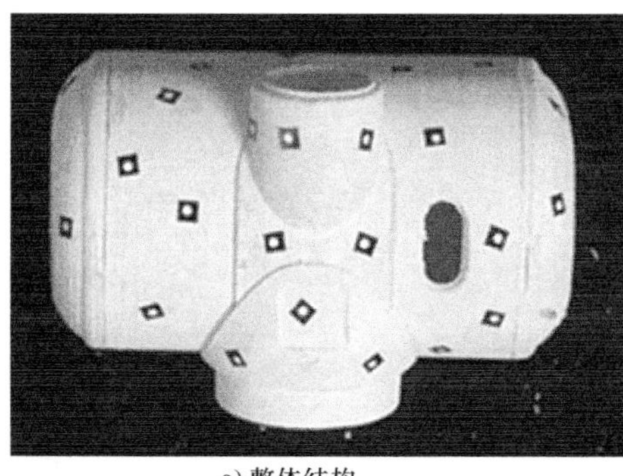

a) 整体结构

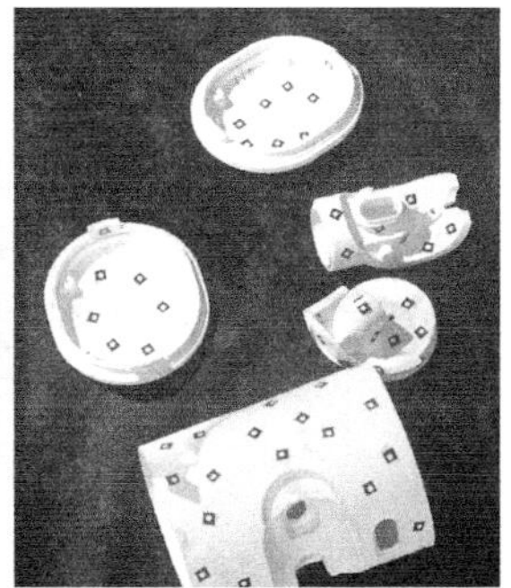

b) 组成部分

图 5-4 贴标志点

3. 自动拼接扫描

（1）扫描整体

1）新建工程。打开 SHINING 3D 软件，在弹出的界面中单击【新建工程】，如图 5-5 所示。在“制氧器”文件夹中新建“整体”文件夹，然后输入文件名“整体”并选择路径保存新建工程，如图 5-6 所示，单击【保存】即可进入软件首界面。

图 5-5 新建工程

2）设置扫描参数。单击【拼接扫描】并设置参数，如图 5-7 所示。

3）扫描制氧器模型。将制氧器模型摆放平稳，如图 5-8 所示。单击【扫描】按钮，投影仪在物体上投射一系列光栅。信息栏中显示扫描进度条，系统自动存储该次扫描结果，左侧的资源管理器中出现已扫描的模型列表，如图 5-9 所示。

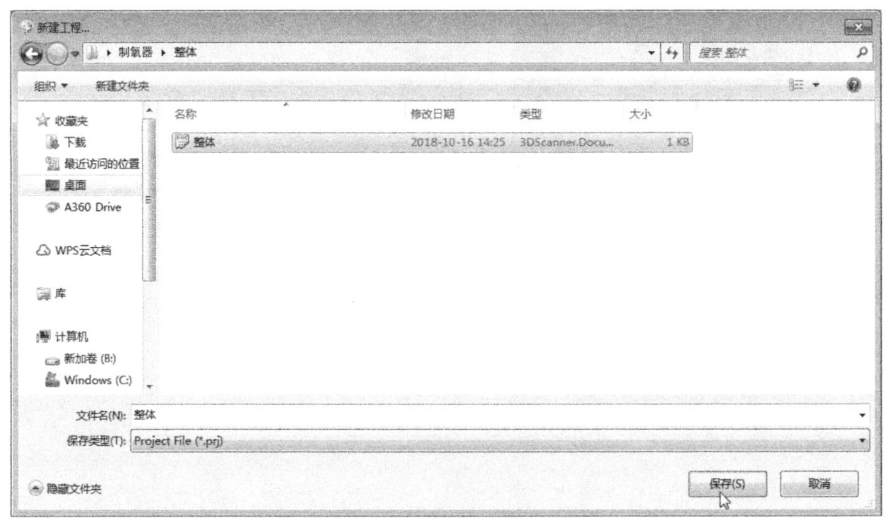

图 5-6　保存工程

图 5-7　设置扫描参数

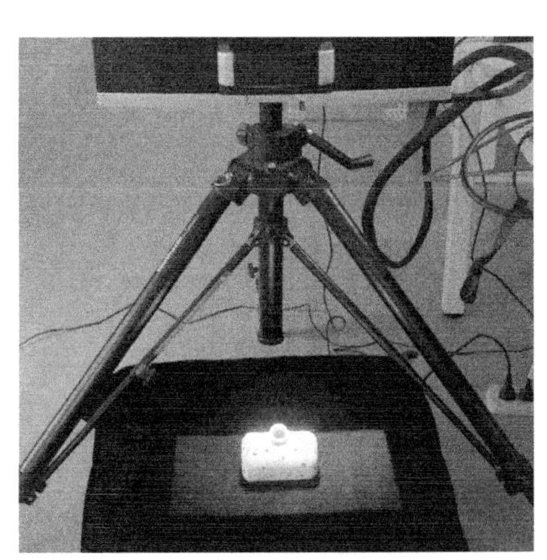

图 5-8　将制氧器模型摆放平稳

扫描完成后，模型窗口右侧会出现一些编辑的快捷功能键，包括旋转、方法、矩形选择、套索选择和删除等操作。在扫描界面可以利用这些快捷功能键对模型进行编辑。这里不对制氧器模型进行编辑，直接单击模型窗口右下角的☑按钮进行确定，一次扫描完成。

依据单次扫描步骤，按照一定的规律翻动物体，继续扫描物体其他部分，标志点自动拼接，如图 5-10 所示。多次扫描完成后显示视窗中会显示模型自动拼接后的三维效果图。模型窗口左上角会显示当前的点数和单元数。需要注意的是，当前扫描的标志点与上次扫描的标志点的公共点尽量多，至少需要 3 组对应点。

4）保存扫描数据。选择资源管理器中已扫描的全部模型列表，单击保存按钮，保存已扫描的全部数据。在弹出的【Save】对话框中输入文件名“整体”，并选择保存类型为“Ascii Points File (*. asc)”，单击【保存】。

（2）扫描主体　在“制氧器”文件夹中新建“主体”文件夹，在该文件夹中新建工程“zhuti”并保存。将制氧器主体摆放平稳，如图 5-11 所示，单击【扫描】按钮，开始扫描，如图 5-12 所示。

图 5-9　扫描制氧器整体

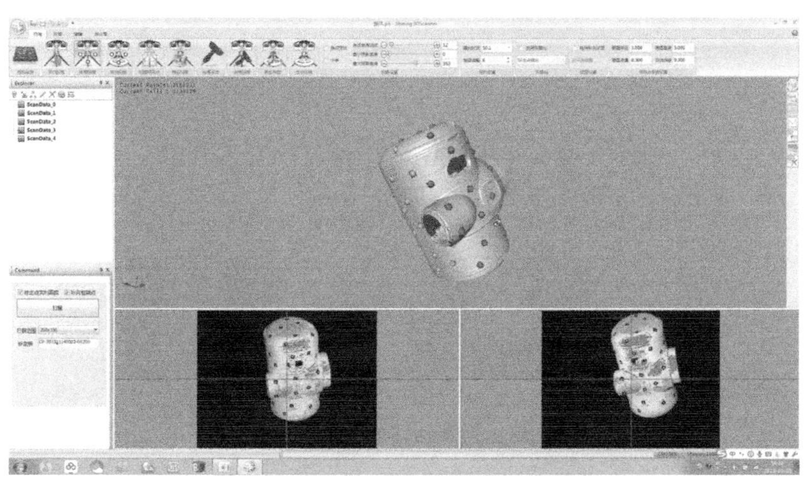

图 5-10　继续扫描制氧器模型

扫描过程中若出现拼接错误，如图 5-13 所示，则在左侧的资源管理器中将错误的模型删除。

依据单次扫描步骤，按照一定的规律翻动物体，继续扫描其他部位，直到制氧器主体全部扫描到为止。

在资源管理器中选择已扫描的全部模型列表，单击保存按钮，保存已扫描的全部数据。在弹出的【Save】对话框中输入文件名“zhuti”，并选择保存类型为“Ascii Points File（ * . asc）”，单击【保存】。

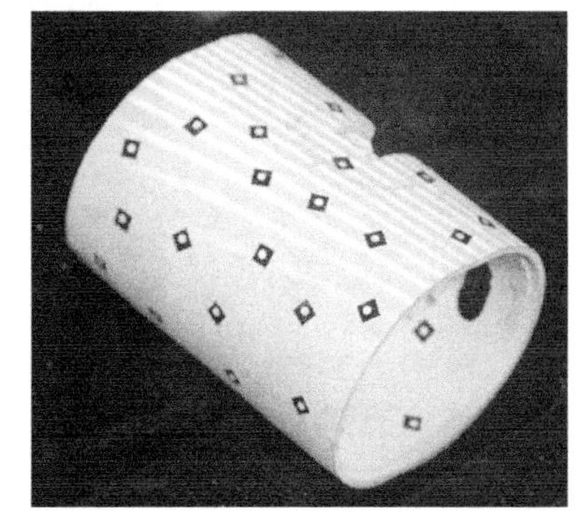

图 5-11　将制氧器主体摆放平稳

（3）扫描件 1　在“制氧器”文件夹中新建“件 1”文件夹，在该文件夹中新建工程“jian1”并保存。将件 1 摆放平稳，如图 5-14 所示，单击【扫描】按钮，开始扫描。按照一定的规律翻动物体，继续扫描其他部位，直到件 1 全部扫描到为止，如图 5-15 所示。

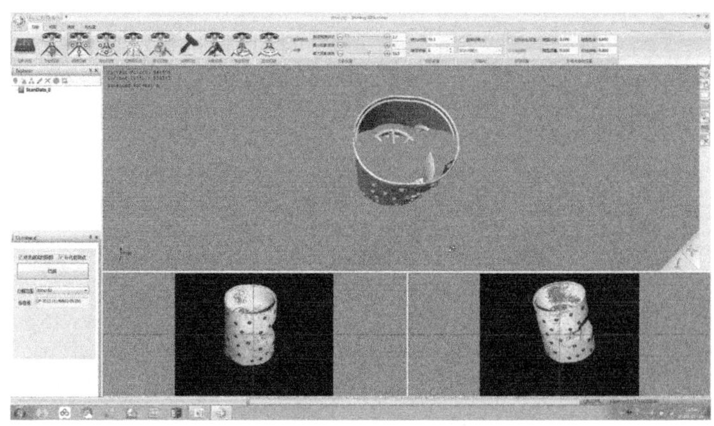

图 5-12　扫描制氧器主体

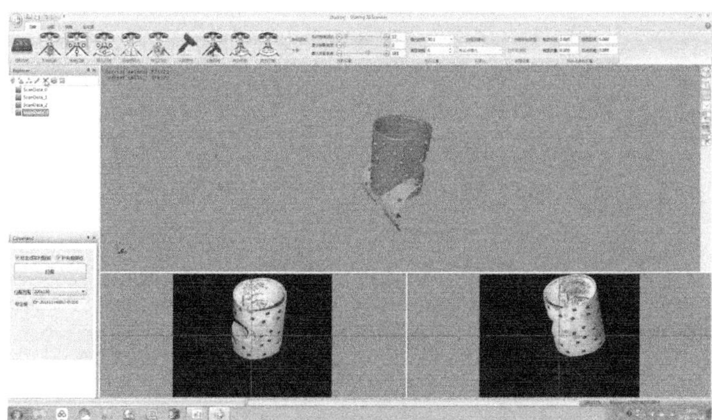

图 5-13　拼接错误

图 5-14　将件 1 摆放平稳

在资源管理器中选择已扫描的全部模型列表，单击保存按钮，保存已扫描的全部数据。在弹出的【Save】对话框中输入文件名“jian1”，并选择保存类型为“Ascii Points File (＊.asc)”，单击【保存】。

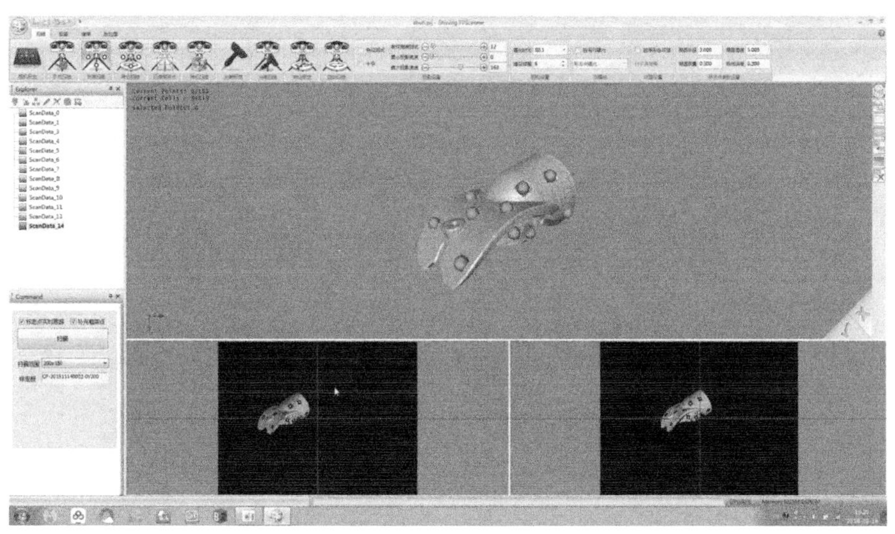

图 5-15　扫描件 1

（4）扫描件 2　在“制氧器”文件夹中新建“件 2”文件夹，在该文件夹中新建工程“jian2”并保存。将件 2 摆放平稳，如图 5-16 所示，单击【扫描】按钮，开始扫描。按照一定的规律翻动物体，继续扫描其他部位，直到件 2 全部扫描到为止，如图 5-17 所示。

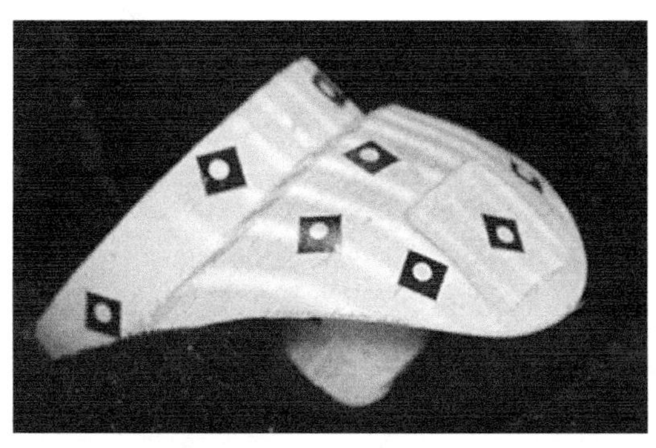

图 5-16　将件 2 摆放平稳

在资源管理器中选择已扫描的全部模型列表，单击保存按钮，保存已扫描的全部数据。在弹出的【Save】对话框中输入文件名“jian2”，并选择保存类型为“Ascii Points File（＊.asc）”，单击【保存】。

（5）扫描件 3　在“制氧器”文件夹中新建“件 3”文件夹，在该文件夹中新建工程“jian3”并保存。将件 3 摆放平稳，如图 5-18 所示，单击【扫描】按钮，开始扫描。按照一定的规律翻动物体，继续扫描其他部位，直到件 3 全部扫描到为止，如图 5-19 所示。

在资源管理器中选择已扫描的全部模型列表，单击保存按钮，保存已扫描的全部数据。在弹出的【Save】对话框中输入文件名“jian3”，并选择保存类型为“Ascii Points File（＊.asc）”，单击【保存】。

（6）扫描件 4　扫描件 4 的过程与扫描件 3 的过程大致相同，此处不再赘述。

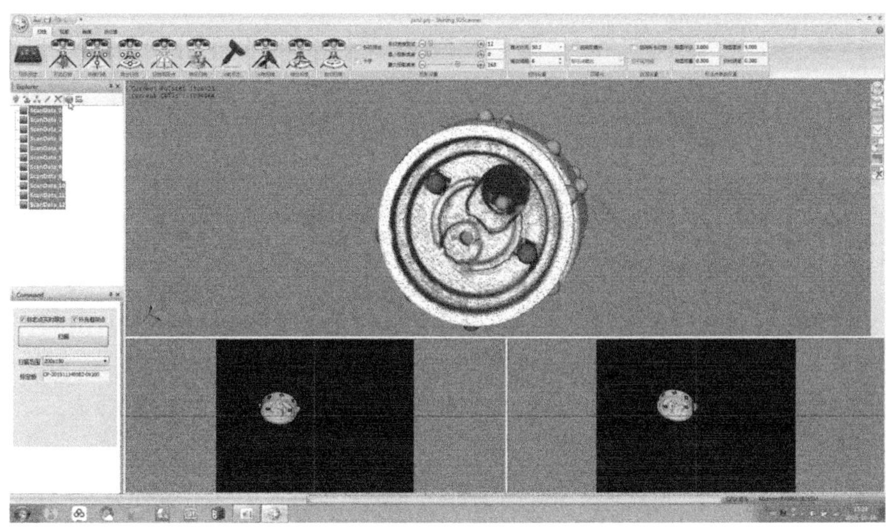

图 5-17　扫描件 2

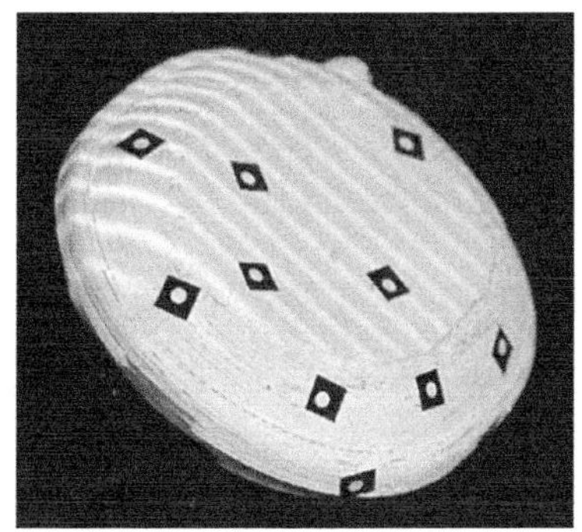

图 5-18　将件 3 摆放平稳

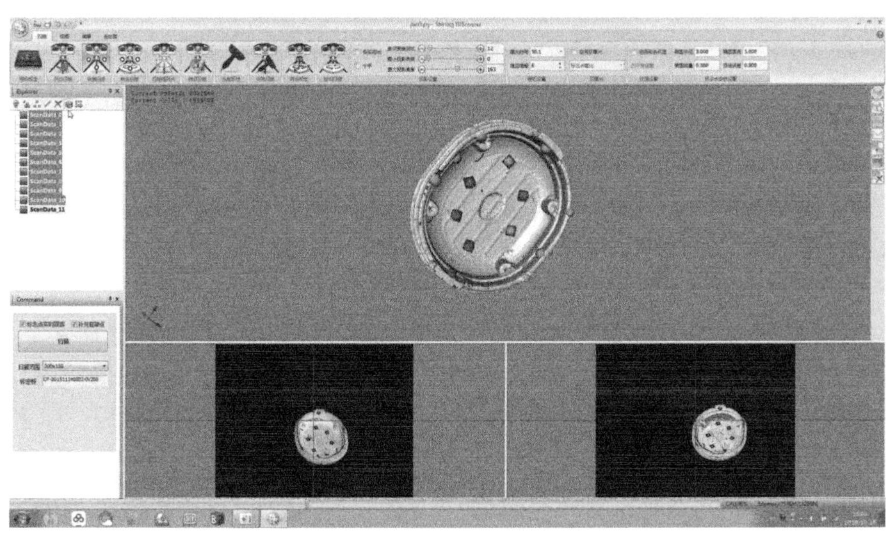

图 5-19　扫描件 3

5.5 数据处理

制氧器医疗配件的数据处理包括两个方面：一方面是对每个组件进行填孔、平滑、加强形状等修复处理；另一方面是将5个组件的扫描数据进行对齐，为5个组件的点云数据之间建立正确的相对位置关系。

1. 点云数据处理

（1）整体的点云数据处理

1）导入模型。打开Geomagic Design X软件，单击界面左上方的【导入】按钮（见图5-20），制氧器由多片点云构成，全选这些点云数据后单击【仅导入】，如图5-21所示，点云数据就导入到Geomagic Design X软件中了，如图5-22所示。

图5-20　单击【导入】按钮

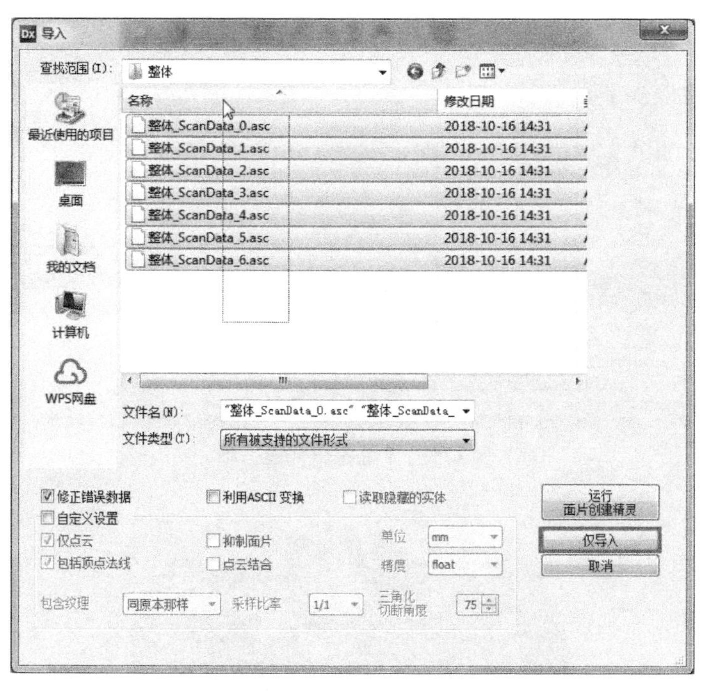

图5-21　导入点云数据

2）三角面片化。通过连接3D扫描数据范围内的点创建单元面，以构建面片。对象可以是整个点云，也可以是点云中的一部分参照点。单击【点】模块中的【三角面片化】命令，弹出【单元化】对话框，系统自动选中点云数据，其余参数设置如图5-23所示，单击✓按钮完成操作，结果如图5-24所示。

图 5-22　医疗配件的点云数据

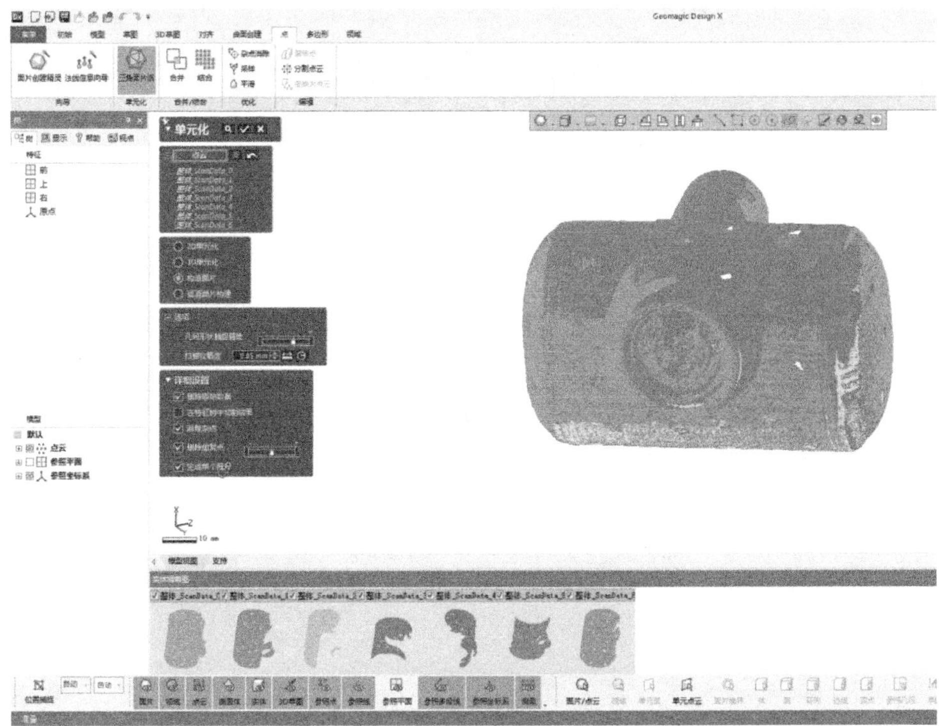

图 5-23 【单元化】对话框

图 5-24　三角面片化后的效果

3）加强形状。用于锐化面片上的尖锐区域（棱角），同时平滑平面或圆柱面区域来提高面片的质量。单击【多边形】模块中的【加强形状】按钮，弹出图5-25a所示【加强形状】对话框，保持默认的参数设置，然后单击☑按钮完成操作。

4）平滑。降低点云外部形状的粗糙度。单击【点】模块中的【平滑】命令，弹出图5-25b所示【平滑】对话框，保持默认的参数设置，单击☑按钮完成操作。

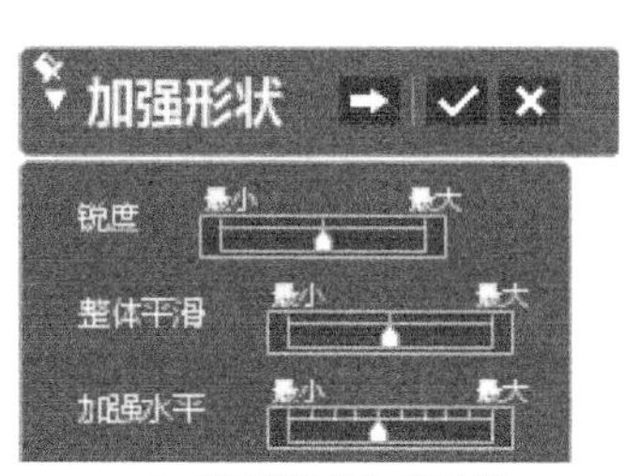

a)【加强形状】对话框

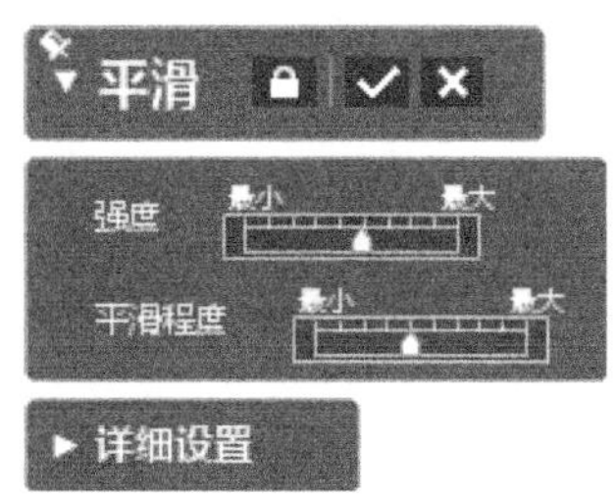

b)【平滑】对话框

图5-25　【加强形状】对话框和【平滑】对话框

5）填孔。粘贴标志点的位置会留下孔洞，需要对其进行填补。单击【多边形】模块中的【填孔】按钮，弹出图5-26a所示的【填孔】对话框，【方法】设为【曲率】，表示根据边界的曲率来创建单元面填充孔。选择标记点粘贴处的孔洞，如果选错孔洞边界，可以再次单击取消选择，单击☑按钮完成填孔。图5-26b所示为填孔后的效果。

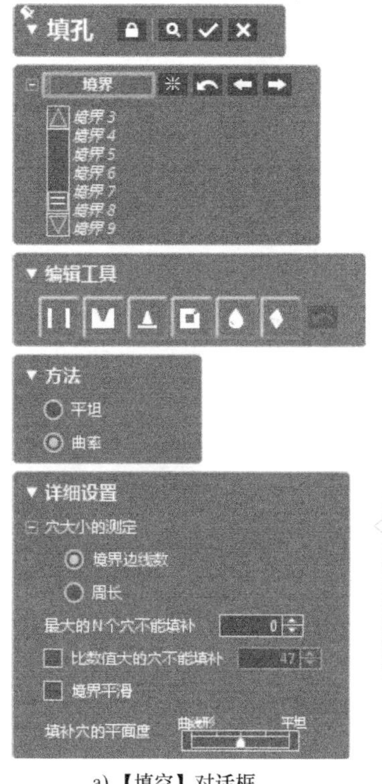

a)【填空】对话框

b) 填孔后的效果

图5-26　填孔

6）输出为 STL 文件。选择【菜单】|【文件】|【输出】命令，选择特征树中的面片数据，单击✔按钮，在弹出的【输出】对话框中，选择保存类型为“Binary STL File (*. STL)”并输入文件名，单击【保存】。

（2）主体的点云数据处理　主体的点云数据处理步骤与整体相似，如图 5-27 所示，需要依次进行：导入模型；三角面片化；加强形状；平滑；填孔；输出为 STL 文件；删除面片数据。详细步骤此处不再赘述。

a) 导入多片点云数据

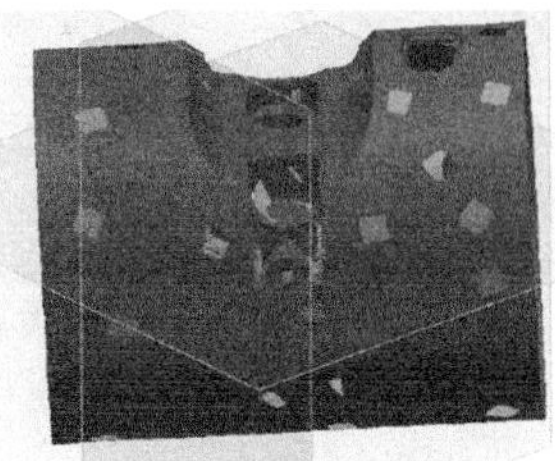
b) 三角面片化

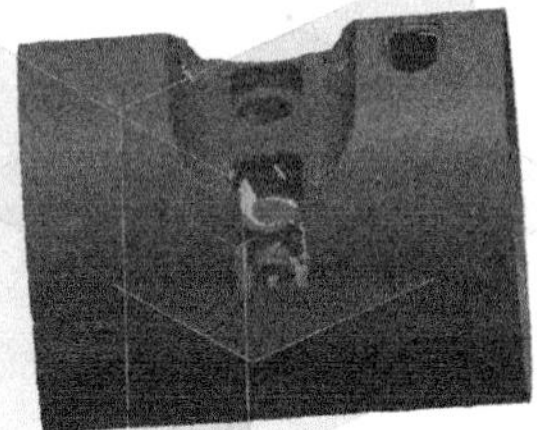
c) 填孔后

图 5-27　主体的点云数据处理

（3）件 1 的点云数据处理　件 1 的点云数据处理步骤与整体相似，如图 5-28 所示，详细步骤此处不再赘述。

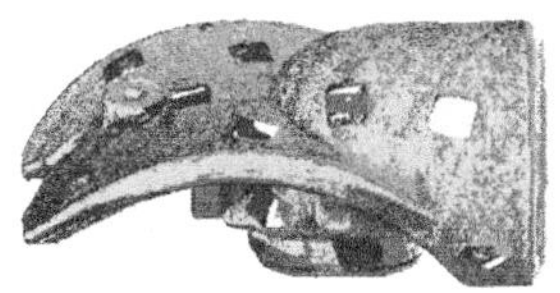
a) 导入多片点云数据

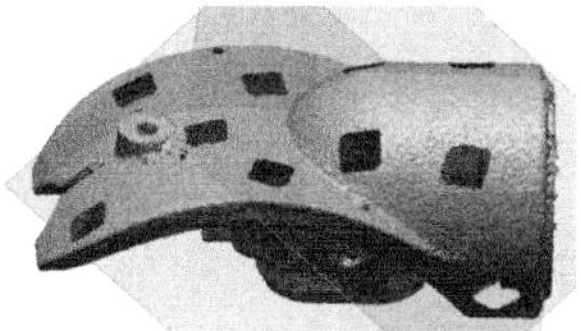
b) 三角面片化

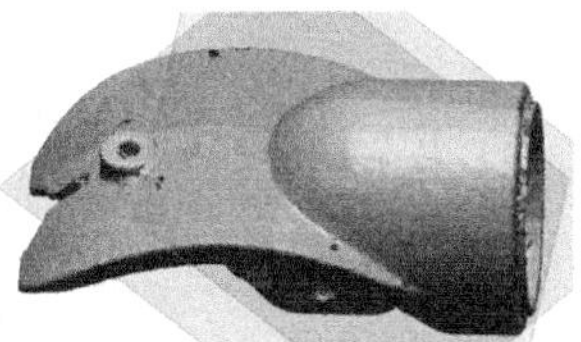
c) 填孔后

图 5-28　件 1 的点云数据处理

（4）件 2 的点云数据处理　件 2 的点云数据处理步骤与整体相似，如图 5-29 所示，详细步骤此处不再赘述。

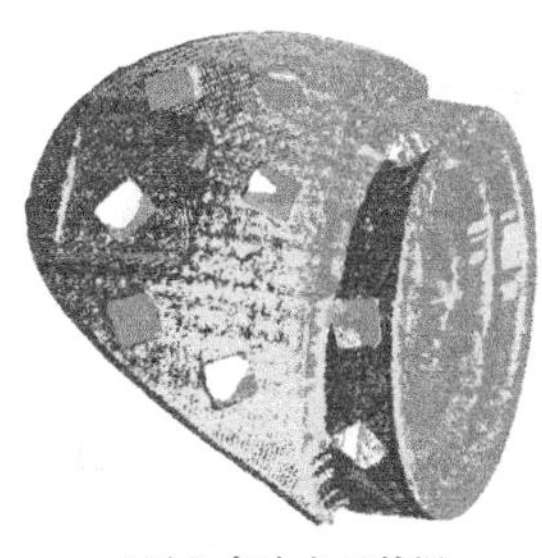
a) 导入多片点云数据

b) 三角面片化

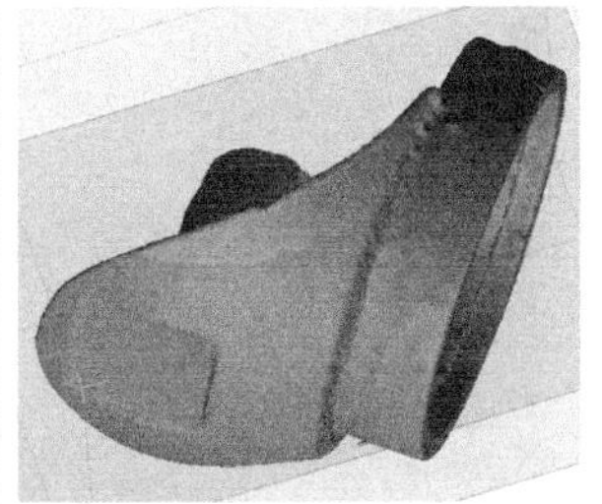
c) 填孔后

图 5-29　件 2 的点云数据处理

对图 5-30a 所示圆圈内的孔洞进行填孔的效果如图 5-30b 所示，此处直接填孔效果不佳，所以对该处孔洞单独进行填孔。单击【多边形】模块中的【填孔】按钮，弹出【填孔】对话框，单击【编辑工具】中的第一个图标【追加桥】，如图 5-31 所示，先在边界上单击一个单元面的边，然后在边界上另一位置单击一个单元面的边，在两个边之间创建一个单元面。此处创建了两个单元面，将一个孔洞分解成三个孔洞，如图 5-32a 所示。对这三个孔洞进行填孔，效果如图 5-32b 所示。

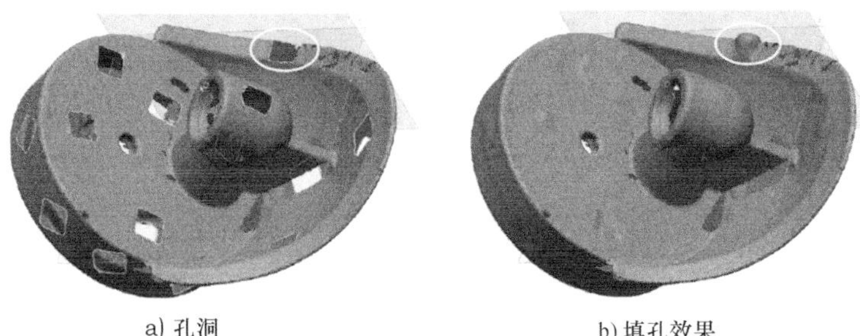

a) 孔洞　　b) 填孔效果

图 5-30　填孔效果不佳示例

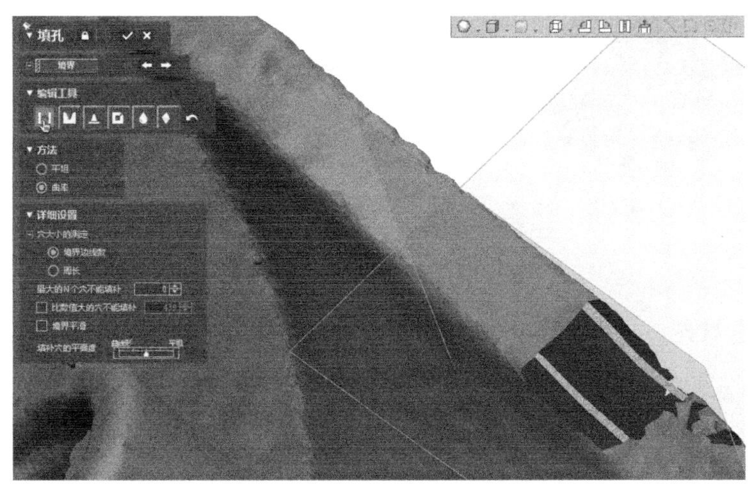

图 5-31　追加桥

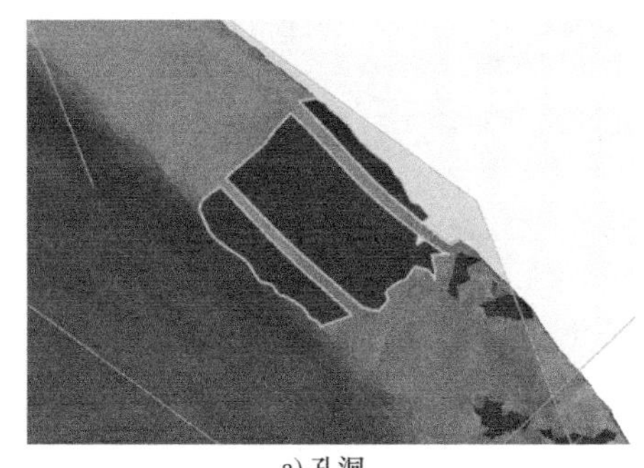

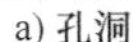

a) 孔洞　　b) 填孔效果

图 5-32　追加桥后填孔

（5）件 3 的点云数据处理　件 3 的点云数据处理步骤与整体相似，如图 5-33 所示，详细步骤此处不再赘述。

a) 导入多片点云数据

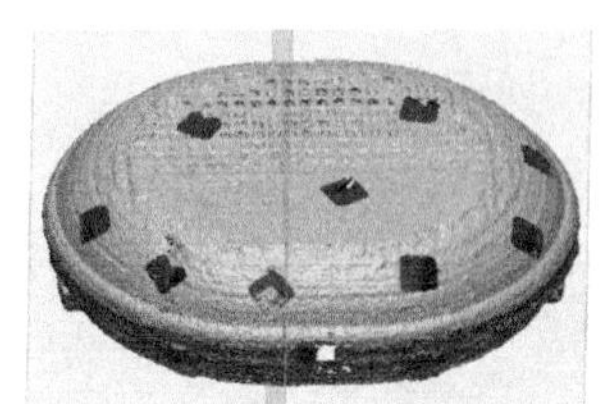
b) 三角面片化

c) 填孔后

图 5-33 件 3 的点云数据处理

(6) 件 4 的点云数据处理 件 4 的点云数据处理步骤与整体相似，如图 5-34 所示，详细步骤此处不再赘述。

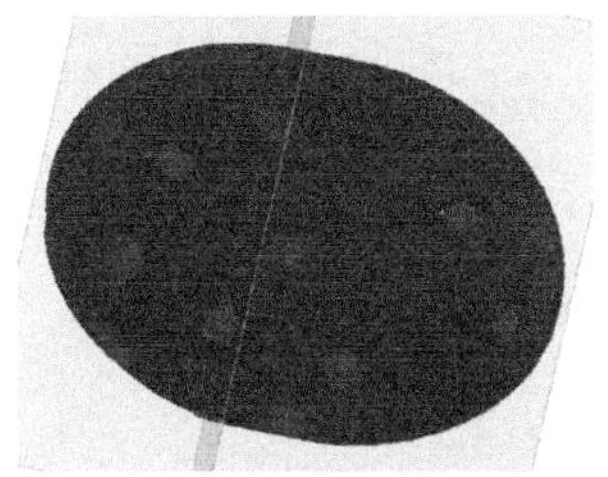
a) 导入多片点云数据

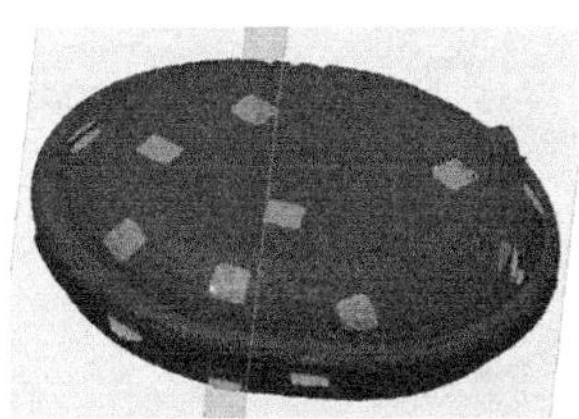
b) 三角面片化

c) 填孔后

图 5-34 件 4 的点云数据处理

2. 扫描数据对齐

Geomagic Design X 对齐模块提供了多种对齐方法，可将面片数据分别与用户自定义坐标系、世界坐标系，以及原始 CAD 数据进行对齐，分别对应于对齐模块中的三组对齐工具，如图 5-35 所示。

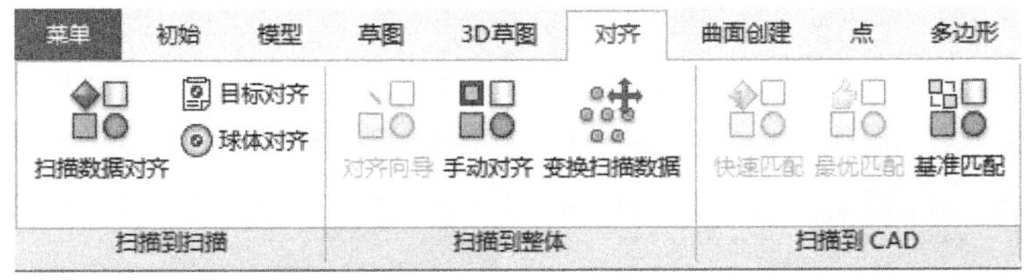

图 5-35 Geomagic Design X 对齐模块

1)【扫描到扫描】操作组：实现将扫描数据（面片或点云）对齐到另外一片扫描数据的目的，其包含的工具如下。

① 扫描数据对齐：将面片（或点云）对齐到其他面片（或点云），对齐方法包括自动对齐、手动对齐和整体对齐。当工作区中存在两个或以上的面片（或点云）时激活本命令。

② 目标对齐：对指定文件夹的扫描数据进行对齐，当文件夹内的扫描数据实时更新则可实现模型的实时自动对齐。

③ 球体对齐：通过匹配对象中的球体数据，实现粗略对齐多个扫描数据。

2）【扫描到整体】操作组：实现将扫描数据（面片或点云）对齐到世界坐标系的目的，其包含的工具如下。

① 对齐向导：自动生成并选择模型局部坐标系，并将局部坐标系与世界坐标系对齐，将模型对齐到实际坐标系中。只有当工作区中存在领域组时才能激活本命令。

② 手动对齐：通过定义扫描模型中的基准特征或选择点云数据领域，与世界坐标系中的坐标轴或坐标平面匹配，使模型与世界坐标系对齐。存在一个面片或点云时有效。

③ 变换扫描数据：通过移动鼠标或修改参数来移动、旋转或缩放面片或点云。

3）【扫描到CAD】操作组：实现将扫描数据（面片或点云）对齐到CAD数据的目的，其包含的工具如下。

① 快速匹配：粗略地自动将扫描数据对准到曲面或实体。当工作区中存在一个面片（或点云）和体时激活本命令。

② 最佳匹配：利用要素之间的重合特征自动对齐扫描数据和模型。当工作区中存在一个面片（或点云）和体时激活本命令。

③ 基准匹配：通过选择基准将扫描数据对齐到模型或坐标。当工作区中存在一个面片（或点云）和体时激活本命令。

图5-36　导入制氧器整体及组成部分的STL模型

这里使用【扫描数据对齐】命令，根据制氧器医疗配件的几何特征，将5个组件的扫描数据与整体的扫描数据对齐。

1）导入模型。打开Geomagic Design X软件，单击界面左上方的【导入】按钮，分别导入整体、主体、件1、件2、件3和件4的STL模型，导入后如图5-36所示。

2）如图5-37所示，由于件1和件2特征比较明显，所以先尝试自动对齐。主体结构特征比较少，件3和件4特征比较接近，所以对它们进行手工对齐。

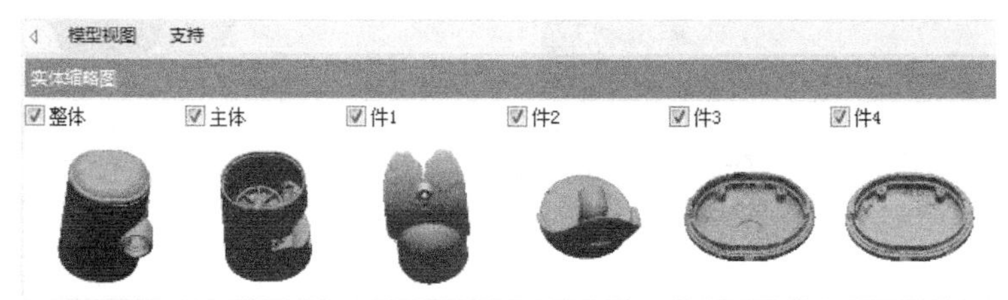

图5-37　实体缩略图

3）自动对齐件1和件2。单击【对齐】模块中的【扫描数据对齐】按钮，弹出图5-38a所示的对话框，【方法】选择【自动对齐】，单击【参照】选择整体，单击【移动】选择件1和件2，单击按钮，结果如图5-38b所示，可以看到件1已经对齐了，件2还未对齐，需要对其进行手动对齐。

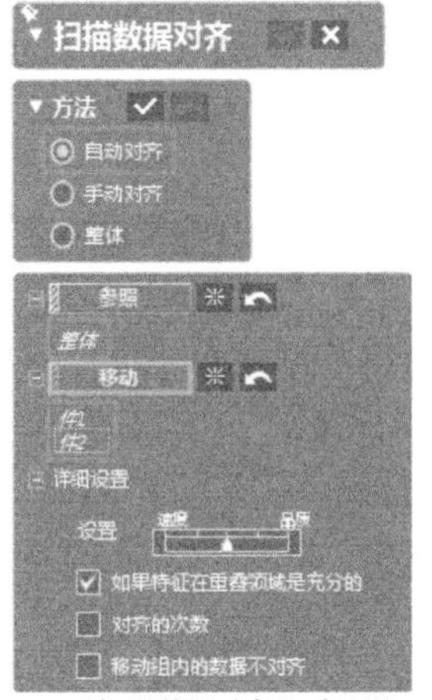

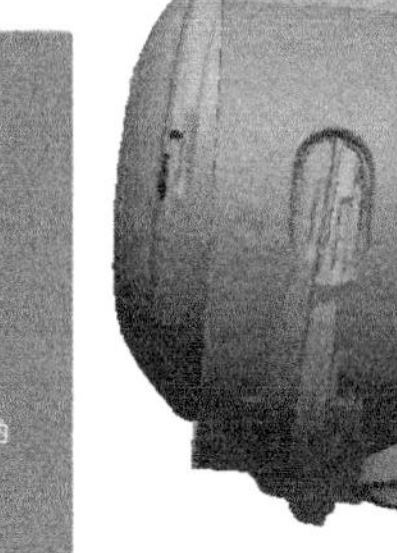

a)【扫描数据对齐】对话框　　b) 自动对齐件1

图 5-38　扫描数据对齐

4）手动对齐件 2。单击【对齐】模块中的【扫描数据对齐】按钮，弹出图 5-39 所示的对话框，【方法】选择【手动对齐】，单击【参照】选择整体，参照显示框中会出现整体的模型视图，单击【移动】选择件 2，移动显示框中会出现件 2 的模型视图。然后依次把整体和件 2 摆正，分别选取两个模型相同位置的若干个点（至少三个），如图 5-39 所示，所示，参照显示框和移动显示框中对应点的颜色是一样的。勾选【最优匹配对齐】，单击☑按钮，结果如图 5-40a 所示。

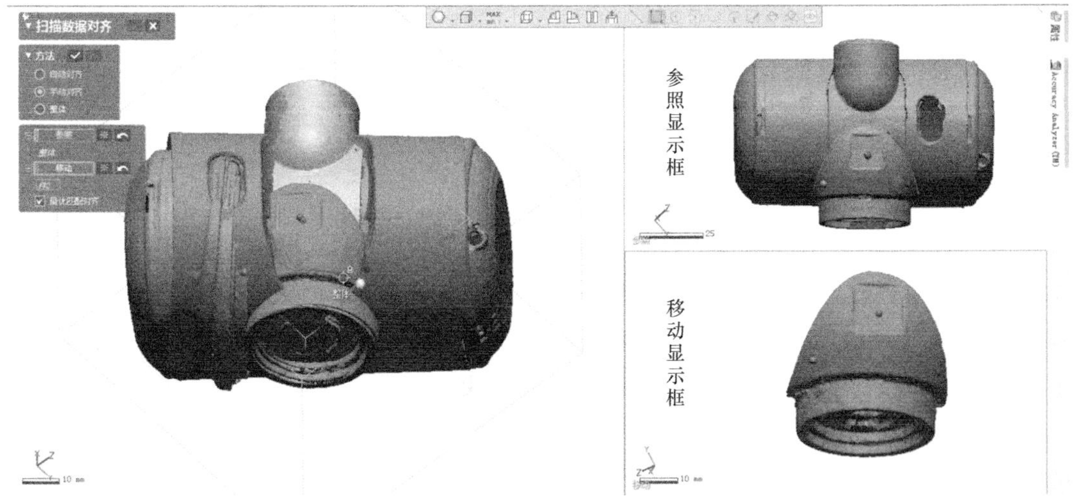

图 5-39　手动对齐件 2

5）用同样的方法对主体、件 3 和件 4 进行手动对齐，最终结果如图 5-40b 所示。

6）保存模型文件。单击界面左上角的【保存】按钮，输入文件名称后单击【保存】按钮，保存格式为“＊. XRL”。

a) 手动对齐件2后效果

b) 全部对齐后效果

图 5-40　扫描数据对齐

建模实施

制氧器由 5 个组件构成，逆向建模时对 5 个组件分别建模，不过这 5 个组件共用一个基准坐标系。因此，逆向设计的第一步是构建基准坐标系，其精确度对产品的建模精度有着重要影响。然后依次对 5 个组件进行逆向建模，最后根据组件之间的装配关系制作对应的装配特征，如图 5-41 所示。

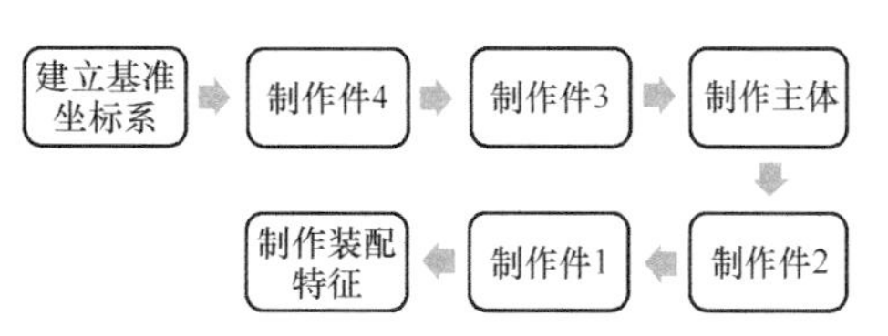

图 5-41　制氧器的逆向建模思路

1. 建立基准坐标系

为制氧器装配体建立基准坐标系，首先确定 Z 轴方向，再确定 Y 轴方向，然后确定坐标原点的 X 值和 Y 值，最后确定坐标原点的 Z 值，如图 5-42 所示。

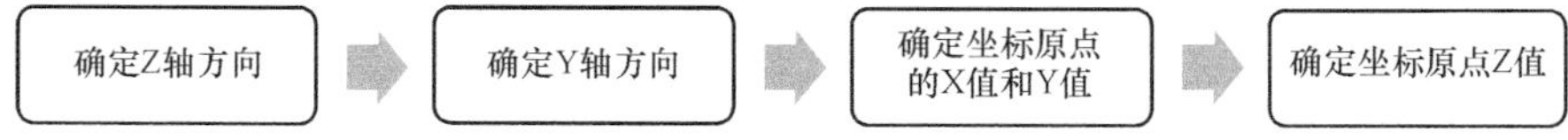

图 5-42　确定基准坐标系的步骤

1）打开 Siemens NX 10 软件，选择【文件】|【新建】命令或单击【标准】工具条中的【新建】图标，在【新建】对话框中将【单位】设置为【毫米】，【模板】选择【模型】，【名称】中输入“医疗配件”，单击【确定】按钮，进入建模模块。

2）选择【文件】|【导入】|【STL】命令，将主体、件 1、件 2、件 3 和件 4 依次导入。

3）使用【移动至图层】命令，将主体放置在第 15 层，将件 1 放置在第 18 层，将件 2 放置在第 17 层，将件 3 放置在第 16 层，将件 4 放置在第 19 层。

4）选择【格式】|【WCS】|【定向】命令，在弹出的【CSYS】对话框中选择【类型】为【原点，X 点，Y 点】，在选择条中选中【面上的点】，在小平面体上选择如图 5-43a

所示的三个点，单击【确定】，建立工作坐标系。如果没有显示坐标系，可以单击【格式】|【WCS】|【显示】命令。

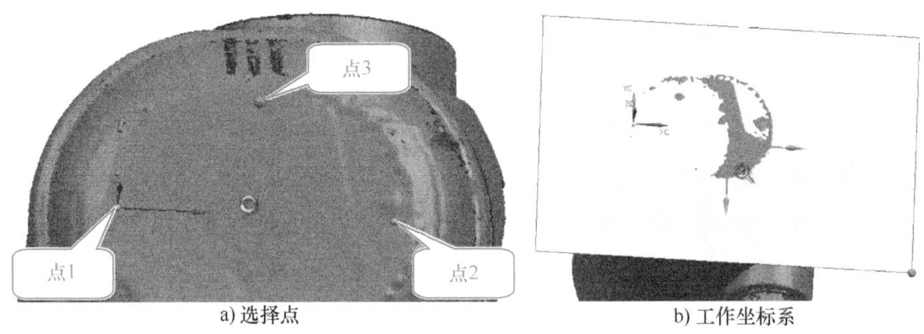

a) 选择点　　b) 工作坐标系

图 5-43　创建工作坐标系

5）使用【整体突变】命令，选取两点创建一个平面，如图 5-43b 所示，可以看到件 4 的大面是一个平面。

6）使用【WCS 原点】命令，选择件 3 大面上的点，将工作坐标系移动至此处；然后使用【整体突变】命令，选取两点创建一个平面，确认件 3 的大面也是一个平面。

7）使用【WCS 原点】命令，将工作坐标系移动至如图 5-44 所示的位置；然后使用【截面曲线】命令，选择主体模型，指定平面为【XC-ZC 平面】，取消选择【关联】，单击【确定】，创建的截面曲线如图 5-44 所示。

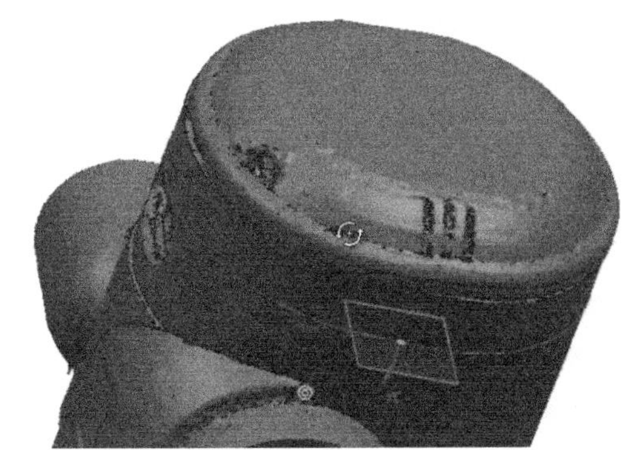

图 5-44　创建截面曲线

8）使用【基本曲线】命令，选择类型为【直线】，在截面曲线最大轮廓处选取 4 个点，创建 4 条与坐标轴平行的直线，如图 5-45a 所示。

9）使用【基本曲线】命令，选择类型为【圆角】，选择【方法】为【3 曲线圆角】，依次选择直线 1、直线 2 和直线 3 创建第一个圆角，然后依次选择直线 2、直线 3 和直线 4 创建第二个圆角。

10）使用【拉伸】命令，选择倒圆角后的曲线为截面创建拉伸体，结果如图 5-45b 所示，可以看到拉伸体与 STL 模型贴合度较好。

11）使用【基本曲线】命令，选择类型为【直线】，以两个圆角的圆心为端点创建一条直线，如图 5-46a 所示；然后使用【WCS 原点】命令，将工作坐标系放置在直线的中点处，如图 5-46b 所示。

12）双击拉伸体，调整开始距离和结束距离，使拉伸体的两个端面与件 3 和件 4 的两个大面相互贴合；然后抓取拉伸体其中一端上两个圆弧的圆心，重新绘制如图 5-46a 所示的直线。

13）使用【旋转 WCS】命令，选择【-XC 轴：ZC→YC】，输入【角度】值 90°，单击三次【应用】后，工作坐标系如图 5-47a 所示。

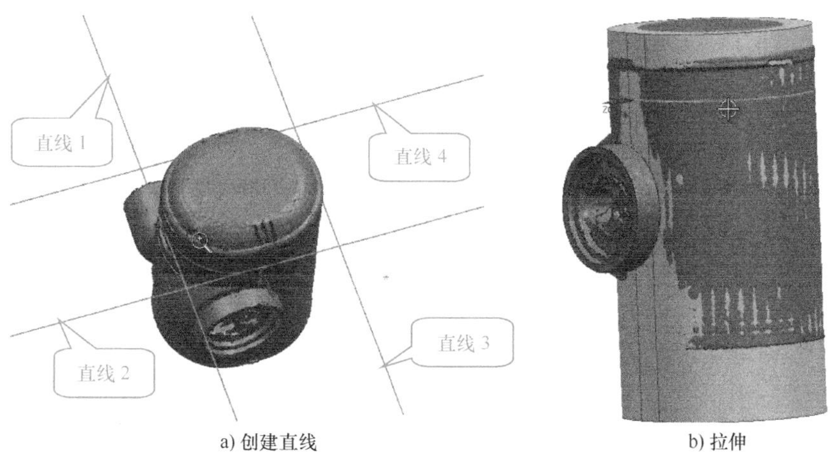

a) 创建直线　　b) 拉伸

图 5-45　创建直线后拉伸

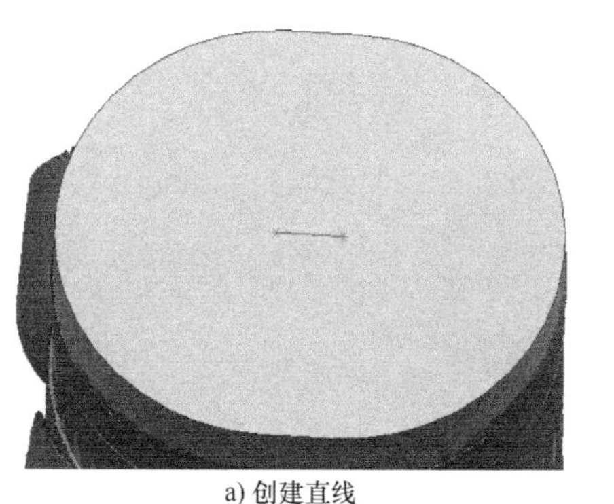

a) 创建直线

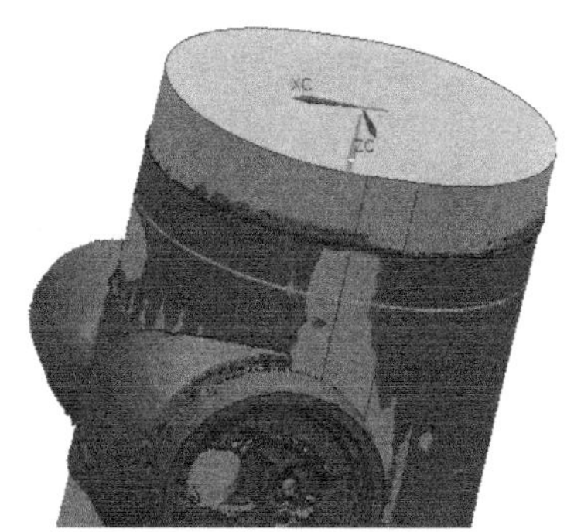

b) 移动工作坐标系

图 5-46　创建直线后移动工作坐标系

14）使用【测量距离】命令，测量拉伸体两个端面之间的距离为 101.6mm。

15）使用【WCS 原点】命令，输入坐标系原点坐标为（0，0，－50.8），将工作坐标系移动至中间位置，如图 5-47b 所示。

a) 旋转

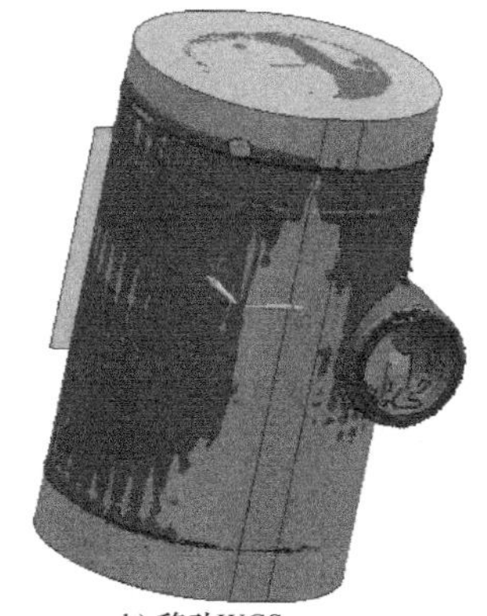

b) 移动WCS

图 5-47　旋转和移动 WCS

16）选择【格式】|【WCS】|【保存】命令，保存当前工作坐标系。

17）按下【Ctrl + Shift + K】快捷键，弹出【类选择】对话框，框选所有对象，将所有对象显示出来。

18）选择【移动对象】命令，弹出【移动对象】对话框。框选所有对象，【运动】选择【CSYS 到 CSYS】，【起始 CSYS】为上一步保存的坐标系，【目标 CSYS】为【绝对 CSYS】，选择【移动原先的】，单击【确定】。坐标系创建完成。

19）将之前创建的点、曲线、平面等对象放置到第 200 层，这里将第 200 层作为“垃圾”层。

2. 制作件 4

件 4 的几何结构如图 5-48 所示，其制作主要分为主体、螺钉孔、凸起特征、管道特征和缺口特征五部分，其逆向建模流程如图 5-49 所示。

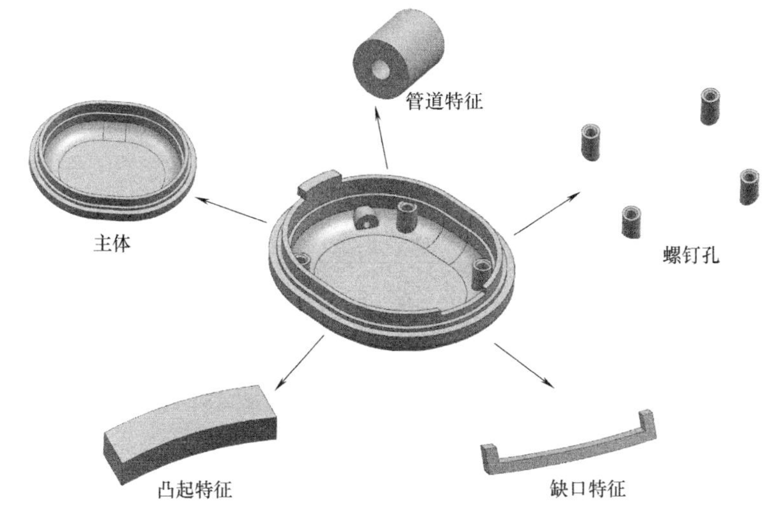

图 5-48　件 4 的几何结构

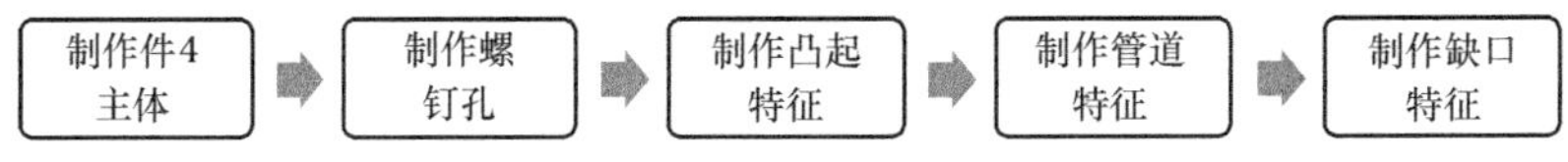

图 5-49　件 4 的逆向建模流程

（1）制作件 4 的主体

1）使用【取消修剪】命令，选择如图 5-50a 所示的拉伸体顶面，得到一张曲面。使用【偏置面】命令，将曲面偏置一定的距离，直到曲面与主体的端面贴合，如图 5-50b 所示。使用【拆分体】命令，以偏置后的曲面为工具对拉伸体进行拆分，得到两个实体。

2）使用【偏置曲面】命令，将图 5-50b 所示的曲面向上偏置 4.8mm。使用【拆分体】命令，以偏置后的曲面为工具对拉伸体进行拆分，得到实体 1 和实体 2，如图 5-51a 所示。使用【偏置面】命令，将实体 2 的侧面向内偏置 2.5mm，如图 5-51b 所示。

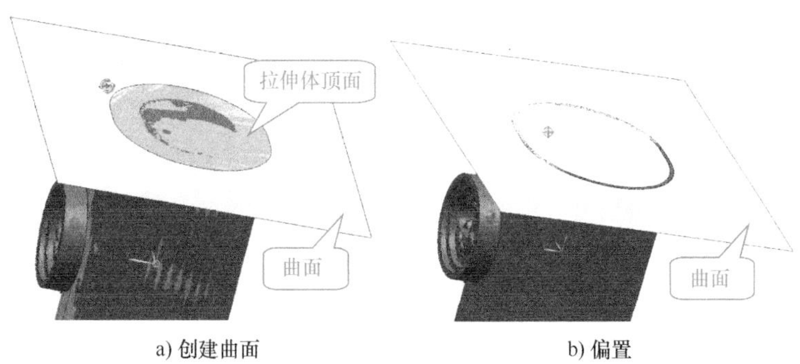

a) 创建曲面　　b) 偏置

图 5-50　创建曲面并偏置

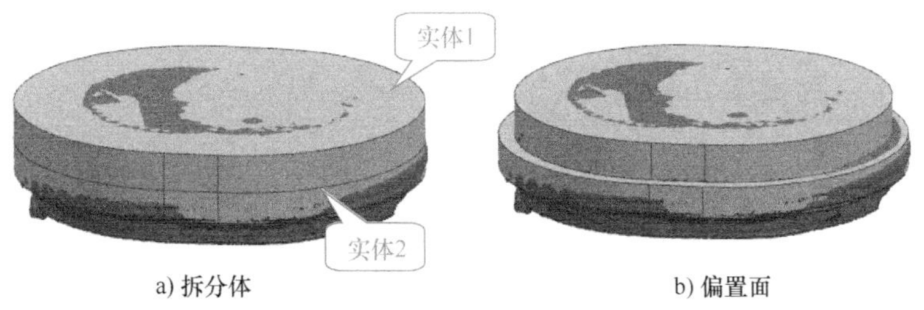

a) 拆分体　　b) 偏置面

图 5-51　拆分体后偏置面

3）使用【拔模】命令，选择对图 5-51a 所示的实体 1 拔模，拔模角度为 25°，如图 5-52a 所示。使用【边倒圆】命令，选择实体 1 的上侧边缘，输入半径值为“10”，完成边倒圆操作，如图 5-52b 所示。

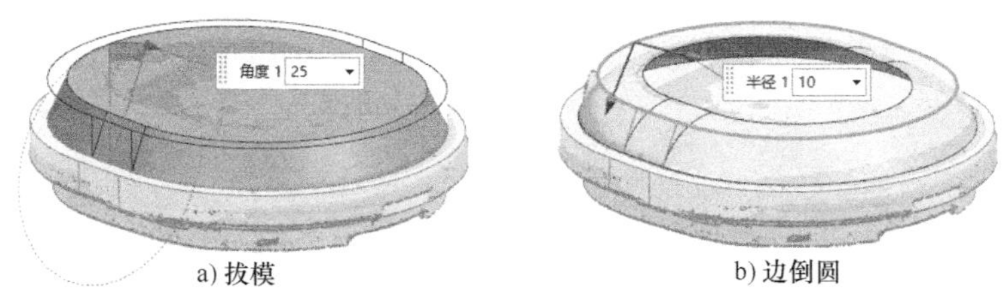

a) 拔模　　b) 边倒圆

图 5-52　对实体 1 拔模和边倒圆

4）同样地，对实体 2 也进行拔模和边倒圆操作，拔模角度为 2°，圆角半径为 1.5mm，如图 5-53 所示。

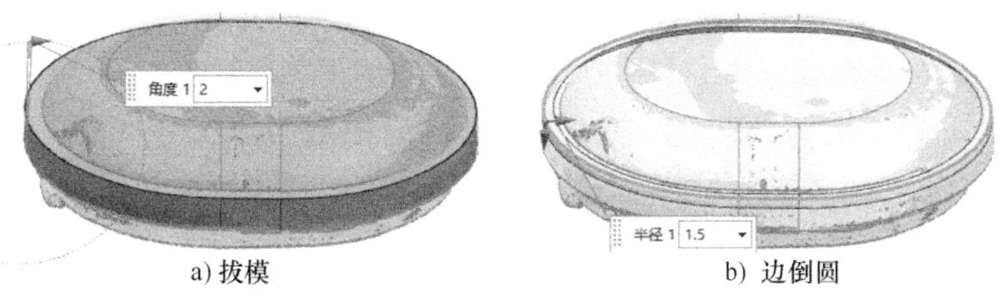

a) 拔模　　b) 边倒圆

图 5-53　对实体 2 拔模和边倒圆

5）使用【拉伸】命令，选择实体2的边为截面曲线，向上拉伸4.5mm，得到实体3，如图5-54a所示。使用【偏置面】命令，将实体2的侧面向内偏置2mm，如图5-54b所示。

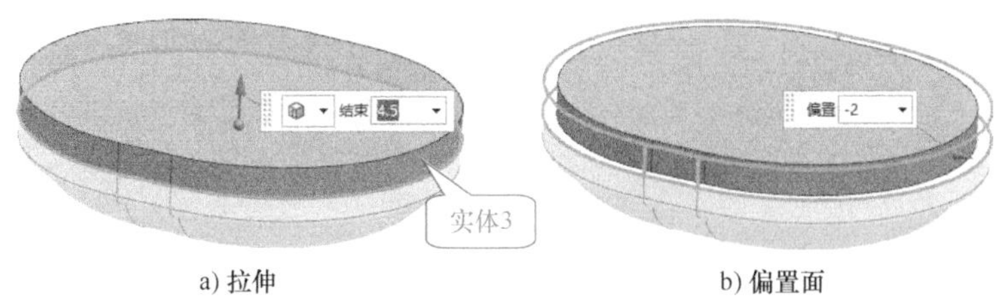

a) 拉伸　　b) 偏置面

图5-54　拉伸后偏置面

6）使用【拆分体】命令，将实体3拆分成实体4和实体5，实体4的高度为1mm。使用【偏置面】命令，将实体5的侧面向内偏置1.2mm，如图5-55所示。

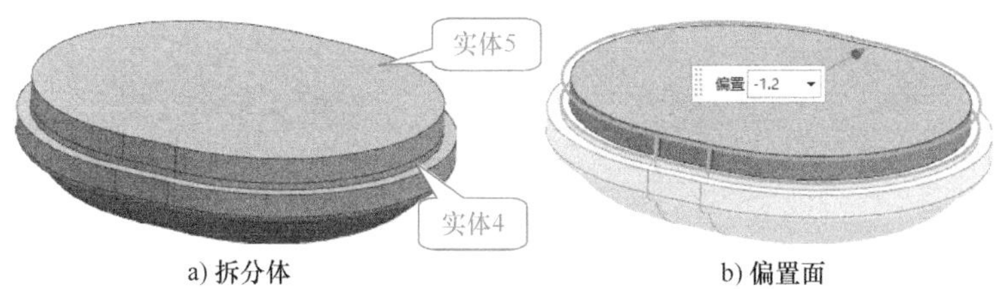

a) 拆分体　　b) 偏置面

图5-55　拆分体后偏置面

7）使用【拔模】命令，选择实体4和实体5的边对其进行拔模，拔模角度为-1°，如图5-56a所示。使用【合并】，将实体1、实体2、实体4和实体5进行布尔求和。使用【抽壳】命令，对合并后的实体进行抽壳，抽壳厚度为3.2mm，如图5-56b所示。

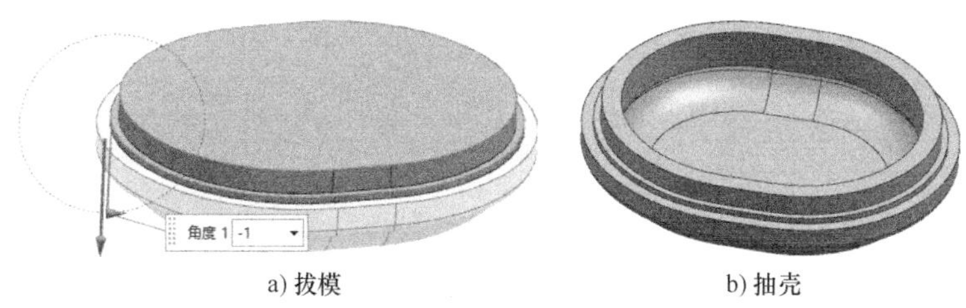

a) 拔模　　b) 抽壳

图5-56　拔模和抽壳

8）使用【偏置面】命令，选择如图5-57a所示的面，将其向下偏置2.5mm，使其延长，结果如图5-57b所示。

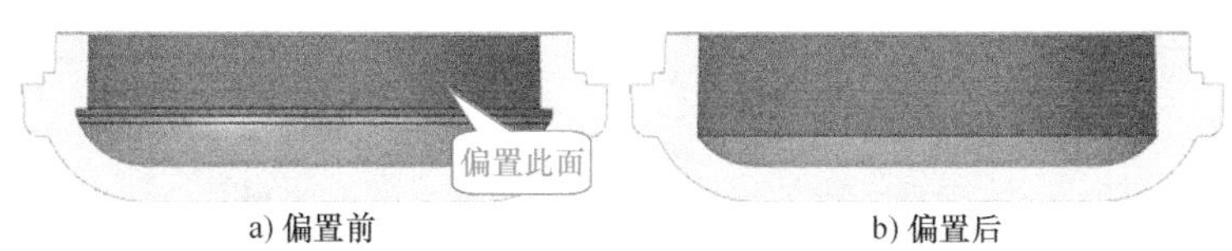

a) 偏置前　　b) 偏置后

图5-57　偏置面

9）使用【删除面】命令，删除如图 5-58a 所示的面，结果如图 5-58b 所示。

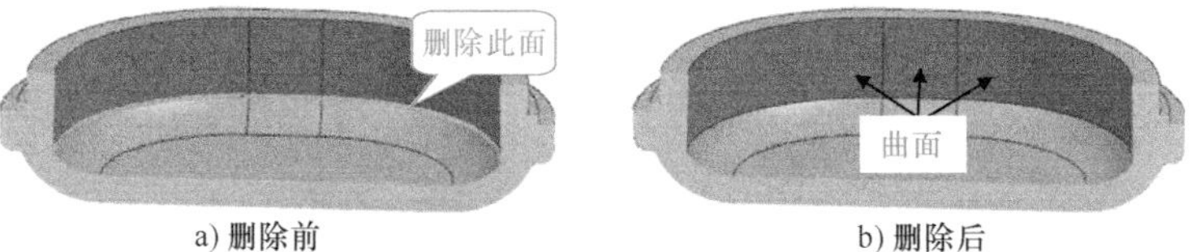

a) 删除前　　b) 删除后

图 5-58　删除面

10）使用【偏置面】命令，选择如图 5-58b 所示的曲面，将其向内偏置 0.8mm。

11）使用【取消修剪】命令，选择如图 5-59a 所示的面，生成一张曲面。使用【偏置面】命令将生成的曲面向下偏置 4.5mm，如图 5-59b 所示。

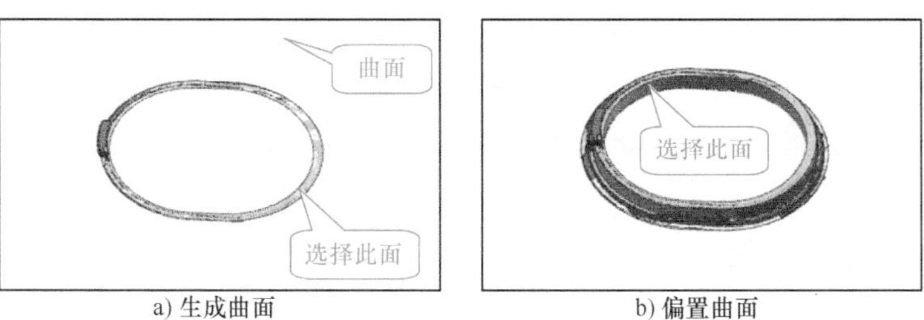

a) 生成曲面　　b) 偏置曲面

图 5-59　生成曲面并将其偏置

12）使用【拆分体】命令，使用上一步中偏置后的曲面作为工具修剪实体。使用【偏置面】命令，将图 5-59b 所示的面向内偏置 1mm。使用【合并】命令，将刚拆分开的实体进行布尔求和。

13）使用【拔模】命令，选择如图 5-60 所示的边 1 和边 2 对其拔模，拔模角度为 0.5°。

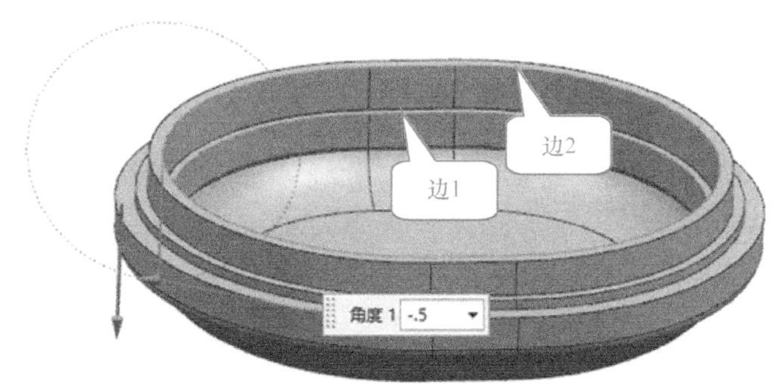

图 5-60　拔模

（2）制作螺钉孔

1）使用【WCS 原点】命令，将工作坐标系放置在如图 5-61a 所示的位置。使用【基本曲线】命令绘制如图 5-61b 所示的圆。使用【拉伸】命令以圆为截面曲线创建拉伸体，如图 5-61c 所示。使用【移动对象】命令移动圆的位置，使其位于螺钉孔的上端面上。使用【基本曲线】命令修改圆的直径，使其与螺钉孔的直径大小保持一致。

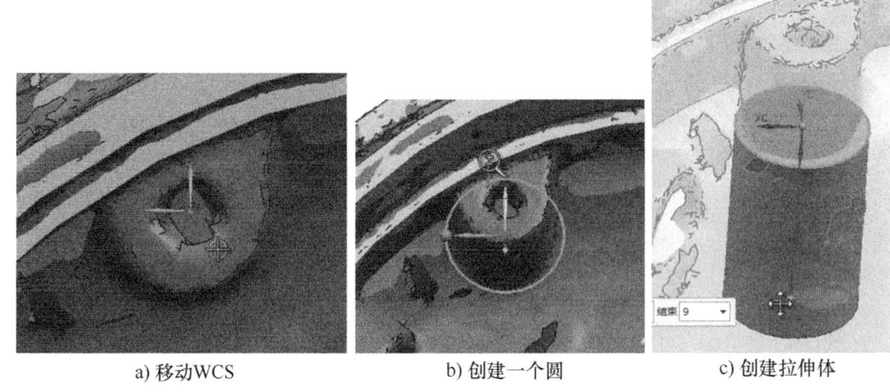

a) 移动WCS　　b) 创建一个圆　　c) 创建拉伸体

图 5-61　创建第一个螺钉孔

2）使用【拔模】命令对拉伸体进行拔模，拔模角度为 0.5°，如图 5-62a 所示。使用【基本曲线】命令创建直径为 2.5mm 的圆，如图 5-62b 所示。使用【拉伸】命令，以该圆为截面曲线创建拉伸体并选择【布尔求差】，如图 5-62c 所示。使用【倒斜角】命令，创建大小为 0.5mm 倒斜角特征，如图 5-62d 所示。

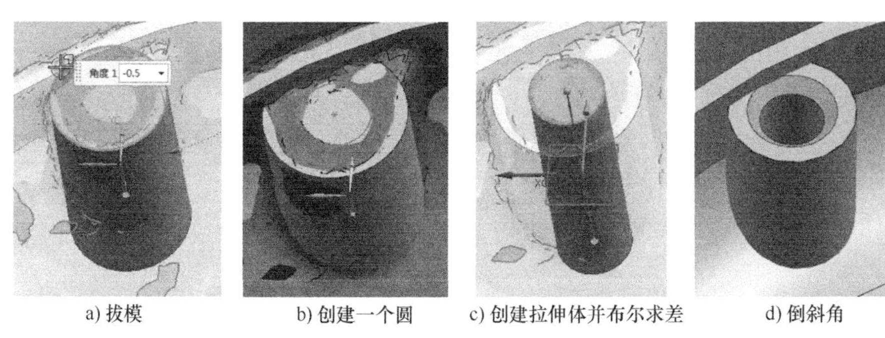

a) 拔模　　b) 创建一个圆　　c) 创建拉伸体并布尔求差　　d) 倒斜角

图 5-62　创建第一个螺钉孔

3）使用【移动对象】命令，将第一个螺钉孔绕 Z 轴旋转 80°，得到第二个螺钉孔，如图 5-63 所示。

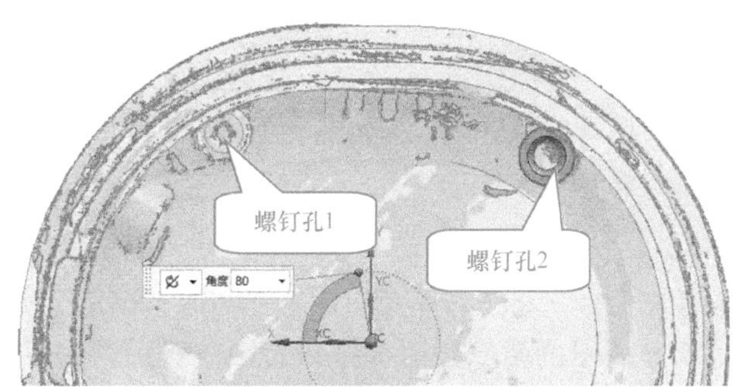

图 5-63　创建第二个螺钉孔

4）使用【变换】命令，选择螺钉孔 1 和螺钉孔 2，将其关于 XC-ZC 平面镜像复制，得到螺钉孔 3 和螺钉孔 4，如图 5-64a 所示。再次使用【变换】命令，选择螺钉孔 3 和螺钉孔 4，将其关于 YC-ZC 平面镜像移动，如图 5-64b 所示。使用【移动对象】命令，选择如图 5-64b 所示的螺钉孔 3，将向右侧旋转 1.5°。

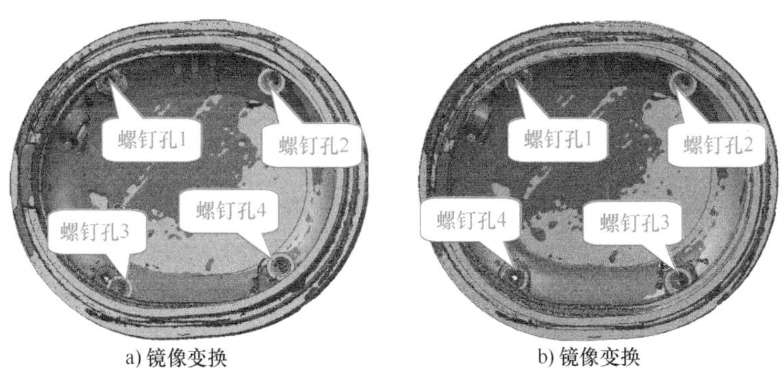

a) 镜像变换　　b) 镜像变换

图 5-64　创建第三个和第四个螺钉孔

5）使用【替换面】命令，将螺钉孔的底面替换为件 4 主体的面，如图 5-65 所示。

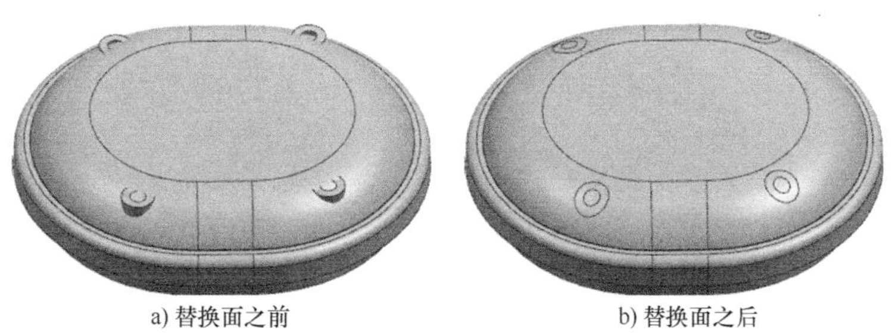

a) 替换面之前　　b) 替换面之后

图 5-65　替换螺钉孔底面

（3）制作凸起特征

1）使用【截面曲线】命令，创建 XC-ZC 平面与图 5-66a 所示面的交线。使用【曲线长度】命令将截面线延长。使用【拉伸】命令，以这条线为截面曲线创建拉伸体，如图 5-66b 所示。

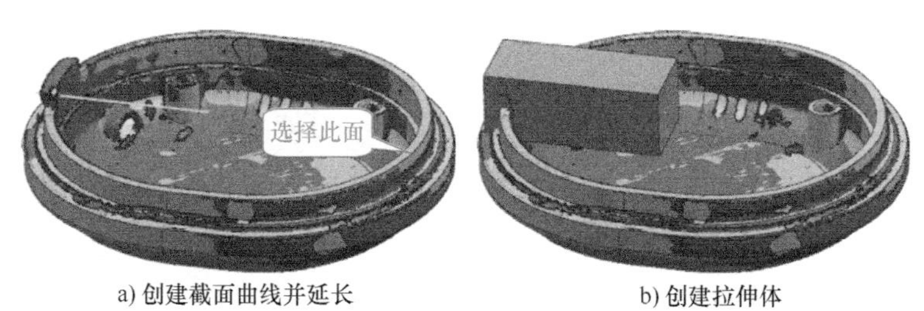

a) 创建截面曲线并延长　　b) 创建拉伸体

图 5-66　创建直线并拉伸

2）使用【替换面】和【偏置面】命令，修改拉伸体，结果如图 5-67a 所示。使用【拆分体】命令，以图 5-67a 所示的面为工具将拉伸体拆分为上下两部分。使用【偏置面】命令，将上部分实体的面向外偏置 0. 8mm，结果如图 5-67b 所示。

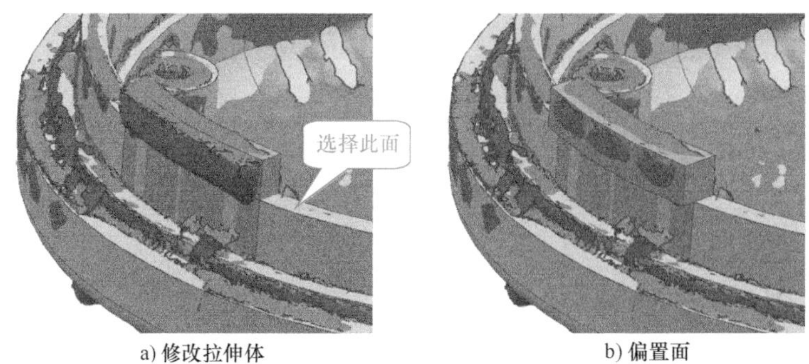

a) 修改拉伸体　　b) 偏置面

图 5-67　制作凸起特征

3）使用【合并】命令，将件 4 主体与凸起特征进行布尔求和。

（4）制作管道特征

1）使用【基本曲线】命令，创建一条通过绝对坐标系原点并且与 XC 轴平行的直线，如图 5-68a 所示。使用【移动对象】命令将这条直线绕 Z 轴旋转 28. 5°，如图 5-68b 所示。

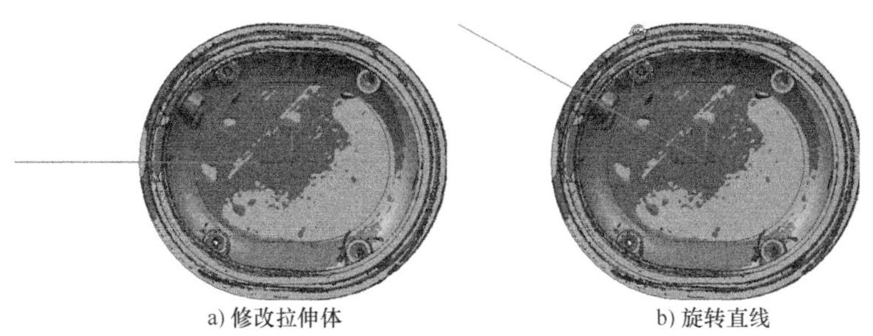

a) 修改拉伸体　　b) 旋转直线

图 5-68　创建直线并旋转

2）使用【管道】命令，以图 5-68b 所示的直线为路径创建一个管道，如图 5-69a 所示。使用【移动对象】对象将直线向下移动 45. 1mm，使用【曲线长度】命令修改直线长度，并将管道外径修改为 6mm，如图 5-69b 所示。

a) 创建管道

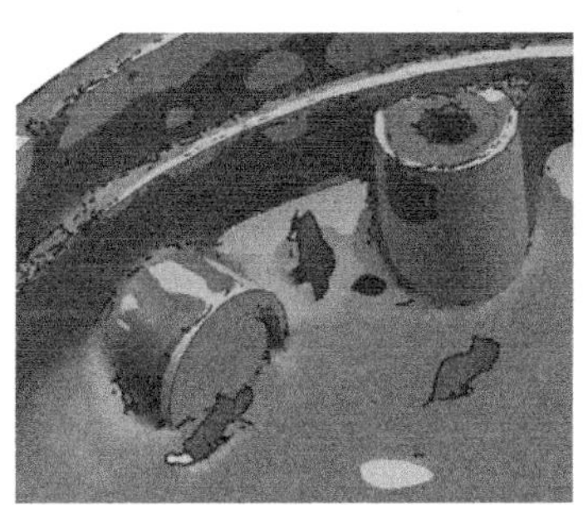

b) 修改管道

图 5-69　创建并修改管道

3）使用【变换】命令，选择件 4 主体，将其关于 XC-YC 平面镜像复制，得到件 3 的主体，如图 5-70 所示。使用【移动至图层】命令，将件 3 主体放置到第 2 层。

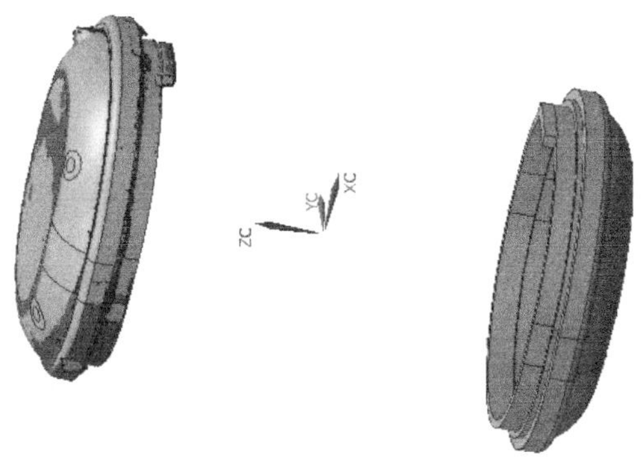

图 5-70　复制件 4 主体得到件 3 主体

4）使用【拉伸】命令，选择如图 5-71a 所示的边作为截面曲线创建拉伸体。使用【修剪体】命令，选择如图 5-71b 所示的面所在的平面作为工具对拉伸体进行修剪。使用【求差】命令，将拉伸体从件 4 主体中减去，如图 5-71c 所示。

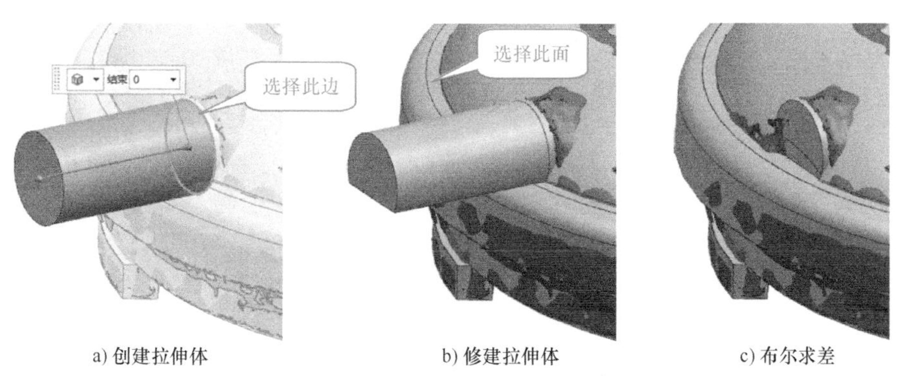

a) 创建拉伸体　　b) 修建拉伸体　　c) 布尔求差

图 5-71　修改管道特征

5）使用【管道】命令，以步骤（2）中修改后的直线作为路径，创建一个外径为 2mm 的管道。使用【求差】命令，将外径 2mm 的管道从外径 6mm 的管道中减去，结果如图 5-72a 所示。使用【修剪体】命令，以所示的面为工具修剪件 4 主体，结果如图 5-72b 所示。

a) 布尔求差

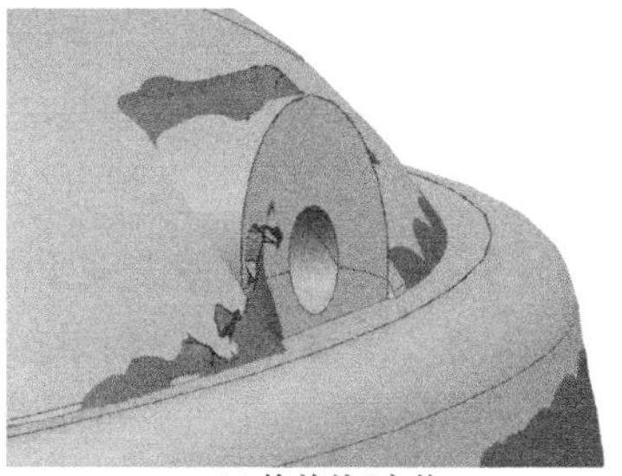

b) 修剪件4主体

图 5-72　修改管道特征

6）使用【合并】命令，将件4主体、管道特征和四个螺钉孔进行布尔求和。

（5）制作缺口特征

1）使用【拉伸】命令，选择凸起特征的上边缘作为截面曲线创建一个拉伸体，如图5-73a所示。使用【变换】命令，将实体1关于YC-ZC平面镜像复制，得到实体2，如图5-73b所示。

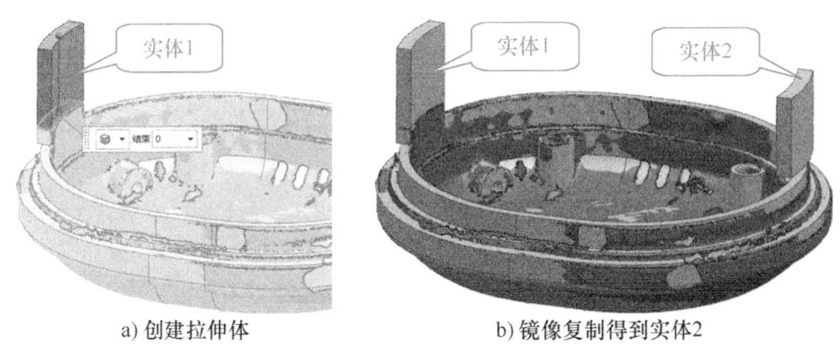

a) 创建拉伸体　　b) 镜像复制得到实体2

图5-73　创建拉伸体并镜像复制

2）使用【偏置面】命令，将实体2的三个面偏置至与小平面体大致贴合，如图5-74a所示。使用【求差】命令，将实体2从件4中减去，结果如图5-74b所示。

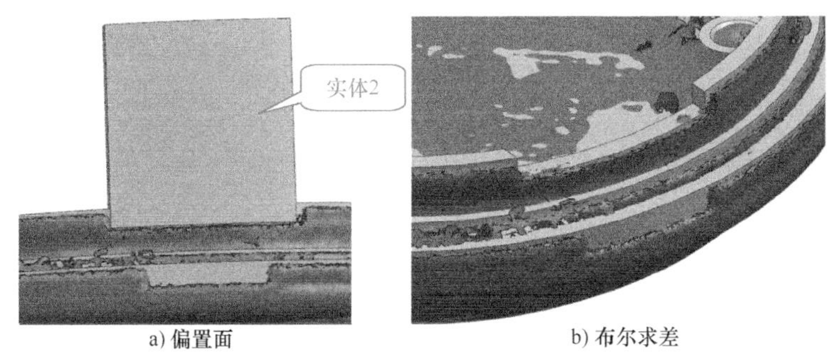

a) 偏置面　　b) 布尔求差

图5-74　偏置实体2的面后布尔求差

3）使用【移动至图层】命令，将实体1放置到第220层，将件4放置在第3层。

3. 制作件3

1）使用【图层设置】命令，勾选第2层，找出件3的主体。

2）使用【移动面】命令，选择组成凸起特征的面，将其绕Z轴移动5°，结果如图5-75b所示。

3）使用【拆分体】命令，以图5-75b所示的面为工具将凸起特征拆分出来，得到实体1。

4）使用【变换】命令，将实体1关于YC-ZC平面镜像复制，得到实体2。使用【移动对象】命令将实体2绕Z轴旋转1°，结果如图5-76所示。

5）四个螺钉孔的制作方法此处不再赘述。

6）使用【椭圆】命令，以绝对坐标系原点作为椭圆中心，创建一个长半轴为6mm、短半轴为4mm的椭圆。使用【拉伸】命令，以椭圆作为截面曲线创建拉伸体，如图5-77a所示。使用【求差】命令，将拉伸体从件 3 主体中减去，结果如图 5-77b 所示。使用【偏置面】命令，偏置如图 5-77b 所示的面，使其与小平面体贴合。

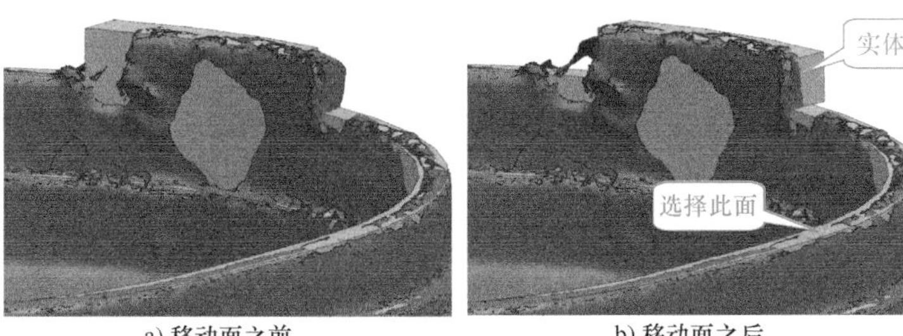

a) 移动面之前　　b) 移动面之后

图 5-75　移动面

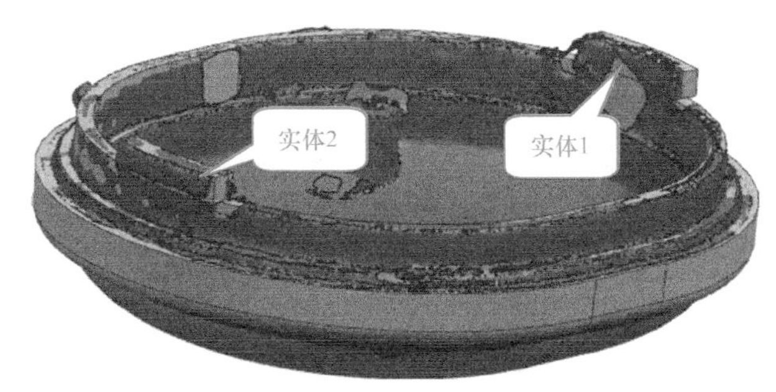

图 5-76　创建第二个凸起特征

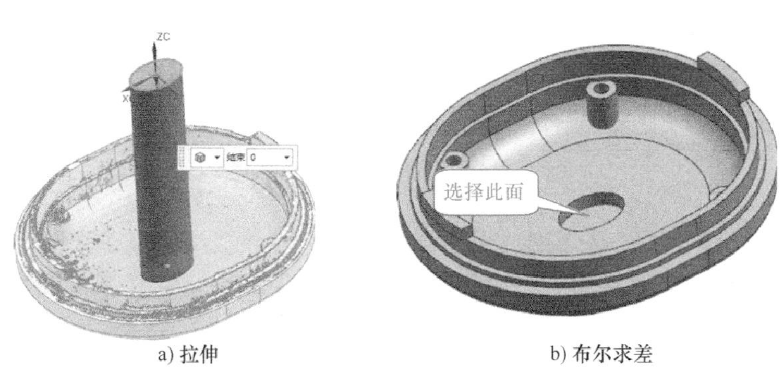

a) 拉伸　　b) 布尔求差

图 5-77　拉伸后布尔求差

7）使用【合并】命令，将件 3 主体、两个凸起特征和四个螺钉孔进行布尔求和。

4. 制作主体

主体的几何结构如图 5-78 所示，其制作主要分为主体外形、卡扣特征和轮辐状特征三个部分。

（1）制作主体外形

1）使用【显示】命令，显示如所示的实体。使用【拆分体】命令，以 XC-YC 平面为工具，将该实体拆分为实体 1 和实体 2，如图 5-79 所示。

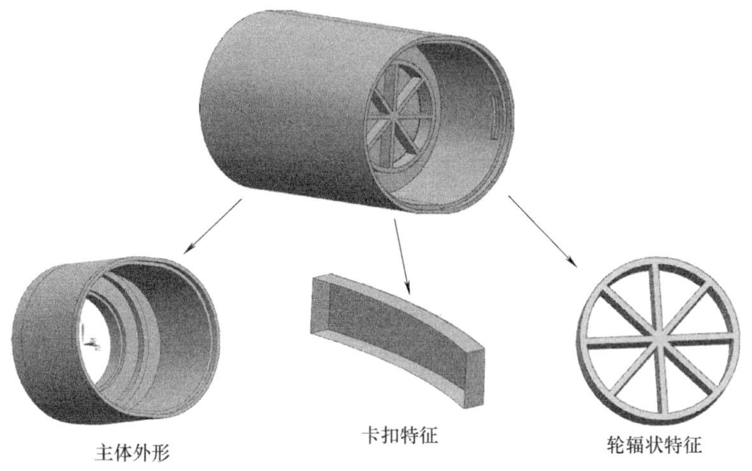

图 5-78　主体的几何结构

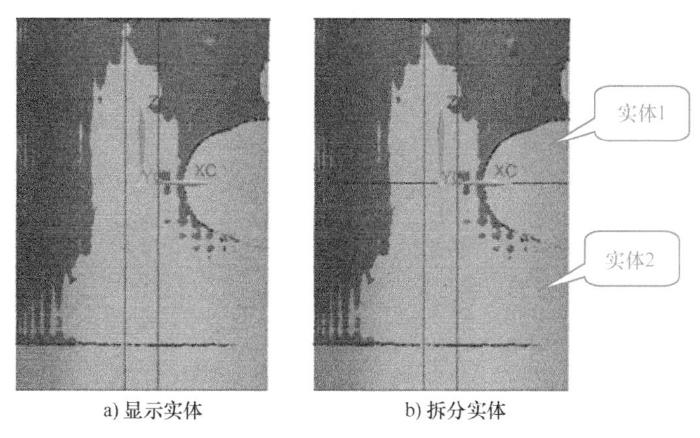

a) 显示实体　　b) 拆分实体

图 5-79　拆分体

2）使用【抽壳】命令，对实体 1 进行抽壳，抽壳厚度为 3mm，如图 5-80a 所示。使用【偏置面】命令，选择如图 5-80b 所示的面，将其向上偏置 5mm，结果如图 5-80b 所示。

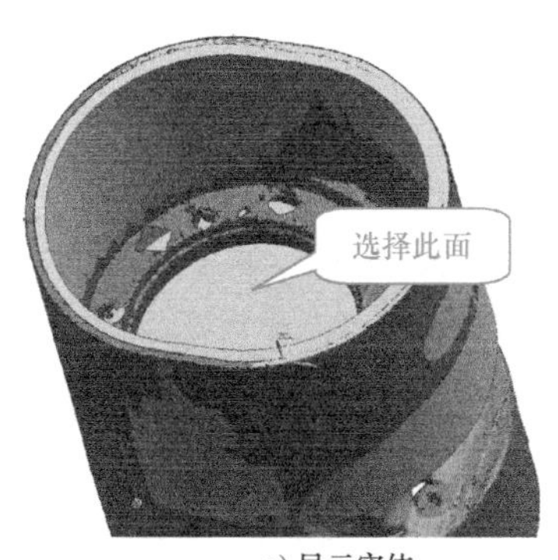

a) 显示实体

b) 拆分实体

图 5-80　抽壳和偏置面

3）使用【基本曲线】命令，选择圆弧边上的三个点创建一个圆弧，如图 5-81a 所示。使用【拉伸】命令，以圆为截面曲线，拉伸高度为 2.5mm，向内偏置 1.5mm，创建的拉伸体如图 5-81b 所示。

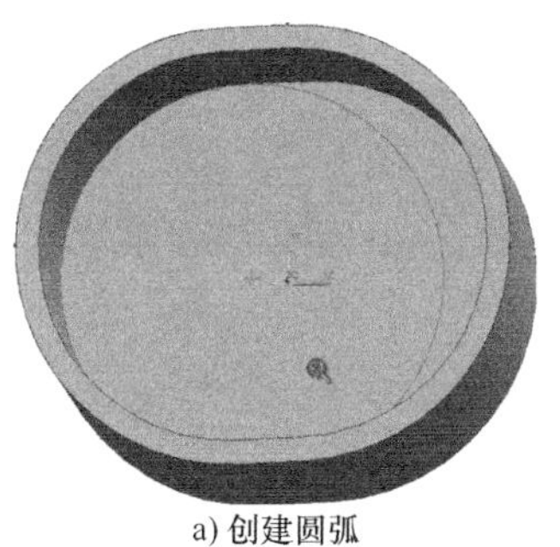

a) 创建圆弧

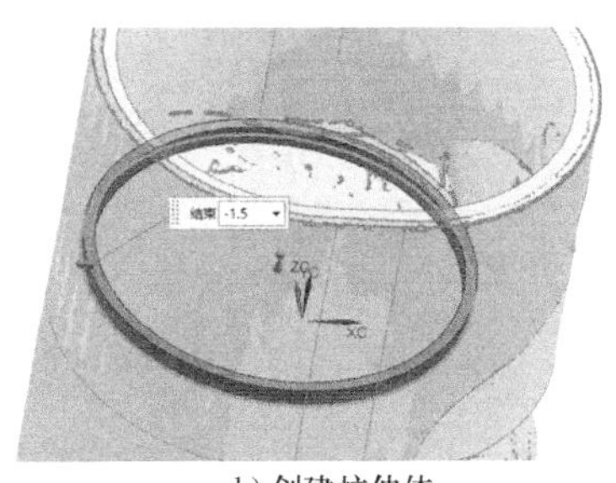

b) 创建拉伸体

图 5-81　创建圆弧并拉伸

4）使用【抽取曲线】命令得到圆弧 1。使用【抽取曲线】命令抽取所示拉伸体的内侧边缘得到一个圆，使用【分割曲线】命令将这个圆分割为圆弧，得到圆弧 2。使用【桥接曲线】命令，在圆弧 1 和圆弧 2 之间创建桥接曲线，如图 5-82a 所示。使用【曲线长度】命令修改圆弧 1 和圆弧 2 的长度，使桥接曲线能够和扫描数据相贴合。使用【拉伸】命令，以圆弧和桥接曲线为截面曲线，拉伸高度为 3mm，向外偏置 2.3mm，创建的拉伸体如图 5-82b 所示。

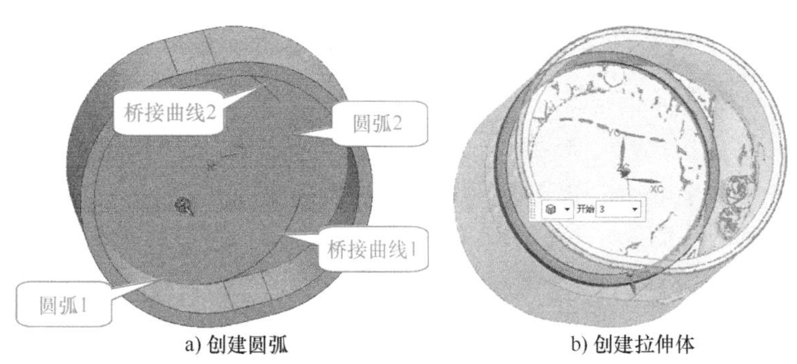

a) 创建圆弧　　b) 创建拉伸体

图 5-82　创建桥接曲线并拉伸

5）使用【拔模】命令，对图 5-83 所示的三条边拔模，拔模角度为 1°。

6）使用【取消修剪】命令，选择实体 1 的顶面，得到一张曲面。使用【偏置面】命令将该曲面向下偏置 2.5mm，结果如图 5-84a 所示。使用【拆分体】命令，以偏置后的曲面为工具，将实体 1 拆分成两部分，结果如图 5-84b 所示。使用【偏置面】命令，选择如图 5-84b 所示的面，将其向内偏置 1.2mm。

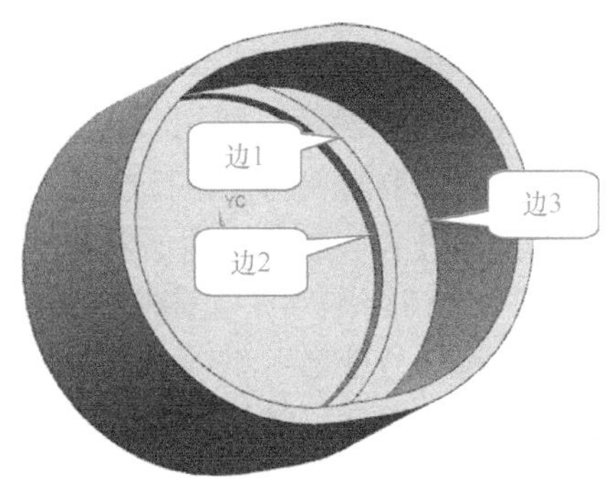

图 5-83　拔模

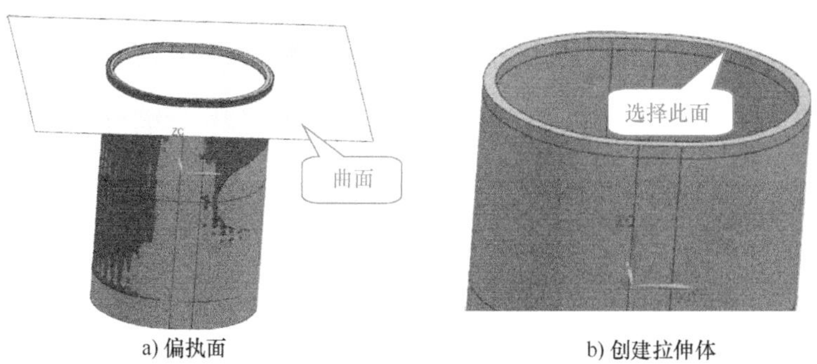

a) 偏执面　　b) 创建拉伸体

图 5-84　创建曲面和拆分体

7）创建一个半径为 17.25mm 的圆，如图 5-85a 所示。使用【移动对象】命令移动该圆，使其与扫描数据相贴合。使用【拉伸】命令以该圆为截面曲线创建拉伸体，并与实体 1 进行布尔求差，结果如图 5-85b 所示。

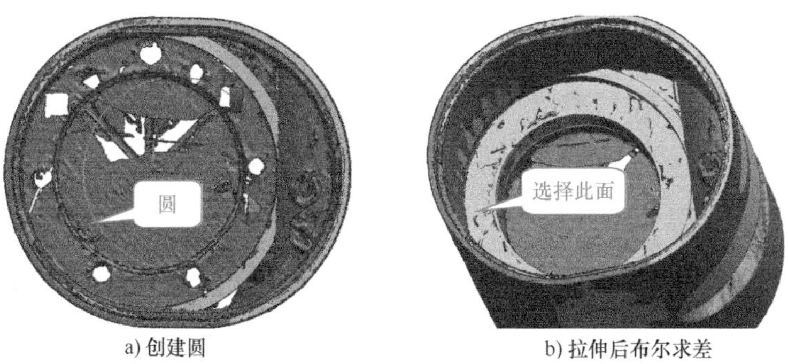

a) 创建圆　　b) 拉伸后布尔求差

图 5-85　创建中间孔

8）使用【拆分体】命令，以图 5-85b 所示的面向下偏置 2mm 得到的平面为工具，对实体 1 进行拆分。使用【偏置面】命令，选择面将其向内偏置 1mm，结果如图 5-86 所示。使用【合并】命令将拆分后的实体进行布尔求和。

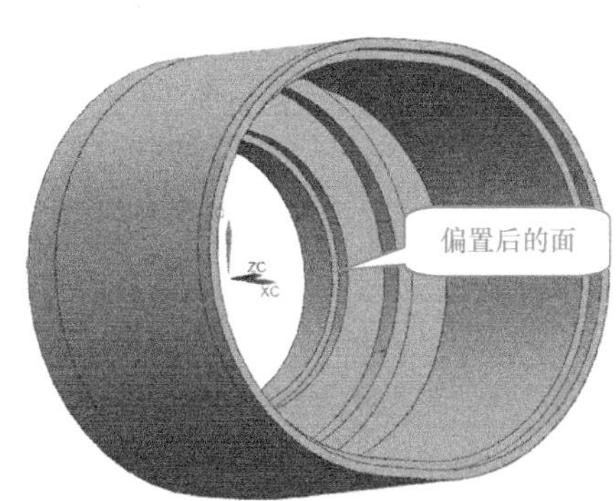

图 5-86　偏置面

（2）制作卡扣配合特征

1）使用【抽取几何特征】命令，抽取件 4 凸起特征的五个面，如图 5-87a 所示。使用【缝合】命令缝合抽取出来的面。使用【修剪体】命令，以缝合后的面为工具对实体 1 进行修剪，结果如图 5-87b 所示。使用【偏置面】命令，将图 5-87b 所示的面向内偏置 0.8mm。

2）图 5-88a 展示了主体和件 4 的装配关系，两者之间的接触部分太窄，所以将件 4 凸起部分的面向外偏置 0.7mm，如图 5-88b 所示。件 4 的卡扣和主体的卡槽之间需要留下装配间隙，因此将主体卡槽部分的底面向下偏置 0.5mm，左右两侧面各偏置 1mm，最终的装配关系如图 5-88c 所示。

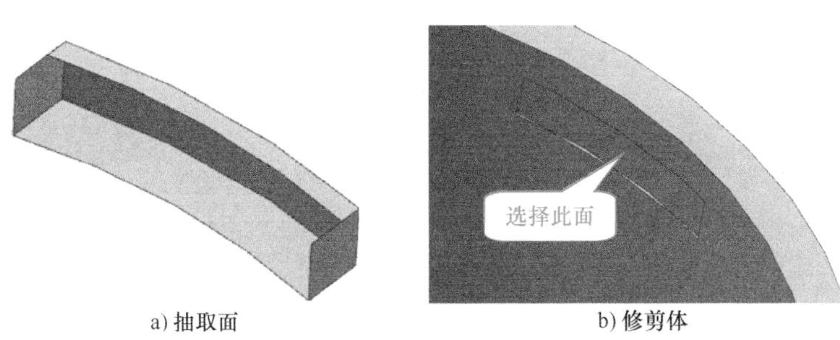

a) 抽取面　　b) 修剪体

图 5-87　抽取面和修剪体

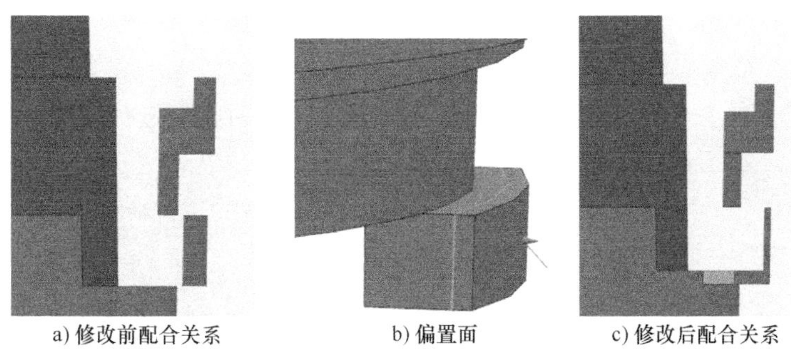
a) 修改前配合关系　　b) 偏置面　　c) 修改后配合关系

图 5-88　偏置配合面

3）接下来制作另一侧卡槽。使用【抽取几何特征】命令抽取组成卡槽的 5 个面，使用【缝合】命令将它们缝合。使用【变换】命令将缝合面关于 YC-ZC 平面镜像复制。使用【修剪体】以镜像复制后的面为工具对实体 1 进行修剪，另一侧的卡槽制作完成。

（3）制作轮辐状特征

1）使用【变换】命令，将实体 1 关于 XC-YC 平面镜像复制得到实体 3，如图 5-89a 所示。对实体 3 上的凸起面进行【替换面】操作，结果如图 5-89b 所示。使用【删除面】命令删除组成实体 3 中间孔的面，结果如图 5-89c 所示。

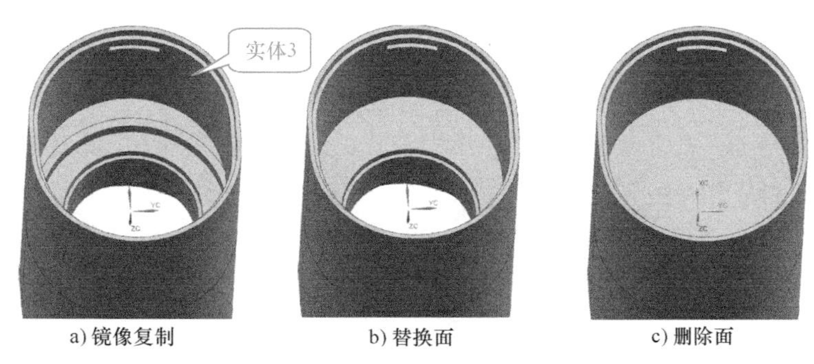

a) 镜像复制　　b) 替换面　　c) 删除面

图 5-89　创建实体 3

2）使用【拉伸】命令，以实体 1 中间孔的边为截面曲线创建一个圆环状实体，如图 5-90a 所示。创建一条通过圆心且与 XC 轴平行的直线，如图 5-90a 所示。以该直线为截面曲线创建如图 5-90b 所示的拉伸体，拉伸体的厚度为 1.4mm。使用【替换面】命令将拉伸体替换成单根轮辐的形状。使用【拔模】命令对轮辐和圆环状实体进行拔模，拔模角度为1°。使用【移动对象】命令复制得到8根条辐，如图5-90c所示。

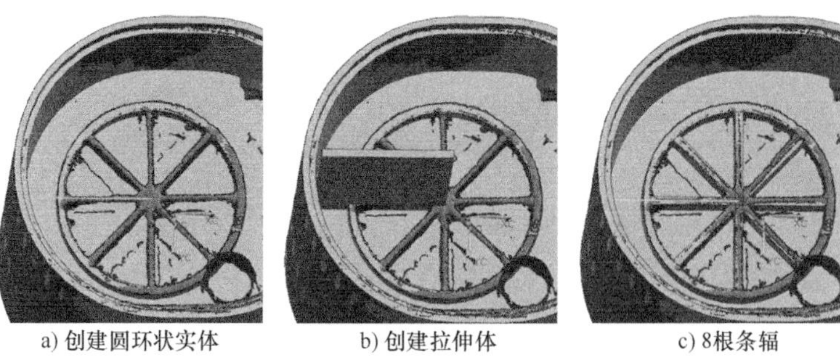

a) 创建圆环状实体　b) 创建拉伸体　c) 8根条辐

图5-90　创建轮辐状特征

3）使用【修剪体】命令，以图5-91a所示的面为工具对实体进行修剪，结果如图5-91b所示。

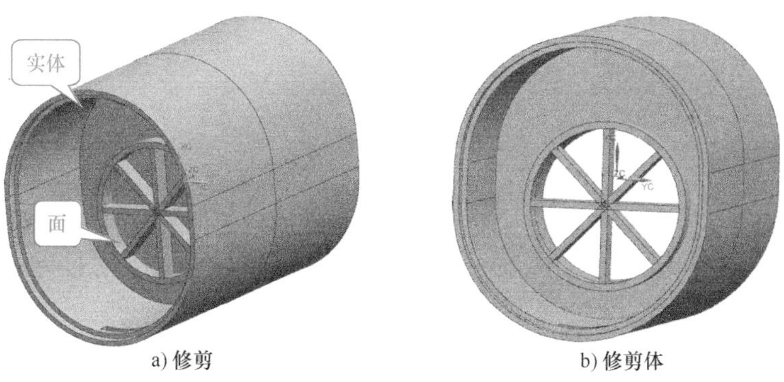

a) 修剪　b) 修剪体

图5-91　修剪体

4）使用【取消修剪】命令，选择如图5-92a所示的面，生成一个平面。使用【偏置面】命令，将该平面向ZC轴负方向偏置4.7mm，然后以偏置后的平面为工具，对图5-92b所示的实体进行拆分。

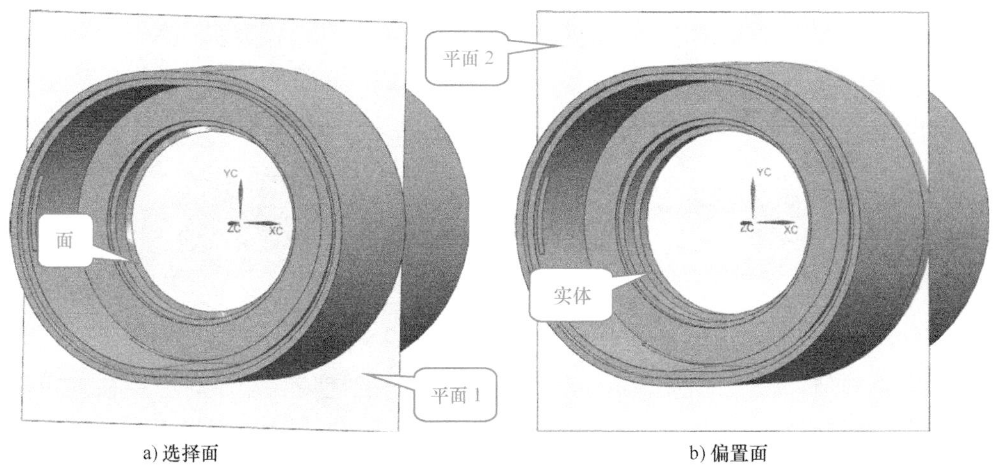

a) 选择面　b) 偏置面

图5-92　偏置面

5）使用【偏置面】命令将图5-92b所示的平面向ZC轴负方向偏置2mm，得到平面3，使用平面3继续对图5-92b所示的实体进行拆分。

6）使用【删除面】命令，删除图5-93a所示的面，结果如图5-93b所示。使用【合并】命令进行布尔求和。

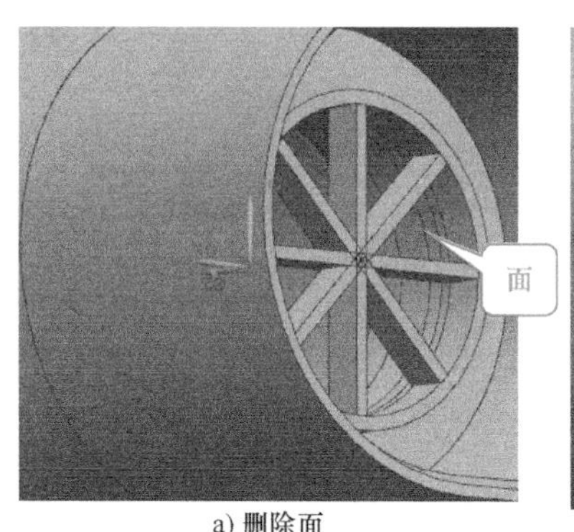

a）删除面

b）删除面

图5-93　删除面

7）使用【编辑截面】工具查看主体和件2的装配关系，如图5-94a所示，可以看到相对位置关系正确，但是卡扣和卡槽的接触面积太小，不容易卡紧，因此使用【偏置面】命令，将如图5-94a所示的面向外偏置0.8mm，结果如图5-94b所示。对另一侧的卡扣也进行同样的操作。

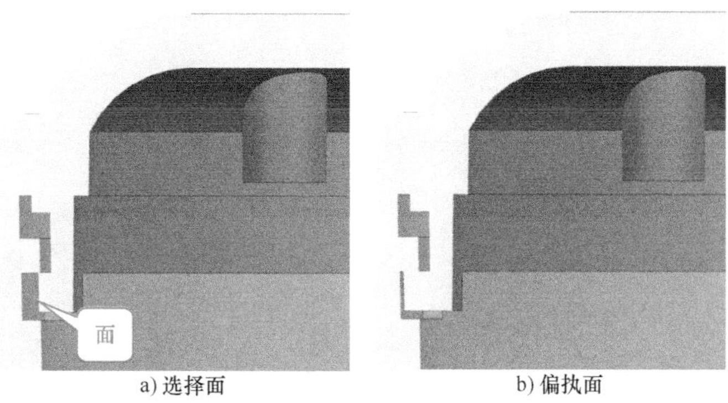

a）选择面　　b）偏执面

图5-94　偏置面

8）使用【移动至图层】命令，将主体移动到第4层。

5. 制作件2

件2的制作主要分为主体、出气口和底部细节三个部分，如图5-95所示。

（1）制作件2的主体

1）使用【图层设置】命令，打开第17层，显示件2的扫描数据，如图5-96所示，并关闭其余图层。

2）使用【WCS定向】命令，选择件2扫描数据中外圆柱上的一点，作为工作坐标系的原点。使用【截面曲线】命令，创建件2扫描数据与XC-ZC平面的交线，如图5-97a所示。使用【基本曲线】命令，选择截面曲线上的三个点创建一个圆，并将坐标原点置于圆心上。

使用【信息】|【对象】命令，分析得到该圆的直径约为35.184 2mm。使用【旋转WCS】命令，绕-XC轴旋转90°。删除刚创建的圆，以WCS原点为圆心创建一个直径为36mm的圆。

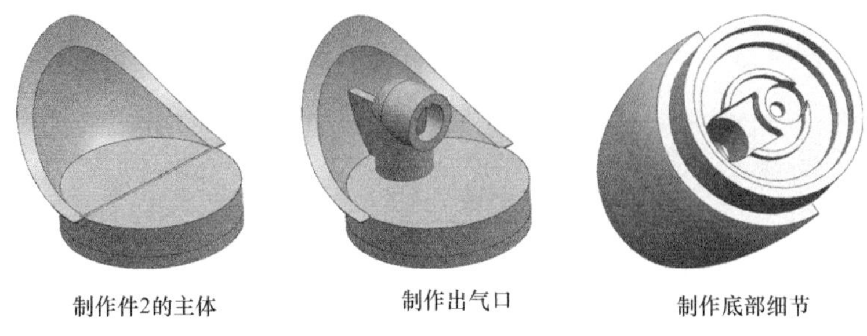

图5-95　件2的制作流程

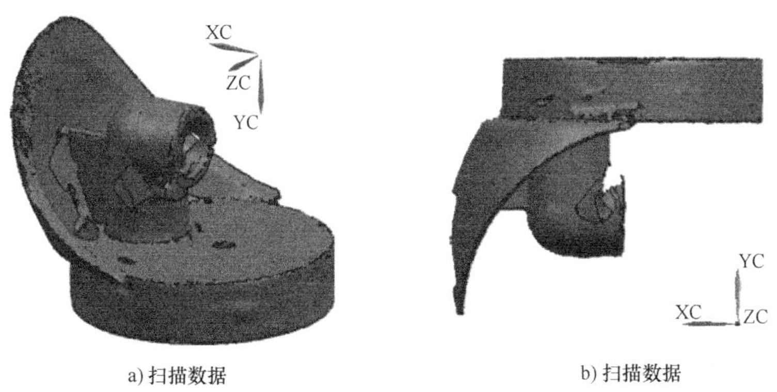

图5-96　件2的扫描数据

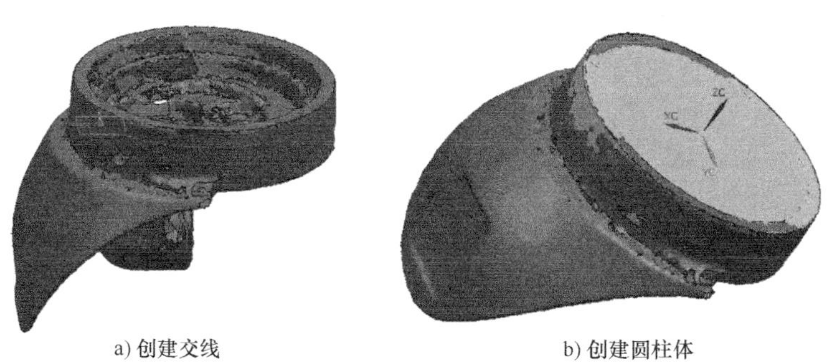

图5-97　创建圆柱体

3）使用【拉伸】命令，以刚创建的圆为截面曲线，调整开始距离和结束距离，使拉伸体能够和件2圆柱部分的扫描数据相贴合。然后将WCS原点置于拉伸体底部的圆心上，如图5-97b所示。

4）使用【截面曲线】命令，创建件2扫描数据与XC-ZC平面的交线，如图5-98a所示。使用【基本曲线】命令，选择截面曲线上的三个点创建圆弧，然后使用【曲线长度】命令延长这个圆弧，如图5-98b所示。

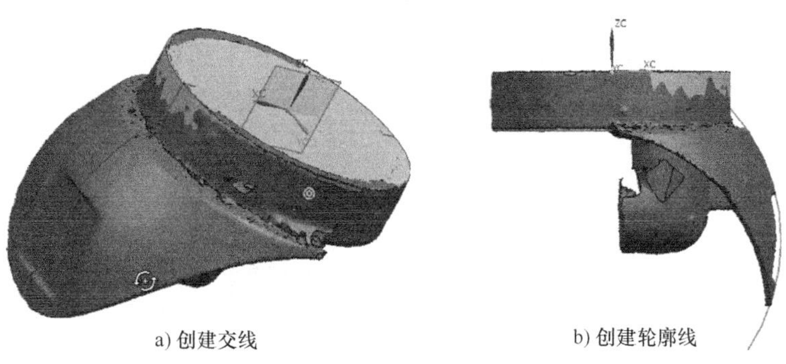
a) 创建交线　　b) 创建轮廓线

图 5-98　创建轮廓线

5）使用【旋转】命令，以图 5-98b 所示的圆弧为截面曲线，绕 ZC 轴旋转 360°，如图 5-99a 所示。使用【修剪体】命令以 YC-ZC 平面为工具对旋转体进行修剪，如图 5-99b 所示。使用【偏置曲面】命令，选择主体上与件 2 接触的面，将其向外偏置 1mm 得到曲面 1，如图 5-99c 所示。使用【修剪体】命令，以曲面 1 为工具对图 5-99b 所示的实体进行修剪，结果如图 5-100a 所示。

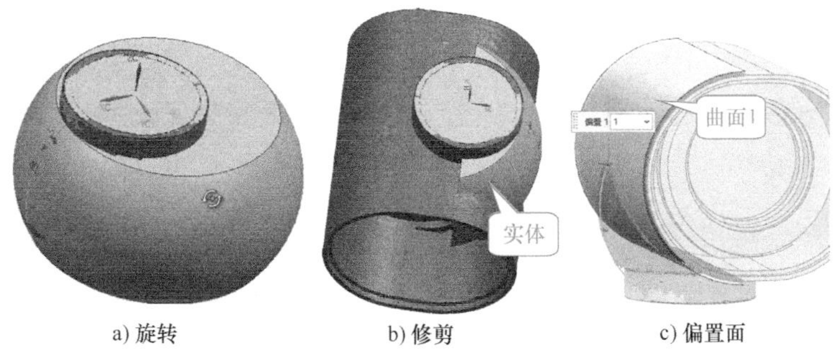

a) 旋转　　b) 修剪　　c) 偏置面

图 5-99　旋转和修剪

6）如图 5-100 所示，通过观察可以发现主体和件 2 之间的间隙并不均匀，因此需要对曲面 1 进行旋转。

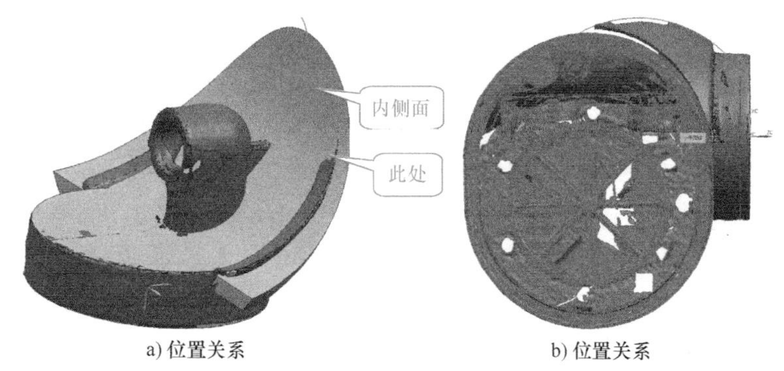

a) 位置关系　　b) 位置关系

图 5-100　件 2 与主体的位置关系

7）使用【WCS 原点】命令，将 WCS 原点置于图 5-100a 所示的位置处。使用【移动对象】命令，选择【复制原先的】，选择如图 5-99c 所示的曲面 1，将其绕 YC 轴和 WCS 原点旋转 -3°，单击【确定】得到曲面 2，隐藏曲面 1 后如图 5-101a 所示。使用【替换面】命令，将图 5-100a 所示的内侧面替换为曲面 2。观察后发现件 2 与主体在如图 5-101b 所示的位置处存在干涉。

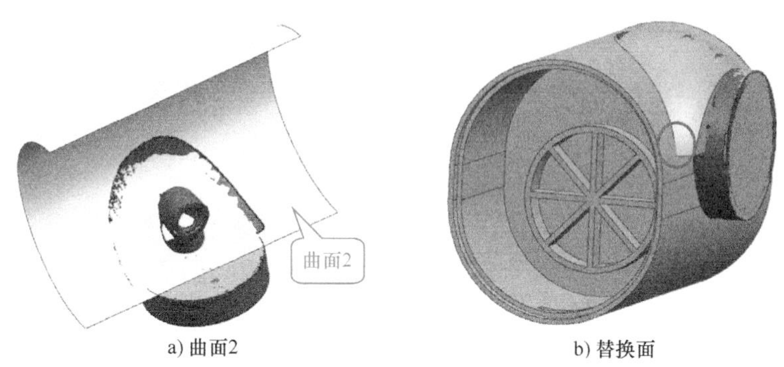

a) 曲面2　　b) 替换面

图 5-101　制作内侧面

8）使用【偏置曲面】命令，选择主体上与件 2 接触的面，将其向外偏置 0.3mm 得到曲面 3，如图 5-102a 所示。使用【移动对象】命令，选择【复制原先的】，选择曲面 3，将其绕如图 5-102a 所示的边旋转 -3°，单击【确定】得到曲面 4，隐藏曲面 3 后如图 5-102b 所示。使用【替换面】命令，将图 5-100a 所示的内侧面替换为曲面 4。

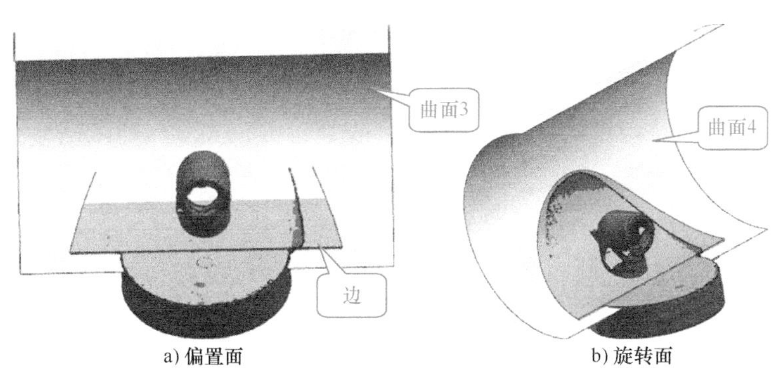

a) 偏置面　　b) 旋转面

图 5-102　制作内侧面

9）使用【WCS 定向】命令，将工作坐标系置于如图 5-103a 所示的位置。使用【截面曲线】命令，创建件 2 扫描数据与 XC-YC 平面的交线，如图 5-103a 所示。使用【基本曲线】命令，选择截面曲线上的三个点创建如图 5-103b 所示的圆弧 2，并将坐标原点置于圆心上。

10）使用【旋转】命令，以图 5-103b 所示的圆弧 1 为截面曲线，绕 ZC 轴旋转 360°，如图 5-104a 所示。使用【替换面】命令，将曲面 2 替换为曲面 1，结果如图 5-104b、c 所示。

11）使用【偏置面】命令，将如图 5-105a 所示的面向上偏置 1mm。使用【取消修剪】命令，选择底面创建如图 5-105b 所示的平面。

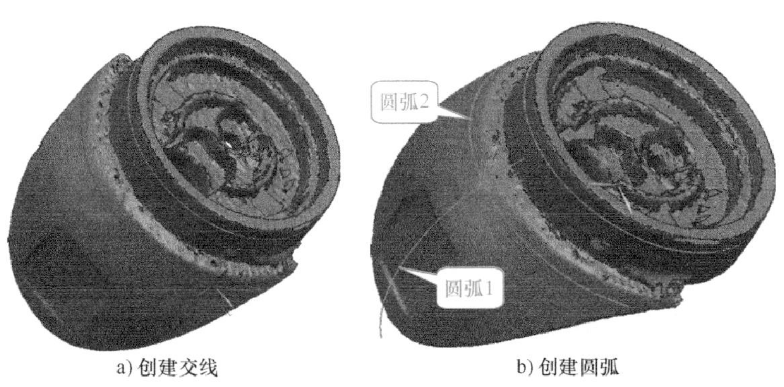

a) 创建交线　　b) 创建圆弧

图 5-103　创建圆弧

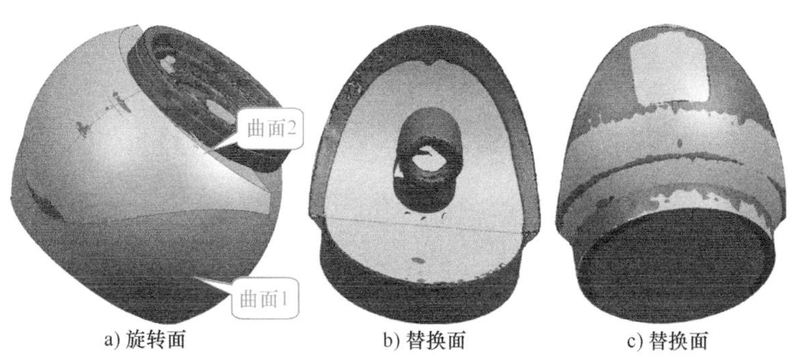

a) 旋转面　　b) 替换面　　c) 替换面

图 5-104　替换面

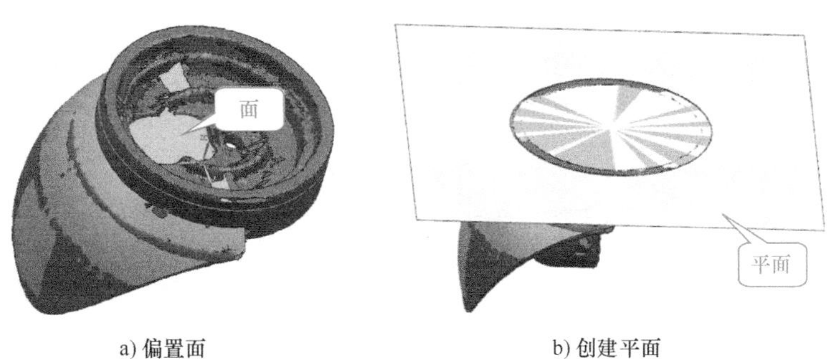

a) 偏置面　　b) 创建平面

图 5-105　偏置面和创建平面

12）使用【偏置面】命令，将图 5-105b 所示的平面向下偏置 8.4mm，如图 5-106a 所示。使用【修剪体】命令，以图 5-106a 所示的平面为工具对实体 2 进行修剪，结果如图 5-106b 所示。

13）使用【抽壳】命令，对实体 2 进行抽壳，厚度为 3mm，如图 5-107b 所示。使用【替换面】命令，将图 5-107b 所示的平面 2 替换为平面 1，结果如图 5-107c 所示。

14）使用【抽壳】命令，对实体 1 进行抽壳，厚度为 2mm，如图 5-108a 所示。使用【取消修剪】命令，选择如图 5-108a 所示的面 1，得到一个平面，然后将该平面向上偏置

2.5mm。使用【拆分体】命令，以偏置后的平面为工具对实体1进行拆分，结果如如图5-108b所示。使用【偏置面】命令，将如图5-108b所示的面2向内偏置2.3mm，结果如图5-108c所示。

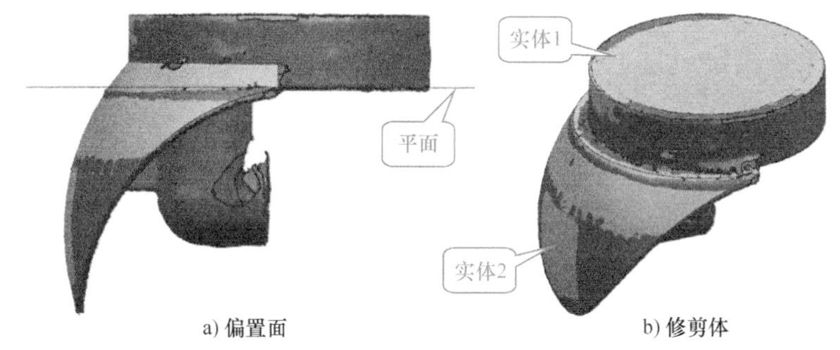

a) 偏置面　　b) 修剪体

图5-106　偏置面和修剪体

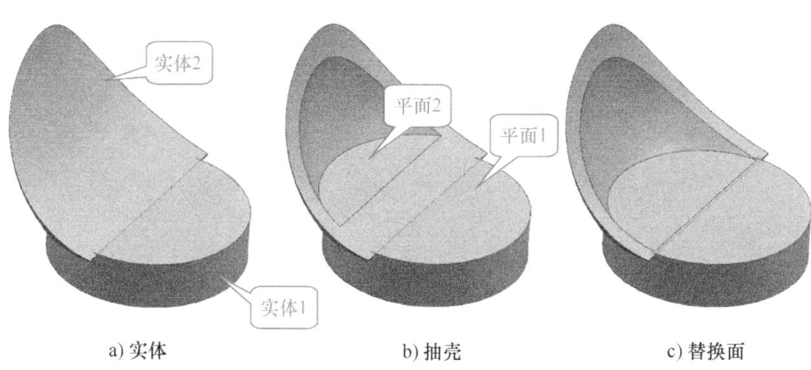

a) 实体　　b) 抽壳　　c) 替换面

图5-107　抽壳和替换面

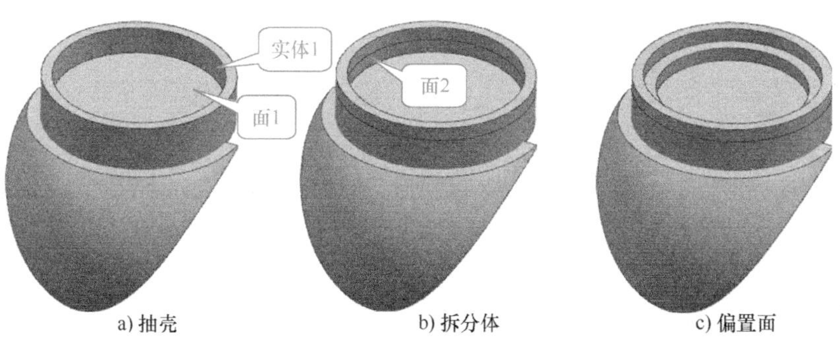

a) 抽壳　　b) 拆分体　　c) 偏置面

图5-108　抽壳、拆分体和偏置面

15）将坐标系原点置于如图5-109a所示圆1的圆心处。以WCS原点为圆心，创建一个直径为17.5mm的圆2。使用【拉伸】命令，以圆2为截面曲线，向内偏置1.2mm，创建如图5-109b所示的拉伸体。移动圆2使拉伸体与扫描数据贴合。拆分和修剪该拉伸体如图5-109c所示。

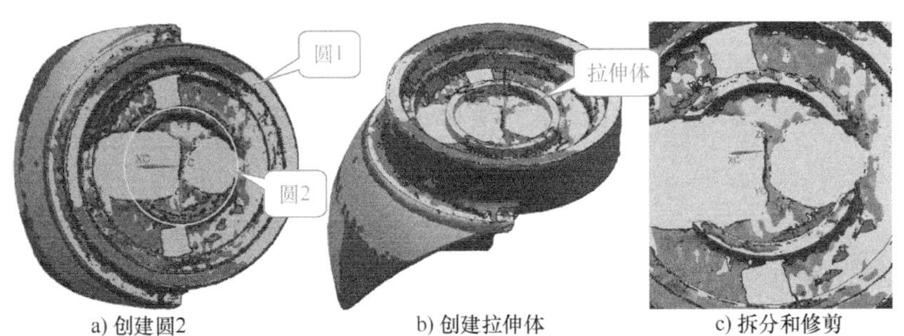

a) 创建圆2　　b) 创建拉伸体　　c) 拆分和修剪

图 5-109　制作底部特征

（2）制作出气口

1）使用【WCS 设置为绝对】命令，将 WCS 移动到绝对坐标系的位置和方位；然后使用【WCS 原点】命令，选择如图 5-110a 所示圆的圆心作为 WCS 的原点。

2）使用【基本曲线】命令，创建通过 WCS 原点并且与 YC 轴方向平行的直线 1，如图 5-110a 所示。将直线 1 沿 XC 轴方向移动 8.4mm。

3）使用【管道】命令，以直线 1 为路径，创建外径为 11.5mm 的管道 1，如图 5-110b 所示。

4）以管道 1 的圆心为起点，创建与 XC 轴方向平行的直线 2，如图 5-110b 所示。

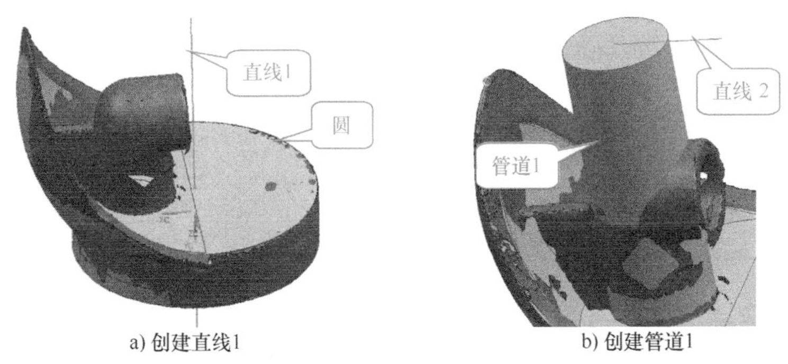

a) 创建直线1　　b) 创建管道1

图 5-110　创建管道 1

5）使用【管道】命令，以直线 2 为路径，创建外径为 11.5mm 的管道 2，如图 5-111a 所示。移动直线 2 的位置，直至管道 2 侧面与扫描数据贴合，如图 5-111b 所示。调整直线 2 的长度，直至管道 2 的端面也与扫描数据贴合，如图 5-111c 所示。

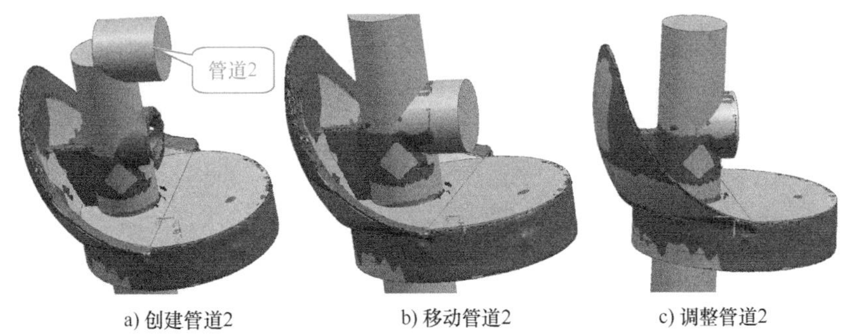

a) 创建管道2　　b) 移动管道2　　c) 调整管道2

图 5-111　创建管道 2

6）使用【偏置面】命令，调整管道 1 和管道 2 至如图 5-112a 所示。使用【拆分体】命令，以管道 1 为工具对管道 2 进行拆分，同样以管道 2 为工具对管道 1 进行拆分，删除拆分出来的不需要的部分，结果如图 5-112b 所示。使用【合并】命令将拆分后的管道进行布尔求和。

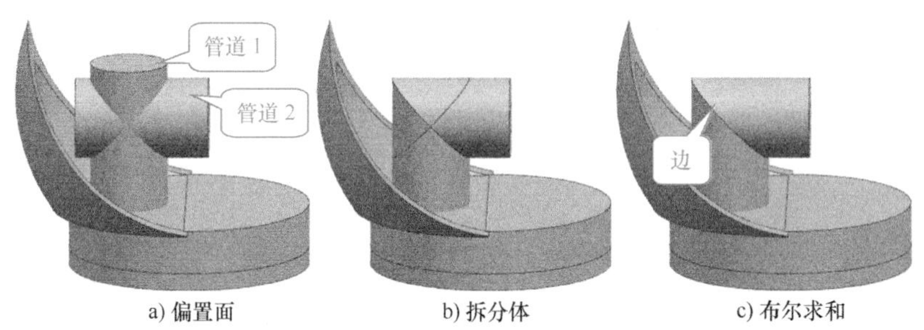

a) 偏置面　　b) 拆分体　　c) 布尔求和

图 5-112　修剪管道

7）使用【边倒圆】命令，选择如图 5-112c 所示的边，创建半径为 5.7mm 的圆角，结果如图 5-113a 所示。使用【删除面】命令，删除如图 5-113a 所示的面，结果如图 5-113b 所示。

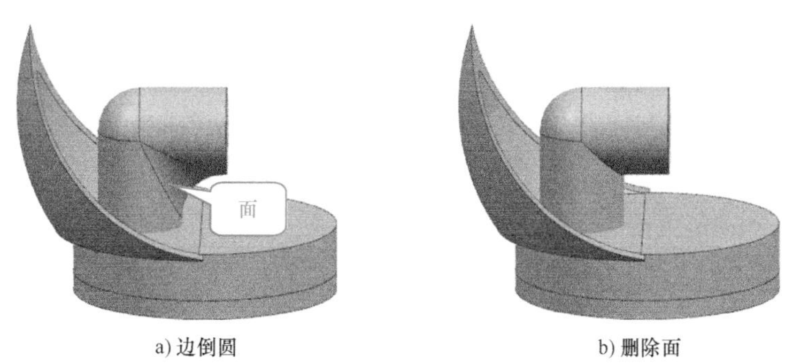

a) 边倒圆　　b) 删除面

图 5-113　创建通气管

8）使用【抽壳】命令，选择管道的两个端面进行抽壳，厚度为 2mm，如图 5-114b 所示。以管道内壁为工具，对与管道相交的实体进行修剪，结果如图 5-114c 所示。

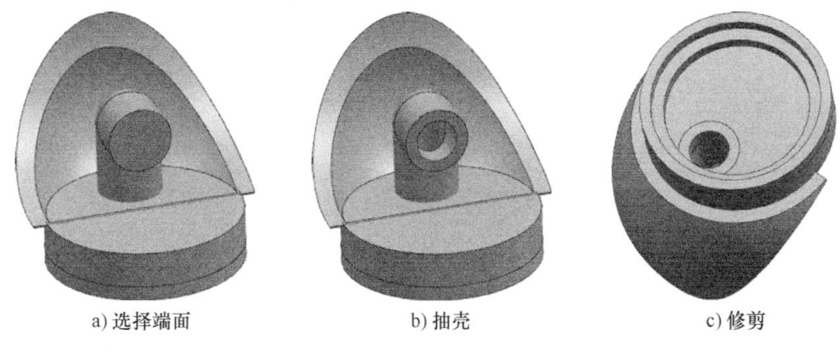
a) 选择端面　　b) 抽壳　　c) 修剪

图 5-114　创建管道内孔

9）创建一条过 WCS 原点并且与 XC 轴垂直的直线。使用【拉伸】命令，以该直线为截面曲线，拉伸方向为 YC 轴方向，开始距离为 15.4mm，两边各偏置 1mm，创建如图 5-115a 所示的拉伸体。修剪该拉伸体直至如图 5-115b 所示。使用【拔模】命令，选择如图 5-115b 所示的边 1 和边 2，输入拔模角度 1°，对加强筋进行拔模。

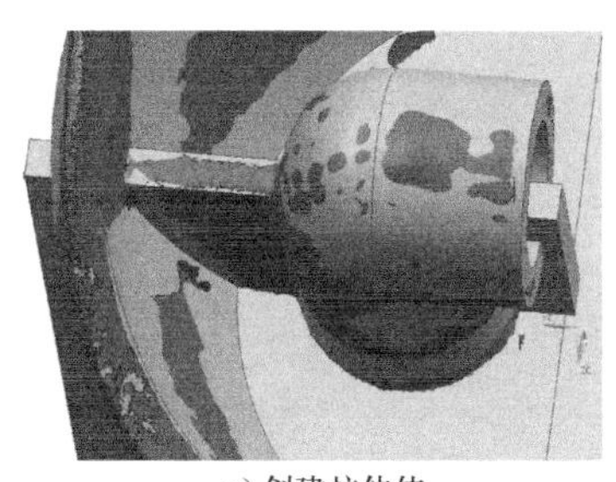
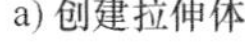
a) 创建拉伸体

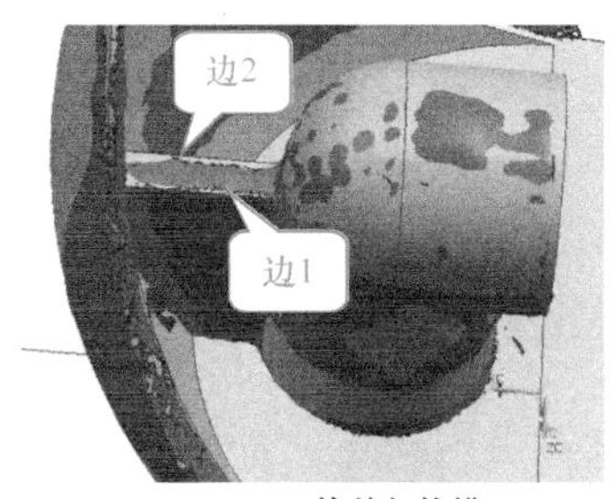

b) 修剪与拔模

图 5-115　创建加强筋

（3）制作底部细节

1）使用【抽取曲线】命令，单击【抽取曲线】对话框中的轮廓曲线，然后选择管道，抽取管道的轮廓线，如图 5-116a 所示。使用【拉伸】命令，以轮廓线 1 和轮廓线 2 为截面曲线，以 XC 轴为矢量方向，创建如图 5-116b 所示的平面 1 和平面 2。

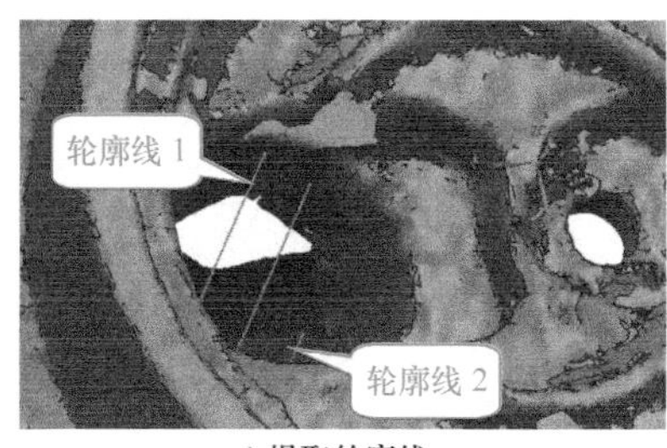

a) 提取轮廓线

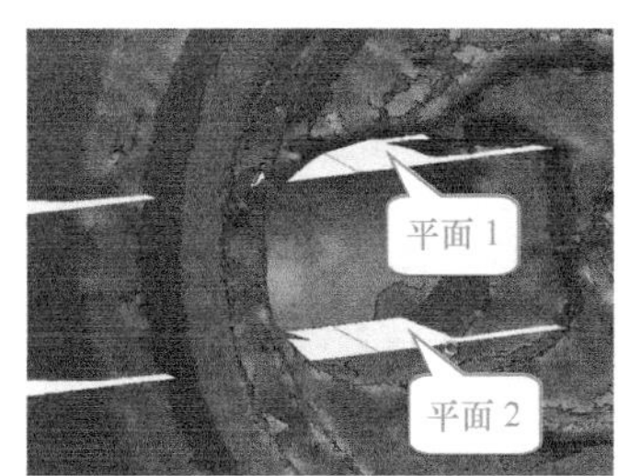

b) 创建平面

图 5-116　提取轮廓线和创建平面

2）使用【删除面】命令，删除如图 5-117a 所示的面。使用【合并】命令，将实体 1 和实体 2 进行布尔求和。隐藏管道后，使用【偏置面】命令，将图 5-117b 所示的面偏置 1mm，使孔扩大。

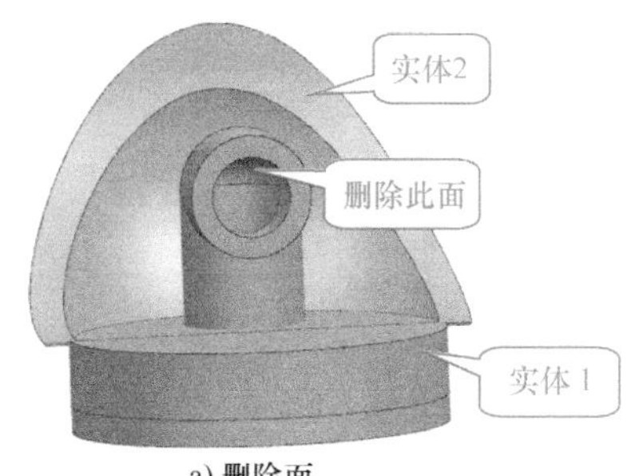

a) 删除面

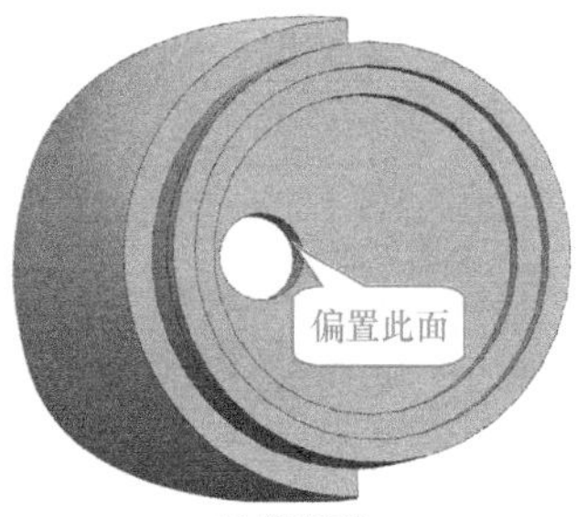

b) 偏置面

图 5-117　删除面和偏置面

3）以扩大后孔的边为截面曲线，创建如图 5-118a 所示的拉伸体；然后以管道为工具，对该拉伸体进行修剪，结果如图 5-118b 所示。使用【偏置面】命令，将图 5-118b 所示的面向下偏置 1mm。使用【减去】命令，将拉伸体从管道中减去。

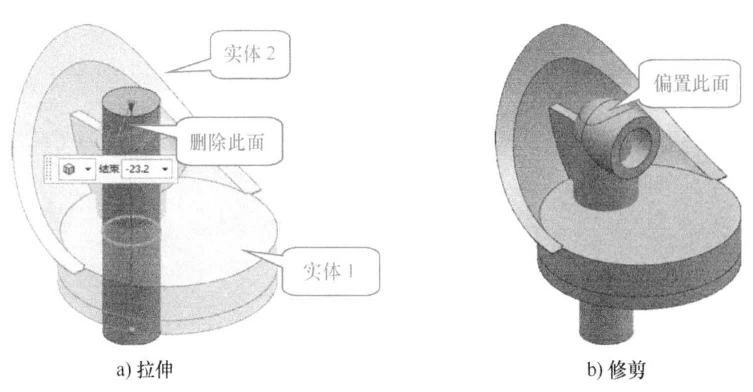

a) 拉伸　　b) 修剪

图 5-118　拉伸和修剪

4）使用【偏置面】命令，将图 5-116b 所示的平面 1 和平面 2 各向外偏置 1mm。使用【加厚】命令，选择平面 1 将其加厚，如图 5-119a 所示。使用【替换面】命令，将图 5-119a 所示替换为平面 2，结果如图 5-119b 所示。

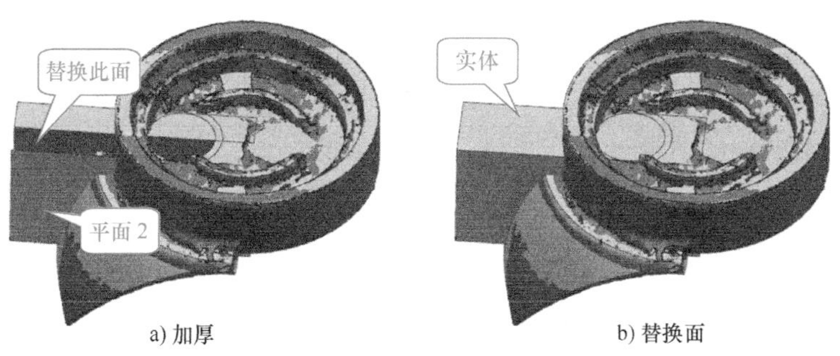

a) 加厚　　b) 替换面

图 5-119　加厚和替换面

5）使用【替换面】和【偏置面】命令，修剪图 5-119b 所示的实体至如图 5-120a 所示。将该实体从底座和管道中减去，结果如图 5-120b 所示。使用【偏置面】命令。将如图 5-120b 所示的面 1 和面 2 向下偏置 1.5mm，使其与扫描数据贴合。

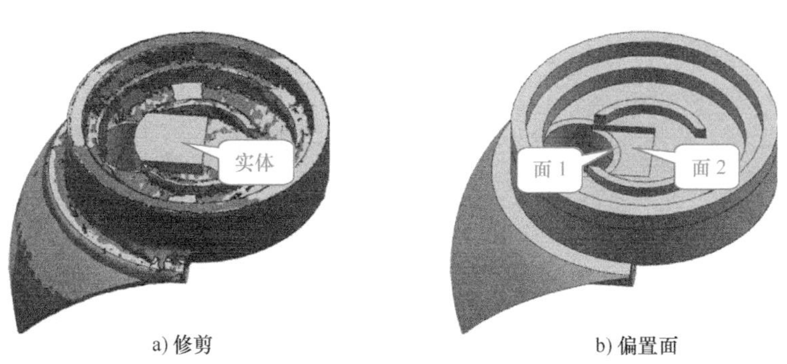

a) 修剪　　b) 偏置面

图 5-120　修剪

6）使用【基本曲线】命令，以 WCS 原点为圆心，创建一个直径为 8mm 的圆，如图 5-121a 所示。将该圆沿 XC 轴负方向移动 5mm，以该圆为截面曲线创建如图 5-121b 所示的拉伸体。使用【减去】命令，将该拉伸体从件 2 中减去，结果如图 5-121c 所示。

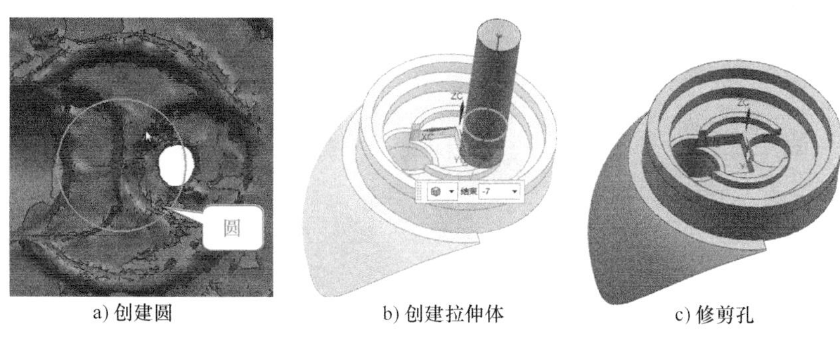

a) 创建圆　　b) 创建拉伸体　　c) 修剪孔

图 5-121　修剪孔

7）以图 5-121a 所示的圆为截面曲线，创建如图 5-122a 所示的拉伸体，将拉伸体的顶面替换为面 1，将面 2 替换为面 3，如图 5-122b 所示。

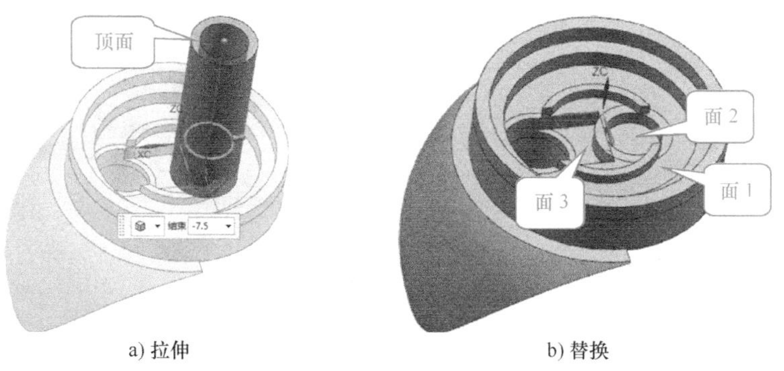

a) 拉伸　　b) 替换

图 5-122　拉伸并替换

8）创建与圆 1 同心、直径为 3mm 的圆 2，如图 5-123a 所示，将圆 2 沿 XC 轴正方向移动 1mm。以圆 2 为截面曲线创建拉伸体，如图 5-123b 所示，将该拉伸体从件 2 中减去，结果如图 5-123c 所示。

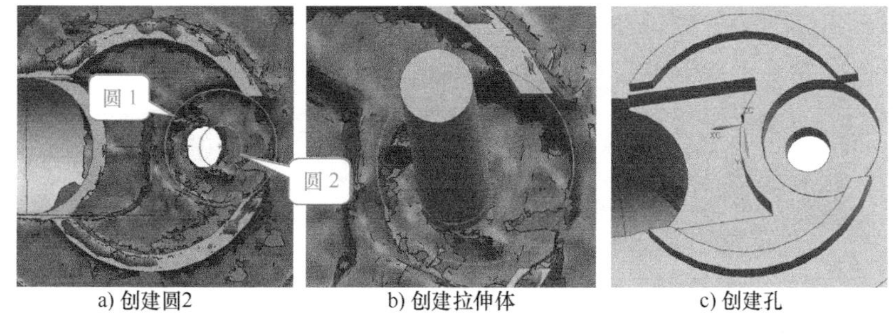

a) 创建圆2　　b) 创建拉伸体　　c) 创建孔

图 5-123　创建孔

9）使用【合并】命令，将组成件 2 的所有实体进行布尔求和。使用【替换面】命令，将图 5-124a 所示的面 1 替换为面 2，将面 3 替换为面 4，将面 5 替换为面 6。对另一侧也进行同样的操作，结果如图 5-124b 所示。

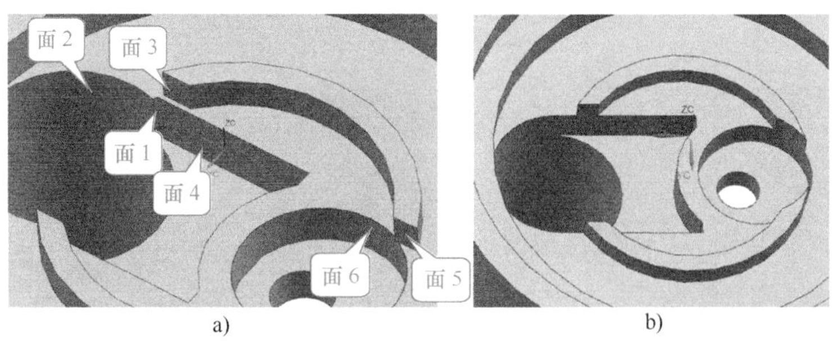

a)　　b)

图 5-124　替换面

6. 制作件 1

件 1 的制作主要分为主体和细节两个部分，如图 5-125 所示。

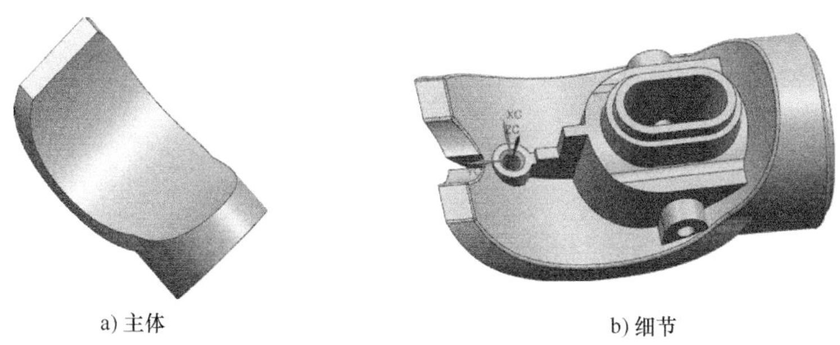

a) 主体　　b) 细节

图 5-125　件 1 的制作流程

（1）制作件 1 的主体

1）使用【图层设置】命令，打开第 18 层，显示件 1 的扫描数据。使用【偏置曲面】命令，选择如图 5-126a 所示的主体上的面 1，将其向外偏置 0.8mm 得到曲面 2，如图 5-126b 所示，可以看到曲面 2 与扫描数据贴合度较好。

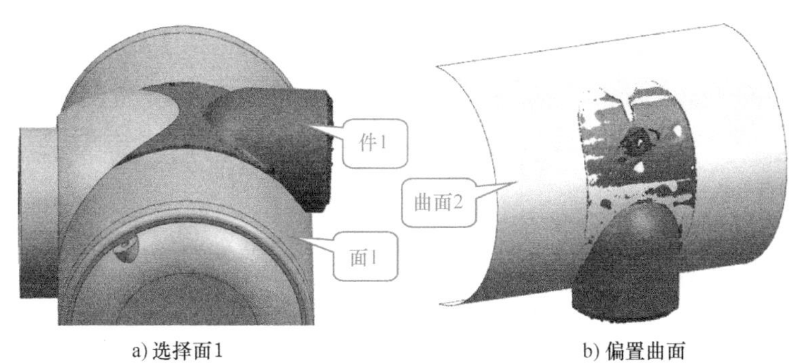

a) 选择面1　　b) 偏置曲面

图 5-126　偏置曲面

2）使用【加厚】命令，选择曲面 2，将其加厚 3.2mm，如图 5-127b 所示。使用【修剪体】命令，依次使用距 XC-ZC 平面 15mm 和 -15mm 的两个平面对加厚得到的实体进行修剪，结果如图 5-127c 所示。

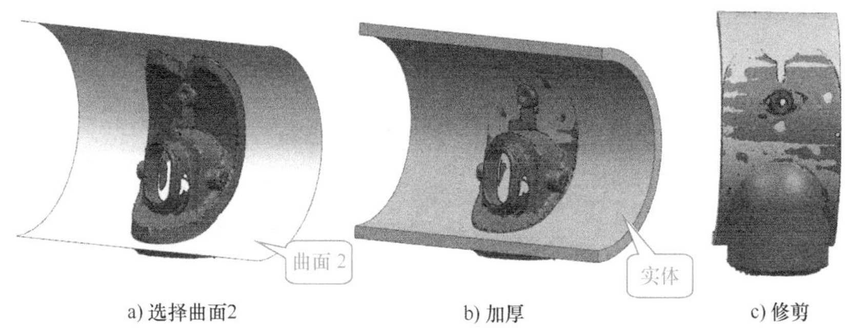

a) 选择曲面2　　b) 加厚　　c) 修剪

图 5-127　加厚和修剪

3）使用【截面曲线】命令，创建主体与 XC-ZC 平面的截面曲线。使用【基本曲线】命令，选取截面曲线上的点，创建如图 5-128 所示的圆弧和直线。

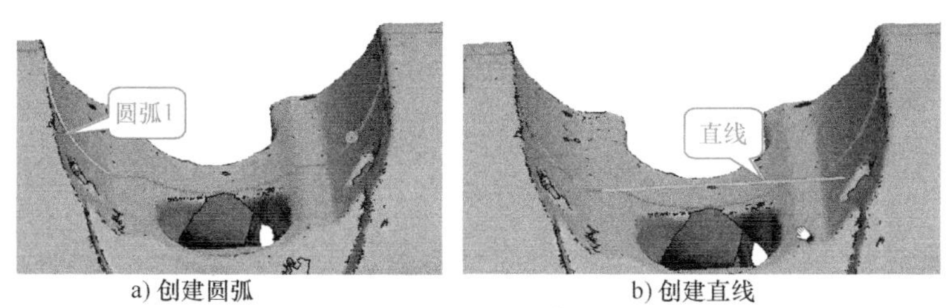

a) 创建圆弧　　b) 创建直线

图 5-128　创建圆弧和直线

4）使用【变换】命令，将图 5-128a 所示的圆弧 1 关于 XC-YC 平面镜像复制，得到圆弧 2。使用【修剪拐角】命令，对圆弧 1、圆弧 2 和直线进行修剪，结果如图 5-129b 所示。

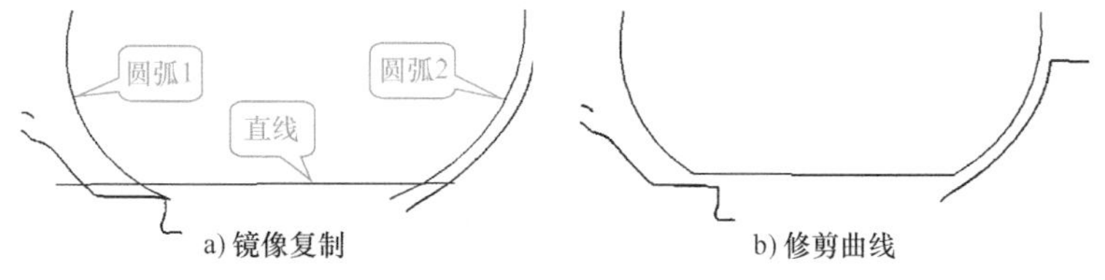

a) 镜像复制　　b) 修剪曲线

图 5-129　修剪曲线

5）使用【拉伸】命令，选择如图 5-129b 所示的曲线作为截面曲线，以 YC 轴为矢量方向，创建如图 5-130a 所示的片体。使用【拆分体】命令，以该片体为工具对实体进行拆分，实体被拆分为三个部分，保留如图 5-130b 所示的中间部分，将另外两部分移动到第 220 层。

6）使用【替换面】命令，将图 5-130b 所示的面 2 替换为面 1，对另一侧也进行同样的操作。使用【偏置面】命令，选择如图 5-130b 所示的面 3，将其向内偏置 1.5mm，结果如图 5-131a 所示。

7）使用【基本曲线】命令，创建一条通过 WCS 原点并且与 YC 轴平行的直线，如图 5-131b 所示，将该直线向 XC 轴方向移动 22mm。

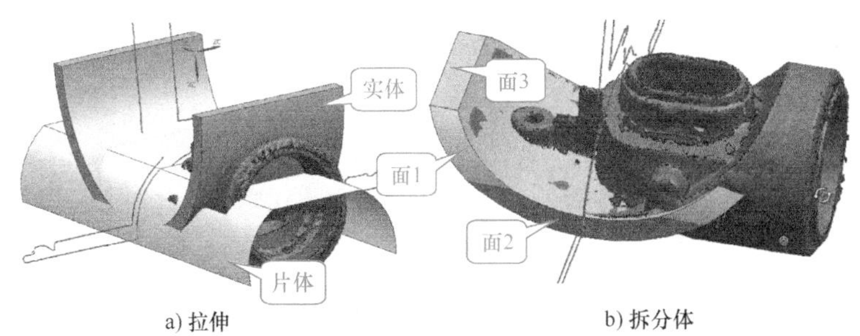

a) 拉伸　　b) 拆分体

图 5-130　拉伸和拆分体

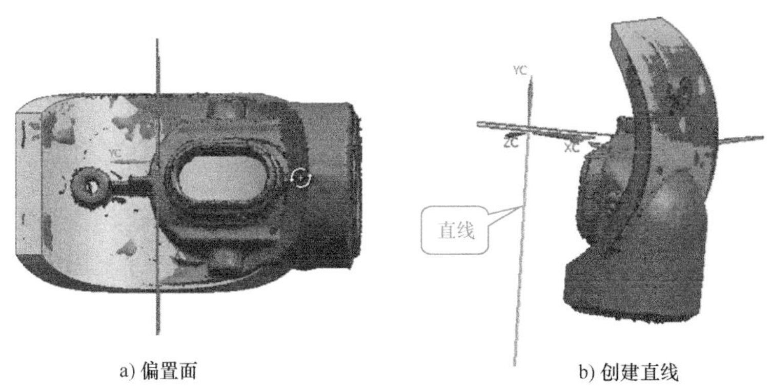

a) 偏置面　　b) 创建直线

图 5-131　偏置面

8）使用【管道】命令，以移动后的直线为路径，创建一个外径为 26mm 的管道。使用【移动对象】命令，调整直线的位置，使管道的侧面与件 1 的扫描数据相贴合，如图 5-132a 所示。使用【曲线长度】命令，调整直线的长度，使管道的一个端面也与件 1 的扫描数据相贴合，如图 5-132b 所示。

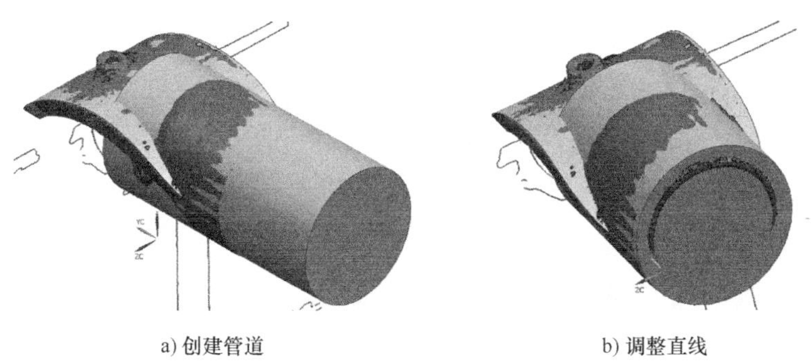

a) 创建管道　　b) 调整直线

图 5-132　创建管道

9）使用【WCS 原点】命令，选择如图 5-133a 所示底面的圆心作为 WCS 的原点。使用【截面曲线】命令，创建底面与 YC-ZC 平面的相交直线，以该直线为基本轮廓，输入角度规律值为 -1.8°，得到如图 5-133b 所示的片体。使用【偏置面】命令，将底面替换为片体。

10）使用【边倒圆】命令，选择如图 5-134a 所示的边，输入半径“13”，创建如图 5-134b 所示的圆角。使用【抽壳】命令，输入厚度值为 3mm，结果如图 5-134c 所示。

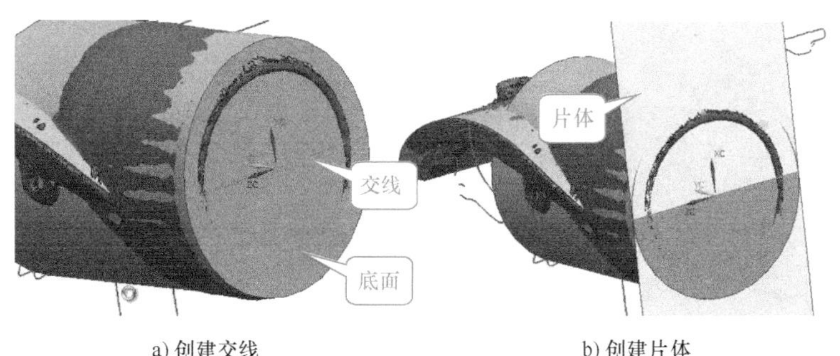

a) 创建交线　　b) 创建片体

图 5-133　创建片体

a) 选择边　　b) 倒圆角　　c) 抽壳

图 5-134　倒圆角和抽壳

11）选择如图 5-135a 所示的片体，将其加厚 2.5mm，如图 5-135b 所示。选择如图 5-135c 所示的面，将其偏置 1.5mm。

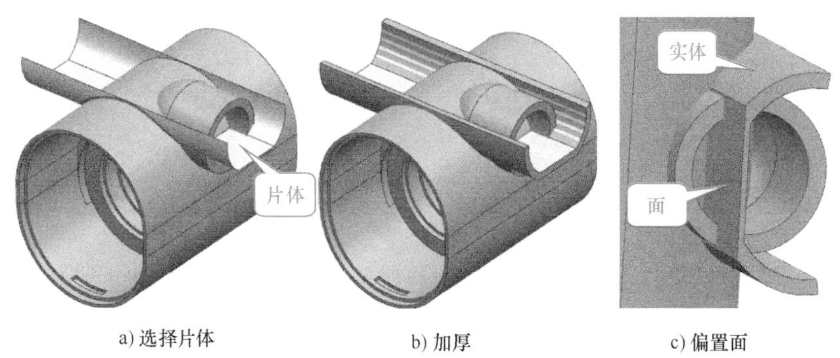

a) 选择片体　　b) 加厚　　c) 偏置面

图 5-135　加厚和偏置面

12）使用【修剪体】命令，利用图 5-135c 所示的实体的三个面对主体进行修剪，结果如图 5-136b 所示。同样，使用主体的面对图 5-135c 所示的实体进行修剪，结果如图 5-136c 所示。

13）创建如图 5-137a 所示的圆弧。使用【基本曲线】命令，以该圆弧为基本轮廓创建如图 5-137b 所示的片体 1。使用【替换面】命令，将面 1 替换为片体 1。使用【偏置面】命令，将片体 1 偏置 3.2mm，得到片体 2，将面 2 替换为片体 2，如图 5-137c 所示。

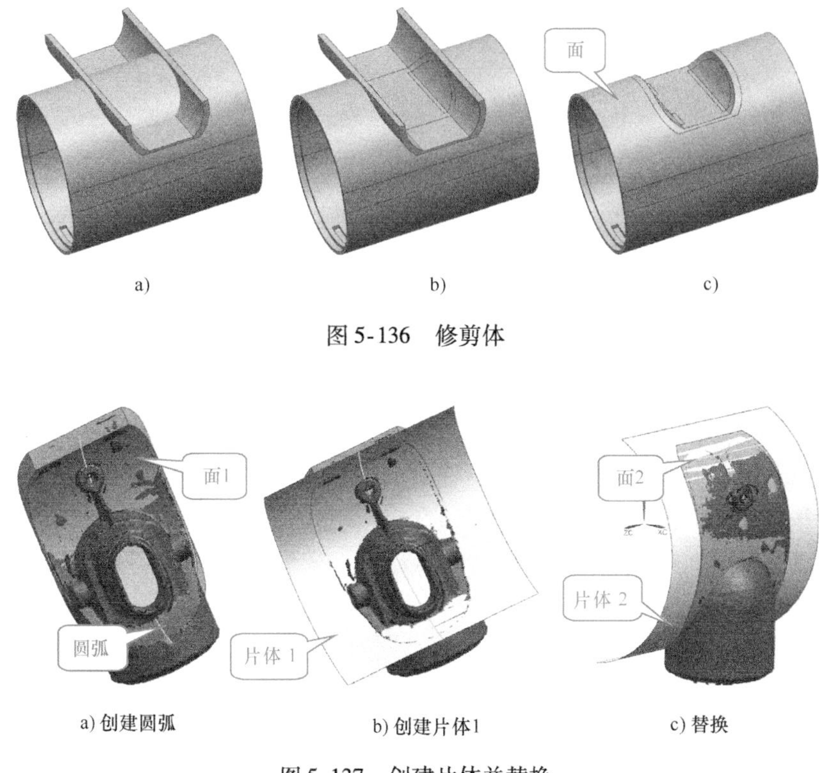

a) b) c)

图 5-136 修剪体

a) 创建圆弧 b) 创建片体1 c) 替换

图 5-137 创建片体并替换

14）使用片体 1 对实体 1 进行修剪，结果如图 5-138b 所示。使用片体 2 对实体 1 进行拆分，如图 5-138c 所示。使用【替换面】和【删除面】命令后，如图 5-138d 所示。最后进行布尔求和，如图 5-138e 所示。

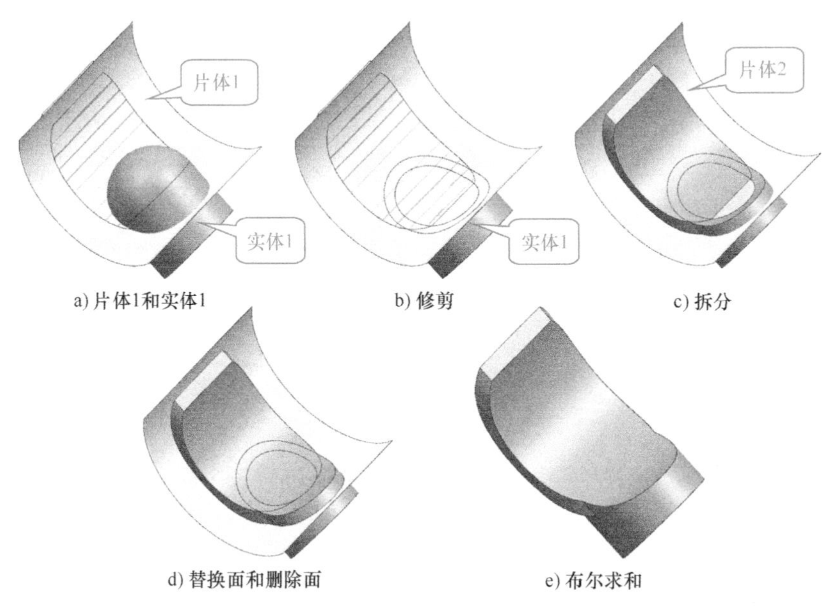

a) 片体1和实体1 b) 修剪 c) 拆分

d) 替换面和删除面 e) 布尔求和

图 5-138 制作圆弧面

（2）制作件1的细节

1）创建一个直径为5.5mm的圆，并以该圆为截面曲线拉伸后得到如图5-139a所示的圆柱体；然后再创建一个直径为2.5mm的圆，以该圆为截面曲线进行拉伸并求差，得到如图5-139b所示的孔；最后创建如图5-139c所示的半径为0.5mm的倒角。

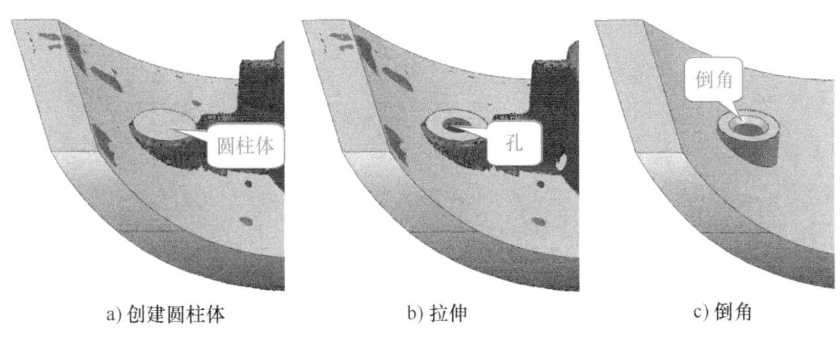

a) 创建圆柱体　　b) 拉伸　　c) 倒角

图5-139　拉伸和倒角

2）将WCS原点置于如图5-139b所示孔的中心，然后以WCS原点为起点，创建一条与YC轴平行的直线。以该直线为截面曲线，两侧各偏置10mm，创建如图5-140a所示的实体。使用【偏置面】命令，将图5-140a所示的面偏置9.3mm，并调整拉伸距离后，结果如图5-140b所示。

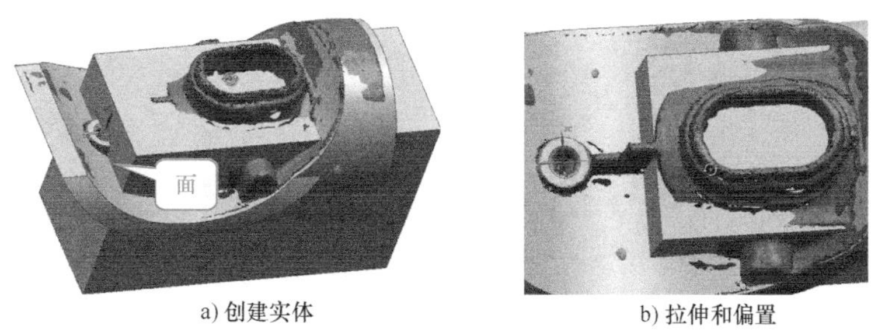

a) 创建实体　　b) 拉伸和偏置

图5-140　拉伸和偏置

3）创建一条如图5-141a所示的直线。使用【规律延伸】命令，以该直线为基本轮廓，输入角度规律值3°，创建如图5-141a所示的片体，并将面1替换为片体。使用【拔模】命令，选择边1、边2和边3，拔模角度为3°，结果如图5-141b所示。

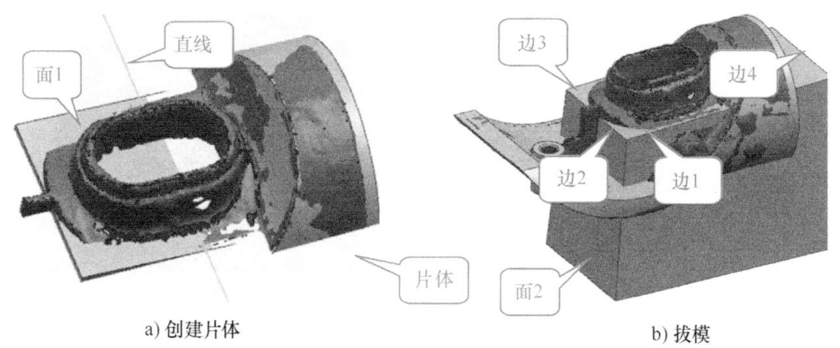

a) 创建片体　　b) 拔模

图5-141　拔模

4）使用【抽取曲线】命令，抽取如图5-141b所示的四条边；然后使用【基本曲线】中的【圆角】功能，方法选择【3曲线圆角】，依次选择边1、边2和边3抽取得到的直线，创建一个圆角。使用【拉伸】命令，以倒圆角后的曲线为截面曲线，输入拔模角度3°，创建如图5-142a所示的片体，将图5-141b所示的面2替换为该片体，结果如图5-142b所示。

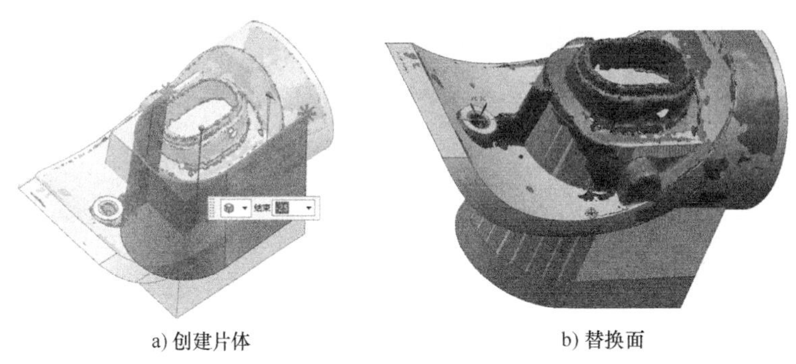

a) 创建片体　　b) 替换面

图5-142　倒圆角和替换面

5）通过拉伸创建如图5-143a所示的片体，然后两侧各加厚5.75mm，如图5-143b所示。

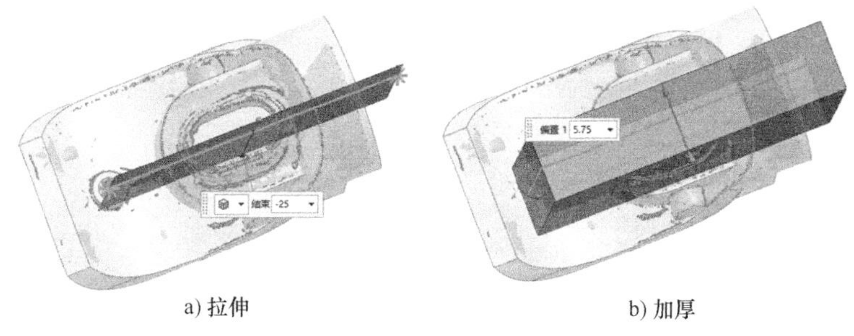

a) 拉伸　　b) 加厚

图5-143　拉伸并加厚

6）将上一步加厚得到的实体修剪至如图5-144a所示，然后选择该实体的四条边，输入圆角大小5.75mm，结果如图5-144b所示。

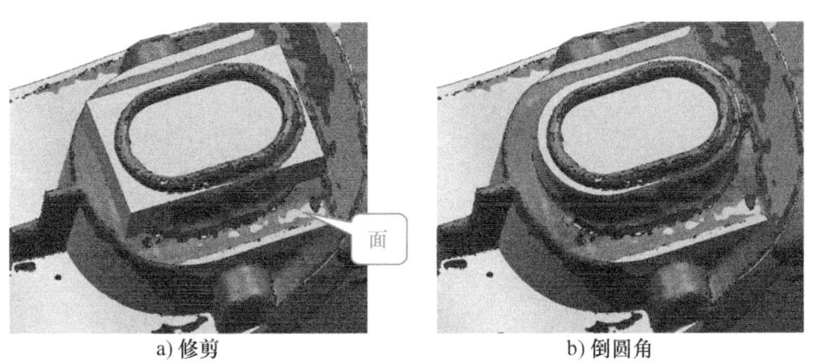

a) 修剪　　b) 倒圆角

图5-144　修剪和倒圆角

7）使用【取消修剪】命令，选择如图 5-144a 所示的面，得到一个片体，将该片体向上移动 5mm，将图 5-145a 所示的面替换为该片体。使用【在面上偏置曲线】命令，选择腰形凸台的边，将其向内偏置 1mm，如图 5-145b 所示。

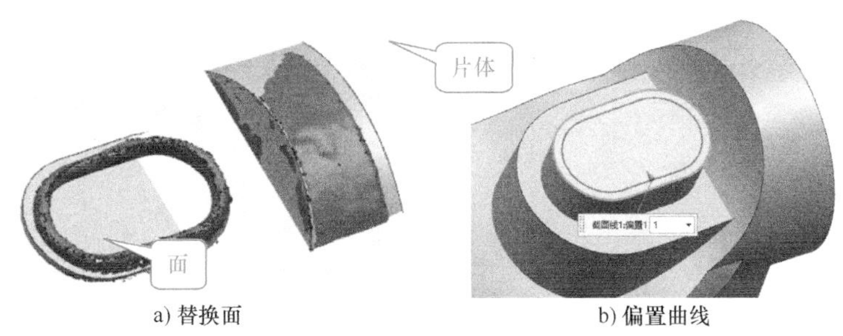

a) 替换面　　b) 偏置曲线

图 5-145　替换面和偏置曲线

8）选择上一步偏置得到的曲线，将其向上拉伸 1.7mm，如图 5-146a 所示。第三个凸台的拔模角度为 3°，第二个凸台的拔模角度为 5°，如图 5-146b 所示。对三个凸台进行布尔求和。

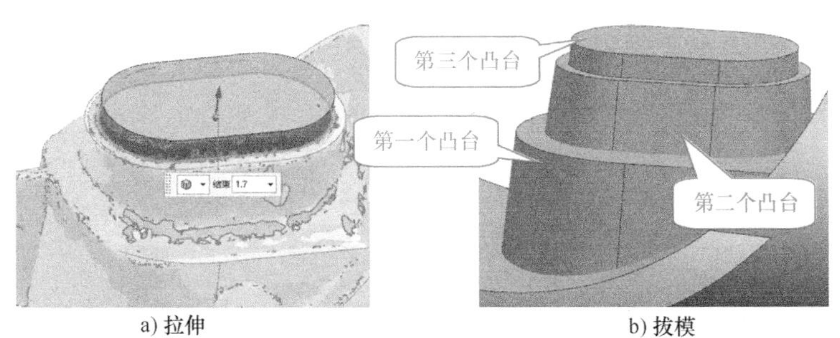

a) 拉伸　　b) 拔模

图 5-146　拉伸和拔模

9）以图 5-147a 所示的面为工具，对上一步合并得到的实体进行修剪，结果如图 5-147b 所示。

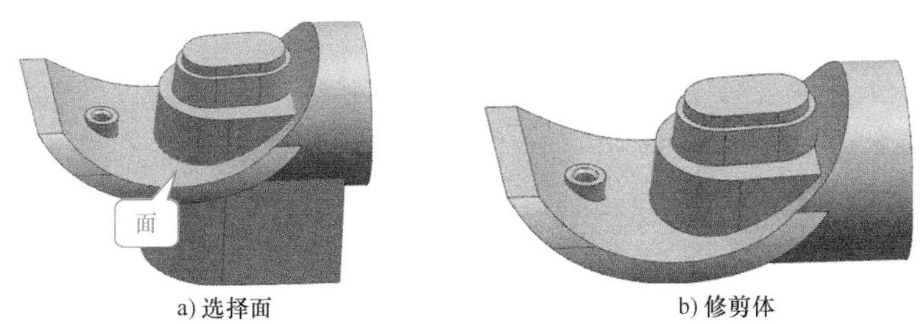

a) 选择面　　b) 修剪体

图 5-147　修剪体

10）以图 5-146b 所示的第三个凸台的边为截面曲线，向内偏置 1.2mm，创建如图 5-148a 所示的拉伸体。使用件 1 主体的面对该拉伸体进行修剪，结果如图 5-148c 所示。将图 5-148c 所示的面向内偏置 3mm。将该拉伸体从凸台中减去，结果如图 5-149 所示。

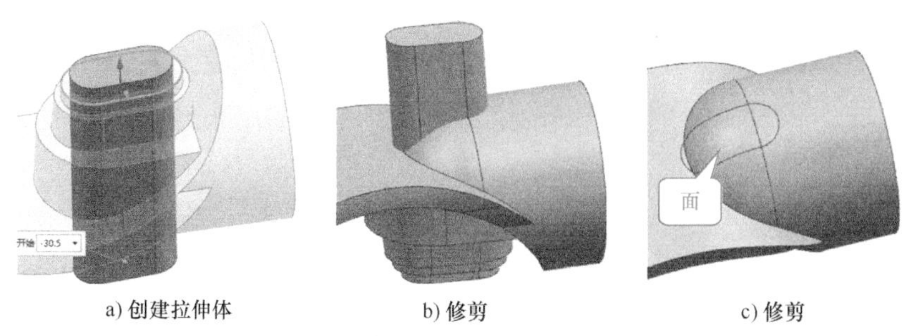

a) 创建拉伸体　　b) 修剪　　c) 修剪

图 5-148　创建拉伸体并修剪

11）使用【取消修剪】命令，得到如图 5-150a 所示的片体，将该片体偏置 5mm。以偏置后的片体为工具对件 1 进行拆分，如图 5-150b 所示，然后将面 1 偏置 1mm，将面 2 偏置 1.2mm。将片体偏置 2.5mm，以偏置后的片体为工具继续对件 1 进行拆分，如图 5-151a 所示。将面 3 偏置 1mm，如图 5-151b 所示。将面 4 替换为面 5，然后将拆分出来的实体进行布尔求和，结果如图 5-151c 所示。

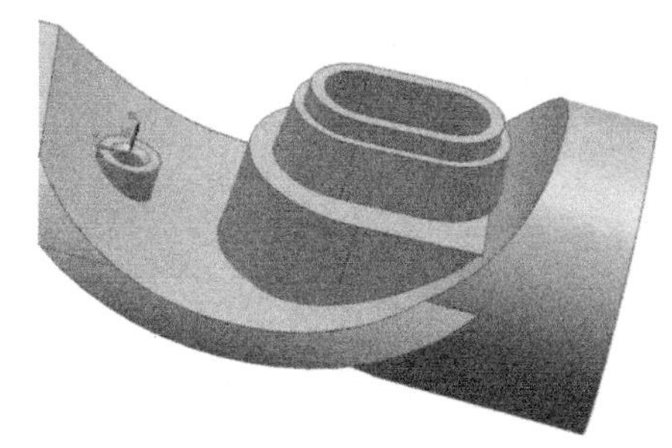

图 5-149　制作凸台

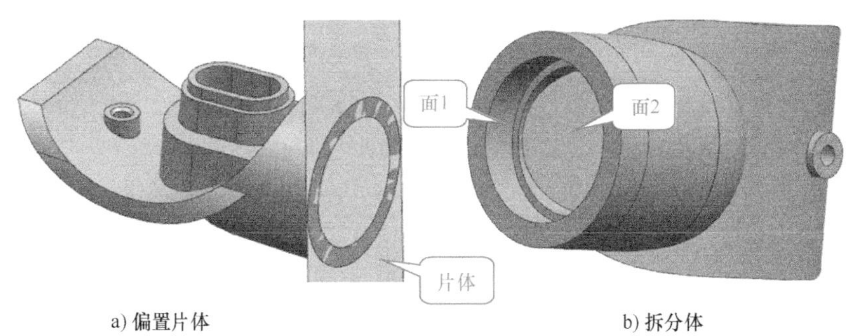

a) 偏置片体　　b) 拆分体

图 5-150　拆分体

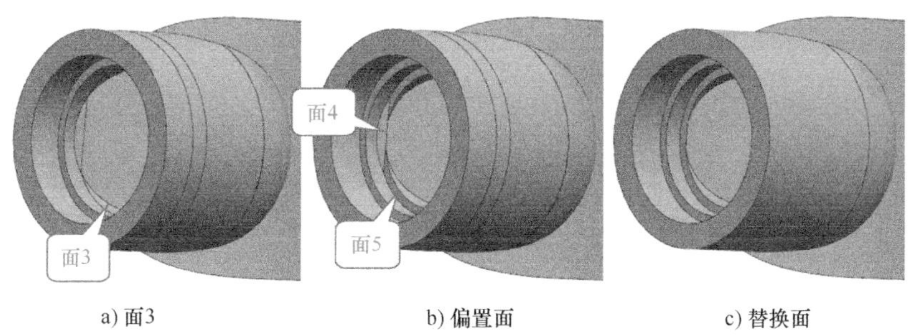

a) 面3　　b) 偏置面　　c) 替换面

图 5-151　偏置面和替换面

12）创建一条与 YC 轴共线的直线，以该直线为截面曲线，两边各偏置 0.8mm，创建如

图 5-152a 所示的拉伸体，并将其顶面替换成如图 5-152b 所示。

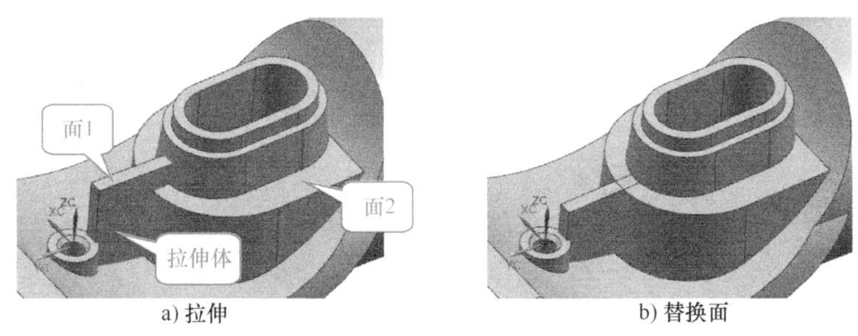

a) 拉伸　　b) 替换面

图 5-152　拉伸和替换面

13）使用【扩大】命令，选择如图 5-152a 所示的面 2，令 U 向、V 向起点和终点百分比均为 0，得到片体 1。使用【X 型】命令，调整片体 1 至如图 5-153a 所示。使用【截面曲线】命令，求片体 1 和 YC-ZC 平面的相交曲线，即如图 5-153b 所示的直线 1。再次使用【扩大】命令，选择面 2 得到片体 2。使用【在面上偏置曲线】命令，选择片体 2 的边，向内偏置 3mm 得到直线 2，用同样的方法得到直线 3。

a) 片体1　　b) 片体2

图 5-153　创建片体

14）使用【通过曲线组】命令，依次选择直线 2、直线 1 和直线 3，得到片体 3，如图 5-154a 所示。将片体 3 加厚 3mm 后，对其进行修剪和替换面，结果如图 5-154b 所示。

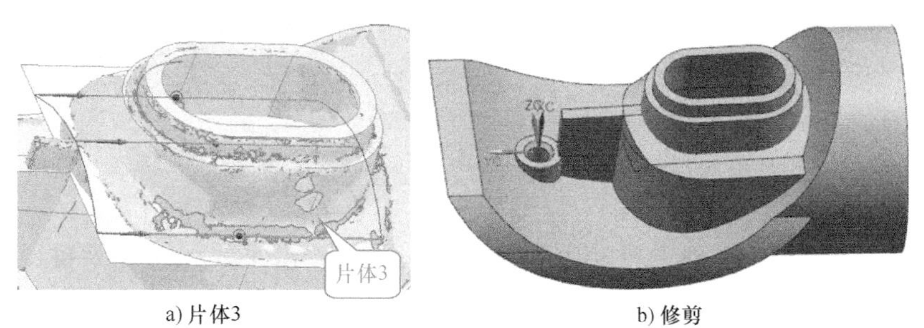

a) 片体3　　b) 修剪

图 5-154　创建片体并修剪

15）将图 5-152a 所示的拉伸体通过拆分、替换、偏置和合并等方式修改至如图 5-155a 所示。

16）创建如图 5-155b 所示的圆弧，并将其拉伸成如图 5-156a 所示的片体。以该片体为工具对件 1 进行修剪。创建如图 5-156b 所示的宽度为 2mm 的拉伸体，将其从件 1 中减去，结果如图 5-156c 所示。

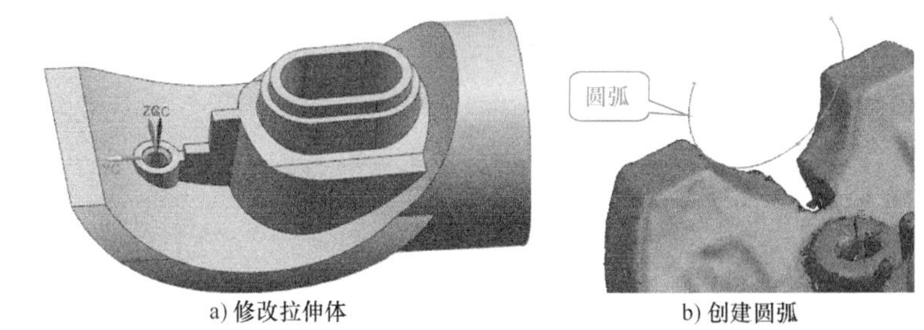

a) 修改拉伸体　　b) 创建圆弧

图 5-155　修改拉伸体和创建圆弧

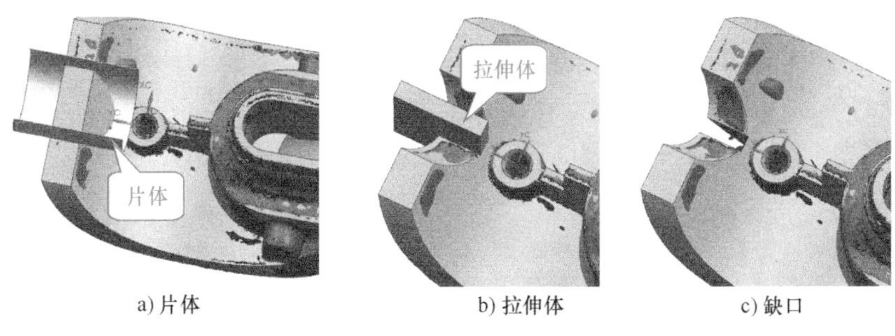

a) 片体　　b) 拉伸体　　c) 缺口

图 5-156　制作缺口

17）使用【边倒圆】命令，创建如图 5-157 所示的圆角特征，除了已注明的 *R*3 圆角，其余圆角半径均为 0.5mm。

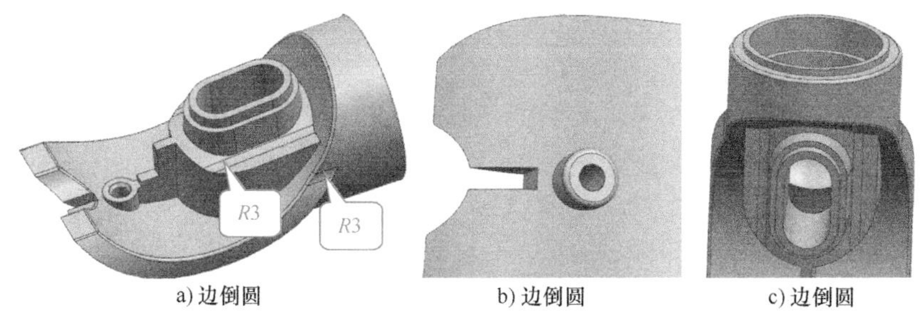

a) 边倒圆　　b) 边倒圆　　c) 边倒圆

图 5-157　边倒圆

18）创建一条直线，并将其拉伸成如图 5-158a 所示。用 YC-ZC 平面对该拉伸体进行修剪，如图 5-158b 所示。对该拉伸体进行倒角、替换面、修剪等操作，得到如图 5-158c 所示的实体。将该实体关于 YC-ZC 平面镜像复制，最后进行布尔求和，结果如图 5-159 所示。将件 1 移动至第 5 层。

7. 制作装配特征

1）使用【偏置曲面】命令，选择件 1 上的若干面，向上偏置 0.5mm，得到第一组片体。选择件 1 上凸台的侧面，向外偏置 0.2mm，得到第二组片体，如图 5-160 所示。

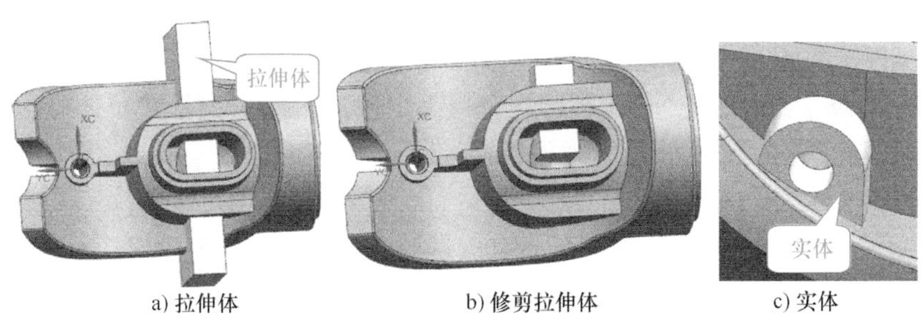

a) 拉伸体　b) 修剪拉伸体　c) 实体

图 5-158　创建侧面实体

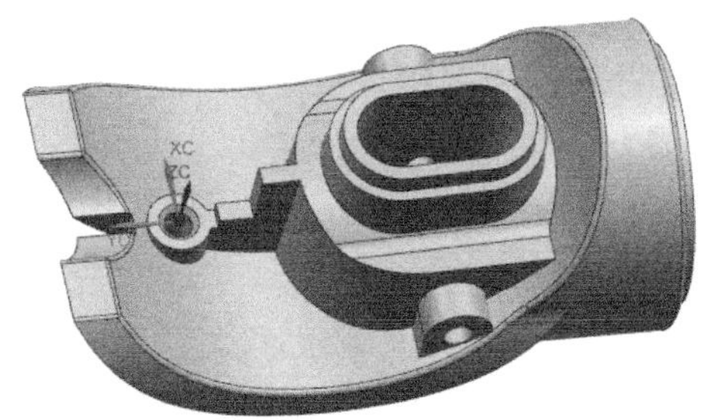

图 5-159　件 1 制作完成

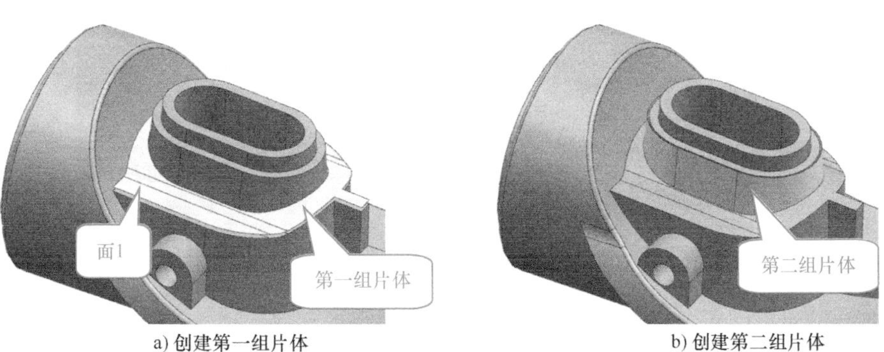

a) 创建第一组片体　b) 创建第二组片体

图 5-160　创建侧面实体

2）使用【取消修剪】命令，选择如图 5-160a 所示的面 1，得到片体 3，将面 2 替换为片体 3，如图 5-161a、b 所示。使用【合并】和【替换面】命令后，结果如图 5-161c 所示。

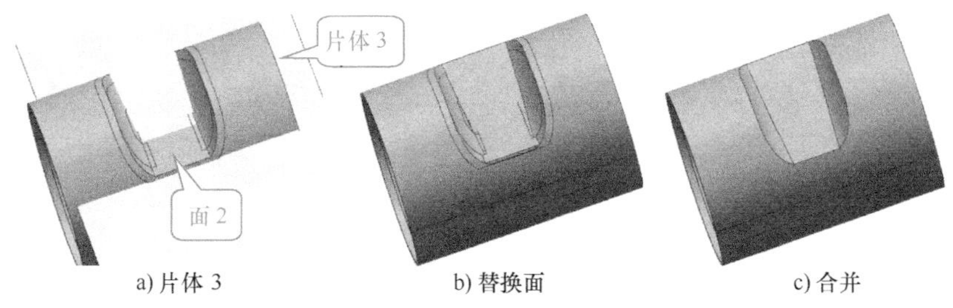

a) 片体 3　b) 替换面　c) 合并

图 5-161　替换面和合并

3）使用【相交曲线】命令，求如图5-160b所示第二组片体与主件的交线，以该交线为截面曲线，创建如图5-162a所示的拉伸体。将WCS置于如图5-162b所示的位置处，使用【整体突变】命令在XC-YC平面创建一个平面。以该平面为工具对拉伸体进行拆分，将拆分出来的下面部分的拉伸体侧面向内偏置2.8mm，如图5-162c所示。将拉伸体从主体中减去，结果如图5-163a所示。

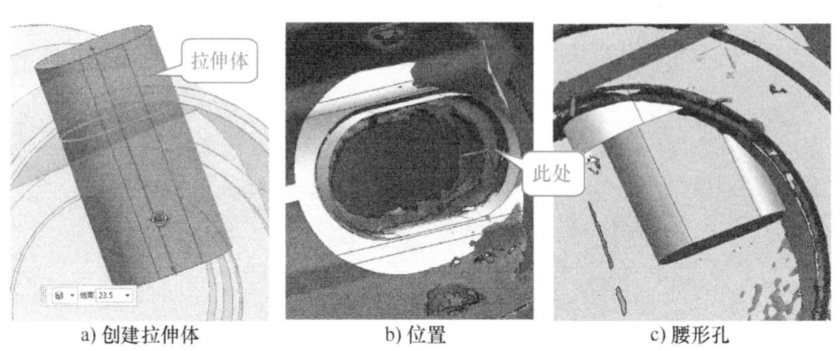

a) 创建拉伸体　　b) 位置　　c) 腰形孔

图5-162　制作腰形孔

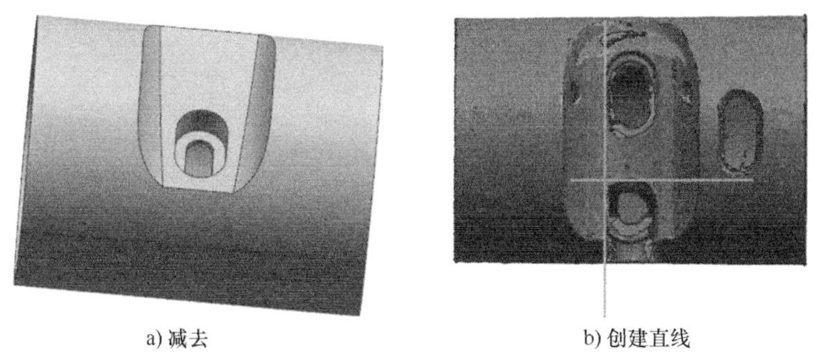

a) 减去　　b) 创建直线

图5-163　减去和创建直线

4）创建如图5-163b所示的两条直线，通过拉伸和镜像复制得到如图5-164a所示的三个平面。通过加厚和替换面，得到如图5-164b所示的实体。对该实体倒全角，如图5-164c所示。

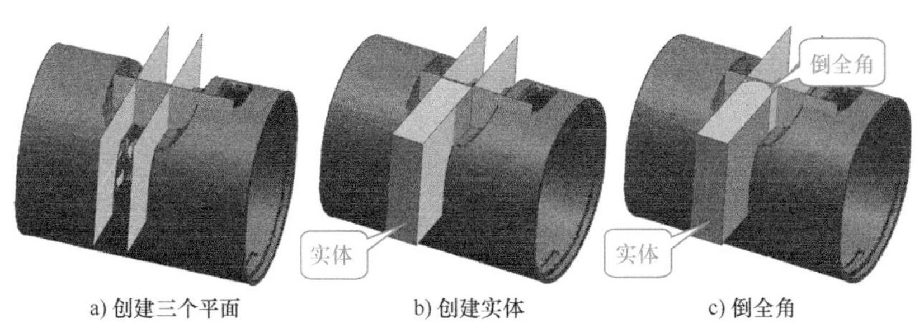

a) 创建三个平面　　b) 创建实体　　c) 倒全角

图5-164　创建片体和实体

5）将如图 5-165a 所示的实体从主体中求差，结果如图 5-165b 所示。

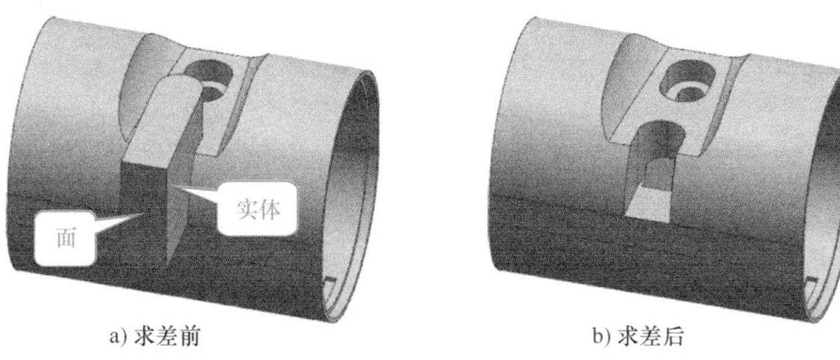

a) 求差前　　b) 求差后

图 5-165　求差

6）将图 5-165a 所示的面向内偏置到如图 5-166a 所示位置，对该实体倒全角和抽壳，抽壳厚度为 2mm，如图 5-166b、c 所示。

a) 偏置面　　b) 倒全角　　c) 抽壳

图 5-166　偏置面、倒全角和抽壳

7）将抽壳后的实体进行拆分，删除如图 5-167a 所示的一圈面，将该实体的底部进行填充。

8）创建如图 5-167c 所示的圆弧，将该圆弧拉伸成片体 2，并以片体 2 为工具进行修剪，如图 5-168b 所示。将片体 1 向上偏置后，以片体 1 为工具进行修剪，结果如图 5-168c 所示。

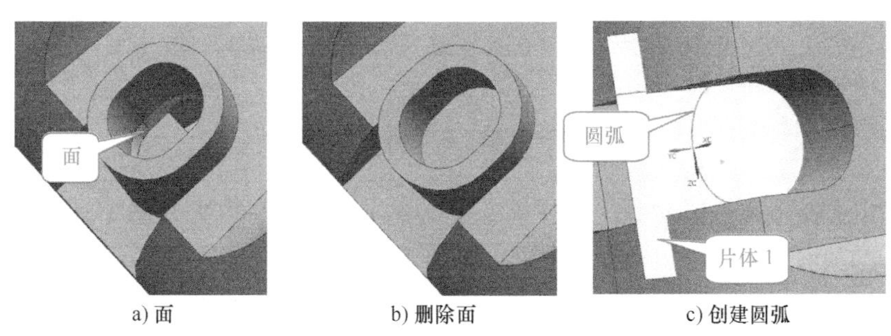

a) 面　　b) 删除面　　c) 创建圆弧

图 5-167　删除面和创建圆弧

9）使用【取消修剪】命令，选择件 1 的面，得到如图 5-169a 所示的片体，将该片体延长，并以该片体为工具对主体进行修剪，结果如图 5-169b 所示。

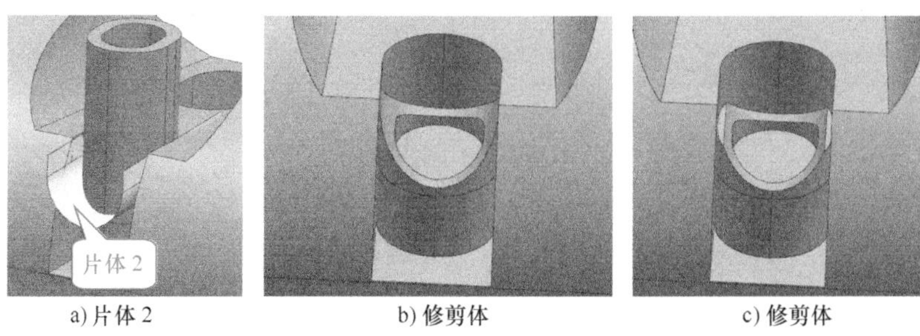

a) 片体 2　　b) 修剪体　　c) 修剪体

图 5-168　修剪体

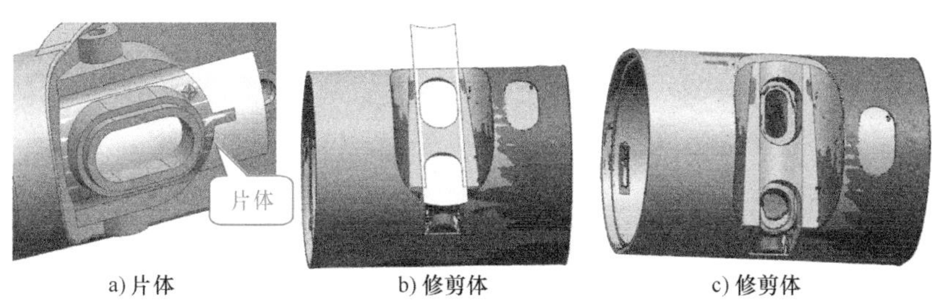

a) 片体　　b) 修剪体　　c) 修剪体

图 5-169　修剪体

10）创建一条直线并将其进行拉伸，两边各偏置 3. 5mm，如图 5-170a、b 所示。对该拉伸体倒圆角，圆角半径为 3. 5mm，如图 5-170c 所示。创建直径为 2. 5mm 的孔，并进行替换面和合并操作，结果如图 5-170d 所示。

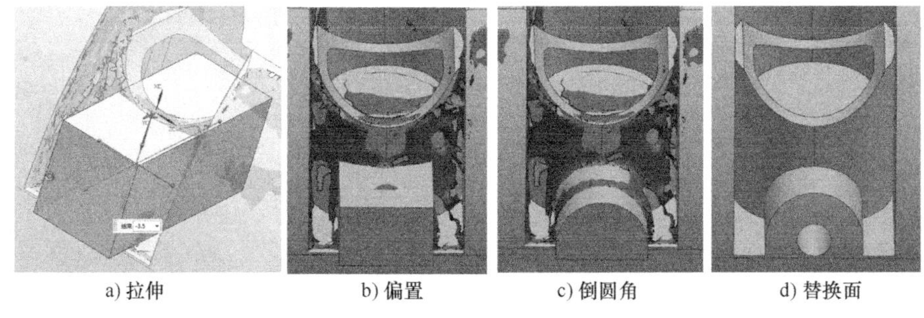

a) 拉伸　　b) 偏置　　c) 倒圆角　　d) 替换面

图 5-170　创建螺钉孔

11）使用【取消修剪】命令，选择件 1 中的面 1 和面 2，得到片体 1 和片体 2。将片体 1 向外偏置 0. 5mm，留出装配间隙，并将其加厚 2mm，如图 5-171 所示。删除面 3 后得到一个圆柱体。

12）以片体 2 为工具对该圆柱体进行修剪，如图 5-172a 所示。选择面 1 和面 2，将其向外偏置 2mm。使用主体的面对其进行拆分，得到 4 个实体，如图 5-172b 所示。将实体 1、实体 2 和主体进行合并。如图 5-172c 所示，删除实体 4 中除侧面和两个端面之外的所有面，将其还原为圆柱体，然后使用片体 2 对其进行修剪，将其还原为如图 5-172a 所示的状态。

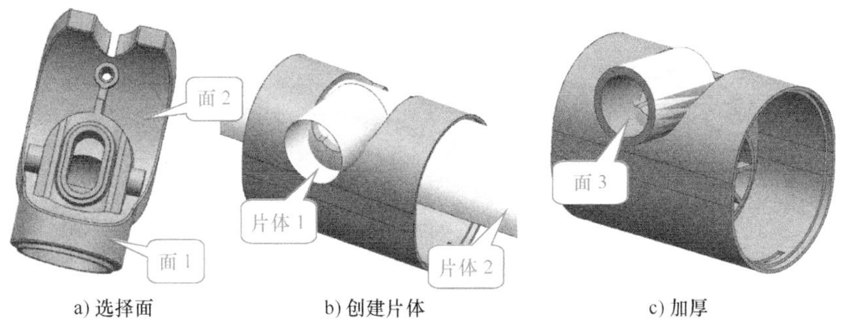

a) 选择面　　b) 创建片体　　c) 加厚

图 5-171　创建片体和加厚

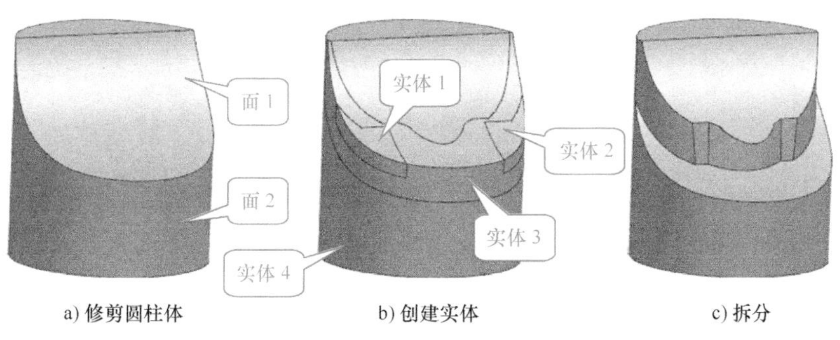

a) 修剪圆柱体　　b) 创建实体　　c) 拆分

图 5-172　修剪和拆分

13）以图 5-172a 所示的实体为工具，将其从主体中减去，如图 5-173a 所示。将图 5-173a 所示的面向上偏置 2mm，结果如图 5-173b 所示。

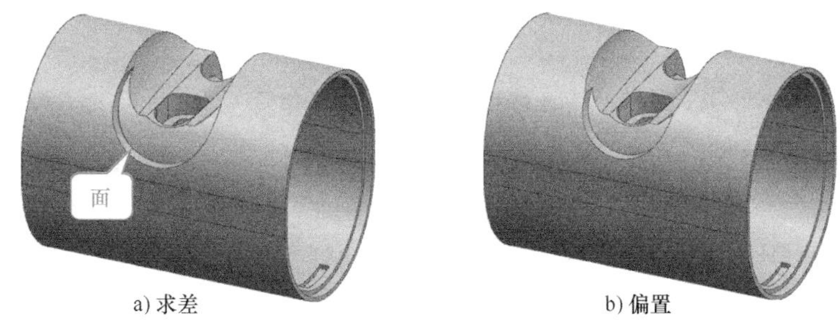

a) 求差　　b) 偏置

图 5-173　求差和偏置

14）以件 1 螺钉孔的边缘为截面曲线，创建如图 5-174a 所示的圆柱体。将该圆柱体的侧面向外偏置 2.5mm，使其直径为 7.5mm。通过偏置与修剪，使该圆柱体与扫描数据相贴合，如图 5-174b、c 所示。将修剪后的圆柱体镜像复制到另一侧，然后与主体进行布尔求和。

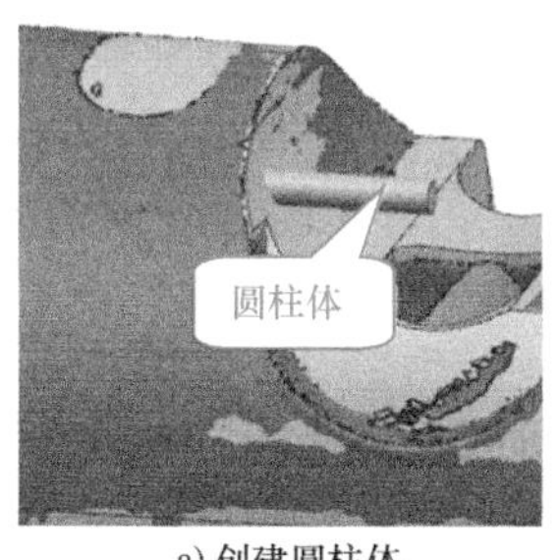

a) 创建圆柱体　　b) 偏置　　c) 修剪

图 5-174　创建圆柱体并修剪

15）将圆柱体从主体中减去，然后创建轮廓曲线，以孔内侧的两条轮廓直线为截面曲线，拉伸得到两个片体，如图 5-175 所示。

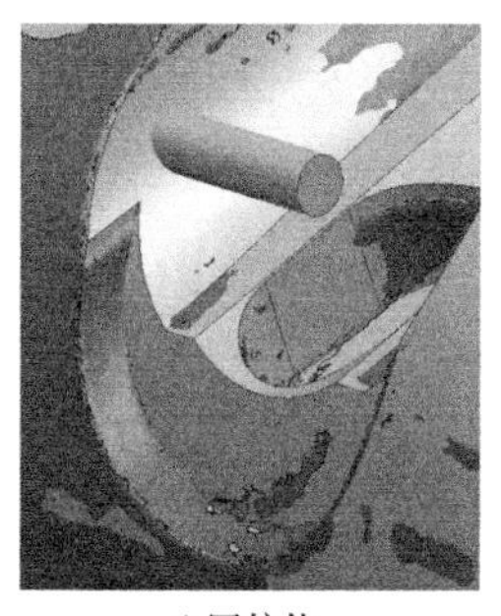
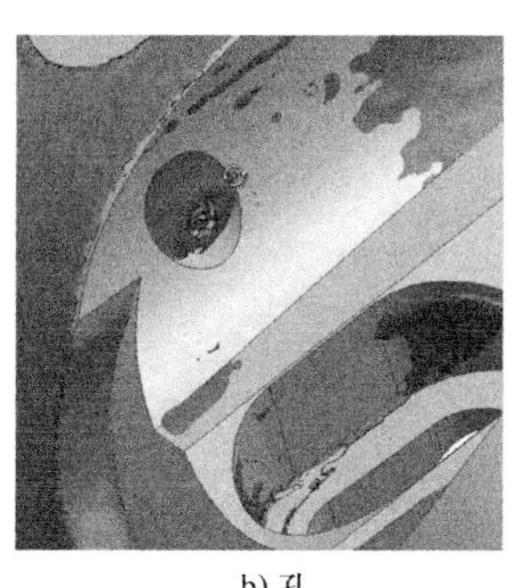
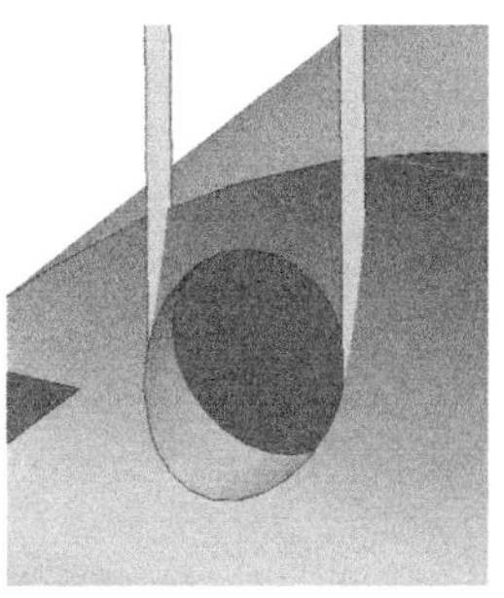

a) 圆柱体　　b) 孔　　c) 片体

图 5-175　创建孔和片体

16）选择其中一个片体进行加厚，并替换面到另一个片体，得到一个实体，将这个实体修剪至如图 5-176a 所示。将该实体从主体中减去，如图 5-176b 所示。最后创建一个直径为 2.5mm 的孔，如图 5-176c 所示。对另一个片体也进行同样的操作。

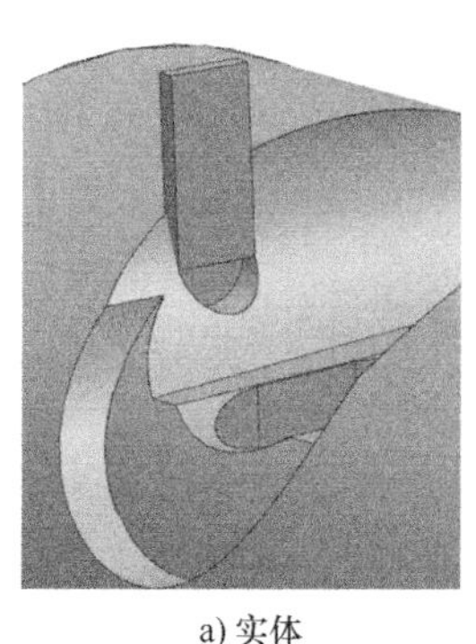
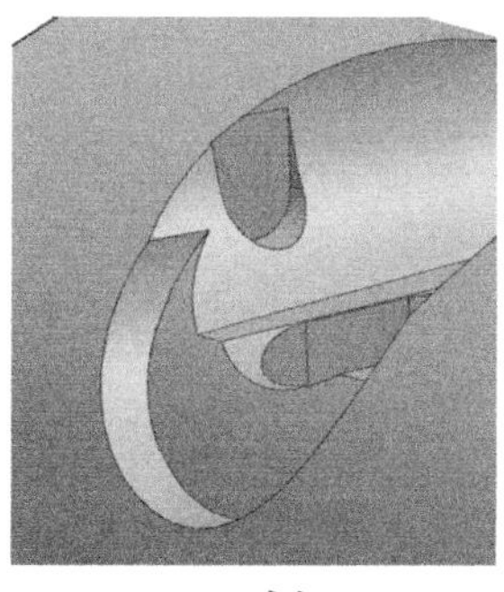

a) 实体　　b) 减去　　c) 孔

图 5-176　创建孔

医疗配件的装配特征制作完成，结果如图 5-177 所示。

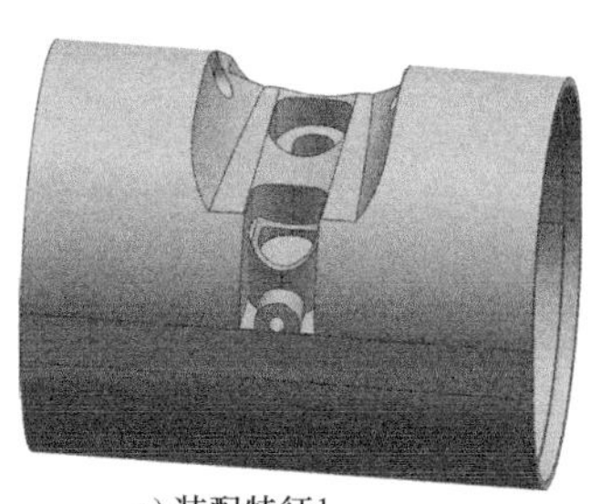
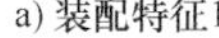
a) 装配特征1

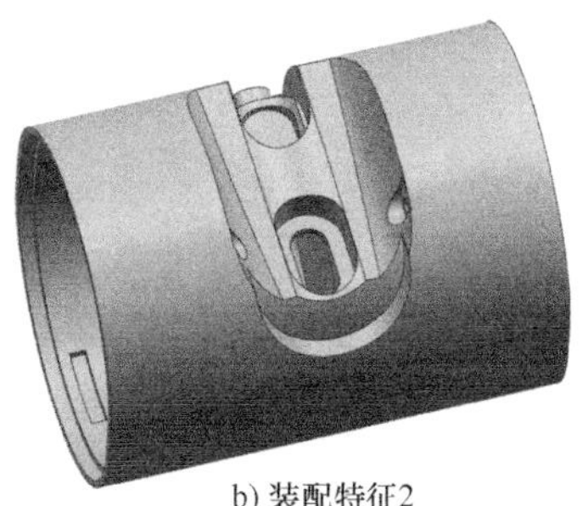
b) 装配特征2

图 5-177　装配特征制作完成

第6章 综合实例（进阶案例）

6.1 产品分析

本章介绍一款汽车尾灯的逆向过程。汽车尾灯由底座、灯壳、反射镜三个部分组成，如图 6-1 所示。

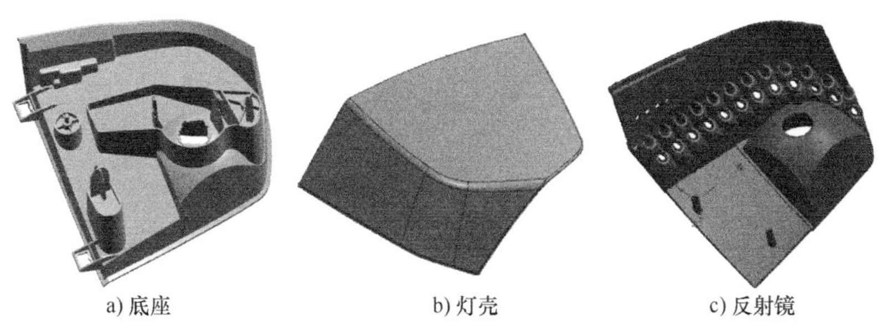

a) 底座　　b) 灯壳　　c) 反射镜

图 6-1　汽车尾灯的组成

该产品的逆向过程分析大致如下。

1）手持激光扫描仪具有扫描效率高的优点，但是存在精度不高且有些细节特征无法采集的不足。与之相比，关节臂的测量精度相对较高，但是扫描效率相对较低。因此，在采集汽车尾灯的扫描数据时，既使用了手持激光扫描仪，也采用了关节臂测量。在逆向建模时，可以参考这两部分数据，如图 6-2 所示。

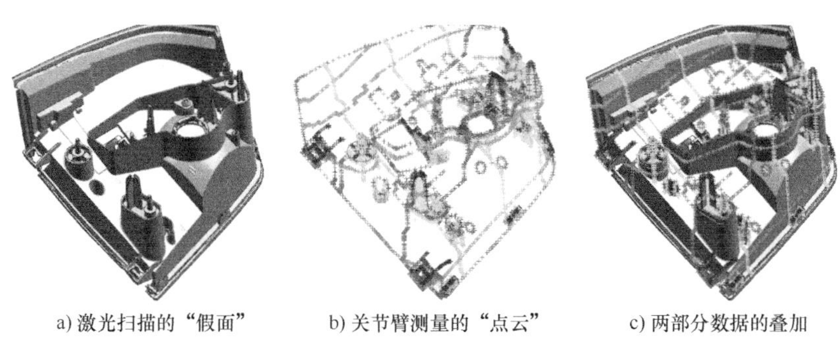

a) 激光扫描的“假面”　　b) 关节臂测量的“点云”　　c) 两部分数据的叠加

图 6-2　汽车尾灯底座部分的扫描数据

2）逆向建模时首先应该根据汽车尾灯的相关特征结构确定基准坐标系。一般情况下，车灯的脱模方向为孔类结构的轴线方向。一般先通过其中一个孔类结构来确定脱模方向，再通过另一个孔类结构来校验脱模方向是否准确。

3）汽车尾灯的主体部分由曲面构成。在制作曲面时，一般先做大面再做小面，否则面可能会发生扭曲。在制作曲面时，要注意观察曲面之间的关系。

4）产品脱模在塑料制件中占有重要地位，直接关系到塑料制件在模具成型后能否顺利取出。为了满足模具成型工艺，保证产品能顺利从模具中取出，在制作过程中必须设置脱模斜度，脱模斜度的大小可以参照点云数据。

6.2 软硬件选配

汽车尾灯逆向过程软硬件选配如图 6-3 所示，即产品测绘硬件选择手持激光扫描仪 BYSCAN510、关节臂；数据处理软件选择 Geomagic Design X；建模实施软件选择 Siemens NX10。

图 6-3　汽车尾灯逆向过程软硬件选配

6.3 常用功能命令

使用 Siemens NX10 软件对汽车尾灯进行逆向建模时，常用的功能指令有拟合曲面、拉伸、面倒圆、通过曲线组、曲面上的曲线、加厚、修剪体、替换面、脱模、延伸片体、修剪片体、修剪和延伸、偏置面和偏置曲面等。

在制作主体大面时，可根据曲面的趋势使用【拟合曲面】或【拉伸】功能。创建主体大面之间的过渡曲面时，先尝试使用【面倒圆】功能。如果通过【面倒圆】功能创建的曲面不能很好地拟合，则使用【曲面上的曲线】功能在主体大面上创建曲线，然后使用【通过曲线组】命令创建过渡曲面。

6.4 产品测绘

本案例选用手持激光扫描仪 BYSCAN510 及关节臂对汽车尾灯进行产品测绘。本节主要介绍利用手持激光扫描仪采集汽车尾灯的产品数据。由于汽车尾灯灯罩透明，所以扫描之前需要均匀地喷涂反差增强剂。喷涂之前需要将反差增强剂摇晃至均匀，喷涂完后晾干。晾干后粘贴标记点，如图 6-4 所示。

a) 处理前的汽车尾灯

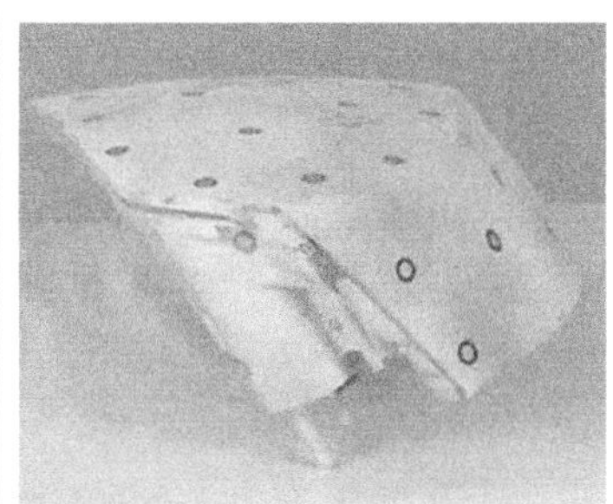

b) 处理后的汽车尾灯

图 6-4　扫描前处理

扫描步骤分为两步：扫描标记点和扫描汽车尾灯。使用手持激光扫描仪 BYSCAN510 扫描物体时，可以直接扫描激光点，也可以先扫描标记点再扫描激光点，后者的扫描精度更高，而且扫描过程中过渡方便，所以这里先扫描标记点。

1. 扫描标记点

1）打开 ScanViewer 软件，单击【扫描参数设置】按钮，在弹出的对话框中进行如图 6-5a 所示的参数设置；在【扫描】控制面板中将扫描解析度设置为 1mm，将曝光参数设置为 1ms，如图 6-5b 所示；然后选择【标记点】并单击【开始】按钮。

2）将扫描仪正对汽车尾灯，按下扫描仪上的扫描键，开始扫描标记点。图 6-6 所示为扫描标记点时的软件界面。

3）标记点扫描完毕后，单击 ScanViewer 扫描软件中的【停止】按钮，从 ScanViewer 扫描软件界面下方的状态栏中可以看到，共有 53 个标记点。

4）单击【工程】选项卡中的【保存】按钮，选择【标记点文件（＊.UMK）】，在弹出的【另存为】对话框中输入文件名，单击【保存】即可。

2. 扫描汽车尾灯

1）在【扫描】控制面板中将扫描解析度设置为 0.3mm，选择【激光点】并单击【开始】按钮，如图 6-7 所示，进入多条激光（红光）模式，按下手持激光扫描仪上的扫描开关键，开始扫描。

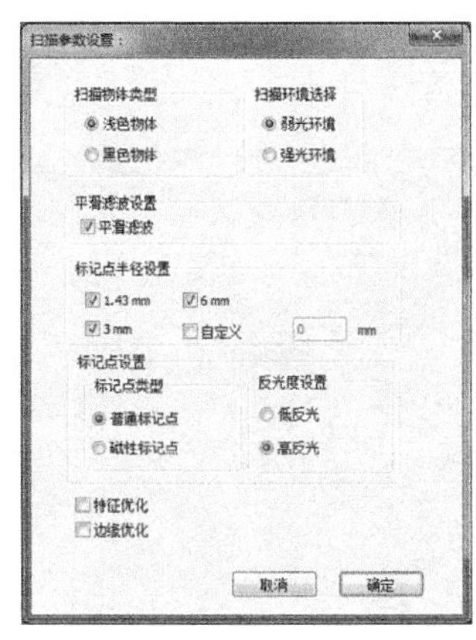

a)【扫描参数设置】对话框

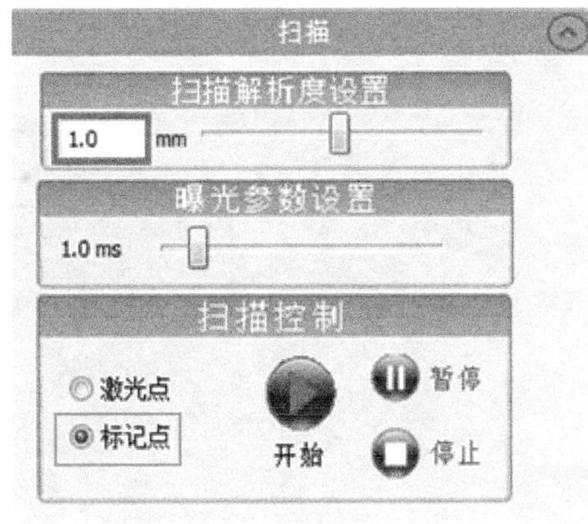

b) 参数设置

图 6-5 扫描参数设置

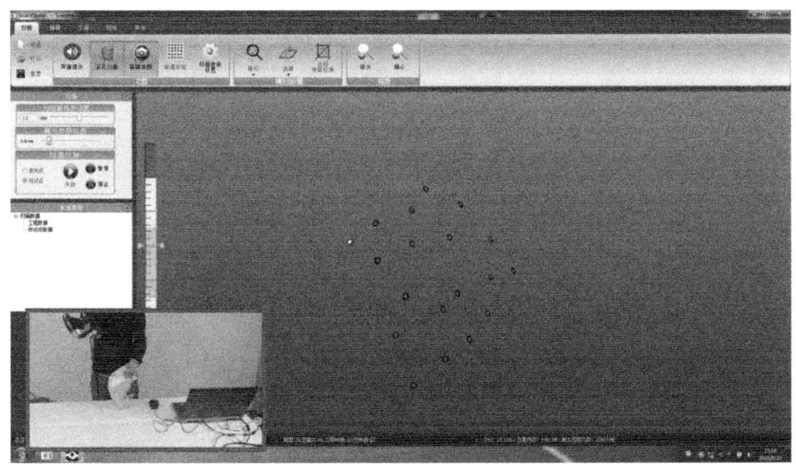

图 6-6 扫描标记点时的软件界面

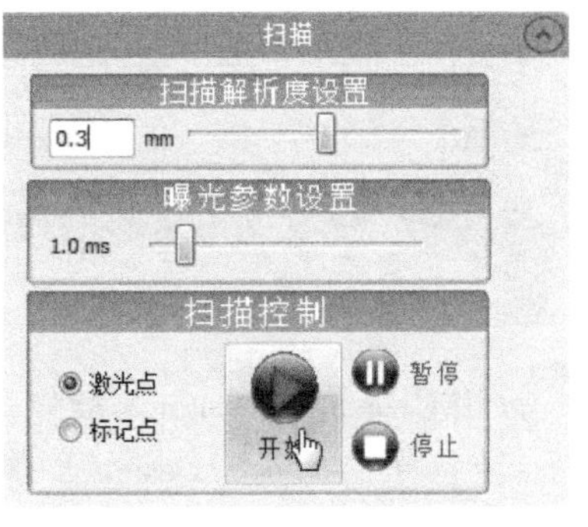

图 6-7 设置扫描参数

2）将扫描仪正对汽车尾灯，距离为 300mm 左右，按下扫描仪上的扫描键开始扫描，如图 6-8 所示。在扫描过程中可以按下扫描仪上的视窗放大键，ScanViewer 扫描软件视图会相应地放大，便于观察细节。当遇到深槽等不易扫描的部位时，可以双击扫描仪上的扫描开关键，切换到单条激光模式。

3）扫描完成后，单击 ScanViewer 扫描软件中的【停止】按钮，如图 6-9 所示。选中与汽车尾灯无关的数据，然后按下键盘上的【Delete】键将其删除。

4）单击【工程】选项卡中的【生成网格】按钮，状态栏提示“正在生成网格”，并且软件视图中出现进度条。

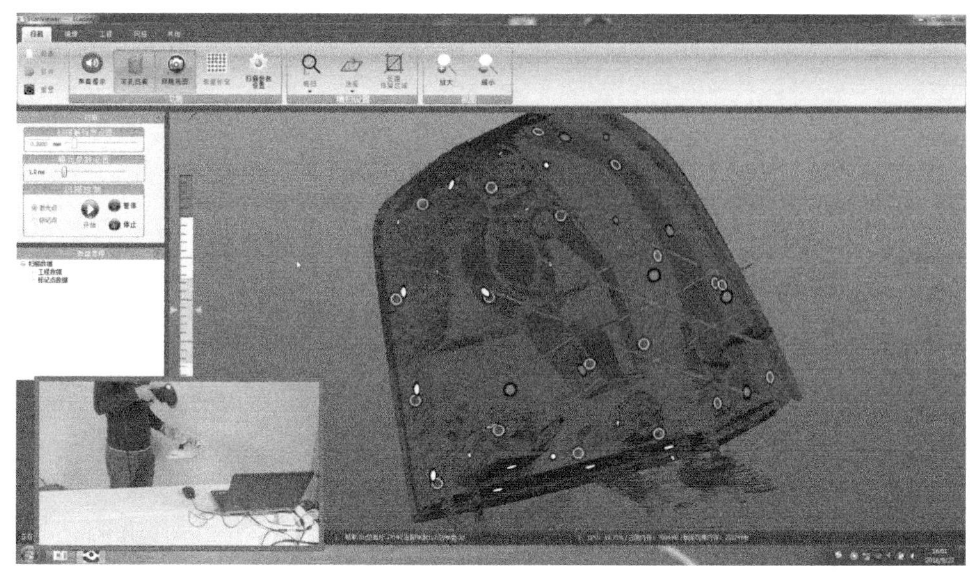

图 6-8　扫描汽车尾灯

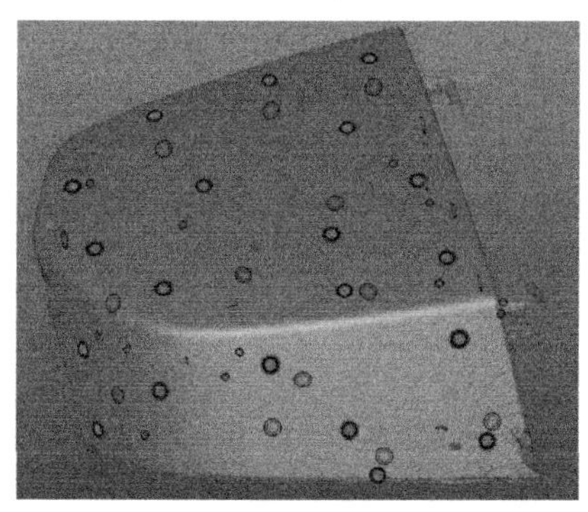

图 6-9　扫描完成

5）单击【工程】选项卡中的【保存】按钮，选择【网格文件（ *. STL)】，在弹出的【另存为】对话框中输入文件名，单击【保存】。

6.5 数据处理

采用 Geomagic Design X 软件对汽车尾灯的扫描数据进行处理，具体步骤如下所述。

1）打开 Geomagic Design X 软件，将扫描后得到的汽车尾灯的 STL 格式文件拖放到软件界面中，这样，汽车尾灯模型就导入到 Geomagic Design X 软件中了。

2）单击【多边形】模块中的【修补精灵】按钮，弹出【修补精灵】对话框，软件会自动检索面片模型中存在的各种缺陷，如非流形顶点、重叠单元面、悬挂的单元面和交差单元面等。如图 6-10 所示，单击☑按钮软件自动修复检索到的缺陷。

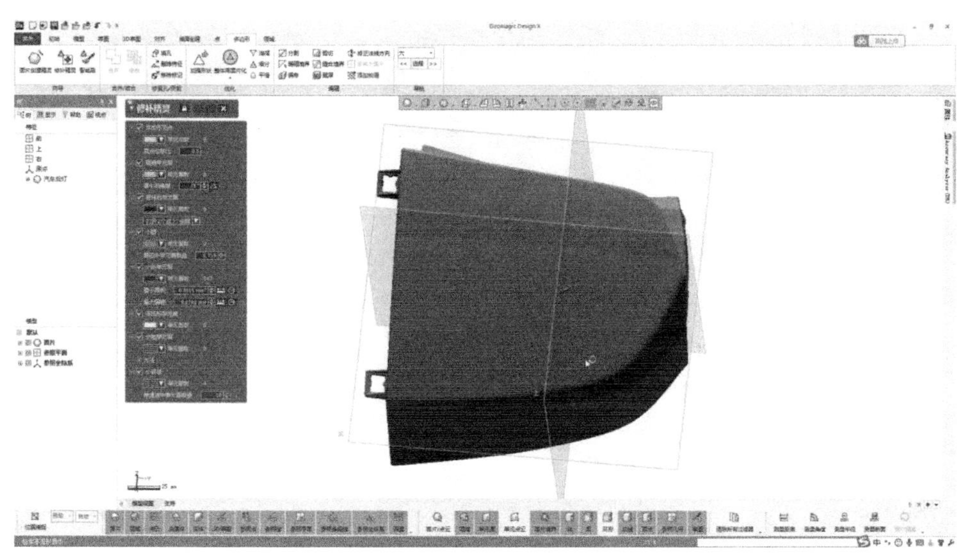

图 6-10　使用【修补精灵】自动修复模型缺陷

3）单击【多边形】模块中的【加强形状】按钮，弹出图 6-11a 所示的对话框。这里的三个选项都保持默认数值，然后单击☑按钮完成操作。加强形状用于锐化面片上的尖锐区域（棱角），同时平滑平面或圆柱面区域，从而提高面片的质量。

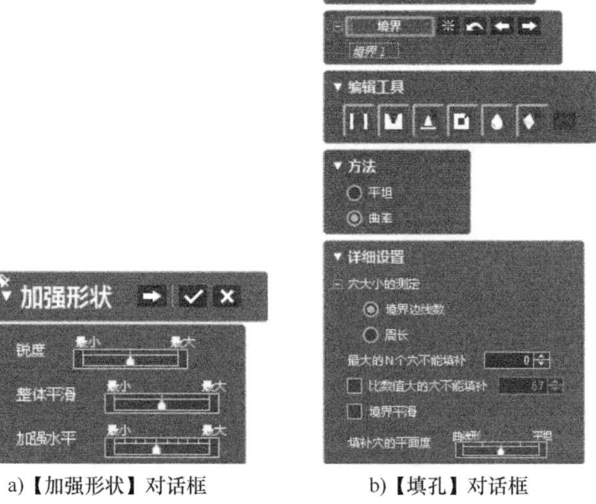

a)【加强形状】对话框　　b)【填孔】对话框

图 6-11　【加强形状】和【填孔】对话框

4）观察模型中是否存在如图 6-12a 所示的有缺陷的区域，如果有，则选择该区域并按下键盘上的【Delete】键将其删除，如图 6-12b 所示；然后，使用【多边形】模块中的【填孔】按钮，弹出如图 6-11b 所示的【填孔】对话框，选择孔洞边界，单击☑按钮完成操作，填孔效果如图 6-12c 所示。用类似的方法处理其余的缺陷。

5）单击 Geomagic Design X 软件界面右侧的 Accuracy Analyzer（TM），选择【面片偏差】，分析结果如图 6-13、图 6-14 所示。

6）将经过数据处理的汽车尾灯保存为 STL 格式的文件。

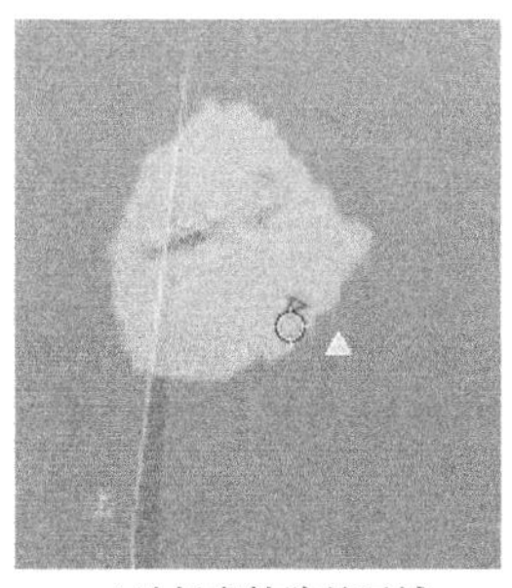
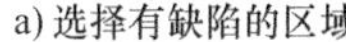
a) 选择有缺陷的区域

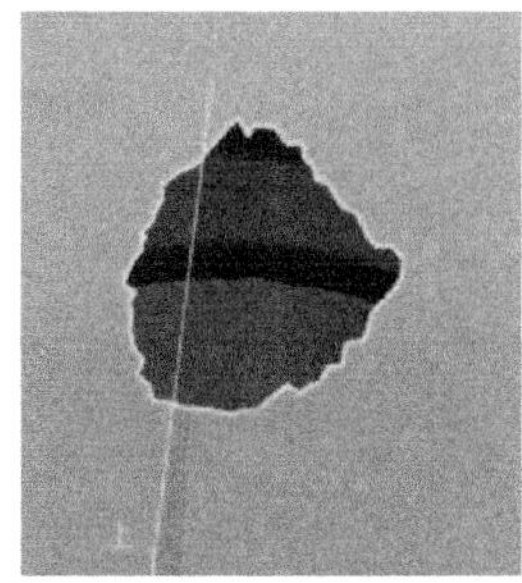
b) 删除存在缺陷的区域

c) 填孔后的效果

图 6-12 修复存在缺陷的区域

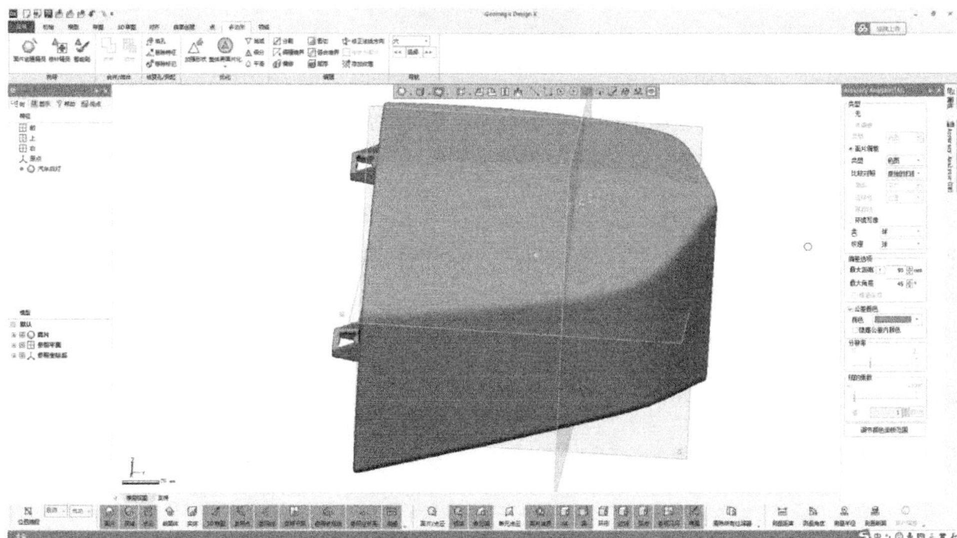

图 6-13 偏差分析 1

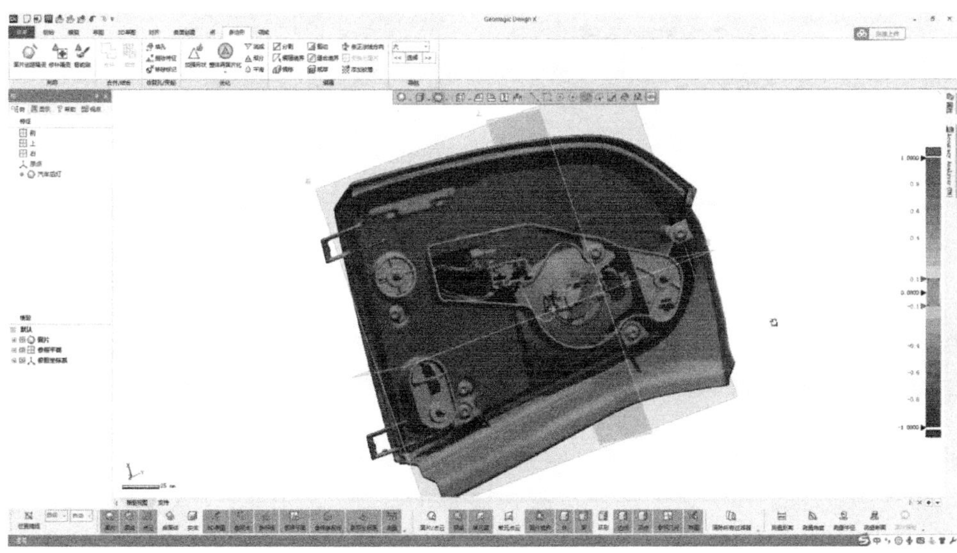

图 6-14 偏差分析 2

6.6 建模实施

汽车尾灯由底座、灯壳、反射镜三部分组成，下面分别介绍这三个组件逆向建模的方法和步骤。

1. 底座逆向建模

逆向建模前应针对产品制订相应的建模规划，即事先规划好合理的建模思路、步骤、方法和要点。任何复杂的产品都是由简单的形体组合而成的，只要能将其合理分解，建模思路自然就清晰了。汽车尾灯底座的几何结构如图 6-15 所示，将产品分解为主体曲面、凸出区域、腰圆形凸台、立柱特征、两个卡扣和灯座区域 6 部分。

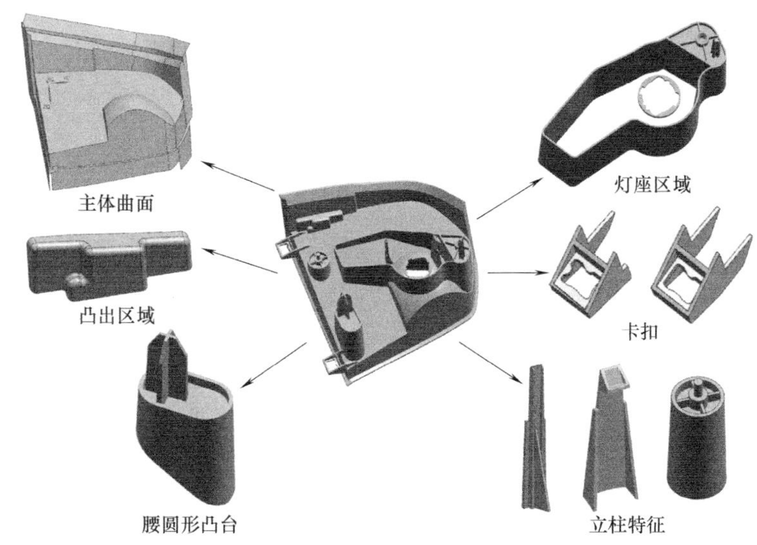

图 6-15　汽车尾灯底座的几何结构

（1）确定脱模方向　一般情况下，产品的脱模方向大都为孔类结构的轴线方向。图 6-16 所示为汽车尾灯底座扫描数据的正面和反面，这里通过立柱 A 来确定底座的脱模方向，通过立柱 B 来校验脱模方向是否准确。

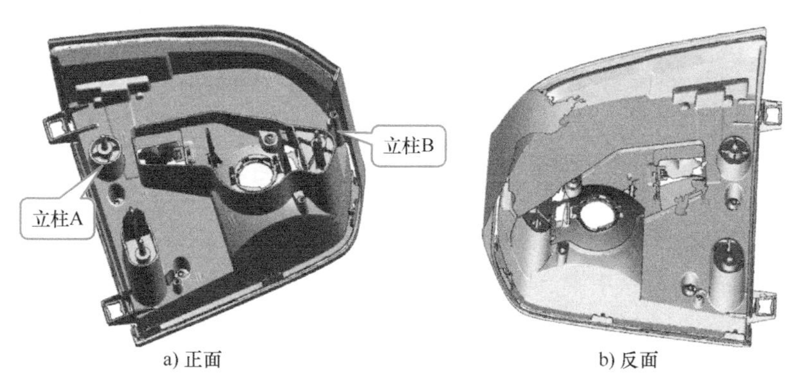

图 6-16　车灯底座的扫描数据

1）使用【点】命令，【类型】设置为【点在面上】，在立柱 A 上取间隔大约为 90°的 4 个点。接着，使用【基本曲线】命令，通过其中两个点创建一条直线，如图 6-17a 所示。然后，使用【拉伸】命令，以该直线为截面曲线，选择另外两个点，通过两点方式确定拉伸方向，得到如图 6-17b 所示的平面。最后，使用【WCS 定向】命令，类型设置为【自动判断】，选择刚创建的平面，平面的法向自动被确定为工作坐标系的 ZC 轴方向。

2）使用【点】命令，在立柱 A 的侧面上端创建 4 个点，创建点时要注意避开圆角。使用【投影曲线】命令，将这 4 个点投影到上一步骤中创建的平面上，得到 4 个投影点。使用【基本曲线】命令，选择其中 3 个投影点，创建一个圆。使用【拉伸】命令，以该圆为截面，以 ZC 轴为方向，创建一个圆柱体。使用【脱模】命令，选择圆柱体的上边缘，输入脱模角度 1.5°，如图 6-17c 所示。脱模后该圆柱体过面情况良好，说明可以将当前的 ZC 轴方向作为脱模方向，不过还需要通过立柱 B 的过面情况进行验证。

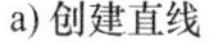

a) 创建直线

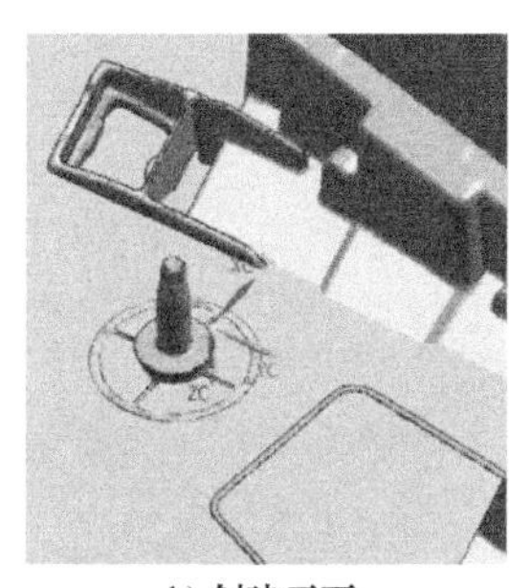

b) 创建平面

c) 创建圆柱体

图 6-17　在立柱 A 处创建圆柱体

3）使用【点】命令，在立柱 B 上取一个点。使用【基本曲线】命令，过该点创建一条与 YC 轴平行的直线，如图 6-18a 所示。使用【拉伸】命令，以该直线为截面，以 XC 轴为方向，创建一个平面，如图 6-18b 所示。

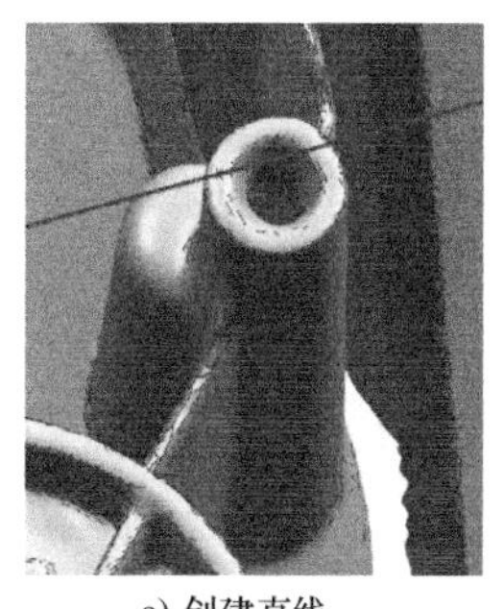

a) 创建直线

b) 创建平面

c) 创建圆柱体

图 6-18　在立柱 B 处创建圆柱体

4）使用【点】命令，在立柱 B 的侧面上端创建 4 个点，创建点时要注意避开圆角。使用【投影曲线】命令，将这 4 个点投影到上一步骤中创建的平面上，得到 4 个投影点。使用【基本曲线】命令，选择其中 3 个投影点，创建一个圆。使用【拉伸】命令，以该圆为截面，以 ZC 轴为方向，创建一个圆柱体。使用【脱模】命令，选择圆柱体的上边缘，输入脱模角度1.5°，如图6-18c所示。脱模后该圆柱体过面情况良好，验证了将当前的ZC轴方向作为脱模方向是合理的。

（2）制作主体内侧面　在制作曲面时，一般先做大面再做小面，否则面可能会发生扭曲。在制作曲面时，要注意观察曲面之间的关系。

1）使用【点】命令，【类型】设置为【点在面上】，在“假面”上取点，如图6-19a所示，注意不要取到圆角上的点，否则会影响拟合后曲面的质量。取好点后，将其他物体隐藏，如图6-19b所示。

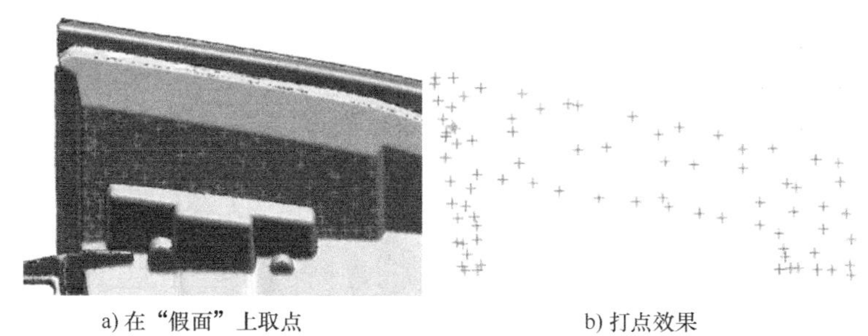

a) 在“假面”上取点　　b) 打点效果

图6-19　在“假面”上打点

2）使用【格式】|【组】|【新建组】命令，如图6-20a所示，选择如图6-19b所示的所有点，将其新建为一个组，为下一步的拟合曲面做准备。

3）使用【拟合曲面】命令，选择上一步新建的组，将U、V次数都改为3，其余参数保持不变，如图6-20b所示，此时最大误差为0.117 6，平均误差为0.013 7，说明拟合后的曲面质量较好。

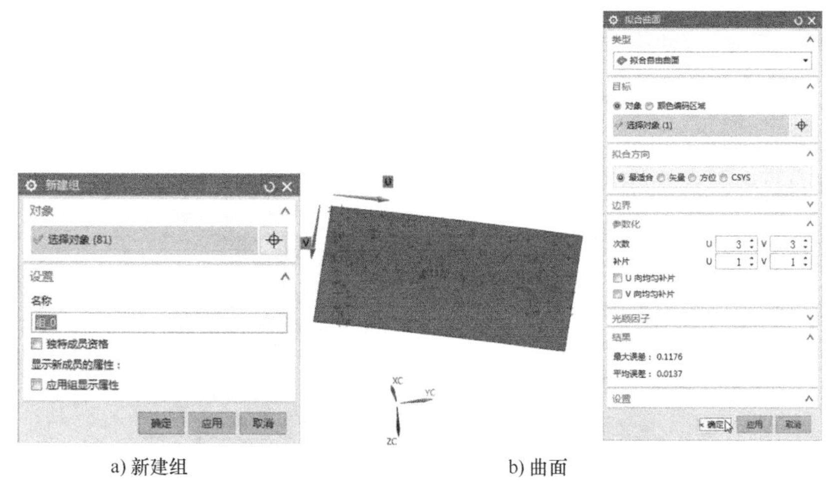

a) 新建组　　b) 曲面

图6-20　创建曲面A

4）使用【扩大】命令，勾选【全部】，拖动滑块调整曲面大小。需要注意曲面扩大的比例，若太大则曲面会产生扭曲，这里将曲面扩大5%，如图6-21所示。

5）使用【点】命令，【类型】设置为【点在面上】，在“假面”上取两个点。使用【基本曲线】命令，通过这两个点创建一条直线，如图6-22a所示。使用【拉伸】命令，以该直线为截面，在“假面”上创建另外两个点，通过两点方式确定拉伸方向，创建如图 6-22b 所示的曲面 B。使用【修剪和延伸】命令，对曲面 A 和曲面 B 进行修剪，结果如图 6-22c 所示。

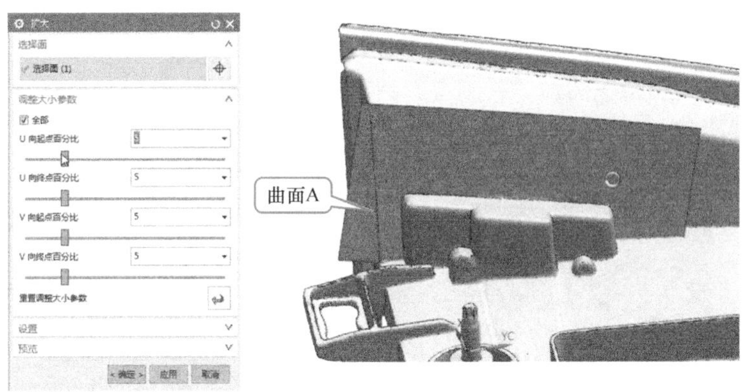

图 6-21　扩大曲面 A

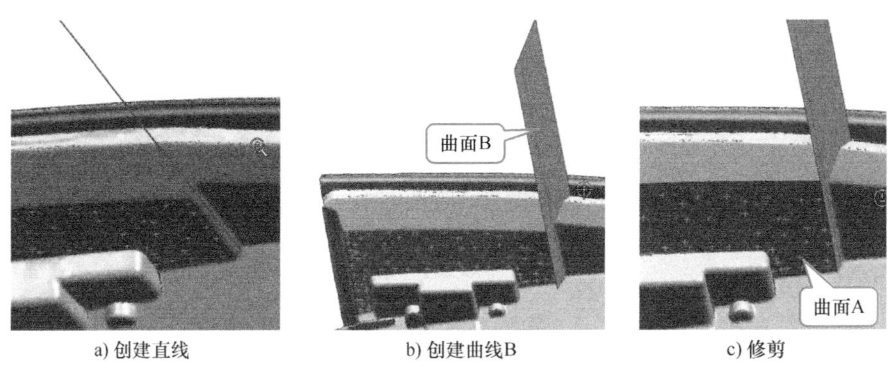

a) 创建直线　　b) 创建曲线B　　c) 修剪

图 6-22　创建曲面 B 并修剪

6）用先打点后拟合的方式，创建如图 6-23 所示的曲面 C 和曲面 D。

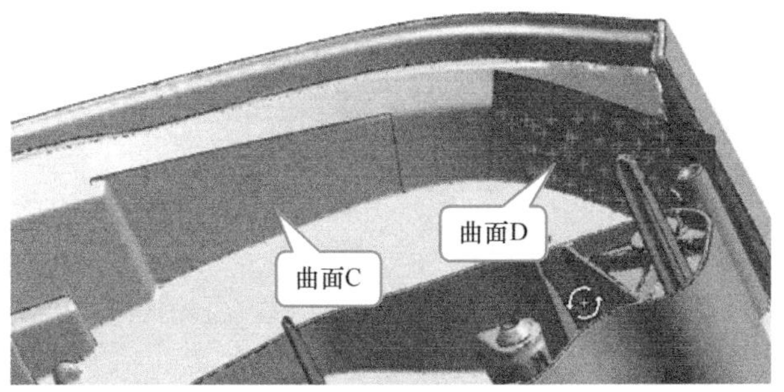

图 6-23　创建曲面 C、D

7）使用【曲面上的曲线】命令，分别在曲面 C 和曲面 D 上创建直线。使用【通过曲线组】命令，以这两条直线为截面曲线创建曲面 E，并设置曲面 E 与曲面 C、D 都是 G1 连续，如图 6-24a 所示。由于曲面 E 拟合效果不佳，所以调整两条直线的位置，直至拟合效果较好时为止，结果如图 6-24b 所示。

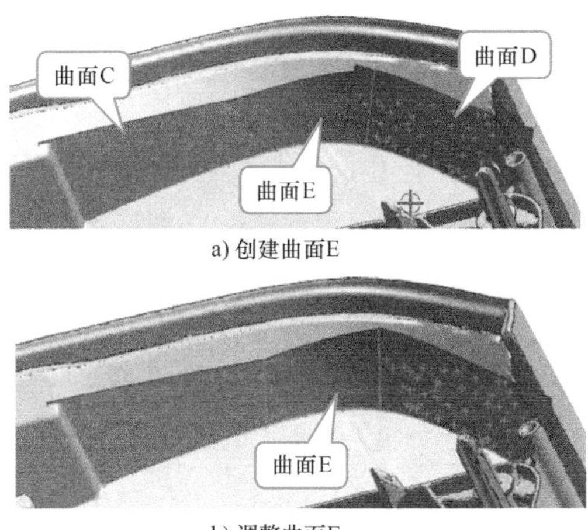

a) 创建曲面E

b) 调整曲面E

图 6-24　创建并调整曲面 E

8）同样采用先打点后拟合的方式，创建如图 6-25 所示的曲面 F 和曲面 G，但是曲面发生了扭曲，因此接下来采用拉伸方式创建曲面 F 和 G。

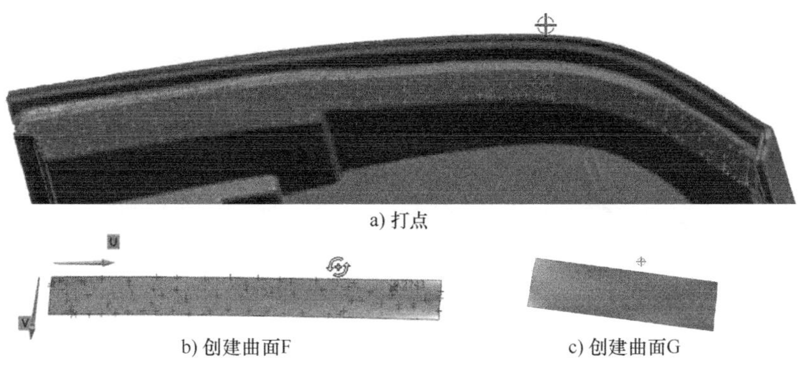

a) 打点

b) 创建曲面F　　c) 创建曲面G

图 6-25　通过拟合方式创建曲面 F 和曲面 G

9）使用【基本曲线】命令，选择三个点创建一段圆弧。使用【拉伸】命令，以该圆弧为截面，选择两个点以两点方式确定方向，得到曲面 G。用同样的方式创建曲面 F，如图 6-26 所示。

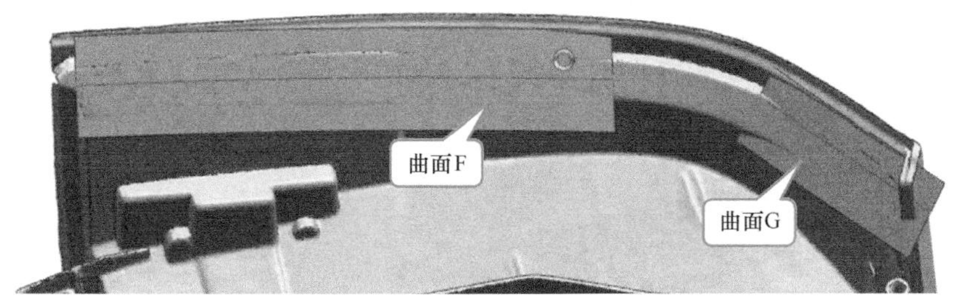

图 6-26　通过拉伸方式创建曲面 F 和曲面 G

10）使用【曲面上的曲线】命令，分别在曲面 F 和曲面 G 上创建直线。使用【通过曲线组】命令，以这两条直线为截面曲线创建曲面 H，并设置曲面 H 与曲面 F、G 都是 G1 连续，如图 6-27 所示。使用【修剪片体】命令，对这些曲面进行修剪。

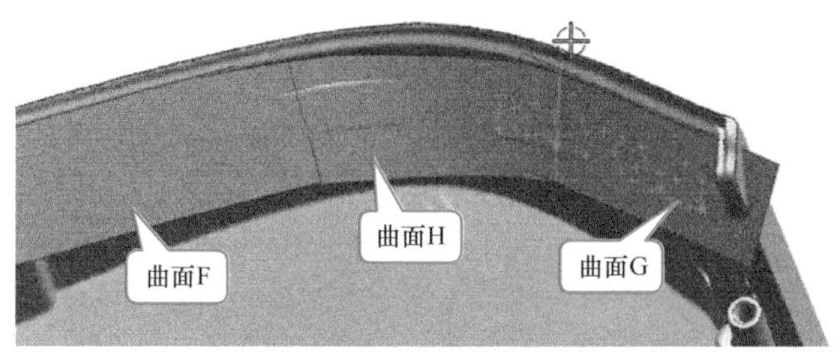

图 6-27　创建曲面 H

11）使用【缝合】命令，对曲面 F、G 和 H 进行缝合，同样，对曲面 A ~ E 也进行缝合，然后对这些曲面进行修剪，结果如图 6-28 所示。

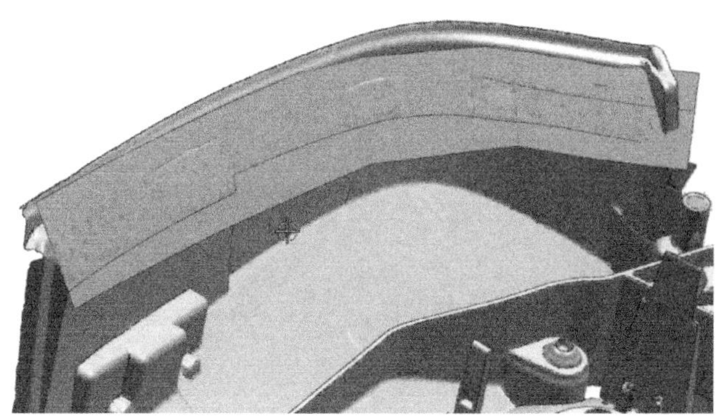

图 6-28　修剪片体

（3）制作主体外侧面

1）使用【点】命令，【类型】设置为【点在面上】，在“假面”上创建 2 个点。使用【基本曲线】命令，选择这 2 个点，创建一条直线，如图 6-29a 所示。使用【拉伸】命令，以该直线为截面，在“假面”上创建点 1 和点 2，通过两点方式确定拉伸方向，创建如图 6-29b 所示的曲面 A。注意：不论是用于创建直线，还是用于确定拉伸方向，这两个点之间的距离应尽可能大，这样所创建的曲面的拟合效果比较好。

a) 创建直线　b) 创建曲面A

图 6-29　创建曲面 A

2）使用【基本曲线】命令，通过三点创建圆弧的方式，创建如图6-30a所示的两段圆弧。使用【桥接曲线】命令，在两段圆弧之间创建一条曲线。使用【连接曲线】命令，将这三段曲线连接成一条曲线。使用【拉伸】命令，以该曲线为截面，选择点1和点2，通过两点方式确定拉伸方向，创建如图6-30b所示的曲面B。

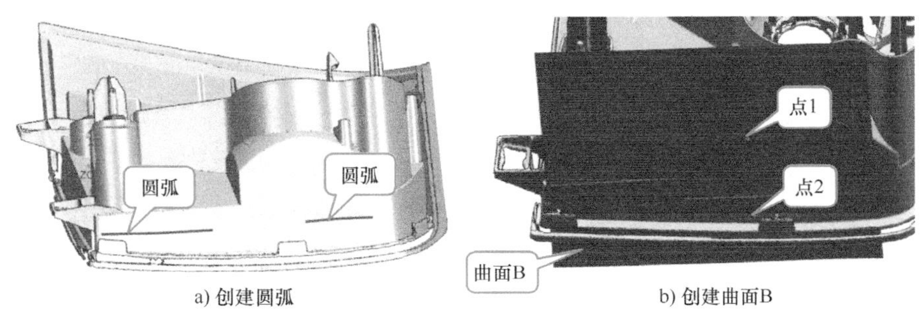

a) 创建圆弧　　b) 创建曲面B

图6-30　创建曲面B

3）使用【基本曲线】命令，通过三点创建圆弧的方式，创建一条圆弧。使用【拉伸】命令，以该圆弧为截面，通过两点方式确定拉伸方向，创建如图6-31a所示的曲面C。

4）使用【延伸片体】命令，将曲面B和曲面C扩大。使用【面倒圆】命令，在曲面B和曲面C之间创建一个半径为20mm的圆角面，即如图6-31b所示的曲面D。

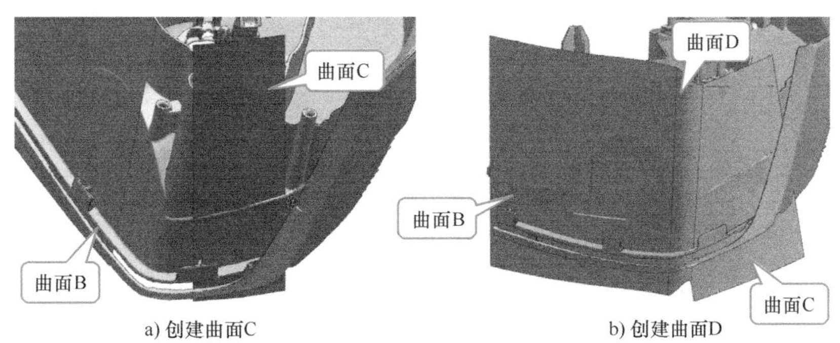

a) 创建曲面C　　b) 创建曲面D

图6-31　创建曲面C和曲面D

5）使用【延伸片体】【修剪片体】【修剪和延伸】等命令，对主体内侧面和主体外侧面进行修剪，结果如图6-32所示。

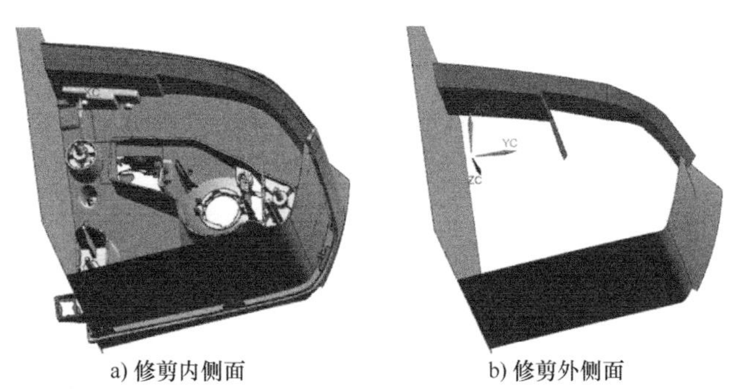

a) 修剪内侧面　　b) 修剪外侧面

图6-32　修剪主体内侧面和外侧面

（4）制作主体顶面

1）使用【点】命令，在“假面”上创建4个点。使用【基本曲线】命令，通过点1和点2创建一条直线。使用【拉伸】命令，以该直线为截面，选择点3和点4通过两点方式确定拉伸方向，创建如图6-33a所示的曲面A。

2）用同样的方式创建曲面B，如图6-33b所示。

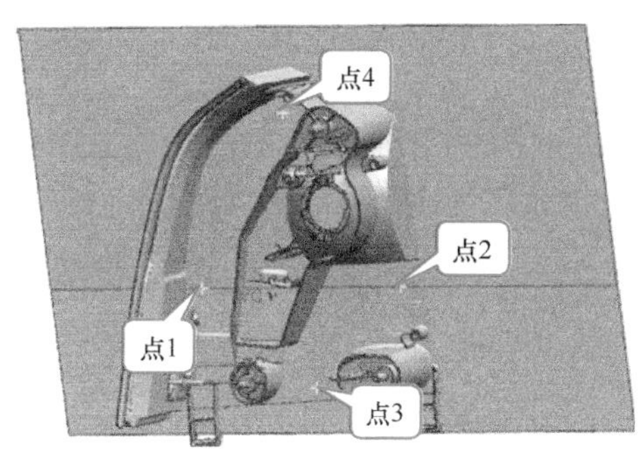

a) 创建曲面A

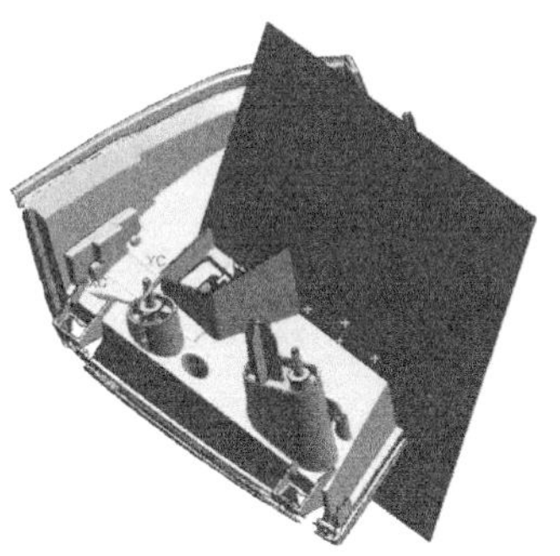
b) 创建曲面B

图6-33　创建曲面A和曲面B

3）使用【点】命令，【类型】设置为【点在面上】，在“假面”上取点，如图6-34a所示。使用【格式】|【组】|【新建组】命令，选择如图6-34b所示的所有点，将其新建为一个组。

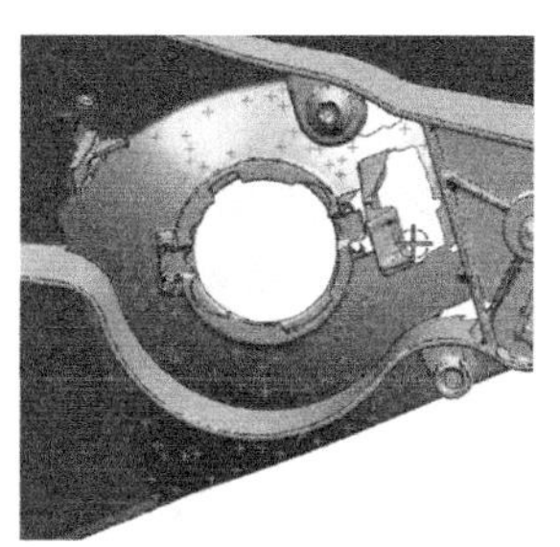
a) 在“假面”上取点

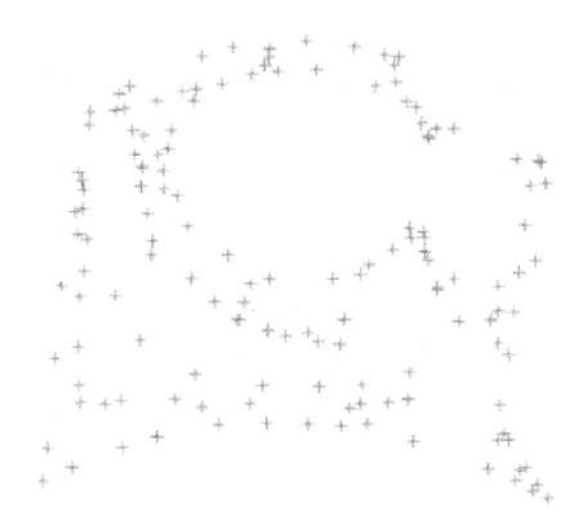
b) 新建组

图6-34　在“假面”上打点

4）使用【拟合曲面】命令，选择上一步新建的组，将U、V次数均设为3阶，拟合后的曲面如图6-35a所示。使用【延伸片体】命令，将曲面C扩大，如图6-35b所示。注意，通过拟合点方式创建的曲面，若使用【扩大】命令进行扩大，则曲面可能发生扭曲。

5）使用【延伸片体】和【修剪片体】命令，对主体内侧面、外侧面和顶面进行修剪，结果如图6-36所示。

（5）制作周边侧面

1）使用【拉伸】命令，以直线为截面，以两点为拉伸方向，创建曲面A、B、C和D并对它们进行裁剪，结果如图6-37所示。

2）使用【曲面上的曲线】命令，分别在曲面C和曲面D上创建直线。使用【通过曲线组】命令，以这两条直线为截面曲线创建曲面E，并设置曲面E与曲面C、D都是G1连续。使用【修剪片体】命令，对这些曲面进行修剪，结果如图 6-38 所示。

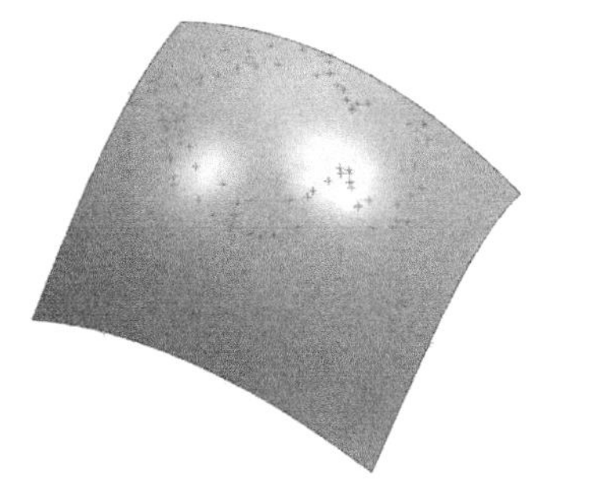
a) 创建曲面C

b) 扩大

图 6-35　创建曲面 C 并扩大

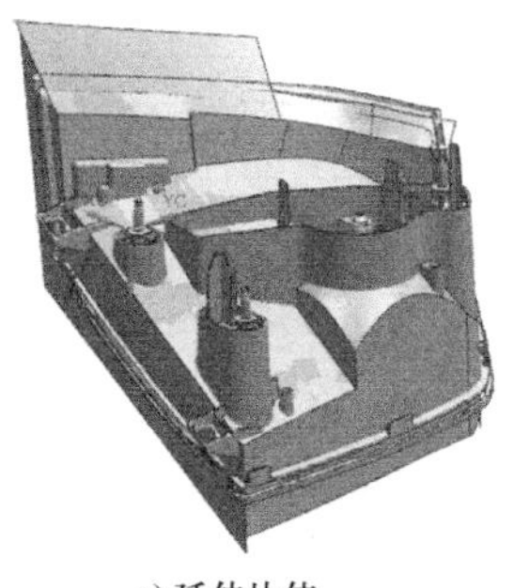
a) 延伸片体

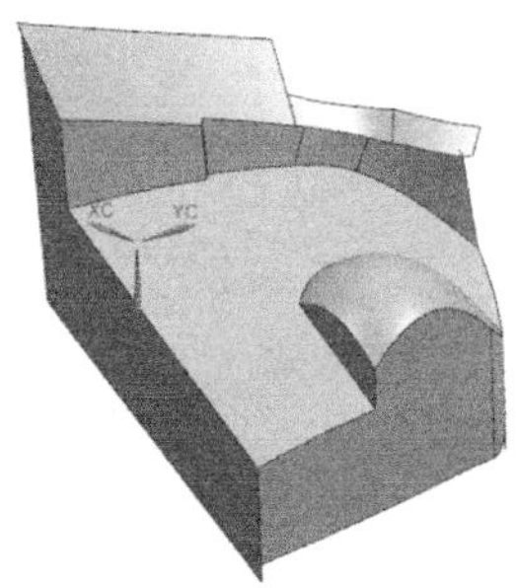
b) 修剪片体

图 6-36　延伸和修剪片体

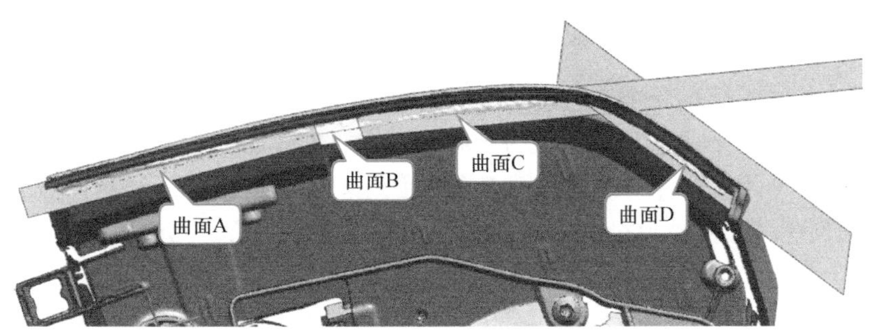

图 6-37　创建曲面 A、B、C 和 D

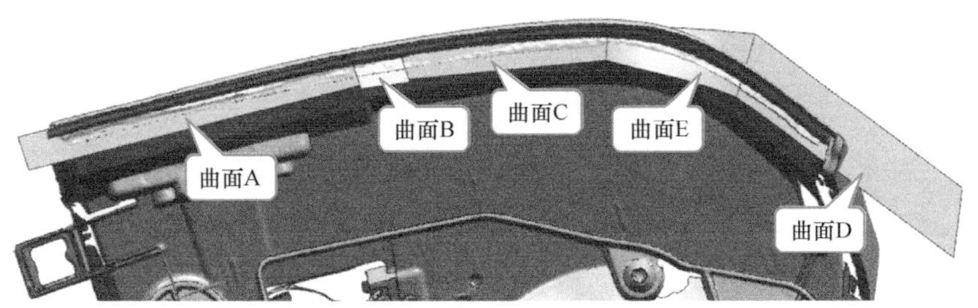

图 6-38　创建曲面 E 并修剪

3）对曲面进行修剪，如图 6-39 所示。

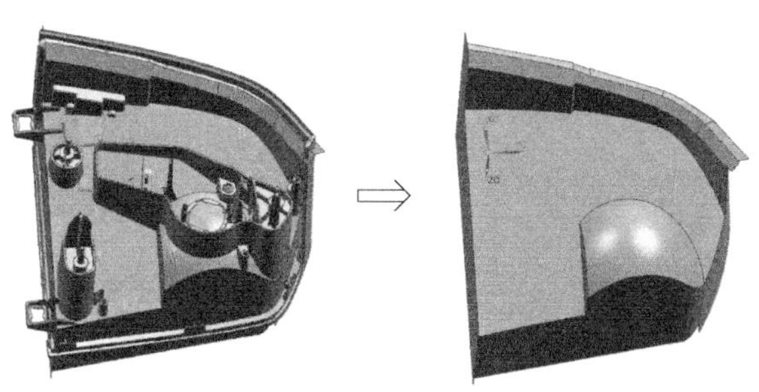

图 6-39　修剪曲面

4）使用【基本曲线】命令，通过三点创建圆弧的方式，创建如图 6-40a 所示的两段圆弧。使用【桥接曲线】命令，在两段圆弧之间创建一条曲线。使用【连接曲线】命令，将这三段曲线连接成一条曲线。使用【拉伸】命令，以该曲线为截面，通过两点方式确定拉伸方向，创建如图 6-40b 所示的曲面 F。

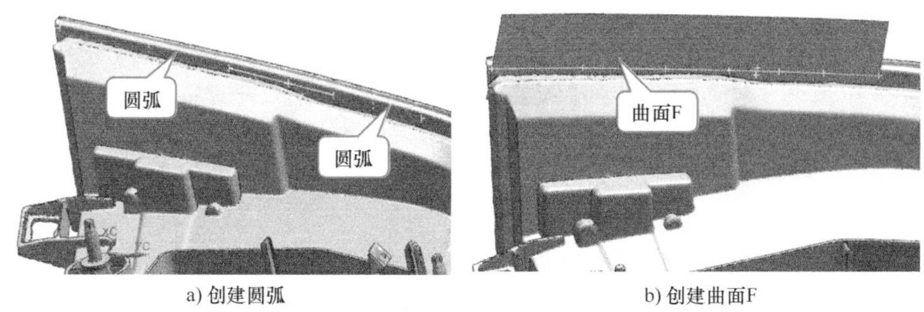

a) 创建圆弧　　b) 创建曲面F

图 6-40　创建圆弧和曲面 F

5）使用【基本曲线】命令，通过三点创建圆弧的方式，创建一段圆弧。使用【拉伸】命令，以该圆弧为截面，通过两点方式确定拉伸方向，创建如图 6-41 所示的曲面 G。

6）使用【延伸片体】命令，将曲面 F 和曲面 G 扩大。使用【面倒圆】命令，在曲面 F 和曲面 G 之间创建一个半径为 68mm 的圆角面，即如图 6-41 所示的曲面 H。

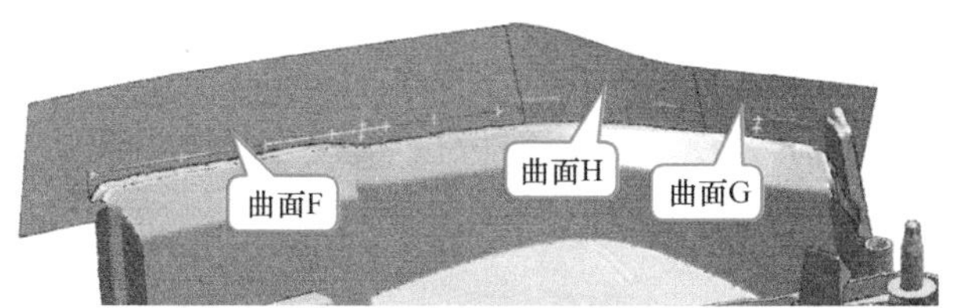

图 6-41　创建曲面 G 和 H

7）使用【基本曲线】命令，通过三点创建圆弧的方式，创建如图 6-42a 所示的两段圆弧。使用【拉伸】命令，以圆弧为截面，通过两点方式确定拉伸方向，分别创建如图 6-42b 所示的曲面 I 和曲面 J。

8）使用【基本曲线】命令，通过三点创建圆弧的方式，创建如图 6-43a 所示的两段圆弧。使用【拉伸】命令，以圆弧为截面，通过两点方式确定拉伸方向，分别创建曲面 K 和曲面 L。

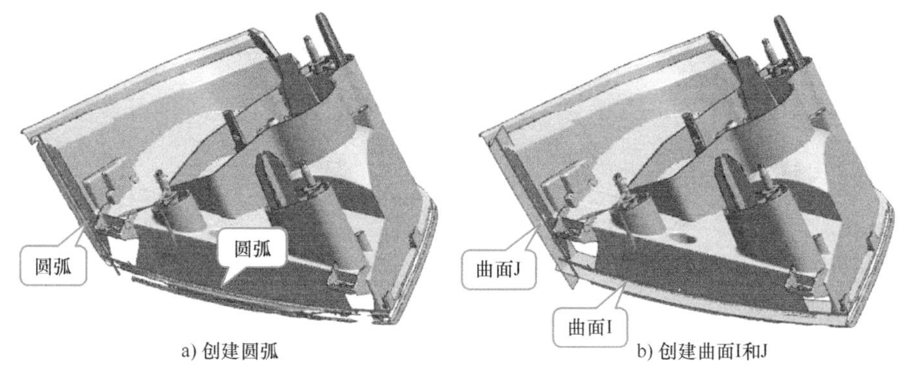

a) 创建圆弧　　b) 创建曲面I和J

图 6-42　创建圆弧和曲面 I 和 J

9）使用【通过曲线组】命令，以曲面 K 和曲面 L 的边为截面曲线创建曲面 M，并设置曲面 M 与曲面 K、L 都是 G1 连续，如图 6-43b 所示。

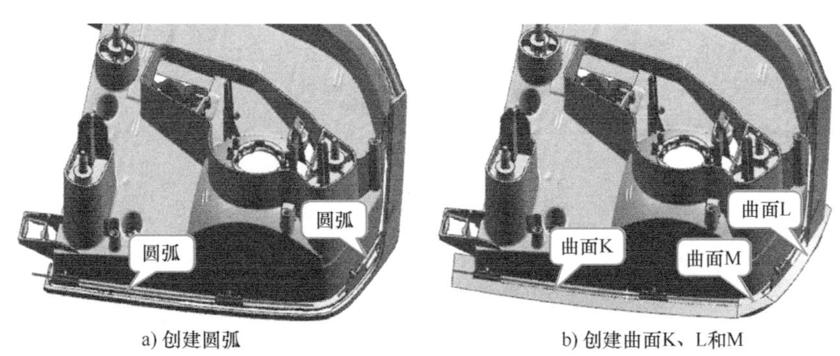

a) 创建圆弧　　b) 创建曲面K、L和M

图 6-43　创建曲面 K、L 和 M

10）打开第 26 层图层，显示关节臂测得的点云数据，选择其中两个点，创建如图 6-44a 所示的直线。使用【拉伸】命令，以该直线为截面，通过两点方式确定拉伸方向，创建如图 6-44b 所示的曲面 N。

a) 创建直线

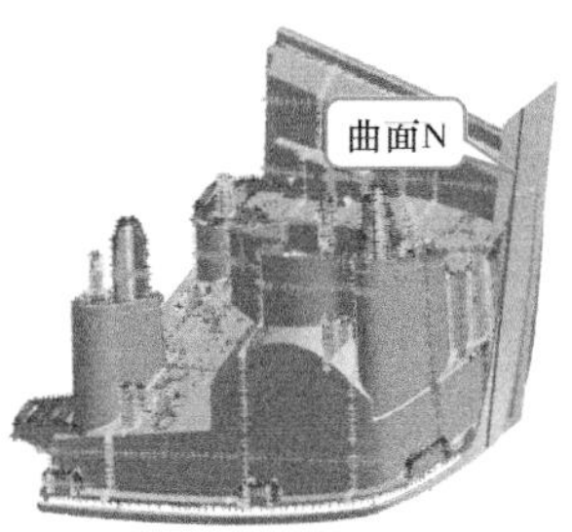

b) 创建曲面N

图 6-44　创建曲面 N

11）选择两个点，创建如图 6-45a 所示的直线。使用【拉伸】命令，以该直线为截面，通过两点方式确定拉伸方向，创建如图 6-45b 所示的曲面 O。

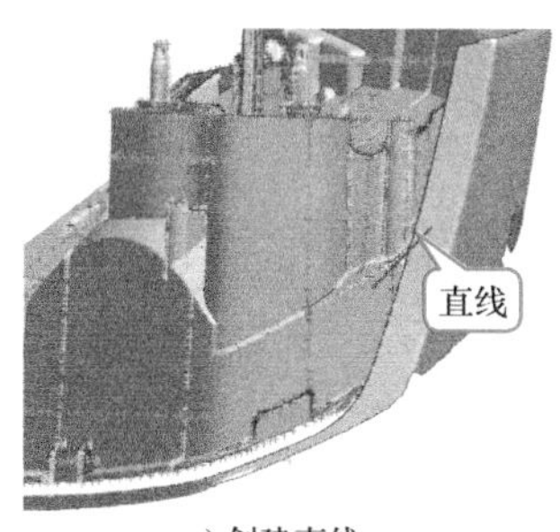

a) 创建直线

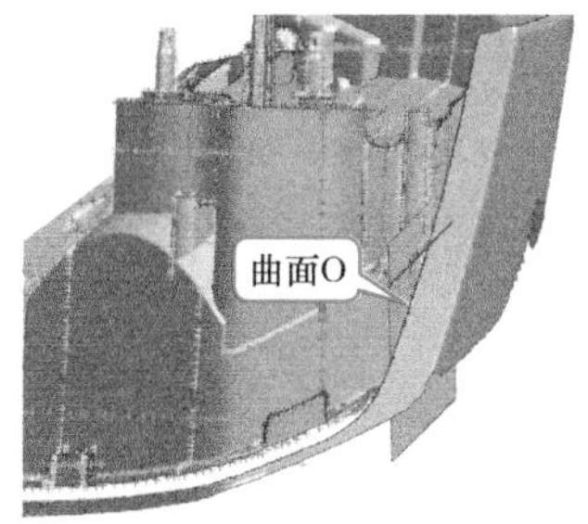

b) 创建曲面O

图 6-45　创建曲面 O

12）使用【面倒圆】命令，在曲面 O 和主体外侧面之间创建一个半径为 20mm 的圆角面，即如图 6-46 所示的曲面 P。

13）使用【曲面上的曲线】命令，在曲面 I 上画一条曲线，如图 6-47a 所示。使用【拉伸】命令，以该曲线为截面，沿 ZC 轴拉伸，得到曲面 Q。使用【脱模】命令，对曲面 Q 进行脱模，脱模角度为 3°，如图 6-47b 所示。

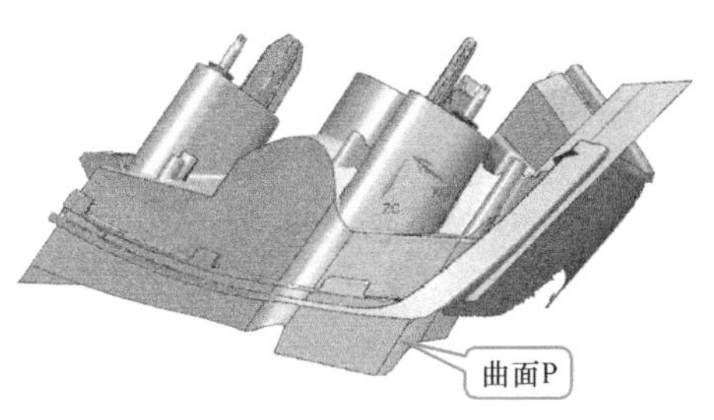

图 6-46　创建曲面 P

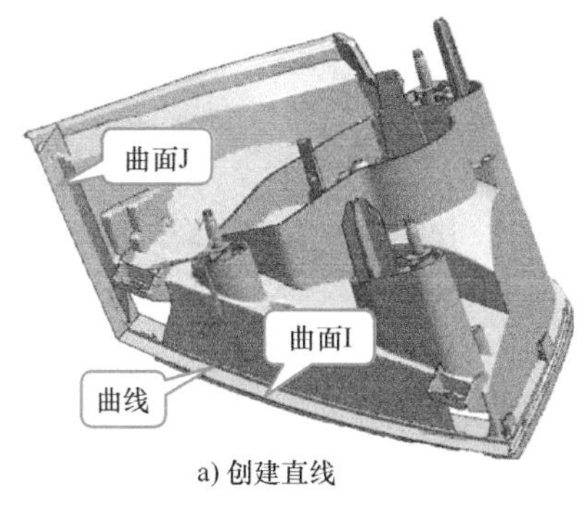

a) 创建直线

b) 创建曲面Q

图 6-47　创建曲面 Q

14）使用【基本曲线】命令，通过三点创建圆弧的方式，创建一段圆弧。使用【拉伸】命令，以该圆弧为截面，通过两点方式确定拉伸方向，创建曲面 R，如图 6-48a 所示。

15）使用【曲面上的曲线】命令，分别在曲面 Q 和曲面 R 上创建直线。使用【通过曲线组】命令，以这两条直线为截面曲线创建曲面 S，并设置曲面 S 与曲面 Q、R 都是 G1 连续。使用【修剪片体】命令，对这些曲面进行修剪，结果如图 6-48b 所示。

16）使用【基本曲线】命令，通过三点创建圆弧的方式，创建如图 6-49a 所示的两段圆弧。使用【拉伸】命令，以圆弧为截面，通过两点方式确定拉伸方向，分别创建曲面 T 和曲面 U。

17）使用【面倒圆】命令，在曲面 T 和曲面 U 之间创建一个半径为 125mm 的圆角面，即如图 6-49b 所示的曲面 V。

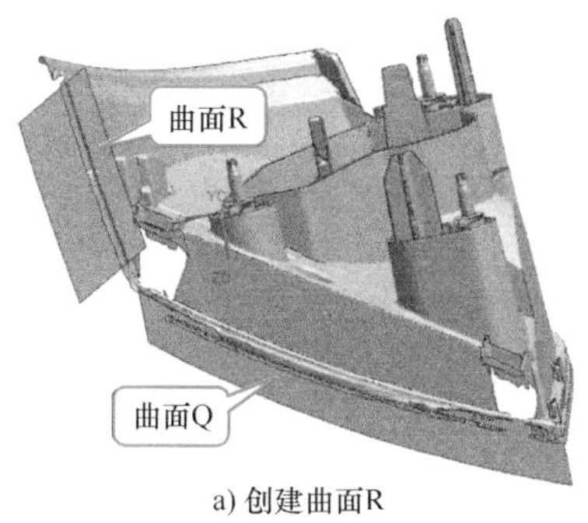

a) 创建曲面R

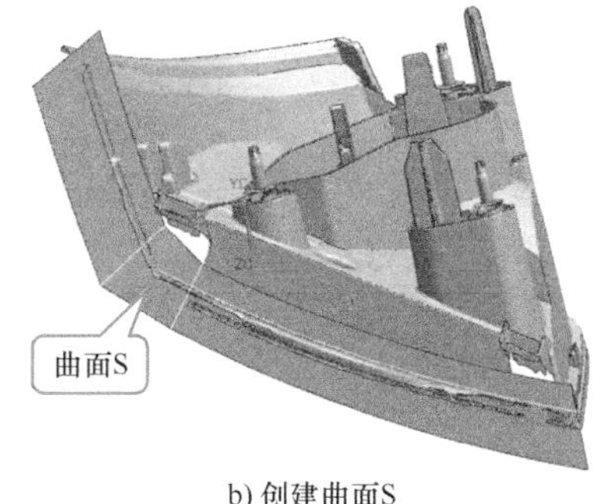

b) 创建曲面S

图 6-48　创建曲面 R 和 S

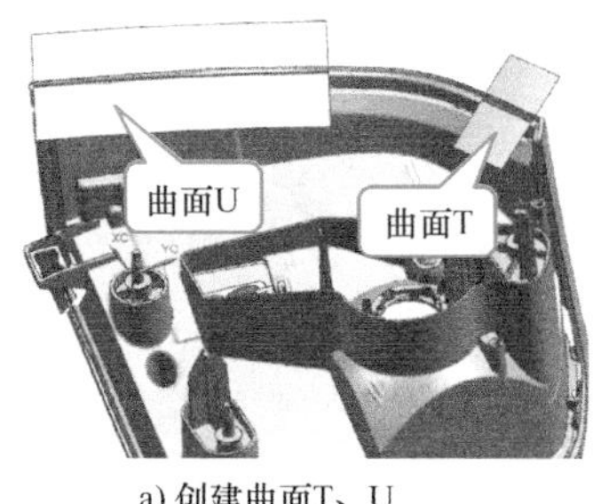

a) 创建曲面T、U

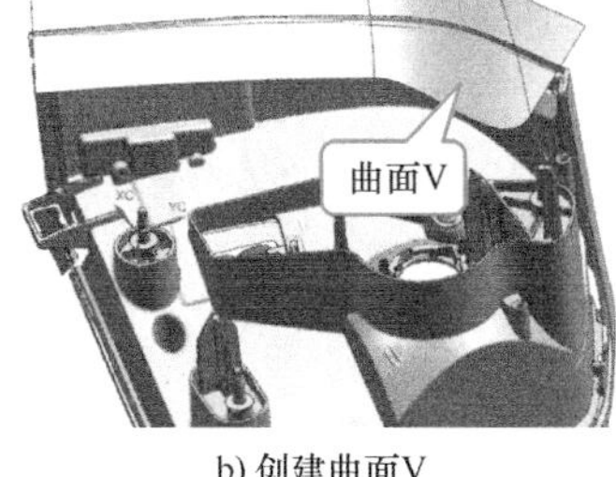

b) 创建曲面V

图 6-49　创建曲面 T、U 和 V

18）对曲面进行裁剪，主体部分的曲面制作完毕，结果如图 6-50 所示。

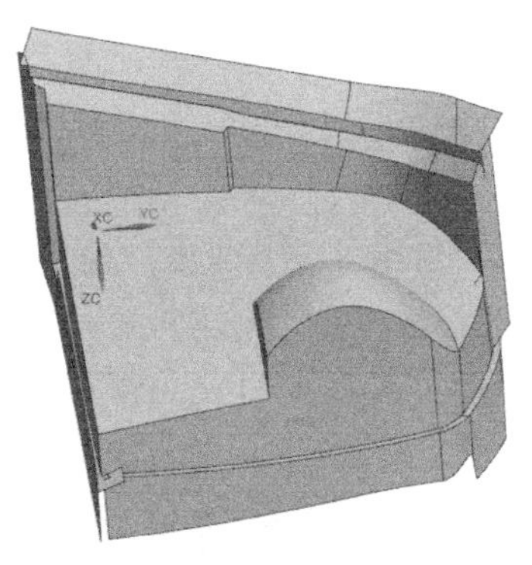
图 6-50　裁剪曲面

（6）制作凸出区域

1）使用【基本曲线】命令，创建如图 6-51a 所示的三条直线。使用【拉伸】命令，以直线为截面，以两点为拉伸方向，分别创建曲面 A、B 和 C 并倒圆角，如图 6-51b 所示。

2）使用【基本曲线】命令，创建一条直线。使用【拉伸】命令，以该直线为截面，以两点为拉伸方向，创建曲面 D，如图 6-52a 所示。使用【偏置曲面】命令，将曲面 D 偏置 4.2mm，得到曲面 E，如图 6-52b 所示。

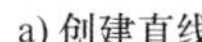
a) 创建直线

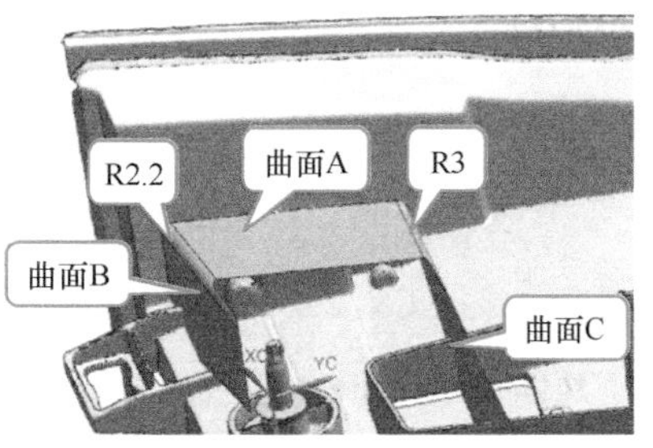

b) 创建曲面A、B和C并倒圆角

图 6-51　创建曲面 A、B 和 C 并倒圆角

a) 创建曲面D

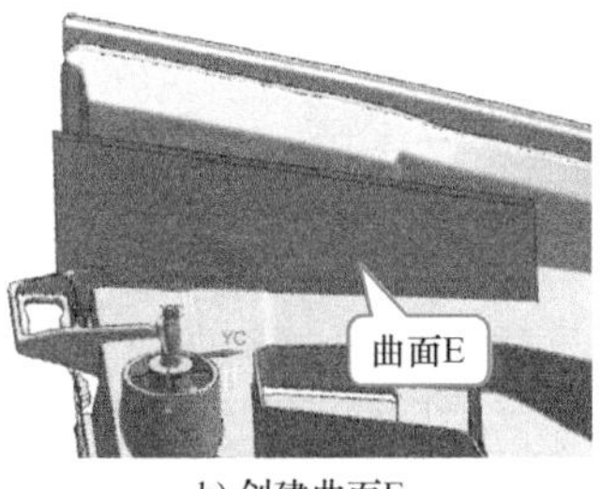

b) 创建曲面E

图 6-52　创建曲面 D 和 E

3）使用【基本曲线】命令，创建三条直线。使用【拉伸】命令，以直线为截面，以两点为拉伸方向，分别创建曲面 F、G 和 H 并倒圆角，如图 6-53 所示。

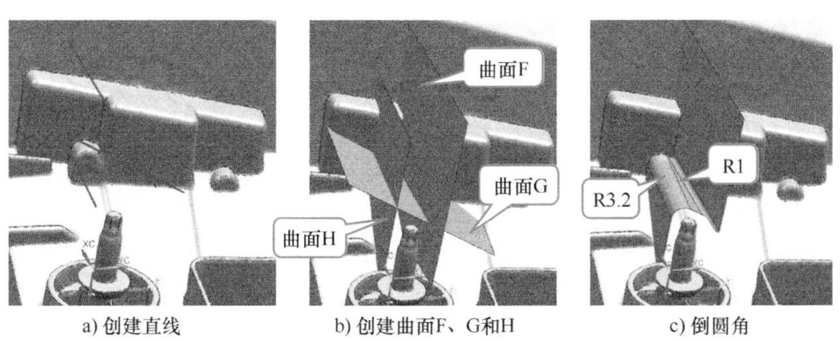

a) 创建直线　b) 创建曲面F、G和H　c) 倒圆角

图 6-53　创建曲面 F、G 和 H 并倒圆角

4）使用【基本曲线】命令，创建一条直线。使用【拉伸】命令，以该直线为截面，以两点为拉伸方向，创建曲面 I，如图 6-54a 所示。

5）对曲面 A ~ I 进行修剪并面倒圆，如图 6-54b、c 所示，凸出区域制作完成。

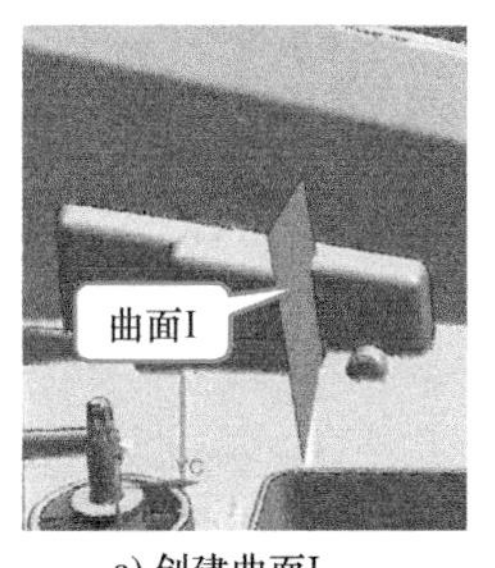

a) 创建曲面I

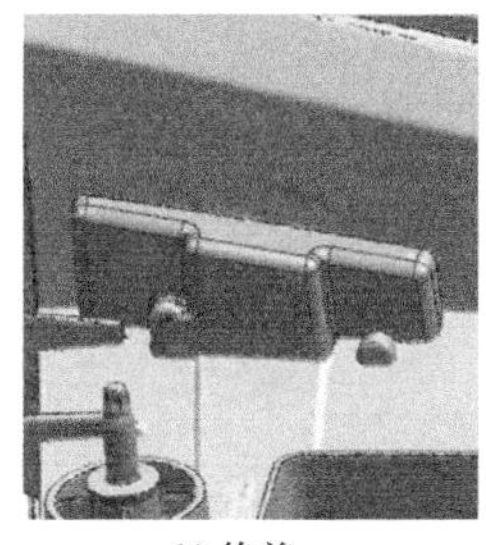

b) 修剪

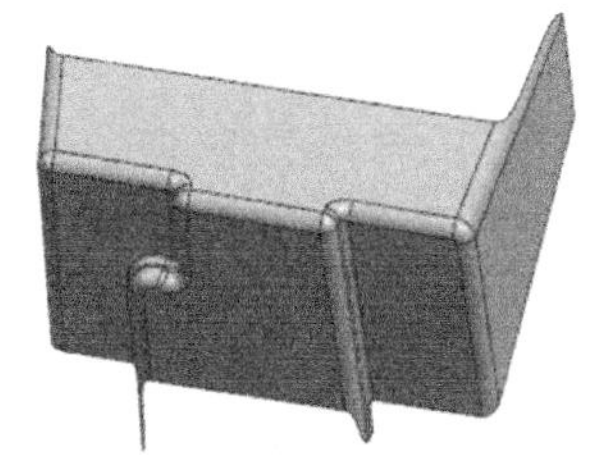

c) 面倒圆

图 6-54　凸出区域制作完成

（7）偏置壁厚并缝合　通过测量车灯实物得知车灯底座的壁厚为 2mm。使用【偏置曲面】命令，将片体偏置 2mm。接着，使用【延伸片体】、【修剪片体】、【修剪和延伸】等命令对片体进行修剪。最后，使用【缝合】命令将这些片体进行缝合，得到如图 6-55b 所示的实体。

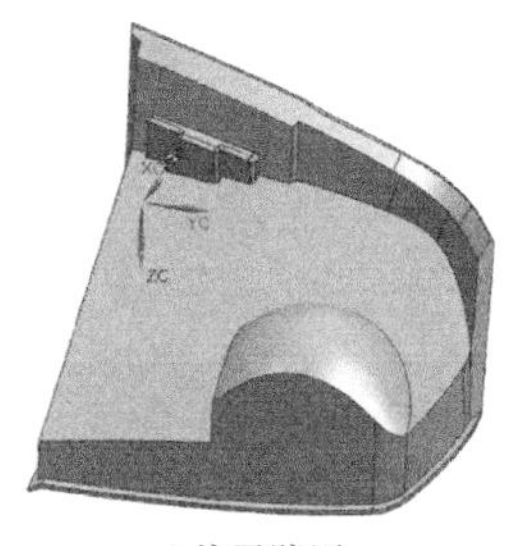

a) 偏置壁厚

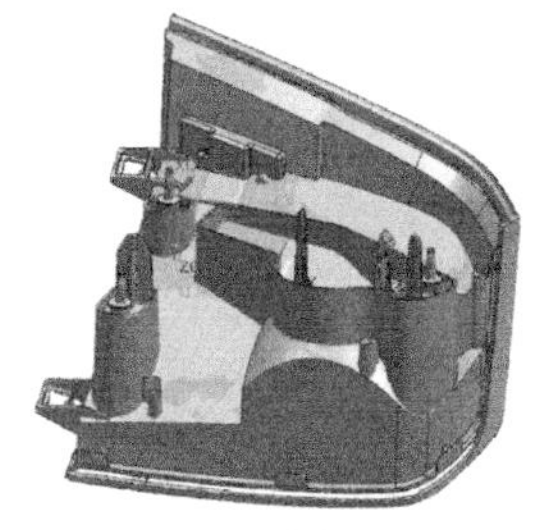

b) 缝合

图 6-55　偏置壁厚并缝合

（8）制作腰圆形凸台

1）使用【基本曲线】命令，创建一条与 XC 轴平行的直线。使用【拉伸】命令，以该直线为截面，以 YC 轴为方向，创建曲面 A，如图 6-56 所示。

a) 创建直线

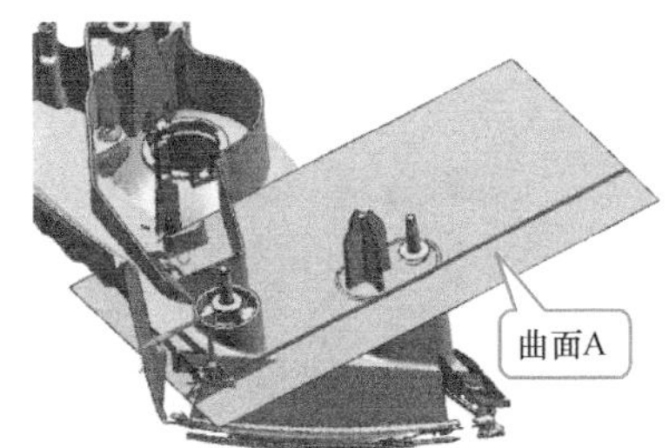

b) 创建曲面A

图 6-56　制作曲面 A

2）使用【基本曲线】命令，创建四条直线。使用【拉伸】命令，以直线为截面，以两点为拉伸方向，分别创建曲面 B、C、D 和 E。使用【修剪和延伸】命令，对这 4 个曲面进行相互修剪。最后，使用【面倒圆】命令，进行倒圆角操作，圆角半径为 13mm，如图 6-57 所示。

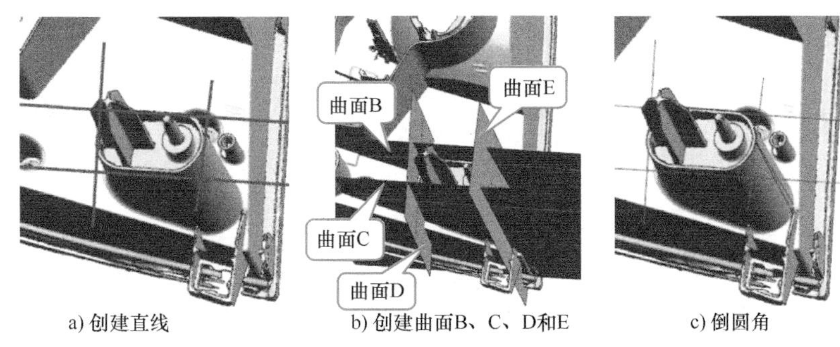

a) 创建直线　　b) 创建曲面B、C、D和E　　c) 倒圆角

图 6-57　创建曲面 B、C、D 和 E 并倒圆角

3）使用【加厚】命令，将片体加厚 2mm。使用【修剪体】命令，以曲面 A 为工具，对加厚得到的实体进行修剪，如图 6-58b 所示。

4）使用【偏置面】命令，将曲面 A 向下偏置 4.8mm，如图 6-58c 所示。使用【加厚】

命令，将偏置后的曲面 A 向下加厚 2mm。

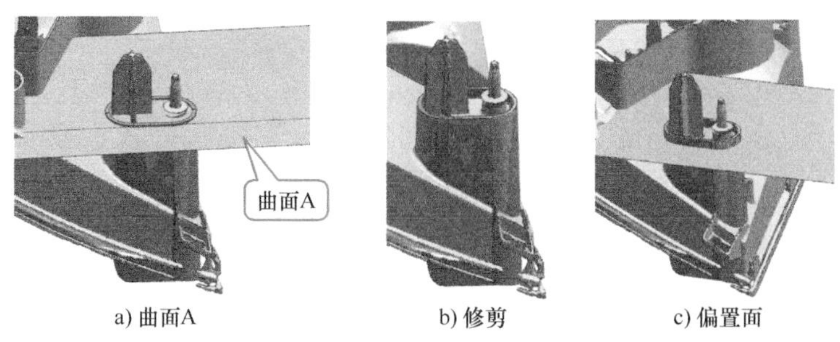

a) 曲面A　　b) 修剪　　c) 偏置面

图 6-58　加厚、修剪和偏置

5）使用【修剪体】命令，对加厚得到的两个实体进行修剪，然后使用【合并】命令进行合并，如图 6-59a、b 所示。

6）使用【修剪体】命令，对凸台部分的实体和主体部分的实体进行相互修剪，然后使用【合并】命令进行合并，如图 6-59c、d 所示。

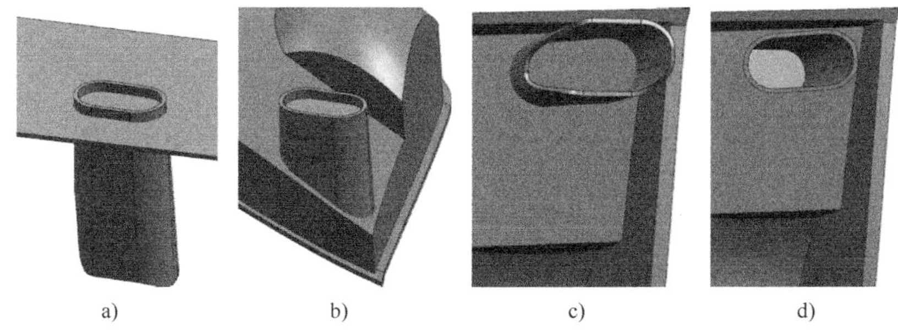

a)　　b)　　c)　　d)

图 6-59　修剪

7）使用【脱模】命令，对腰圆形部分进行脱模，脱模角度为 2°，从而避免出现倒扣现象，保证模具能够顺利脱模，如图 6-60a 所示。

8）使用【基本曲线】命令，创建两条直线，其中一条与 XC 轴平行，另一条与 YC 轴平行。使用【拉伸】命令，以直线为截面，以 ZC 轴为拉伸方向，分别创建曲面 F 和曲面 G，如图 6-60b 所示。

9）使用【基本曲线】命令，创建一条与 XC 轴平行的直线。使用【拉伸】命令，以该直线为截面，与 YC 轴为拉伸方向，创建曲面 H，如图 6-60c 所示。

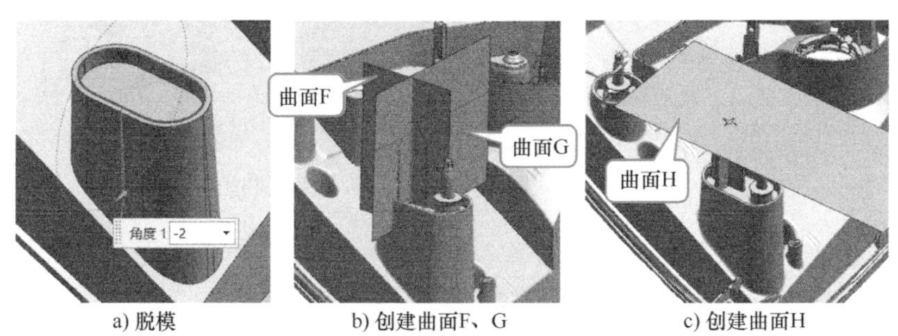

a) 脱模　　b) 创建曲面F、G　　c) 创建曲面H

图 6-60　脱模和创建曲面

10）使用【加厚】命令，将曲面F和曲面G加厚1.5mm。使用【修剪体】命令，以曲面H为工具，对加厚得到的实体进行修剪。使用【脱模】命令，对其进行脱模，角度为1°，如图6-61a、b所示。

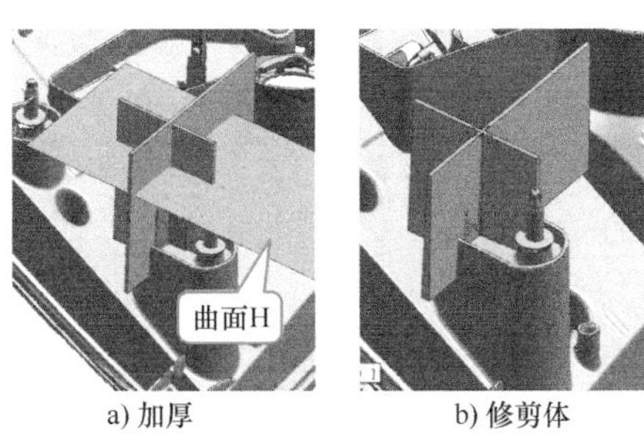

a) 加厚　　b) 修剪体

图6-61　加厚和修剪体

11）使用【拉伸】命令，在十字形筋板的四周创建4个曲面，如图6-62a所示。使用【替换面】命令，用这4个曲面来替换实体面，如图6-62b所示。使用【倒斜角】命令，采用【非对称】的方式，创建如图6-62c所示的4个斜角。

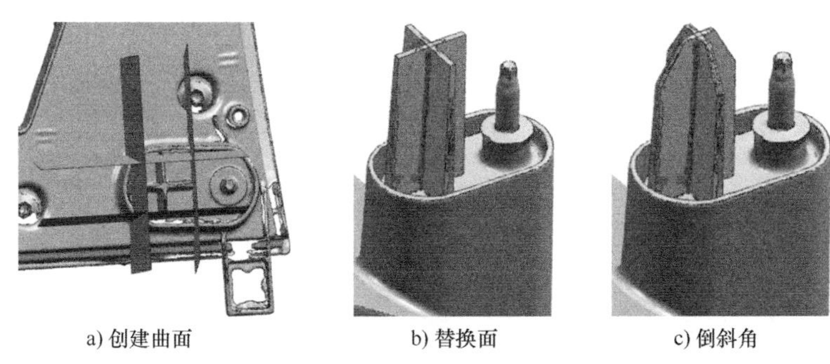

a) 创建曲面　　b) 替换面　　c) 倒斜角

图6-62　替换面和倒斜角

（9）制作立柱特征

1）在立柱背面创建一条直线，以该直线为截面，沿ZC轴拉伸，得到如图6-63a所示的曲面A。将曲面A加厚1.7mm，得到如图6-63b所示的实体A。通过拉伸创建如图6-63c所示的曲面B。使用【替换】命令，将实体A的顶面替换为曲面B。

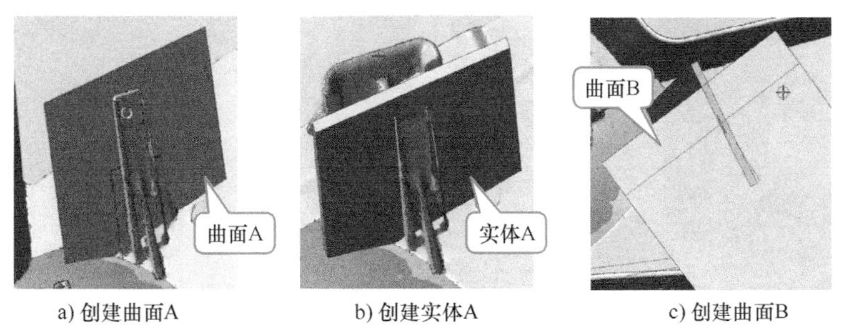

a) 创建曲面A　　b) 创建实体A　　c) 创建曲面B

图6-63　拉伸、加厚、替换面

2）使用【拉伸】命令在立柱的两侧各创建一个曲面，如图 6-64a 所示。使用【替换面】命令，将实体 A 的两个侧面分别替换为曲面 C 和 D，如图 6-64b 所示。使用【加厚】命令，将曲面 C 和 D 都加厚 1.2mm，得到实体 B 和 C，如图 6-64c 所示。

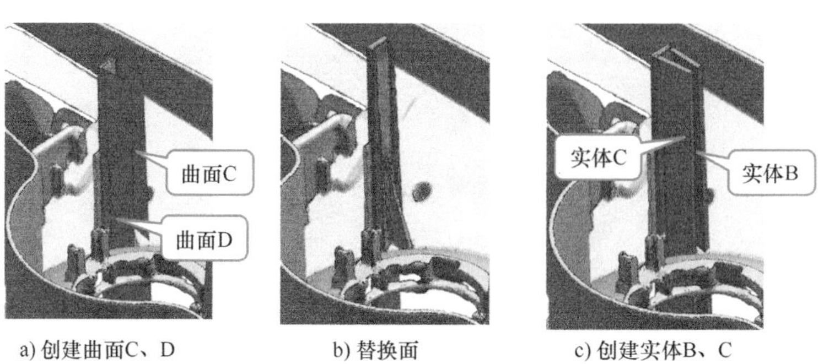

a) 创建曲面C、D　　b) 替换面　　c) 创建实体B、C

图 6-64　替换面 1

3）使用【拉伸】命令创建如图 6-65a 所示的曲面 E。使用【替换面】命令，用曲面 E 替换实体 B 和 C 的侧面，如图 6-65b 所示。使用【脱模】命令，对实体 B 和 C 进行脱模，避免出现倒扣现象。

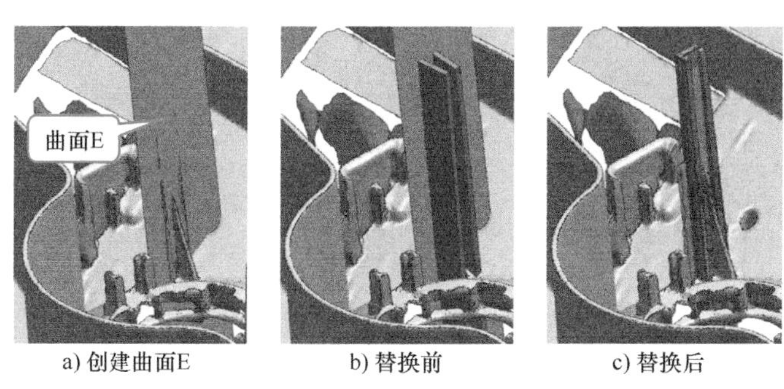

a) 创建曲面E　　b) 替换前　　c) 替换后

图 6-65　替换面 2

4）使用【拉伸】命令，创建用于拟合三角筋的曲面 F 和曲面 G，如图 6-66a、b 所示。使用【加厚】命令，将曲面 F 加厚 1.2mm，得到实体 D，如图 6-66c 所示。使用【替换面】命令，对实体 D 进行替换面操作，结果如图 6-66d 所示。使用【脱模】命令，对实体 D 进行脱模。

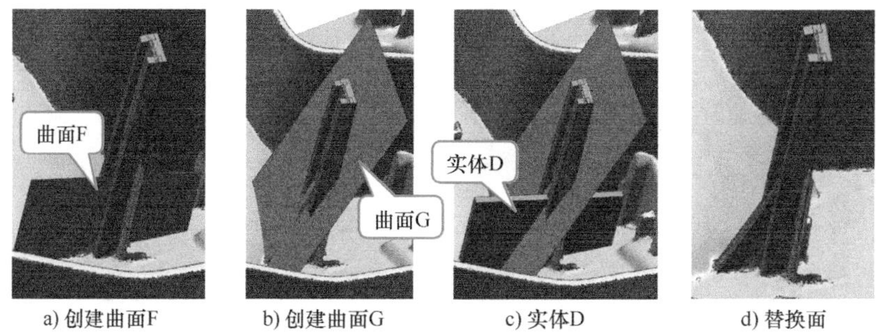

a) 创建曲面F　　b) 创建曲面G　　c) 实体D　　d) 替换面

图 6-66　替换面 3

5）使用【扩大曲面】命令得到曲面 H，将其加厚 1.2mm 得到实体 E。通过【拉伸】命令创建曲面 I，使用【替换面】命令将实体 E 的上端面替换为曲面 I，如图 6-67 所示。

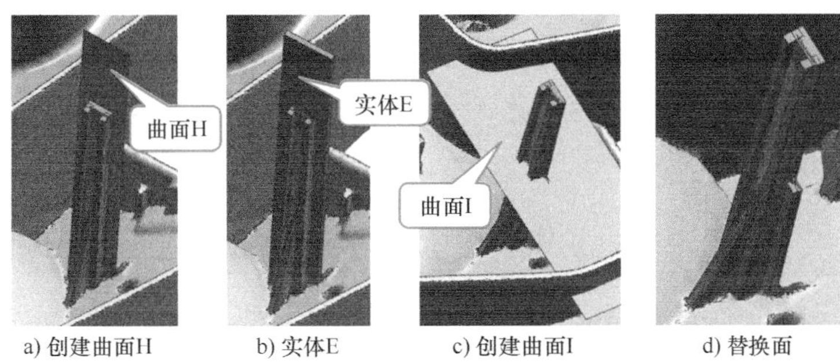

图 6-67　替换面 4

6）使用【扩大曲面】命令得到曲面 J，将其加厚 1.2mm 得到实体 F。通过【拉伸】命令创建曲面 K，使用【替换面】命令将实体 F 的上端面替换为曲面 K，如图 6-68 所示。

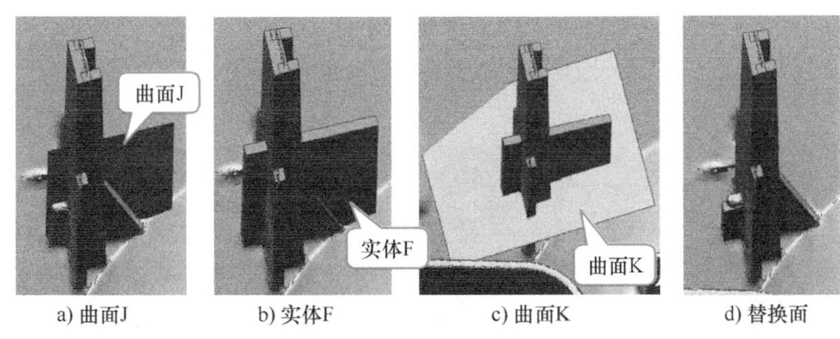

图 6-68　替换面 5

7）使用【合并】命令，将实体 A ~ F 进行合并，此处的立柱特征制作完成，如图 6-69a 所示。

8）用同样的思路制作另外两处的立柱特征，如图 6-69b、c 所示，具体步骤此处不再赘述。

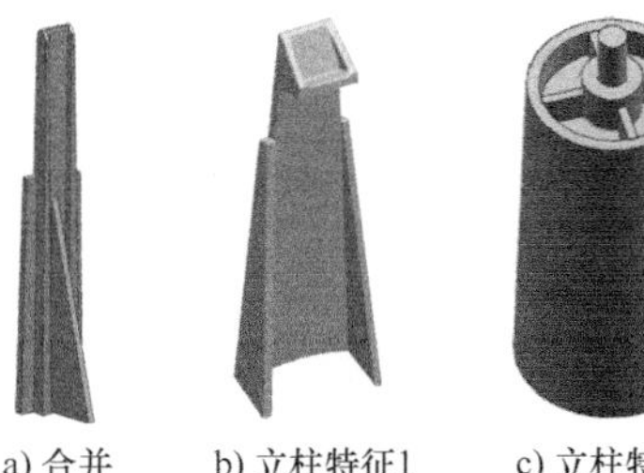

图 6-69　制作立柱特征

（10）制作卡扣

1）使用【拉伸】命令创建曲面 A、B 和 C，然后使用【加厚】命令将其加厚 1.2mm，得到实体 A、B 和 C，如图 6-70 所示。

2）使用【拉伸】命令创建曲面 D，然后使用【替换面】命令，将实体 A、B 和 C 的顶面替换到曲面 D，并在实体 A、B 和 C 之间相互替换面，如图 6-71 所示。

3）使用【拉伸】命令创建曲面 E，并将其加厚 1.2mm 得到实体 D，对实体 D 进行替换面操作，如图 6-72 所示。

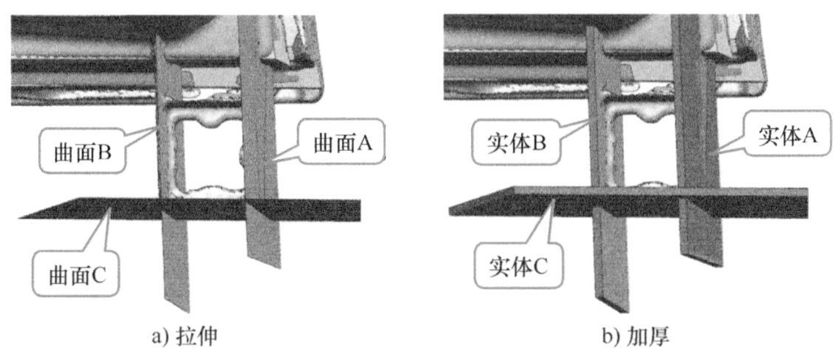

a) 拉伸　b) 加厚

图 6-70　拉伸并加厚

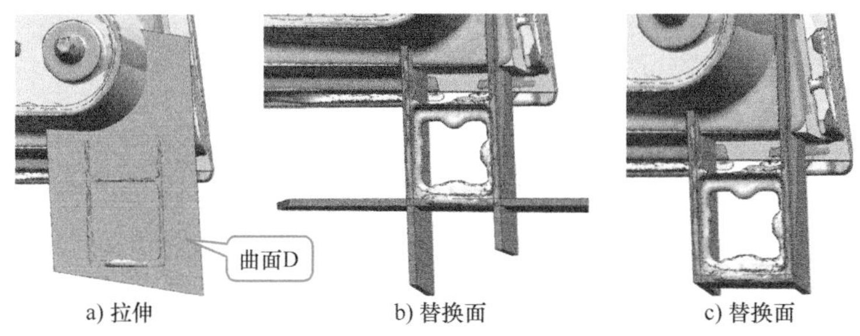

a) 拉伸　b) 替换面　c) 替换面

图 6-71　创建曲面 D 和替换面

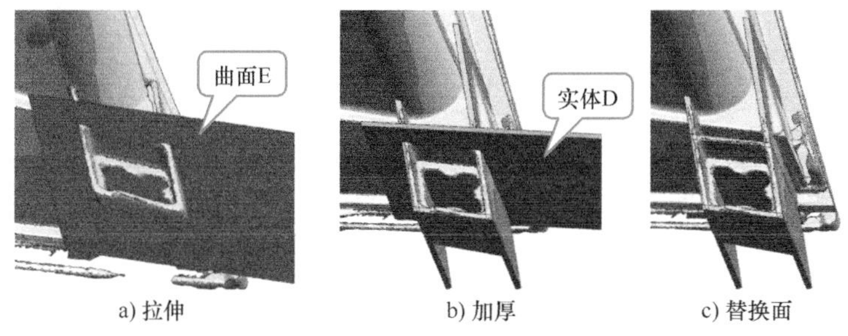

a) 拉伸　b) 加厚　c) 替换面

图 6-72　创建曲面 E、加厚、替换面

4）使用【拉伸】命令创建曲面 F，并将其加厚 1.2mm 得到实体 E，对实体 E 进行替换面操作，如图 6-73 所示。

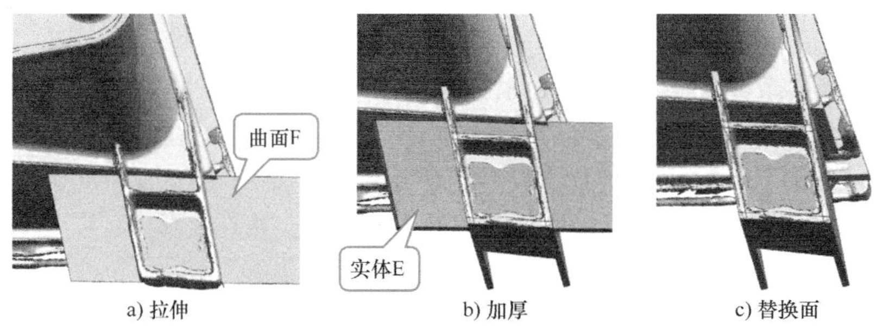

a) 拉伸　b) 加厚　c) 替换面

图 6-73　创建曲面 F、加厚、替换面

5）使用【拉伸】命令创建曲面 G，并利用曲面 G 对已创建好的实体进行替换面操作，如图 6-74 所示。

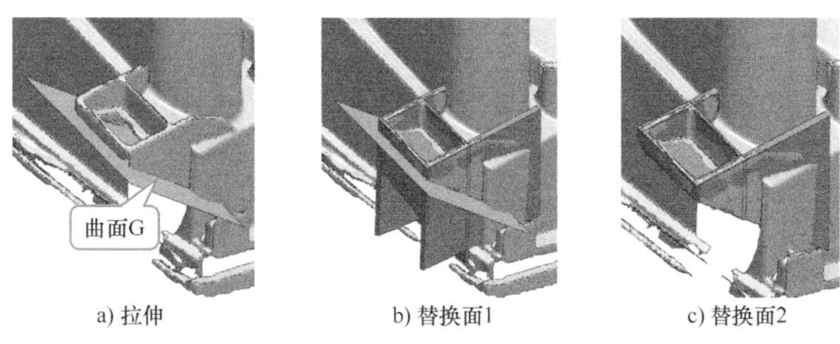

a) 拉伸　b) 替换面1　c) 替换面2

图 6-74　创建曲面 G 并替换面

6）通过先【扩大曲面】后【偏置曲面】的方式，创建如图 6-75a 所示的 4 个曲面。将其中一个曲面加厚得到实体 F，用另外 3 个曲面来替换实体 F 的侧面，结果如图 6-75b 所示。使用【求差】命令将实体 F 从实体 E 中减去，得到矩形中空部分，如图 6-75c 所示。通过【拉伸】、【加厚】和【替换面】等命令，创建如图 6-75d 所示的 4 个凸出部分。使用【脱模】和【边倒圆】命令对中空部分进行处理，结果如图 6-75e 所示。

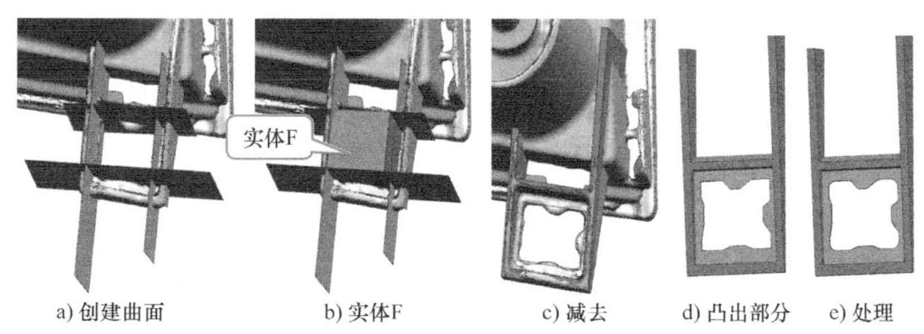

a) 创建曲面　b) 实体F　c) 减去　d) 凸出部分　e) 处理

图 6-75　制作中空部分

7）使用【拉伸】命令创建曲面 H 和 I，并利用曲面 H 和 I 对已创建好的实体进行替换面操作，然后进行修剪体和边倒圆操作，最后对卡扣进行拔模操作，如图 6-76 所示。

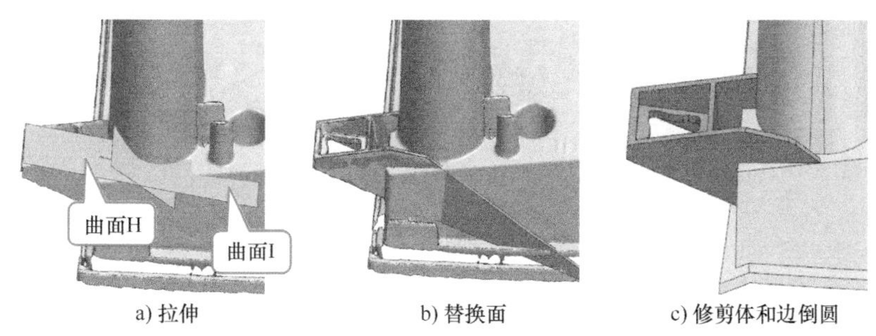

a) 拉伸　b) 替换面　c) 修剪体和边倒圆

图 6-76　第一个卡扣制作完成

8）用同样的思路制作第二个卡扣，具体步骤此处不再赘述，结果如图 6-77 所示。

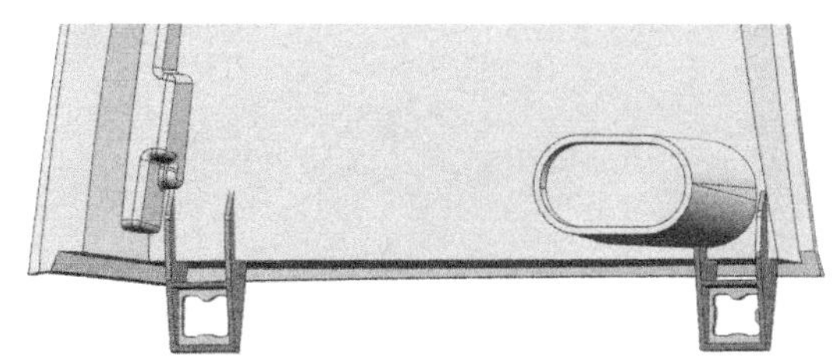

图 6-77　制作第二个卡扣

（11）制作灯座

1）通过创建点、创建直线、拉伸的方式，创建如图 6-78a 所示的顶面。通过创建点、创建直线或圆弧、拉伸、面倒圆等方式创建如图 6-78b 所示的侧面。将侧面加厚 1.5mm，用顶面修剪加厚得到的实体，并进行一些其他操作，得到如图 6-78c 所示的灯座轮廓。

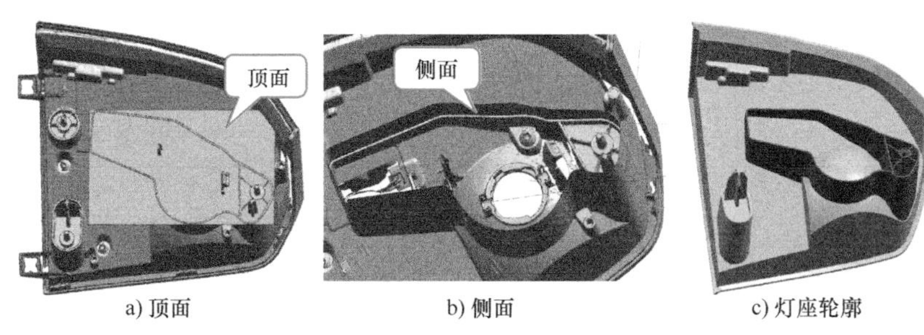

a) 顶面　b) 侧面　c) 灯座轮廓

图 6-78　制作灯座轮廓

2）通过拉伸和修剪体等操作创建如图 6-79a 所示的圆环体。通过创建点、创建直线或圆弧、拉伸、面倒圆等方式，创建如图 6-79b 所示的片体。以这些片体为工具，通过修剪体、替换面等方式对圆环体进行修剪。最后对灯口部分进行脱模，脱模角度为 1.5°，如图 6-79c 所示。

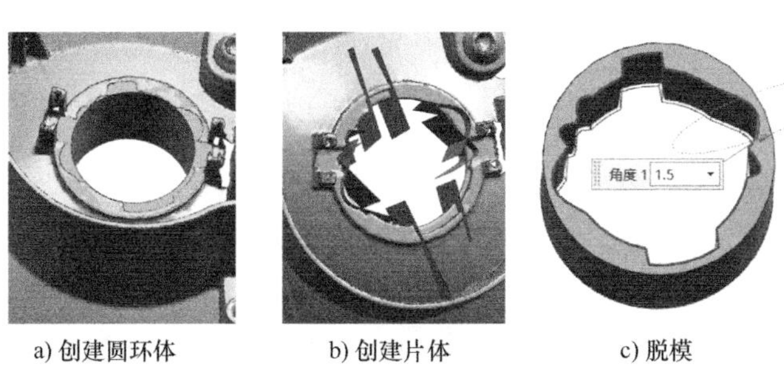

a) 创建圆环体　b) 创建片体　c) 脱模

图 6-79　制作灯口部分

3）使用【拉伸】命令创建曲面 A，将其加厚 2mm 得到实体 A，使用替换面和修剪体操作，将实体 A 修剪至如图 6-80c 所示。

4）创建一个圆柱体，以该圆柱体为工具进行修剪体操作，最后使用替换面和删除面操作，完成中空部分的制作，如图 6-81 所示。

a) 曲面A　　b) 实体A　　c) 修剪

图 6-80　制作平面部分结构

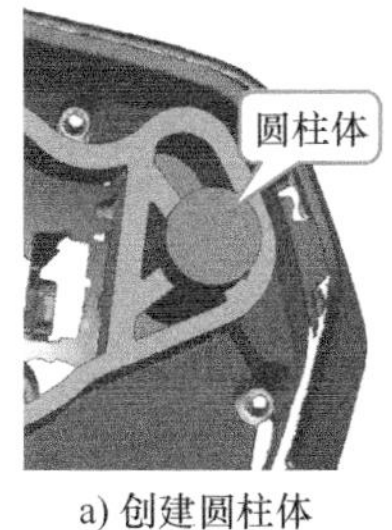

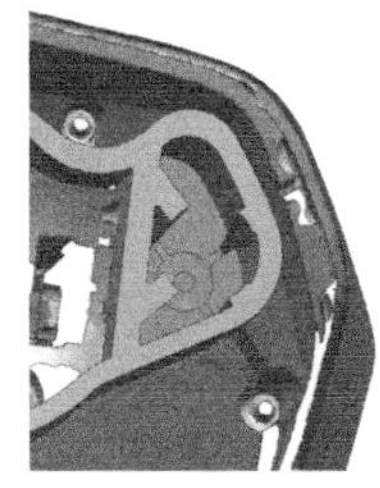

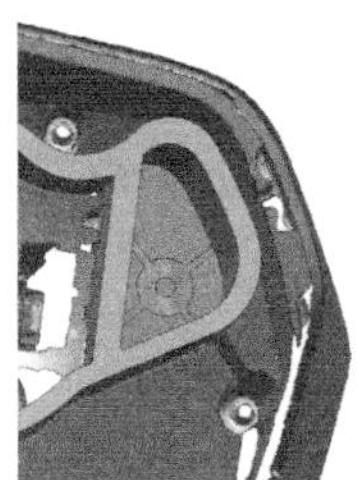

a) 创建圆柱体　　b) 修剪体　　c) 底部挖空

图 6-81　完成中空部分的制作

5）使用【修剪体】和【替换面】命令进行修剪，如图 6-82 所示。最后通过【合并】和【边倒圆】等操作对模型进行完善，车灯底座制作完成。

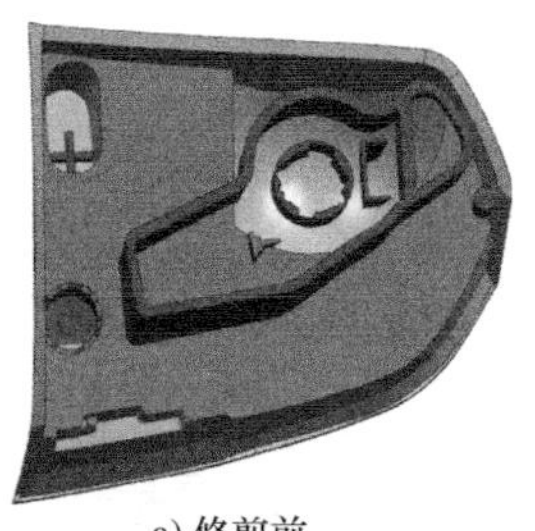

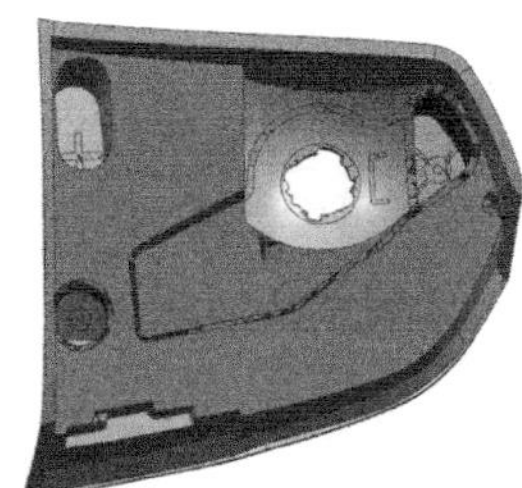

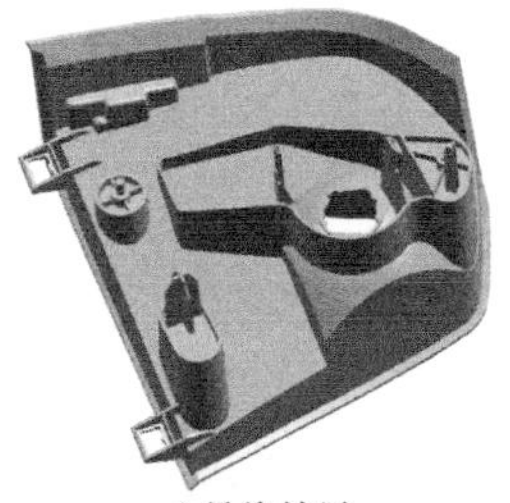

a) 修剪前　　b) 修剪后　　c) 最终结果

图 6-82　车灯底座

2. 灯壳逆向建模

汽车尾灯灯壳的逆向建模思路如图 6-83 所示，具体步骤如下所述。

图 6-83　汽车尾灯灯壳的逆向建模思路

（1）制作顶面

1）使用【点】命令，【类型】设置为【点在面上】，在“假面”上取点，如图 6-84a 所示，注意不要取到圆角上的点，否则会影响拟合后曲面的质量。

2）使用【格式】|【组】|【新建组】命令，选择如图6-84a所示的所有点，将其新建为一个组，为下一步的拟合曲面做准备。

3）使用【拟合曲面】命令，选择上一步新建的组，将U、V次数均设为3阶，此时最大误差为0.229 9，平均误差为0.057 2，拟合后的曲面如图6-84b所示。

4）使用【延伸片体】命令，将如图6-84b所示的曲面扩大。

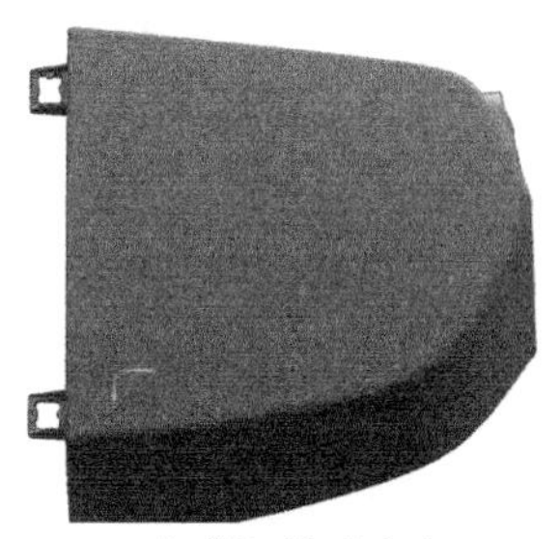
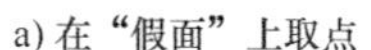

a) 在“假面”上取点

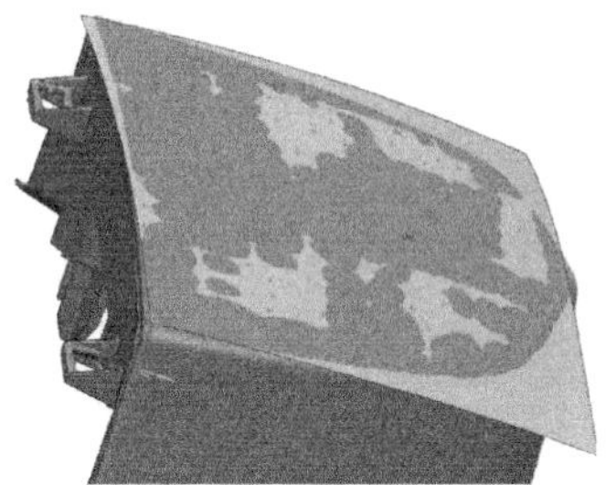

b) 拟合曲面

图6-84　制作顶面

（2）制作侧面

1）使用【点】命令，【类型】设置为【点在面上】，在“假面”上取点，如图6-85所示，注意不要取到圆角上的点，否则会影响拟合后曲面的质量。使用【格式】|【组】|【新建组】命令，选择如图6-85所示的所有点，将其新建为一个组，为下一步的拟合曲面做准备。

2）使用【拟合曲面】命令，选择上一步新建的组，将U、V次数均设为3阶，拟合后的曲面如图6-86所示。使用【延伸片体】命令，将曲面A扩大。需要注意的是，使用【扩大】命令扩大的曲面容易产生扭曲现象，所以最好使用【延伸片体】命令。

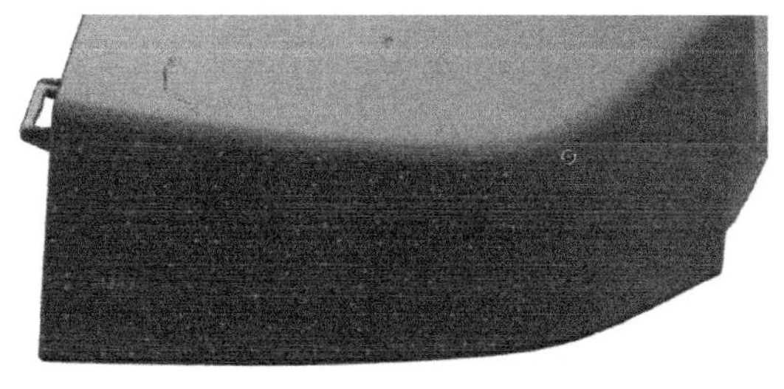

图6-85　在“假面”上打点

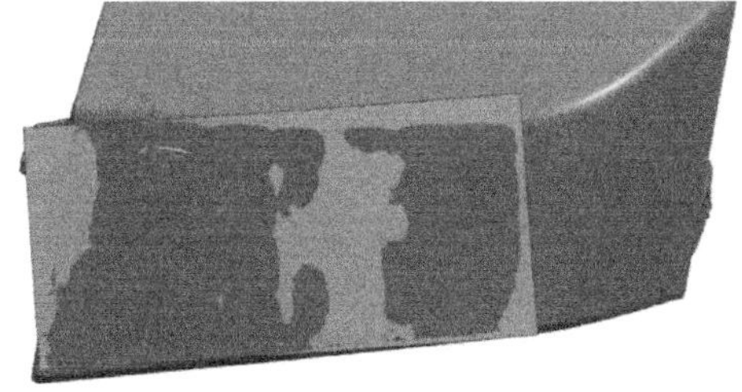

图6-86　创建曲面A

3）使用【点】命令，【类型】设置为【点在面上】，在“假面”上取点，如图6-87a所示，注意不要取到圆角上的点，否则会影响拟合后曲面的质量。使用【格式】|【组】|【新建组】命令，选择如图6-87a所示的所有点，将其新建为一个组。

4）使用【拟合曲面】命令，选择上一步新建的组，将U、V次数均设为3阶，拟合后的曲面如图6-87b所示。使用【延伸片体】命令，将曲面A扩大，如图6-87c所示。

5）使用【基本曲线】命令，选择曲面B边上的两个点创建如图6-88a所示的直线。使用【修剪片体】命令，以该直线为边界对曲面B进行修剪，结果如图6-88b所示。用同样的方式对曲面A进行修剪，如图6-88c、d所示。

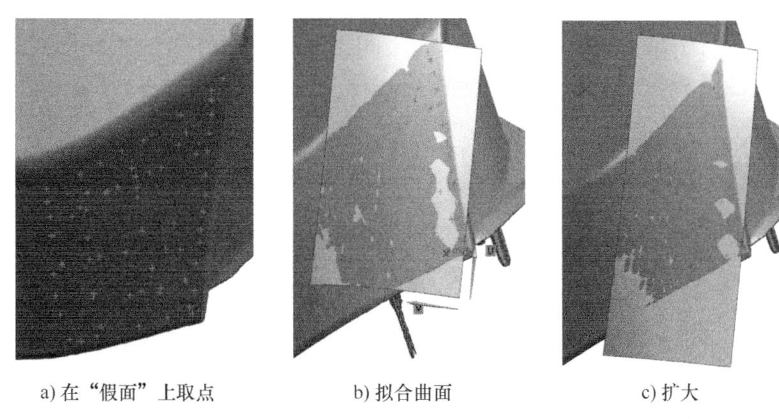

图 6-87　创建曲面 B

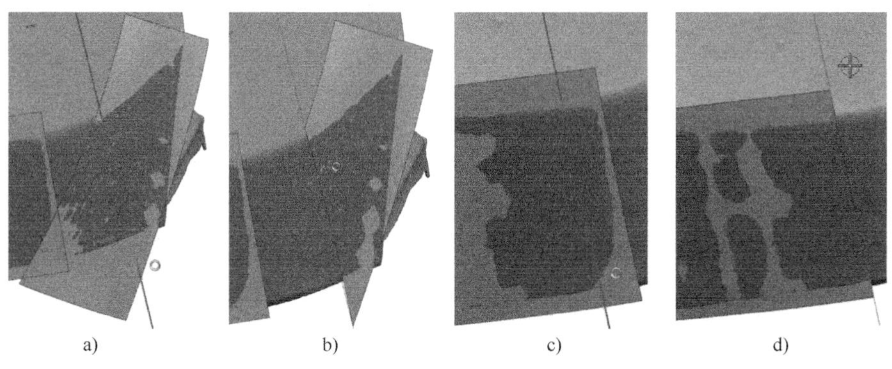

图 6-88　修剪曲面 A 和曲面 B

6）使用【通过曲线组】命令，以曲面 A 和曲面 B 的边为截面曲线创建曲面 C，并设置曲面 C 与曲面 A、B 都是 G1 连续，如图 6-89a 所示，此时曲面 C 的过面情况并不好。修改曲面 C，使其与曲面 A、B 都是 G2 连续，此时曲面 C 的过面情况较好，如图 6-89b 所示。

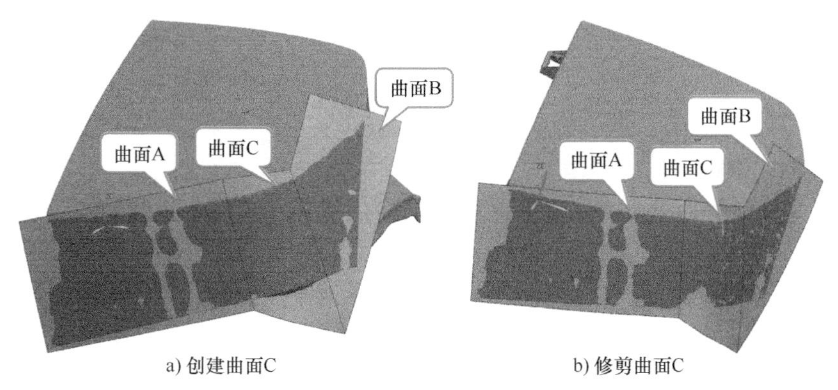

图 6-89　创建并修剪曲面 C

（3）制作圆角面

1）使用【面倒圆】命令，在顶面和侧面之间创建圆角面，但圆角面创建失败。失败的原因可能是曲面 C 扭曲，质量不好，如图 6-90a 所示。

2）使用【曲面上的曲线】命令，在曲面 B 上创建一条直线；然后使用【修剪片体】命令，以该直线为边界对曲面 B 进行裁剪，结果如图 6-90b 所示。

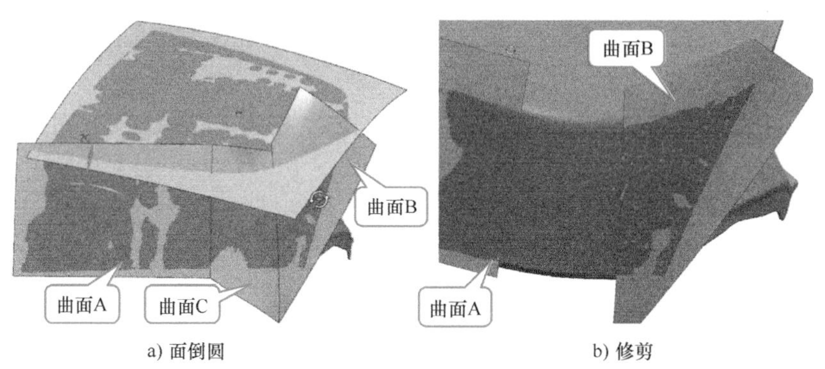

a) 面倒圆　　b) 修剪

图 6-90　创建圆角面

3）使用【通过曲线组】命令，在曲面 A 和曲面 B 之间重新创建曲面 C，结果如图 6-91a 所示，此时的曲面 C 没有扭曲。

4）再次使用【面倒圆】命令，在顶面和侧面之间创建圆角面，输入圆角半径 10mm，结果如图 6-91b 所示。

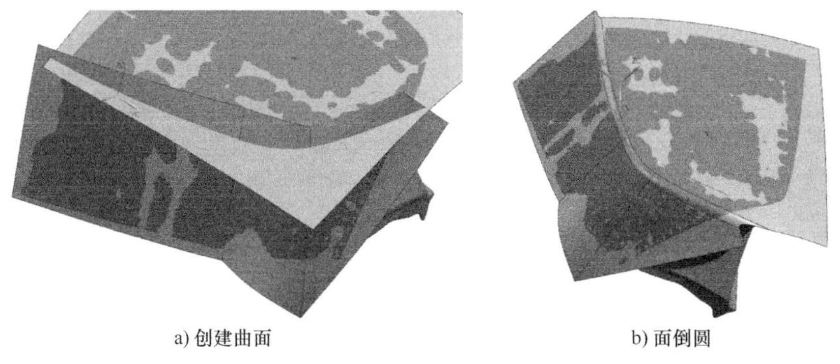

a) 创建曲面　　b) 面倒圆

图 6-91　创建圆角面

（4）制作边口面

1）使用【加厚】命令，对车壳曲面进行加厚，厚度为 2.5mm，结果如图 6-92 所示。

2）打开车灯底座所在的图层，使用【抽取曲线】命令，抽取如图 6-93 所示的边曲线。

3）使用【拉伸】命令，以上一步抽取的边曲线为截面曲线，以 ZC 轴为拉伸方向，拉伸后得到如图 6-94a 所示的曲面；然后使用【偏置曲面】命令，将拉伸面偏置 1.5mm，得到如图 6-94b 所示的曲面。从图中可以看出，偏置面的拟合效果并不好，所以，接下去采用在曲面上画线然后再拉伸的方式创建边口面。

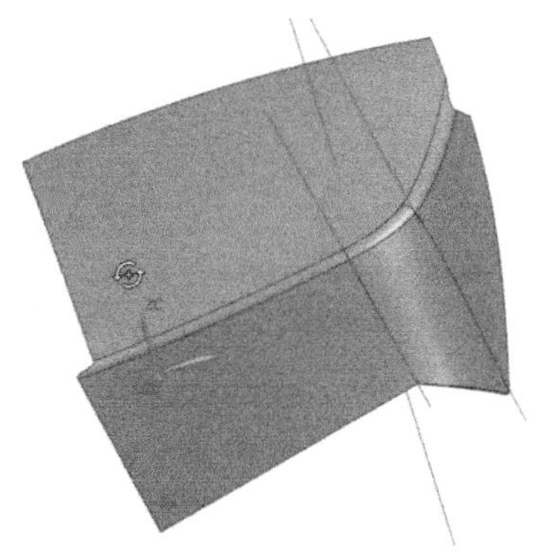

图 6-92 车壳加厚

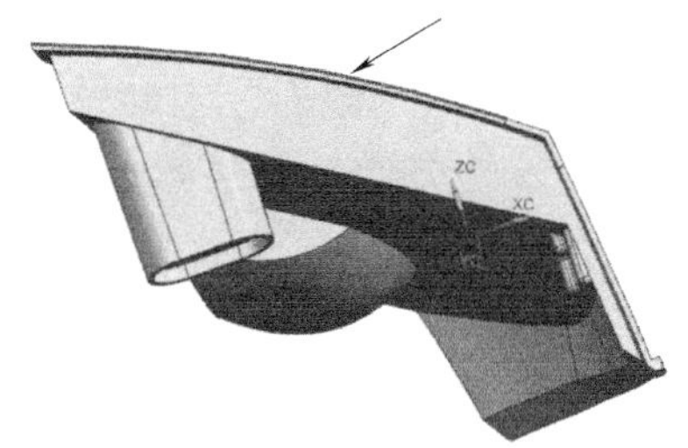

图 6-93 抽取车灯底座上的边曲线

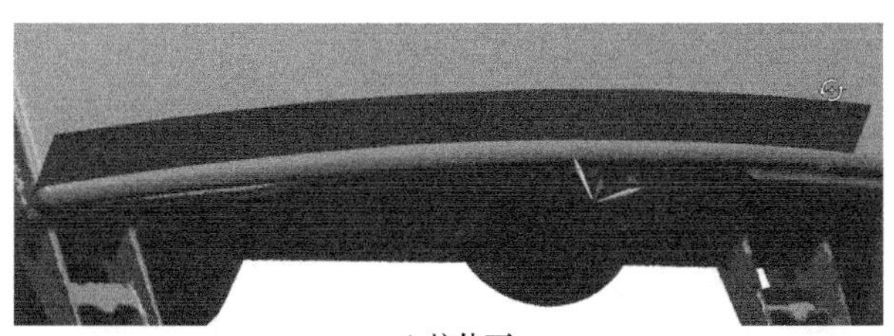

a) 拉伸面

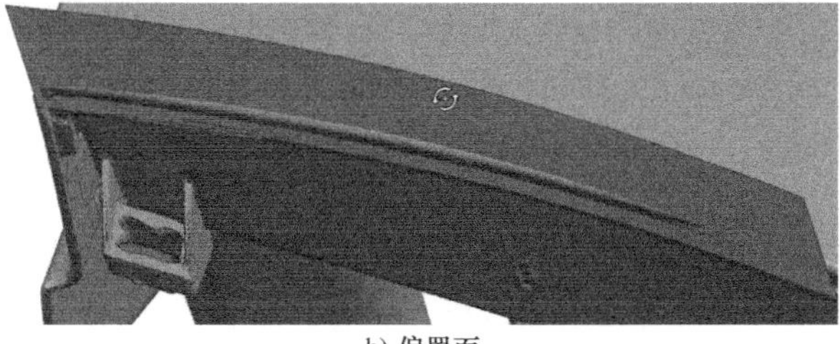

b) 偏置面

图 6-94 拉伸并偏置曲面

4）使用【曲面上的曲线】命令，作如图 6-95a 所示的曲线，使其拟合“假面”的边口。使用【拉伸】命令，以上一步创建的曲线为截面，以 ZC 轴为拉伸方向，创建如图 6-95b 所示的曲面 A。使用【脱模】命令，对该曲面进行脱模，脱模角度为 6.5°。使用【偏置面】命令，将曲面 A 向外偏置 0.3mm，使其更好地拟合“假面”的边口。

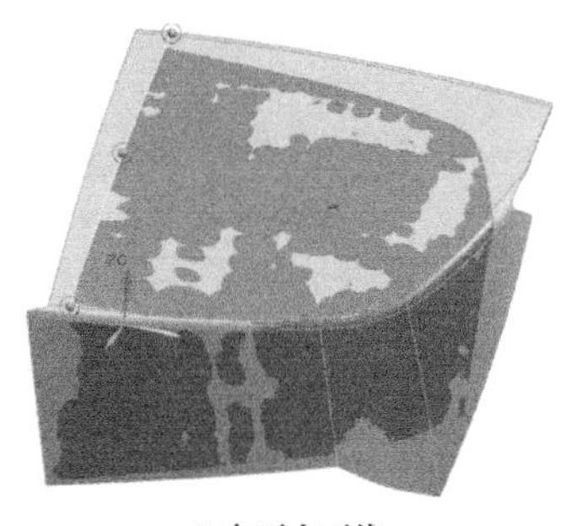

a) 在面上画线

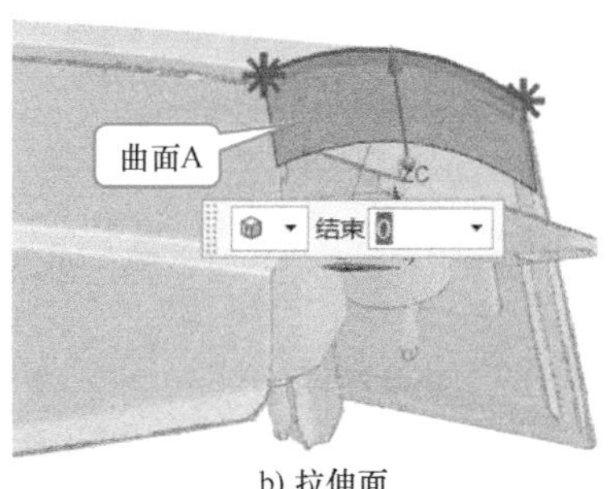

b) 拉伸面

图 6-95 创建曲面 A

5）使用【点】命令，【类型】设置为【点在面上】，在“假面”上创建三个点。使用【基本曲线】命令，选择这三个点，创建一段圆弧。使用【曲线长度】命令，延长这段圆弧。使用【拉伸】命令，以该圆弧为截面曲线，选择“假面”上的另外两个点，通过两点方式确定拉伸方向，创建如图 6-96 所示的曲面 B。

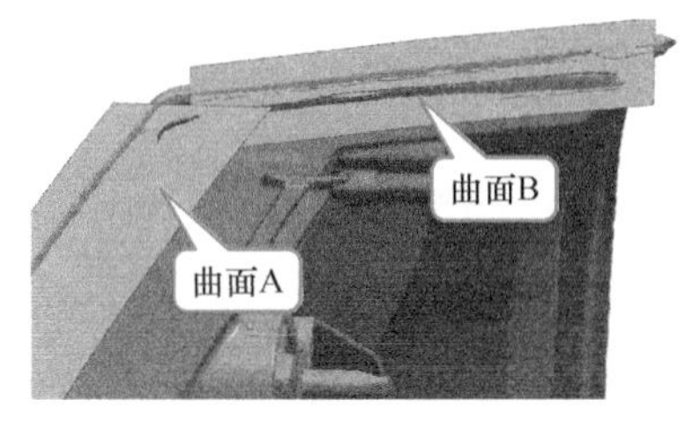

图 6-96　创建曲面 B

6）使用【曲面上的曲线】命令，在曲面 A 和曲面 B 上分别创建一条直线，如图 6-97a 所示。接着，使用【通过曲线组】命令，以这两条直线为截面曲线创建曲面 C，并设置曲面 C 与曲面 A、B 都是 G1 连续。然后，使用【修剪片体】命令修剪曲面 A、B 和 C，结果如图 6-97b 所示。最后，使用【延伸片体】命令，将曲面 B 延长，使其长度超过“假面”。

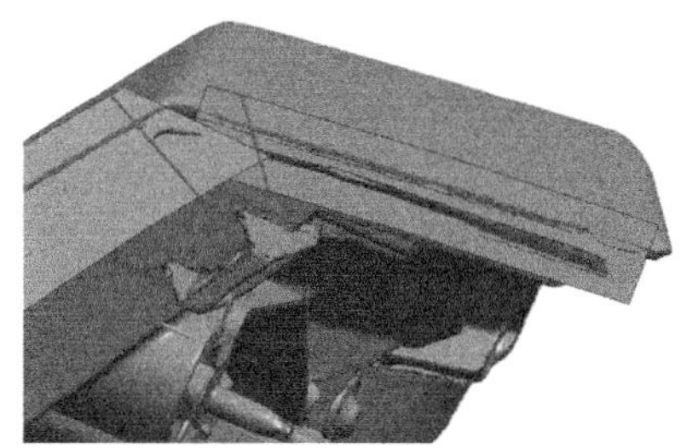

a) 在面上画线

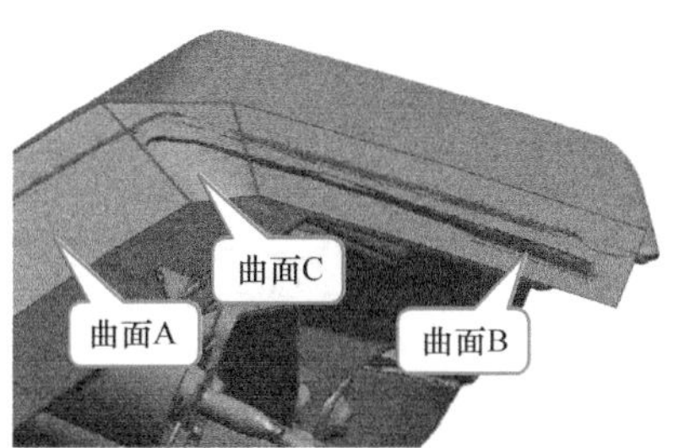

b) 创建曲面C并裁剪

图 6-97　创建曲面 C

7）用同样的方式创建曲面 D 和 E，与上一个步骤不同的是，这两个曲面的拉伸方向为 XC 轴，如图 6-98a 所示。使用【通过曲线组】命令，以曲面 D 和 E 的边为截面曲线创建曲面 F，并设置曲面 F 与曲面 D、E 都是 G1 连续。最后，使用【延伸片体】命令，将曲面 E 延长，使其长度超过“假面”，如图 6-98b 所示。

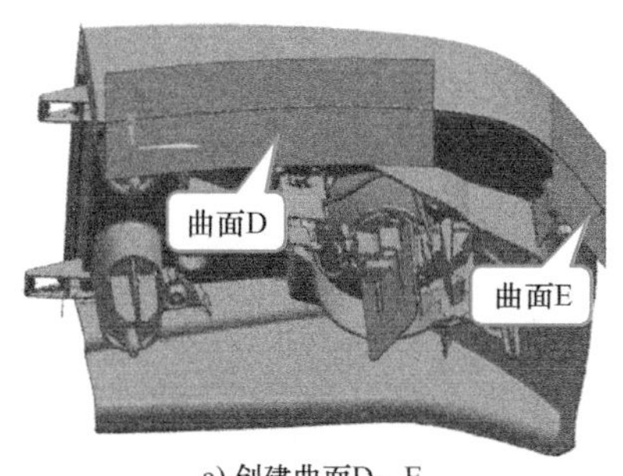

a) 创建曲面D、E

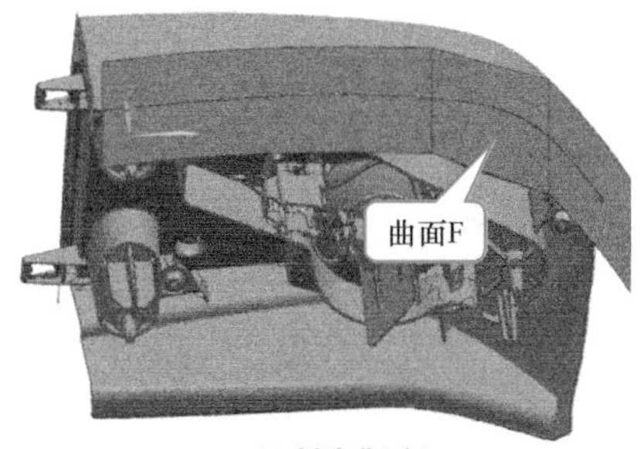

b) 创建曲面F

图 6-98　创建曲面 D、E、F

8）同样，采用拉伸的方式创建如图 6-99a 所示的曲面 G、H、I。然后，使用【延伸片体】命令，将这三个曲面延长，如图 6-99b 所示。

9）使用【曲面上的曲线】命令，在曲面 H 和曲面 I 上分别创建一条直线，如图 6-100a

所示。接着，使用【通过曲线组】命令，以这两条直线为截面曲线创建曲面 J，并设置曲面 J 与曲面 H、I 都是 G1 连续。然后，使用【修剪片体】命令修剪曲面 H 和 I。最后，使用【面倒圆】命令，在曲面 G 和曲面 I 之间创建一个半径为 30mm 的圆角面，即曲面 K，结果如图 6-100b 所示。

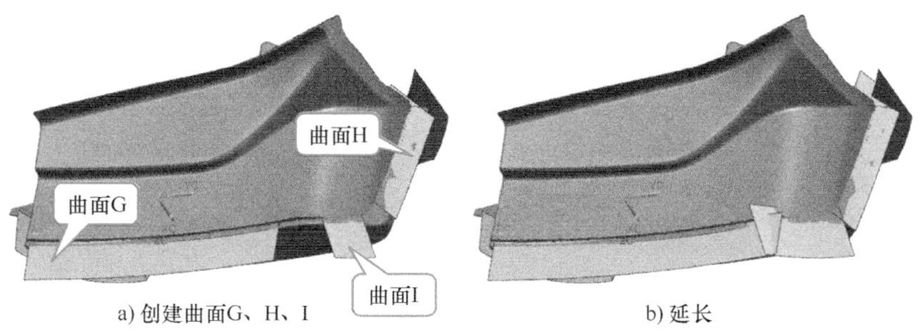

图 6-99　创建曲面 G、H、I 并延长

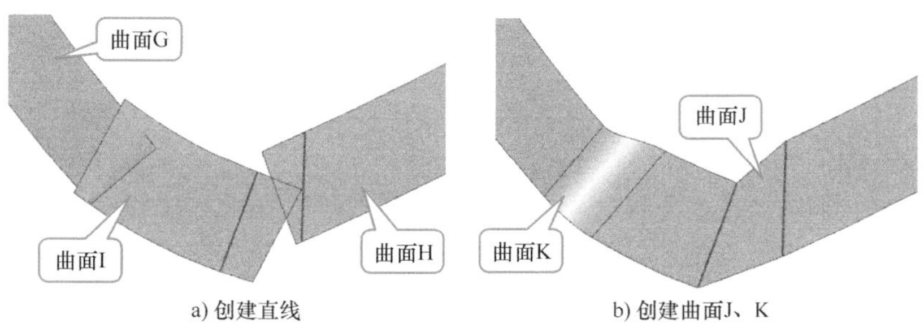

图 6-100　制作曲面 J、K

10）使用【延伸片体】、【修剪片体】和【修剪和延伸】等命令对边口曲面进行修剪，然后使用【缝合】命令将它们缝合，如图 6-101a 所示。然后使用【修剪体】命令，以边口面为工具对灯壳进行修剪，结果如图 6-101b、c 所示。

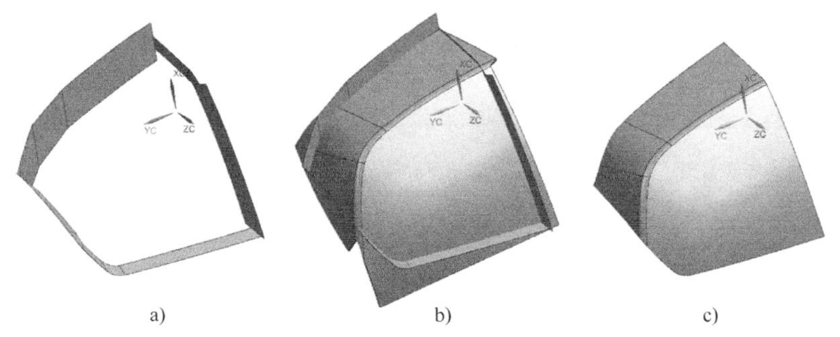

图 6-101　用边口面修剪灯壳

（5）倒斜角和边倒圆

1）使用【倒斜角】命令，选择【非对称】方式，创建如图 6-102a 所示的斜角。

2）使用【边倒圆】命令，创建如图 6-102b 和图 6-103 所示的三个圆角，汽车尾灯的灯壳制作完成。

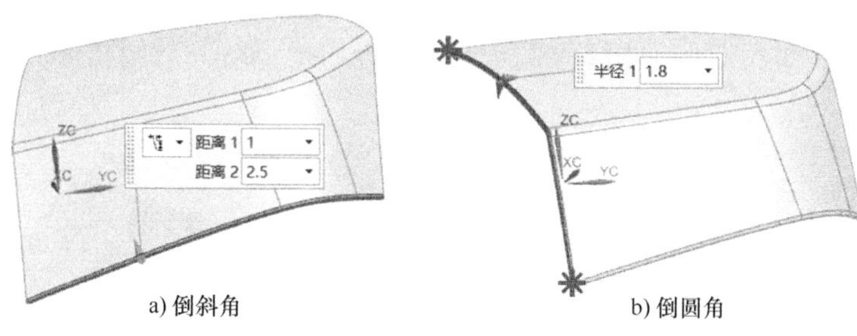

a) 倒斜角　　b) 倒圆角

图 6-102　倒斜角和倒圆角

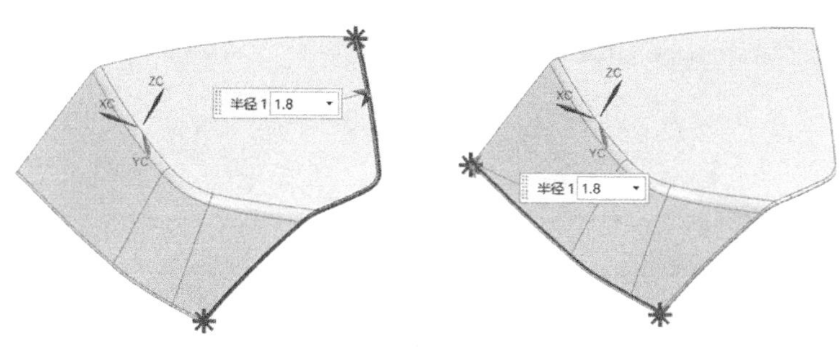

图 6-103　倒圆角

3. 反射镜逆向建模

反射镜的扫描数据如图 6-104a 所示。逆向建模流程为：确定脱模方向，制作主体曲面，制作 LED 灯处的曲面，制作边界曲面并抽壳，制作细节特征，如图 6-104 所示。具体步骤如下所述。

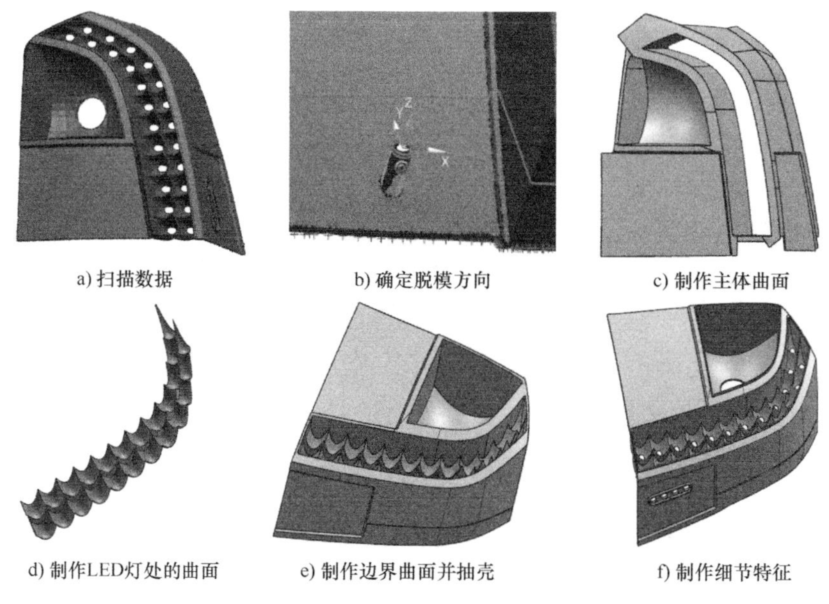
a) 扫描数据　　b) 确定脱模方向　　c) 制作主体曲面

d) 制作LED灯处的曲面　　e) 制作边界曲面并抽壳　　f) 制作细节特征

图 6-104　反射镜逆向建模流程

（1）确定脱模方向　一般情况下，产品的脱模方向大都为孔类结构的轴线方向，这里通过立柱结构来确定反射镜的脱模方向。

1）使用【格式】|【WCS】|【定向】命令，在弹出的【CSYS】对话框中选择【类型】为【原点，X 点，Y 点】，选择如图 6-105a 所示立柱顶面上的三个点，得到如图 6-105a 所示的工作坐标系。注意要激活选择条中的【面上的点】，否则无法选择“假面”上的点。

2）使用【格式】|【WCS】|【原点】命令，选择位于立柱侧面且靠近顶面的一个点，得到如图 6-105b 所示的工作坐标系。

3）使用【截面曲线】命令，创建扫描数据与 XC-YC 平面的交线，如图 6-105b 所示，注意要取消勾选【关联】选项。

4）使用【基本曲线】命令，选择截面曲线上的三个点创建一个圆。使用【信息】|【对象】命令，选择上一步骤创建的圆，在弹出的【信息】框中可以看到该圆的直径为 6.325 6mm。

5）使用【格式】|【WCS】|【原点】命令，选择该圆的圆心，将工作坐标系的圆心置于圆心位置处。

6）使用【基本曲线】命令，以工作坐标系为圆心，创建一个直径为 7mm 的圆，如图 6-105c 所示。

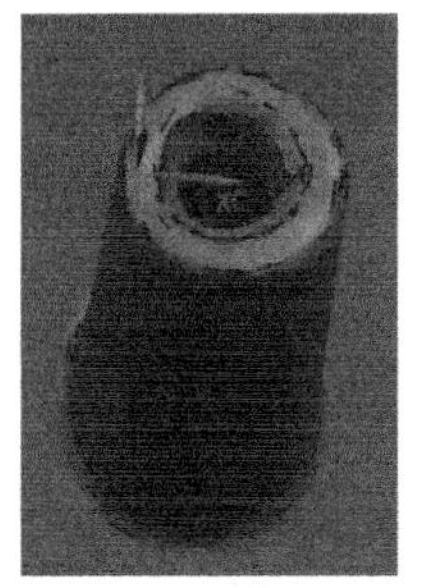
a) 工作坐标系

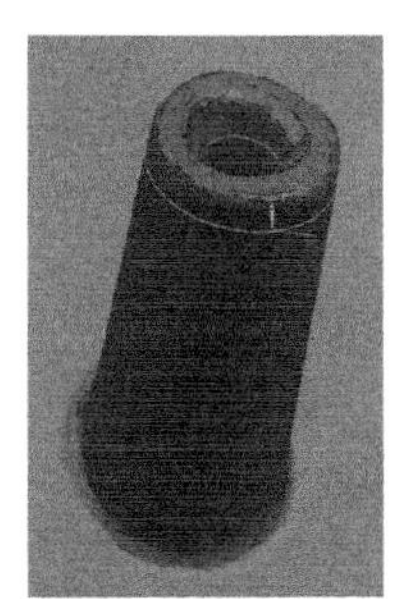
b) 创建交线

c) 创建圆

图 6-105　创建圆

7）使用【拉伸】命令，选择图 6-105c 所示的圆为截面，输入脱模角度 −1°，得到如图 6-106a 所示的圆柱体。通过观察，发现拉伸得到的圆柱体直径偏小。

8）使用【基本曲线】命令，将圆的直径由 7mm 改为 6.2mm，如图 6-106b 所示。通过观察，发现拉伸得到的圆柱体与扫描得到的圆柱体存在一定角度的偏离。

9）使用【旋转 WCS】命令，将 WCS 绕【-YC 轴】旋转 0.5°，双击拉伸体，将拉伸方向改为【ZC 轴】，如图 6-106c 所示，可以看到此时的过面情况较好。

10）使用【WCS 原点】命令，将工作坐标系置于拉伸体顶面的圆心处，接着删除创建的圆柱体和圆，然后使用【基本曲线】命令创建一个直径为 6.2mm 的圆，最后使用【拉伸】命令创建圆柱体。

11）使用【保存 WCS】命令，保存当前坐标系。双击工作坐标系，拖动坐标轴处的箭头，将工作坐标系平移至如图 6-107a 所示的位置，然后创建一个边长为 20mm 的立方体，用于标记工作坐标系的位置。

a) 拉伸

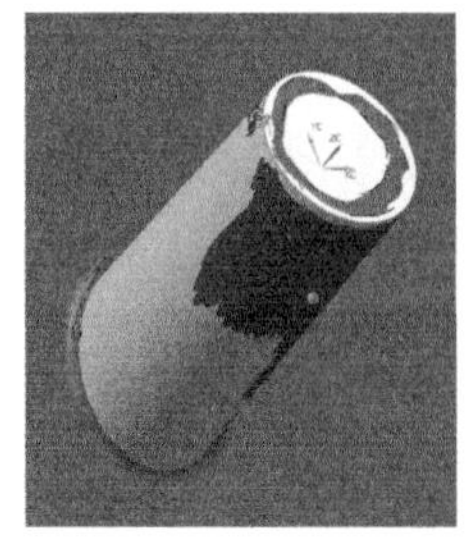
b) 修改直径

c) 旋转

图 6-106　创建立柱

12）如图 6-107b 所示的特征需要侧向滑块来成型，检查滑块位置处拔模方向是否正确，如果不正确，需要再次调整工作坐标系的方向，这里滑块的脱模方向是正确的。

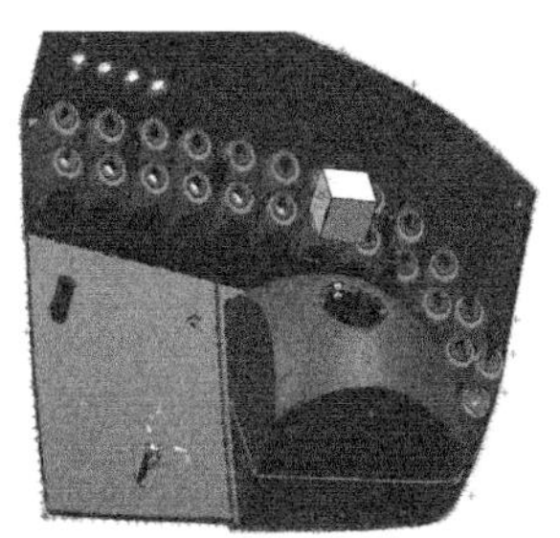
a) 平移

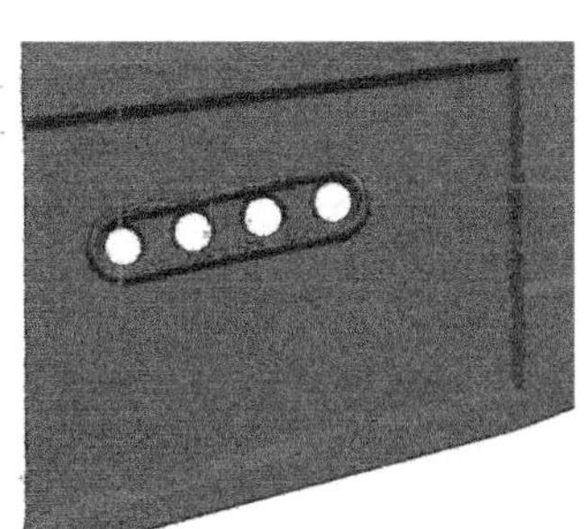
b) 工作坐标系

图 6-107　保存工作坐标系

（2）制作主体曲面

1）使用【基本曲线】命令，选择“假面”上的点，创建两段圆弧，并将其延长，如图 6-108a 所示。使用【扫掠】命令，以其中一段圆弧为截面，以另一端圆弧为扫掠线，创建如图 6-108b 所示的曲面 A。通过【测量距离】命令，可以看到曲面 A 偏离扫描数据的距离达到了 0.78mm，远远超出精度要求 0.15mm。接下来，使用【X 型】命令，如图 6-108c 所示，沿法向调整曲面 A 的控制点位置，调整曲面 A 的过点情况，直至符合要求为止。

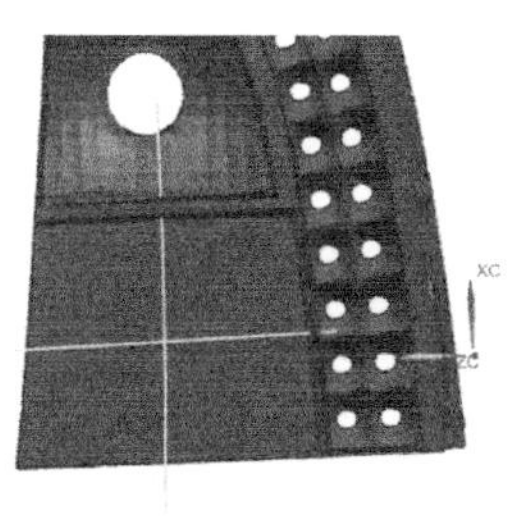
a) 创建两段圆弧

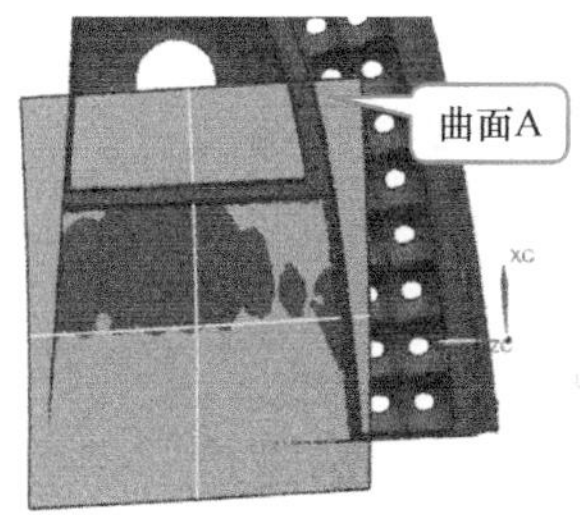

b) 创建曲面A

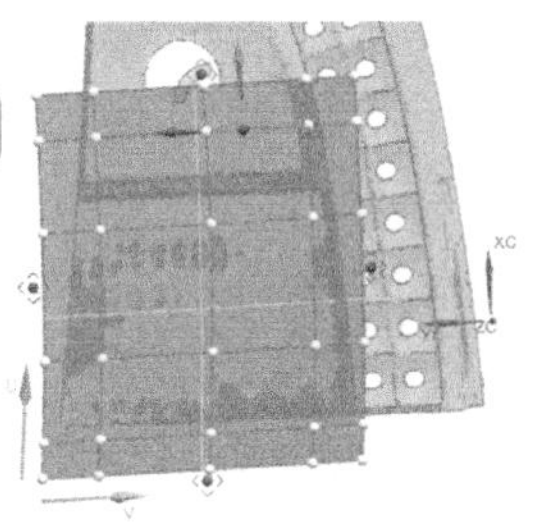
c) 调整曲面A

图 6-108　创建曲面 A

2）使用【基本曲线】命令创建一段圆弧（图 6-109a），然后使用【规律延伸】命令，以该圆弧为基本轮廓，指定参考矢量为 ZC 轴，输入角度规律值为 36°，创建曲面 B，如图 6-109b 所示。

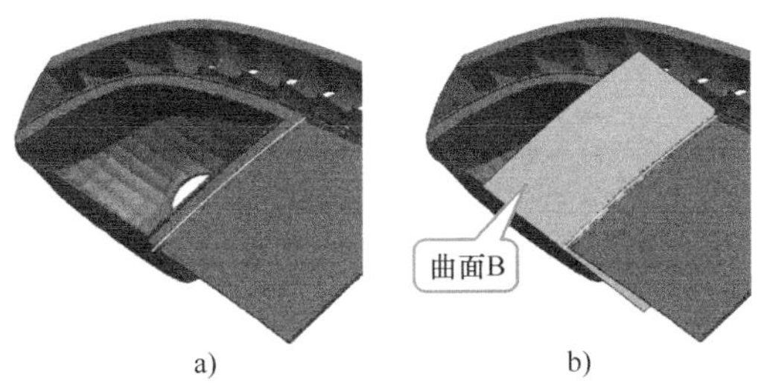

图 6-109　创建曲面 B

3）使用【偏置曲面】命令，将曲面 A 向上偏置 2.1mm，如图 6-110a 所示。使用【相交曲线】命令，得到曲面 B 和偏置曲面的交线。使用【修剪片体】命令，以交线和曲面 A 为修剪边界，对曲面 B 进行修剪，结果如图 6-110b 所示。

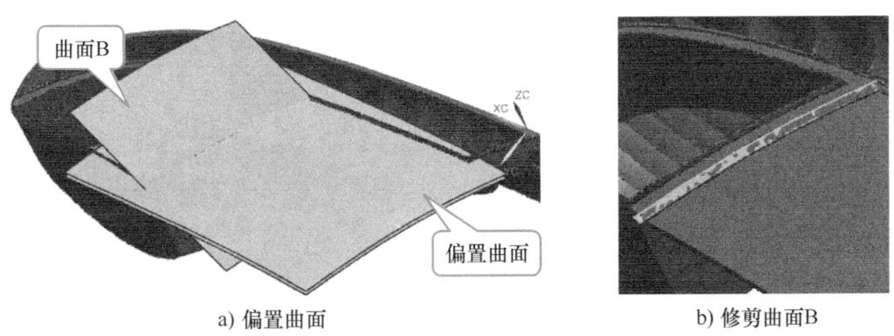

图 6-110　偏置曲面并修剪曲面 B

4）使用【点】命令，【类型】设置为【点在面上】，在“假面”上取点，如图 6-111a 所示。使用【格式】|【组】|【新建组】命令，选择如图 6-111a 所示的所有点，将其新建为一个组，为拟合曲面做准备。使用【拟合曲面】命令，选择新建的组，其余参数保持不变，单击【确定】得到曲面 C。使用【延伸片体】命令，将曲面 C 延伸，结果如图 6-111b 所示。

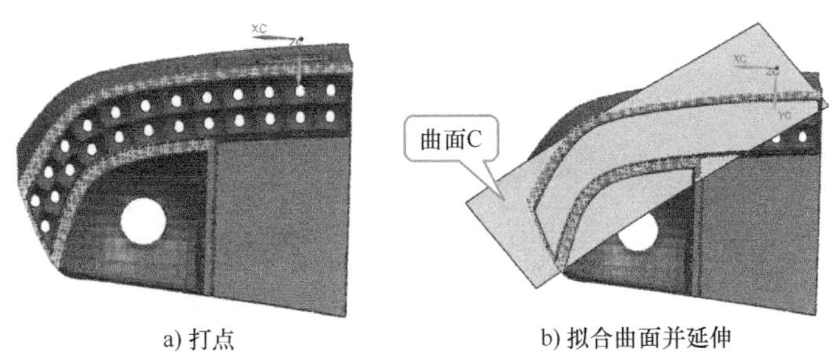

图 6-111　创建曲面 C

5）使用【基本曲线】命令，选择“假面”上的 3 个点创建一段圆弧，由于圆弧的过点情况并不理想，所以使用【投影曲线】命令，将圆弧投影到“假面”上。投影后得到的样条曲线的阶次非常高，因此使用【基本曲线】命令，单击对话框中的【编辑曲线参数】按钮，选择需要编辑的投影曲线，在弹出的【编辑样条】对话框中单击【光顺】按钮，在【光顺样条】对话框中输入【分段】为5，单击【光顺】，得到曲线 D。用同样的方式创建曲线 E，如图 6-112a 所示。使用【规律延伸】命令，创建曲面 D 和曲面 E，如图 6-112b 所示。

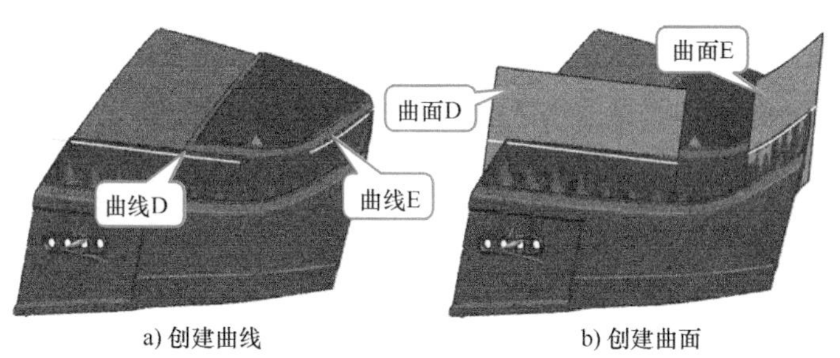

a) 创建曲线　　b) 创建曲面

图 6-112　创建曲面 D 和 E

6）使用【桥接曲线】命令，在曲线 D 和曲线 E 之间创建一条桥接曲线。使用【规律延伸】命令，创建曲面 F，如图 6-113 所示。

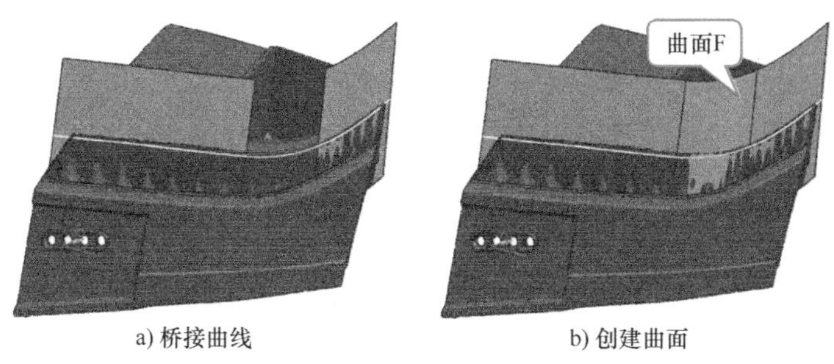

a) 桥接曲线　　b) 创建曲面

图 6-113　创建曲面 F

7）使用【偏置曲面】命令，将如图 6-111b 所示的曲面 C 向上偏置 1mm，得到曲面 G。使用【相交曲线】命令，创建曲面 G 与曲面 D、E、F 的交线。使用【在面上偏置曲线】命令，将交线偏置 1.2mm，得到如图 6-114 所示的偏置曲线。

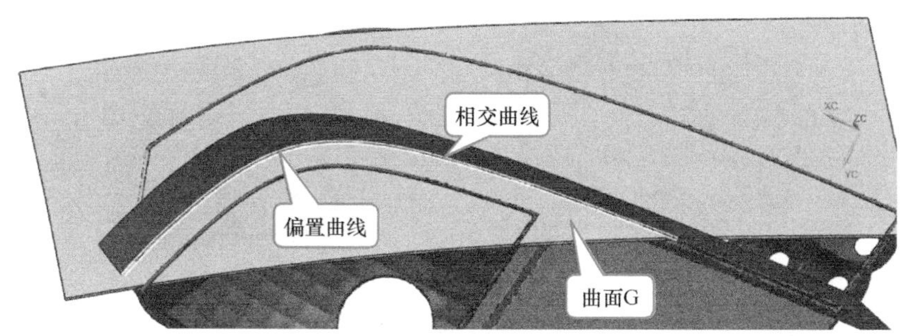

图 6-114　创建偏置曲线

8）使用【基本曲线】命令创建一段圆弧，接着使用【规律延伸】命令创建曲面 H，然后使用【面倒圆】命令在曲面 H 和曲面 E 之间创建半径为 0.5mm 的圆角，最后使用【修剪片体】命令，对曲面 E 和曲面 H 进行修剪，如图 6-115 所示。

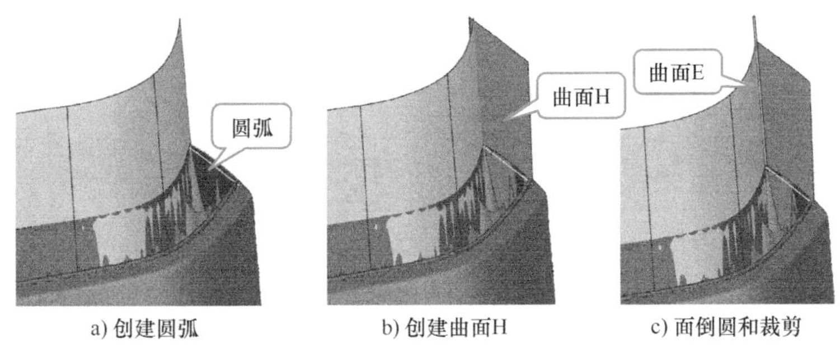

图 6-115　创建曲面 H

9）通过创建圆弧、投影圆弧、光顺投影曲线的方式创建三条曲线，然后使用【规律延伸】命令创建曲面 I、J 和 K。使用【面倒圆】命令创建曲面 L。通过【相交曲线】、【桥接曲线】和【规律延伸】命令，创建曲面 M，如图 6-116 所示。

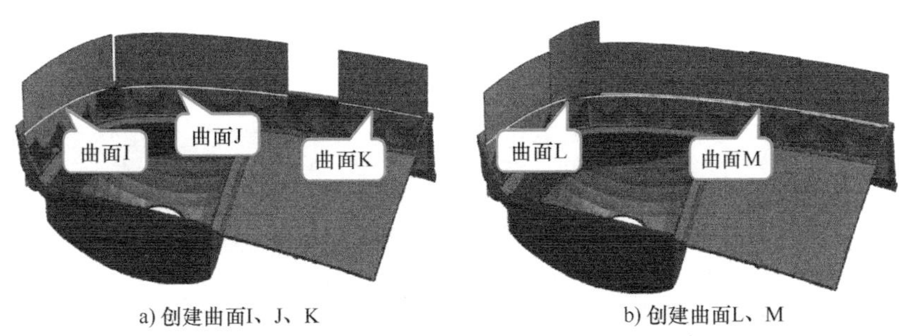

图 6-116　创建曲面 I、J、K、L、M

10）创建两条曲线，使用【规律延伸】命令创建曲面 N 和曲面 O，使用【面倒圆】命令创建曲面 P，如图 6-117 所示。

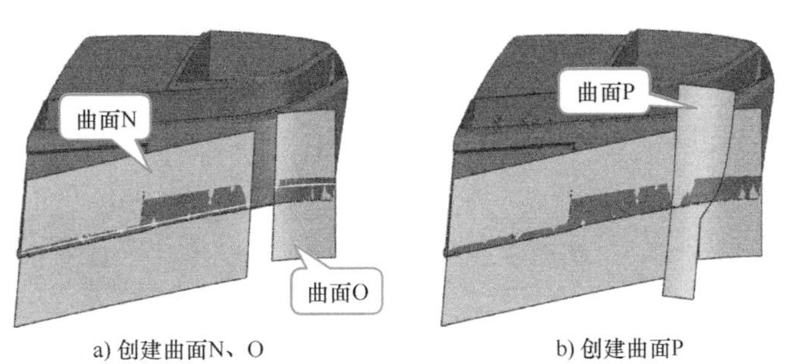

图 6-117　创建曲面 N、O、P

11）选择台阶上的两点创建一条直线，接着使用【规律延伸】命令创建曲面 Q。使用【偏置曲面】命令将曲面 Q 向下偏置 24mm。使用【修剪和延伸】命令，以曲面 Q 和偏置曲面为边界，对曲面 N、O、P 进行修剪，如图 6-118 所示。

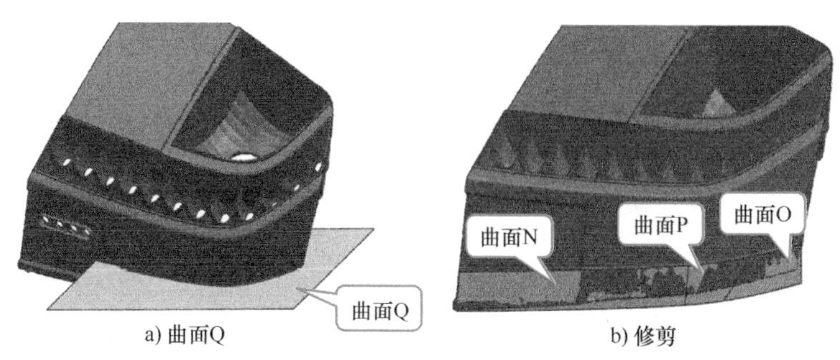

a) 曲面Q　　b) 修剪

图6-118　修剪曲面 N、O、P

12）使用【相交曲线】命令，创建曲面 C 和曲面 I、J 的交线。使用【在面上偏置曲线】命令，将交线分别偏置 9.3mm 和 8.8mm。使用【相交曲线】命令，创建曲面 Q 和曲面 N、O、P 的交线。使用【在面上偏置曲线】命令，将交线偏置 0.5mm。使用【通过曲线组】命令，以偏置曲线为截面，创建曲面 R 和 S。由于这两个曲面的过点情况不好，使用【等参数曲线】命令，从曲面 R 上抽取三条曲线，再次使用【通过曲线组】命令，以这三条曲线为截面，再次创建曲面 R，用同样的方法修改曲面 S，如图 6-119 所示。

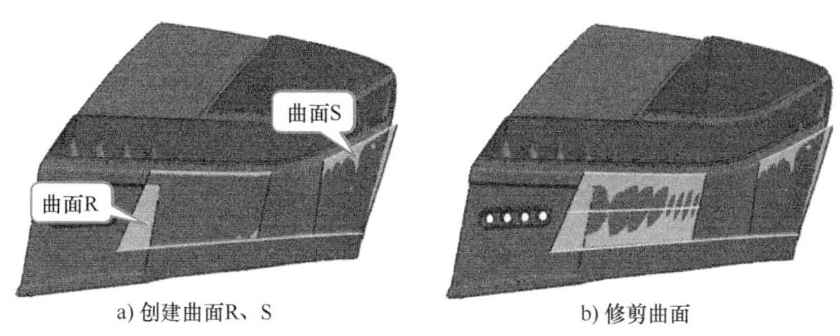

a) 创建曲面R、S　　b) 修剪曲面

图6-119　创建曲面 R 和 S 并进行修剪

13）使用【桥接曲线】命令，创建两条桥接曲线。使用【通过曲线网格】命令，创建如图 6-120a 所示的曲面 T。使用【规律延伸】命令创建曲面 U，如图 6-120b 所示。使用【通过曲线网格】命令创建曲面 V，如图 6-121a 所示。使用【修剪片体】和【修剪体】命令，对曲面进行修剪，如图 6-121b 所示。

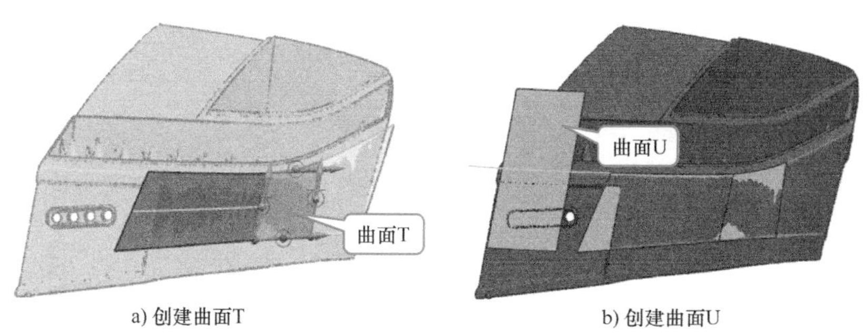

a) 创建曲面T　　b) 创建曲面U

图6-120　创建曲面 T 和曲面 U

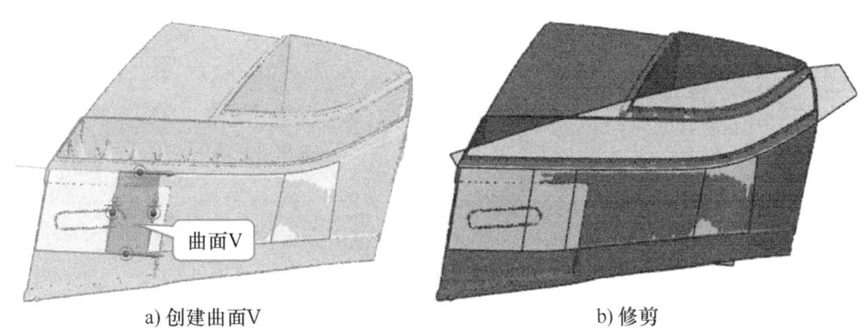

a) 创建曲面V　　b) 修剪

图 6-121　创建曲面 V 并修剪

14）使用【规律延伸】命令创建曲面 W，使用【通过曲线网格】命令创建曲面 X，如图 6-122 所示。使用【修剪片体】命令对部分曲面进行修剪。

a) 创建曲面W

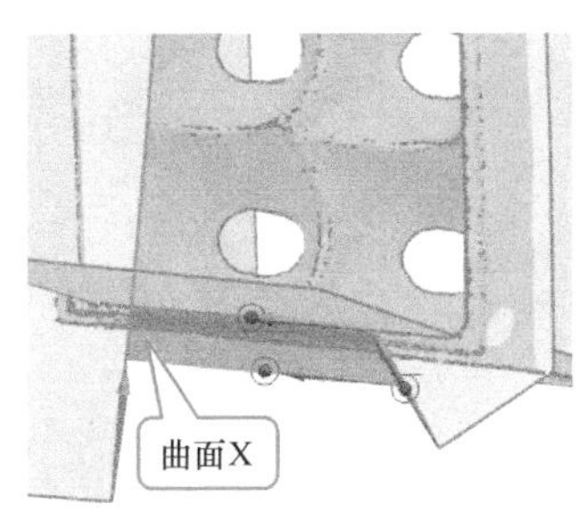

b) 创建曲面X

图 6-122　创建曲面 W 和 X

15）使用【桥接曲线】、【取消修剪】、【偏置面】、【延伸片体】和【修剪片体】等命令，得到如图 6-123a 所示的区域。使用【通过曲线网格】命令，创建如图 6-123b 所示的曲面 Y。

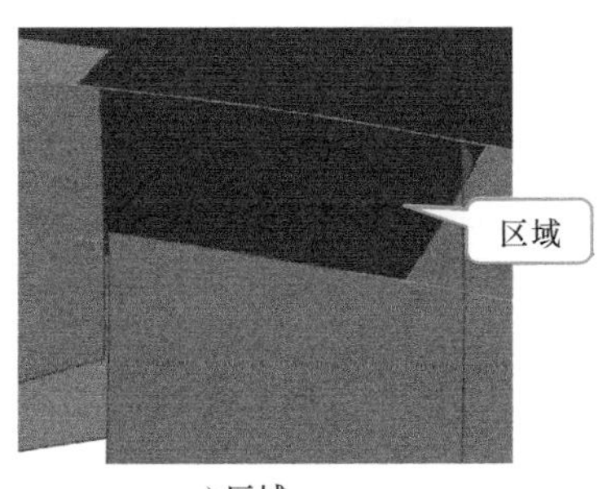

a) 区域

b) 创建曲面Y

图 6-123　创建曲面 Y

16）使用【在面上偏置曲线】命令，将曲面的边线偏置 2.9mm，得到如图 6-124a 所示的曲线，然后使用【规律延伸】命令创建曲面 Z。使用【修剪片体】命令对部分曲面进行修剪，结果如图 6-124b 所示。

17）创建光学面侧面部分的曲面，如图 6-125a 所示。使用【通过曲线网格】命令创建曲面 AA，如图 6-125b 所示。使用【修剪片体】命令对曲面进行修剪，结果如图 6-126 所示。

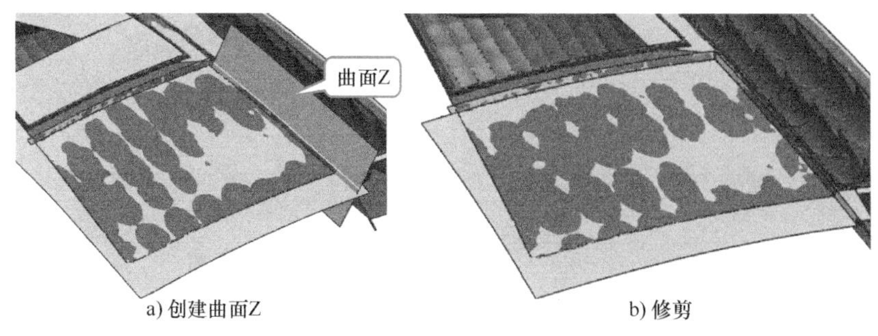

a) 创建曲面Z　　b) 修剪

图 6-124　创建曲面 Z 并修剪

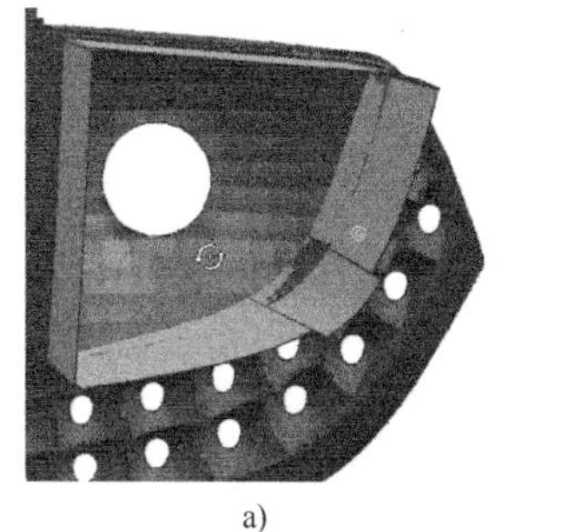

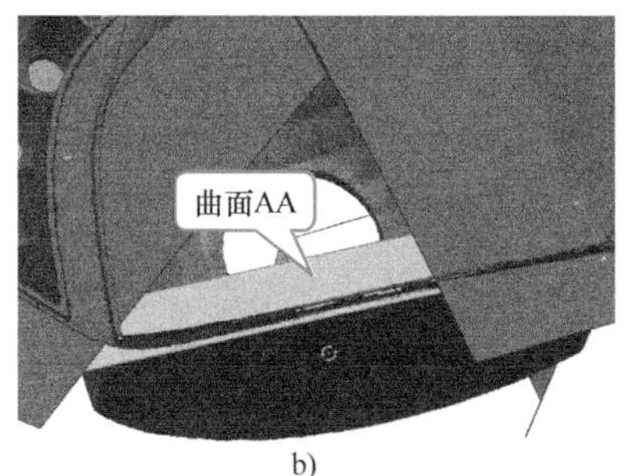

a)　　b)

图 6-125　创建曲面

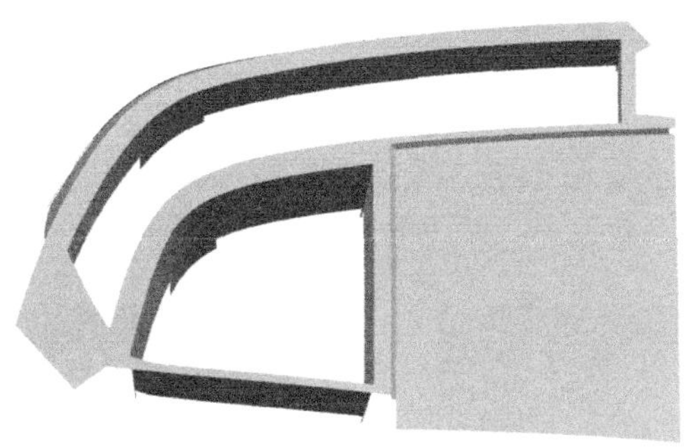

图 6-126　修剪后的曲面

18）创建曲面 AB、AC、AD 和 AE，如图 6-127a 所示。对这些曲面和曲面 Q，以及其他曲面进行修剪，结果如图 6-127b 所示。

19）使用【点】命令，【类型】设置为【点在面上】，在光学面的十字凹槽处取点，如图 6-128a 所示。使用【格式】|【组】|【新建组】命令，将这些点新建为一个组。使用【拟合曲面】命令，选择新建的组，其余参数保持不变，单击【确定】得到曲面 AF，如图 6-128b 所示。使用【延伸片体】命令，将曲面 AF 延伸。使用【修剪片体】和【修剪体】命令对曲面进行修剪，结果如图 6-128c 所示。

（3）制作 LED 灯处的曲面

1）在 LED 灯的安装平面处创建曲面 A，如图 6-129a 所示。

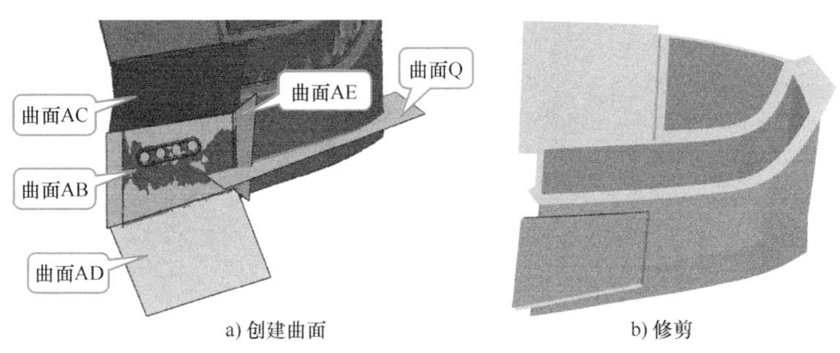

a) 创建曲面　　b) 修剪

图 6-127　创建曲面并修剪

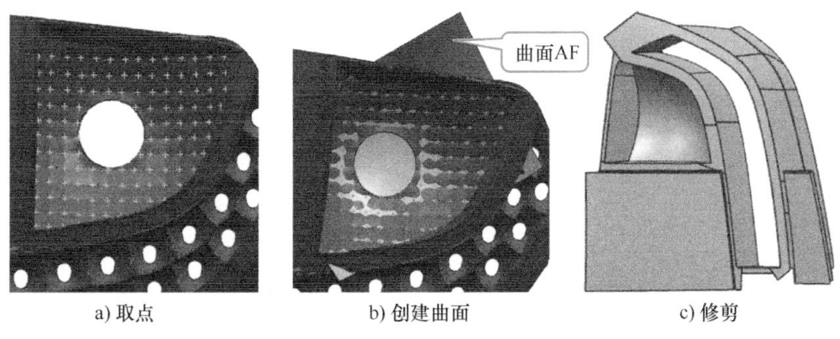

a) 取点　　b) 创建曲面　　c) 修剪

图 6-128　创建曲面并修剪

2）将工作坐标系放置在 LED 灯座的中心位置，使用【截面曲线】命令，创建如图 6-129b 所示的截面曲线。

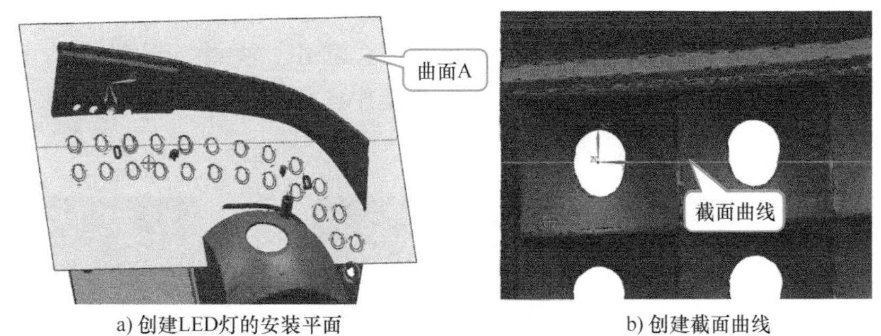

a) 创建LED灯的安装平面　　b) 创建截面曲线

图 6-129　创建 LED 灯的安装平面和创建截面曲线

3）将扫描数据隐藏，可以更清楚地看到截面曲线，如图 6-130a 所示。使用【分割曲线】命令打断截面曲线。使用【桥接曲线】命令，创建如图 6-130b 所示的桥接曲线。移动工作坐标系，使其原点位于桥接曲线的最高点处。旋转工作坐标系，使其 XC-YC 平面与截面曲线所在的平面保持一致。

4）使用【抛物线】命令创建如图 6-131 所示的抛物线。

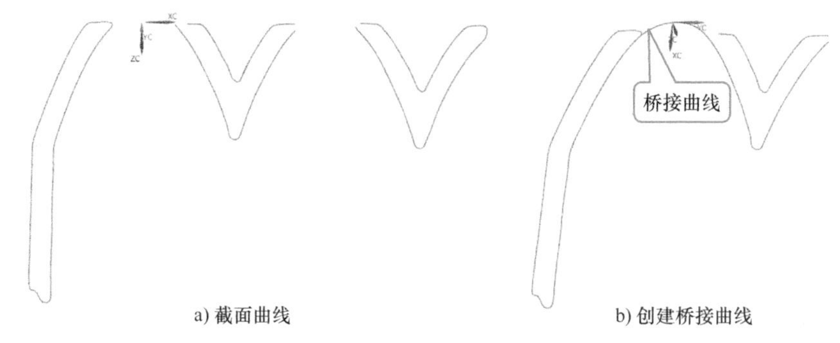

a) 截面曲线　　b) 创建桥接曲线

图 6-130　创建桥接曲线并调整工作坐标系

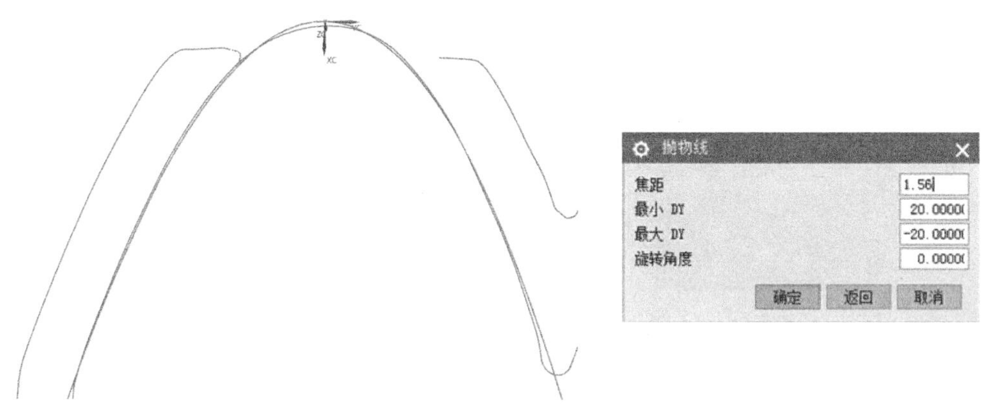

图 6-131　创建抛物线

5）使用【分割曲线】命令，将抛物线等分为两段。使用【旋转】命令，选择其中一段抛物线进行旋转，得到一个回转体，如图 6-132a 所示。使用【抽取几何特征】命令，抽取回转体的外表面得到抛物面，从图 6-132b 可以看出，抛物面的过点情况并不理想。使用【移动】命令，对抛物面进行旋转和平移操作，使其过点精度达到 0.15mm 以内，如图 6-132c 所示。

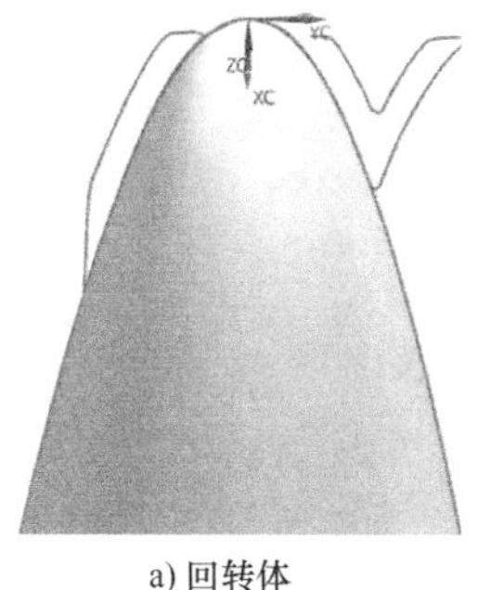

a) 回转体

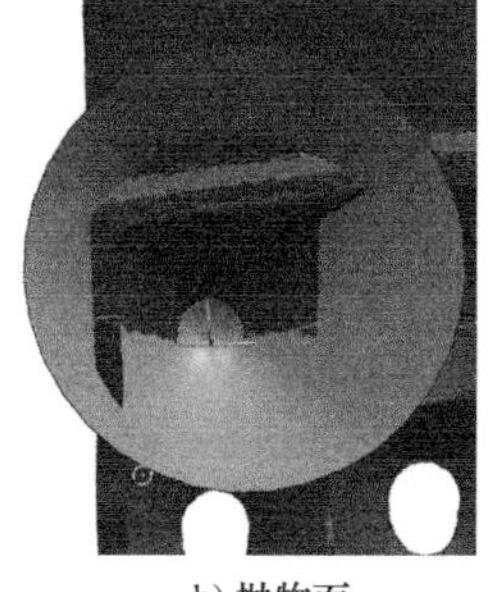

b) 抛物面

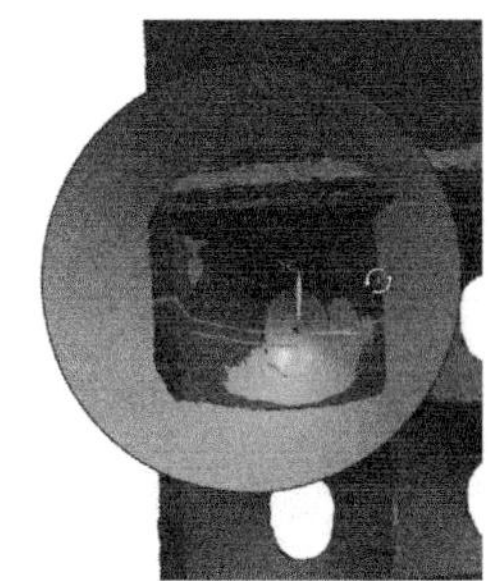

c) 移动

图 6-132　创建抛物面

6）使用【基本曲线】命令，在 LED 灯口处创建圆，如图 6-133a 所示。使用【移动对象】命令，使用【点到点】的方式，将抛物面从一个圆心处移动复制到另一个圆心处，结果如图6-133b所示。通过点到点复制的方式得到的抛物面并不能很好地拟合曲面，所以使用【移动对象】命令，对每一个抛物线的位置进行调整，改善其过点情况。

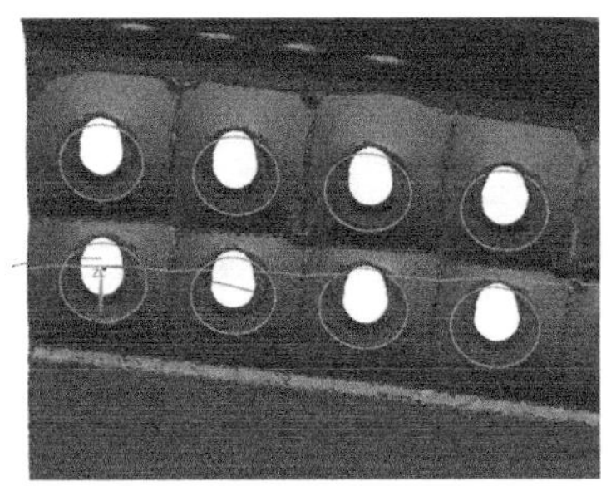
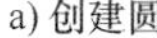

a) 创建圆

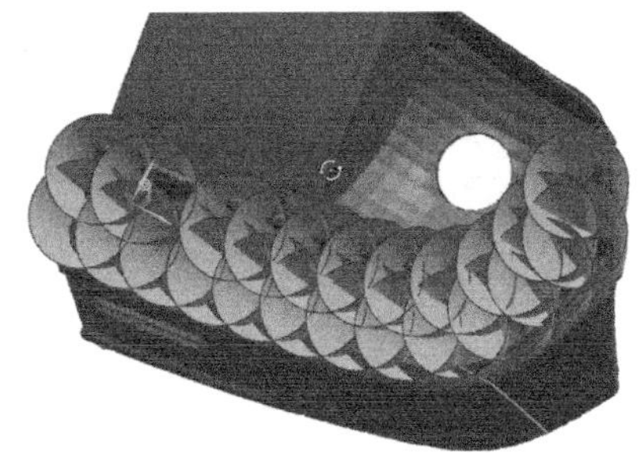

b) 移动

图6-133　复制抛物面

7）创建挡光面，如图6-134a所示。使用【修剪片体】、【取消修剪】等命令，对抛物面和挡光面进行修剪，结果如图6-134b所示。

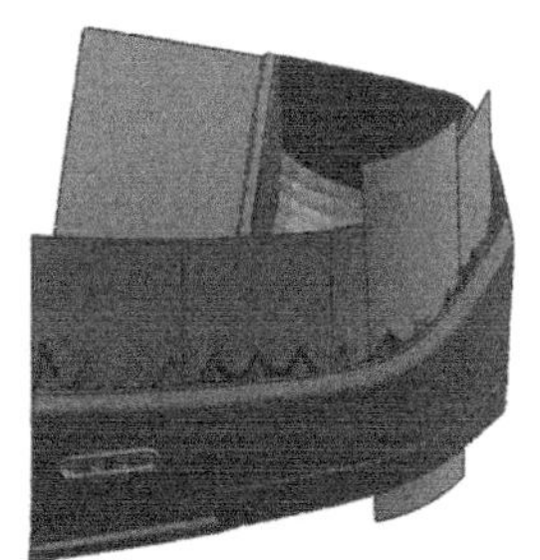

a) 创建挡光面

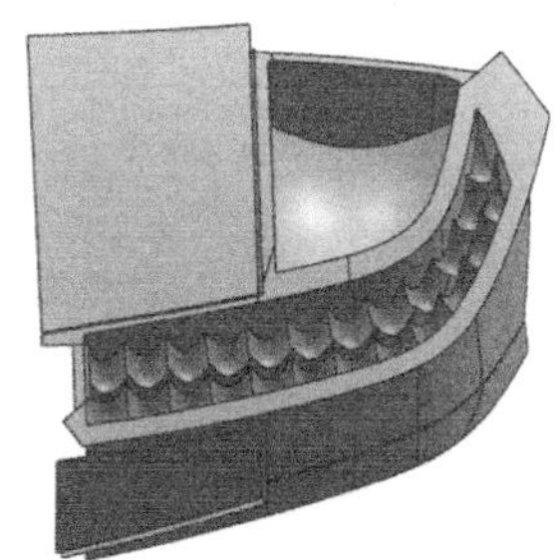

b) 修剪曲面

图6-134　创建挡光面并修剪曲面

（4）制作边界曲面并抽壳

1）使用【基本曲线】命令创建一条直线，使用【规律延伸】命令创建曲面A，如图6-135所示。

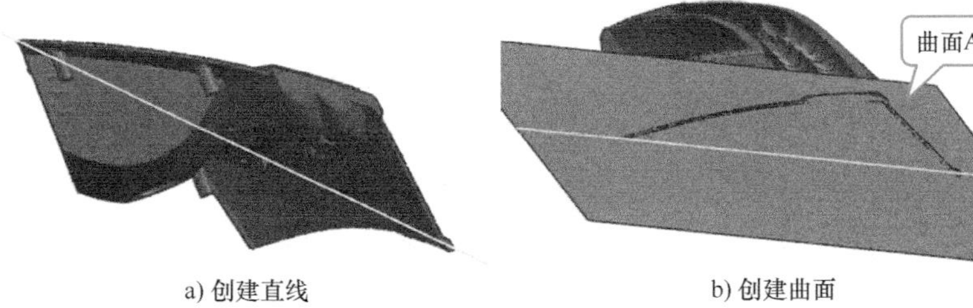

a) 创建直线　　b) 创建曲面

图6-135　创建曲面A

2）使用【取消修剪】命令得到曲面B，使用【偏置面】命令将曲面B向外偏置2.2mm，如图6-136a所示。使用【延伸片体】命令将曲面B延长，可以看到延伸后的曲面与扫描数据存在一定距离的偏差。使用【抽取曲线】命令抽取如图6-136b所示的边线1。

使用【移除参数】命令，移除边线 1 的参数。

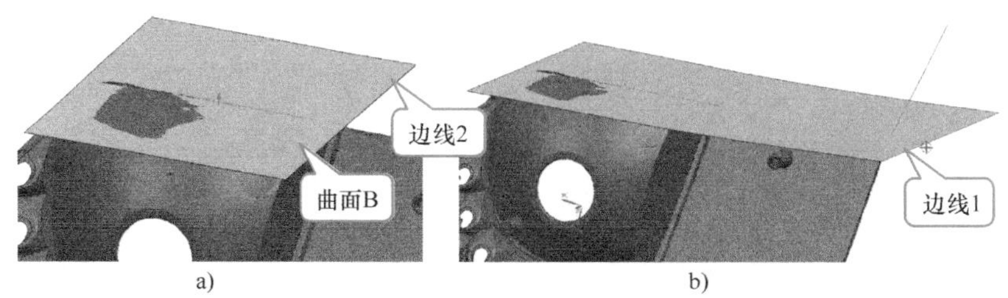

a)　　b)

图 6-136　创建曲面 B

3）撤销【延伸片体】命令，使用【通过曲线组】命令，以边线 1 和边线 2 为截面创建曲线 C，如图 6-137a 所示。使用【移动对象】命令，沿 YC 轴方向移动边线 1，使其与扫描数据贴合。从图 6-137a 可以看出，曲面 C 中间部分的过点情况并不理想。使用【等参数曲线】命令，抽取 C 的中间曲线。使用【移除参数】命令，移除所抽取的曲线的参数。删除曲面 C，使用【通过曲线组】命令，选择边线 1、边线 2 和中间曲线，再次创建曲面 C，如图 6-137b 所示。使用【移动对象】命令，移动中间曲线的位置，使其与扫描数据贴合。

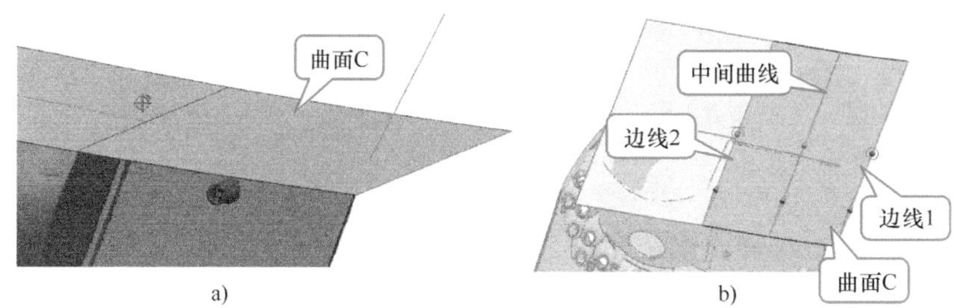

a)　　b)

图 6-137　创建曲面 C

4）使用【取消修剪】命令得到曲面 D，使用【偏置面】命令将曲面 D 向外偏置 2.2mm，使用【延伸片体】命令将曲面 D 延长，如图 6-138a 所示。

5）使用【基本曲线】命令创建一条直线，如图 6-138b 所示。使用【规律延伸】命令创建曲面 E，如图 6-138c 所示。

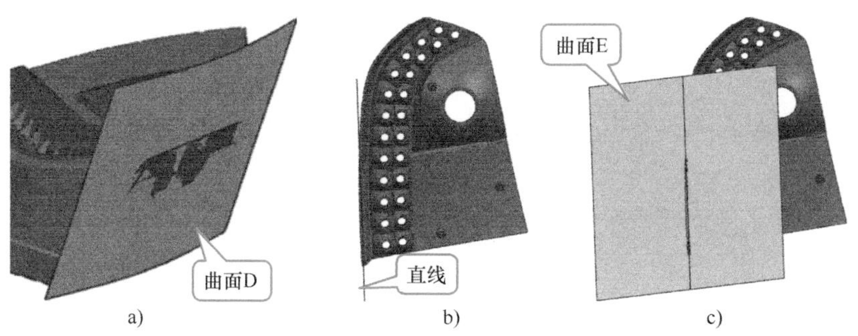

a)　　b)　　c)

图 6-138　创建曲面 D 和曲面 E

6）使用【延伸片体】命令将曲面进行延长，如图 6-139a 所示。使用【修剪片体】命令对这些曲面进行修剪，结果如图 6-139b、c 所示。

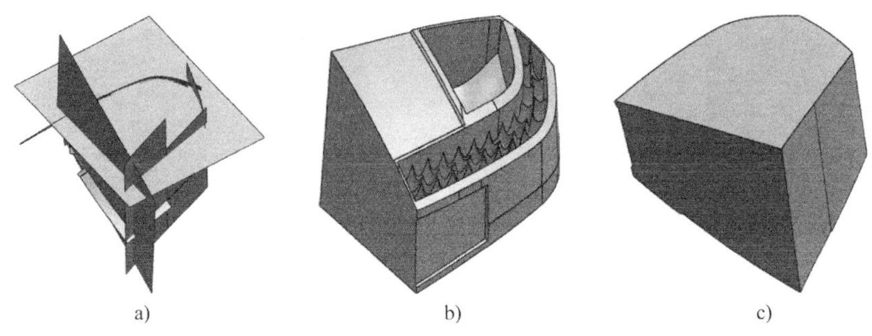

a)　　b)　　c)

图 6-139　延伸片体和修剪曲面

7）使用【缝合】命令，将【缝合】对话框中的公差设置为“0.02”，将这些曲面缝合得到一个实体。使用【抽壳】命令，对这个实体进行抽壳，结果如图 6-140 所示。

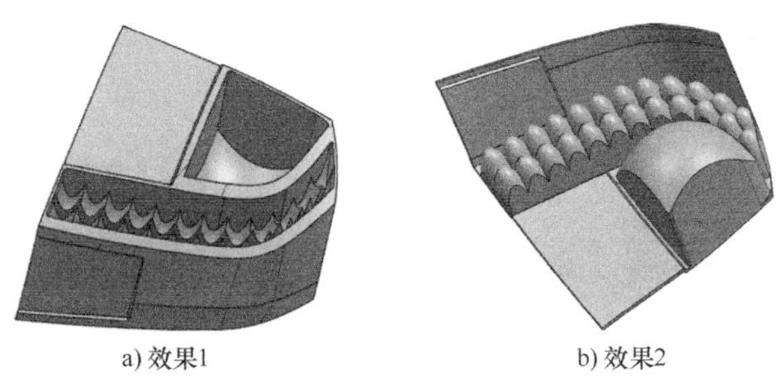

a) 效果1　　b) 效果2

图 6-140　抽壳

（5）制作细节特征

1）使用【曲线长度】命令，选择一条边线，得到曲线 A。使用【规律延伸】命令得到曲面 A，如图 6-141a 所示。使用【加厚】命令对曲面 A 进行加厚得到实体 A，如图 6-141b 所示。使用【替换面】和【偏置面】命令对实体 A 进行修剪。使用【求差】命令，从灯壳中减去修剪后的实体 A，结果如图 6-141c 所示。

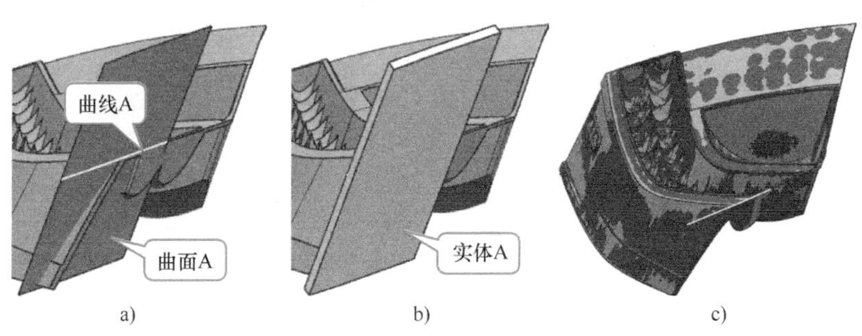

a)　　b)　　c)

图 6-141　制作侧面边界

2）使用【规律延伸】、【通过曲线组】、【面倒圆】、【修剪片体】和【缝合】命令，创建曲面组 B，如图 6-142a 所示。使用【修剪体】命令，以曲面组 B 为边界，对灯壳进行修剪，如图 6-142b 所示。

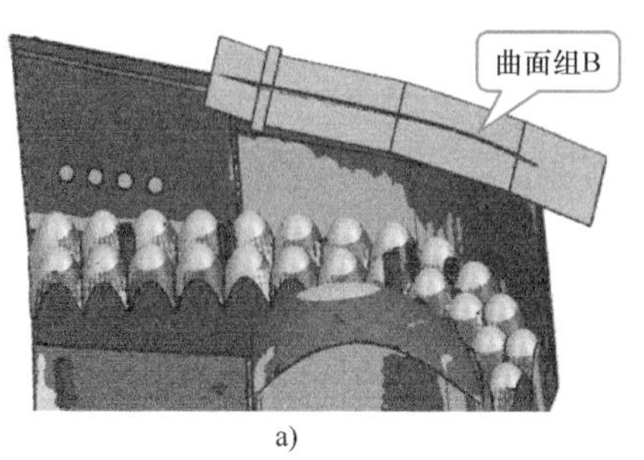

a)

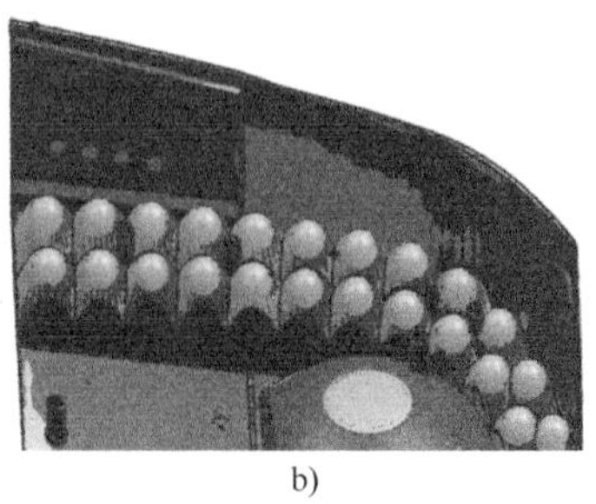
b)

图 6-142　制作侧面边界

3）创建一条直线，然后使用【规律延伸】命令创建曲面 C，如图 6-143a 所示。使用【取消修剪】命令得到曲面 D，使用【加厚】命令将曲面 D 加厚 1.6mm 得到实体 D。使用【替换面】、【修剪体】和【脱模】命令对实体 D 进行修剪，结果如图 6-143b 所示。使用【合并】命令将实体 D 和灯壳进行求和。使用【替换面】和【边倒圆】命令对灯壳进行细节修改，结果如图 6-143c 所示。

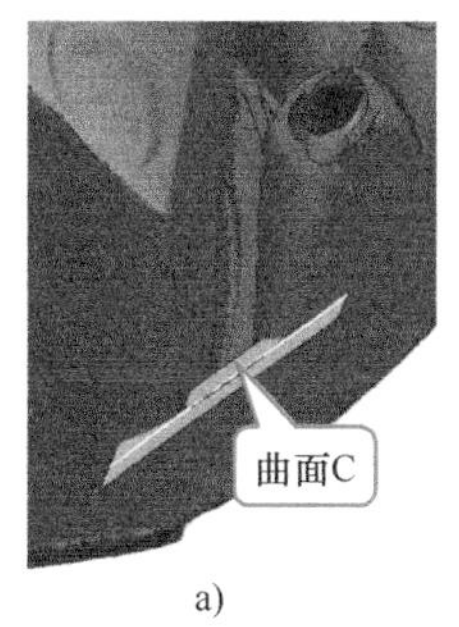

a)

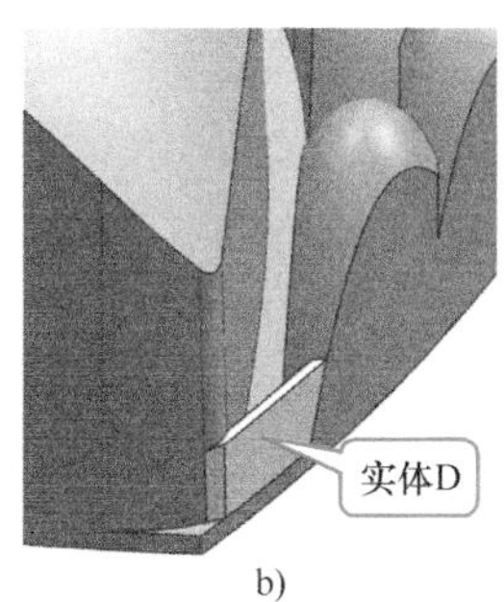

b)

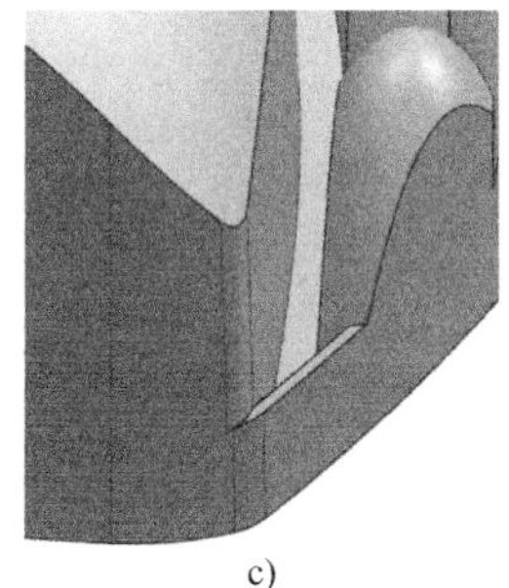
c)

图 6-143　制作侧壁

4）使用【拆分体】命令，以图 6-129a 所示的曲面 A 为边界，对灯壳进行拆分，将拆分出来的 LED 灯座部分的实体移动至“垃圾层”，结果如图 6-144 所示。

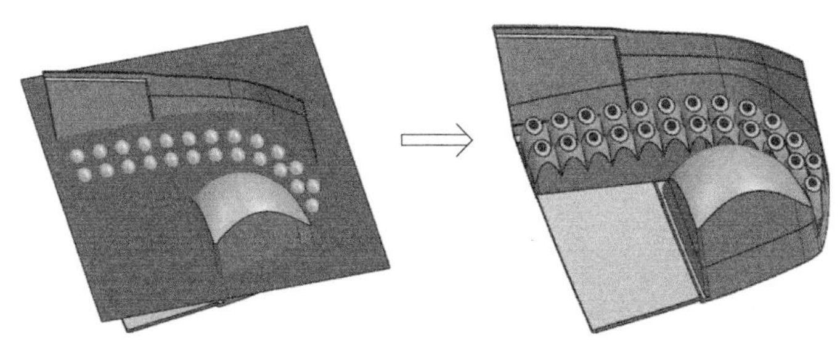

图 6-144　修剪 LED 灯泡口

5）创建两条直线，然后使用【规律延伸】命令，创建曲面 E 和曲面 F，如图 6-145a 所示。使用【加厚】命令，对曲面 E 进行加厚，得到实体 E。使用【替换面】、【脱模】、【抽壳】和【修剪体】命令，对实体 E 进行修改，如图 6-145b 所示。使用【抽取曲线】命令抽取实体 E 上表面的 4 条边线。使用【基本曲线】命令，对这 4 条曲线进行倒全角操作。使用【拉伸】命令，以倒全角后的曲线为截面进行拉伸，得到曲面 G，如图 6-145c 所示。

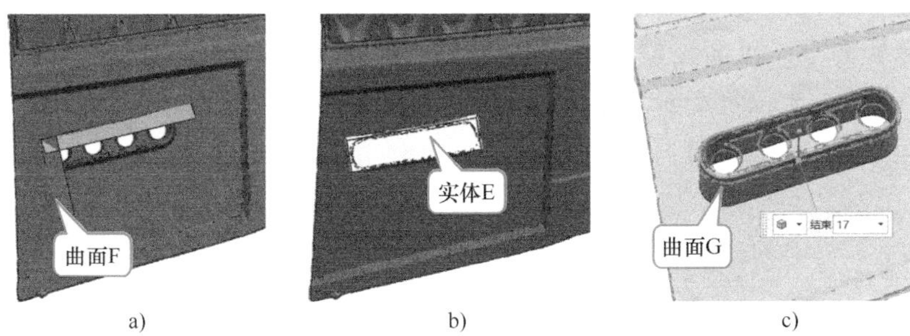

a)　b)　c)

图 6-145　制作侧壁特征

6）使用【加厚】命令对曲面 G 进行加厚得到实体 G，然后使用【替换面】、【脱模】、【修剪体】、【抽壳】等命令对实体 G 进行修改，结果如图 6-146a 所示。使用【拉伸】命令创建一个圆柱体，使用【移动对象】命令将其复制到另外三个位置，如图 6-146b 所示。使用【减去】命令，从灯壳中减去这 4 个圆柱体。使用【脱模】、【移动面】和【合并】命令，结果如图 6-146c 所示。

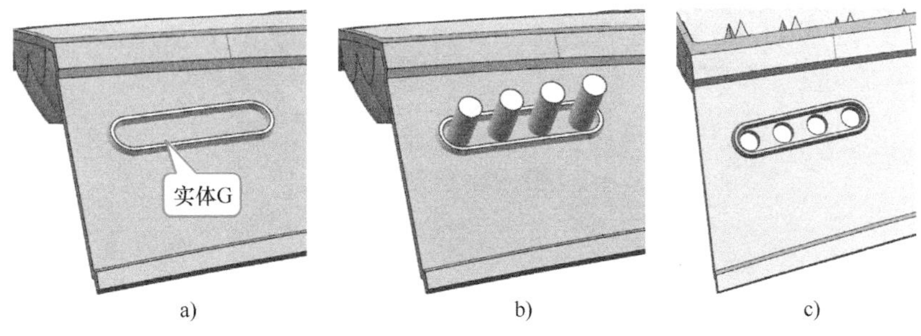

a)　b)　c)

图 6-146　制作侧壁特征

7）使用【取消修剪】命令得到曲面 H，如图 6-147a 所示。使用【偏置面】命令将曲面 H 向上移动 1mm，使用【相交曲线】命令求得曲面 H 和灯壳的相交线。使用【通过曲线组】命令，以相交线和下面的边线为截面，创建曲面 I，如图 6-147b 所示。使用【替换面】命令，将水平台阶面替换到曲面 I，结果如图 6-147c 所示。

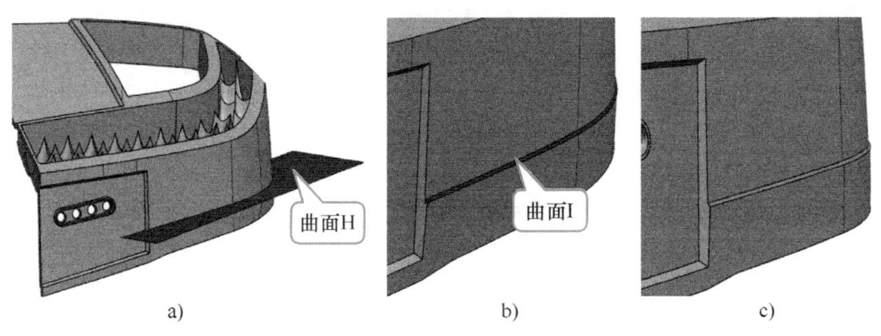

a)　b)　c)

图 6-147　制作台阶面

8）使用【拉伸】命令，以边线为截面，创建如图6-148a所示的曲面组J，使用【删除面】命令删除曲面组J中的小圆角曲面。使用【偏置面】命令将曲面组J向外偏置1.2mm。使用【拆分体】命令，以曲面组J为边界，对灯壳实体进行拆分。使用【偏置面】命令，将沿口部分的曲面向上偏置2mm，得到凸起特征。使用【脱模】和【边倒圆】命令对凸起部分进行细节完善，结果如图6-148b所示。

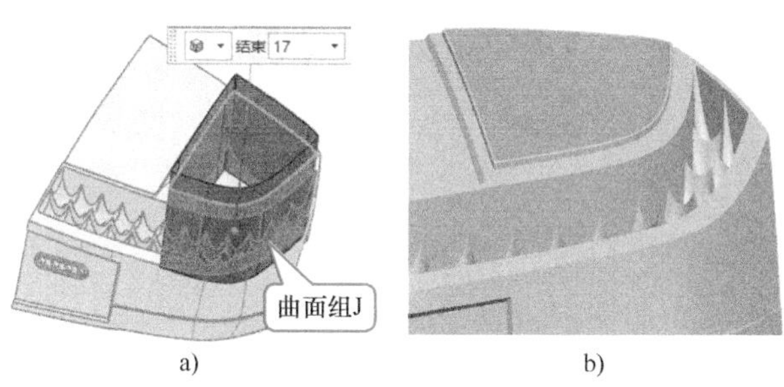

a)　　　　b)

图6-148　制作光学面沿口处的凸起特征

9）用同样的方法制作LED灯组沿口部分的凸起特征。使用【边倒圆】命令，对LED灯座处进行边倒圆操作，圆角半径为0.25mm，结果如图6-149所示。

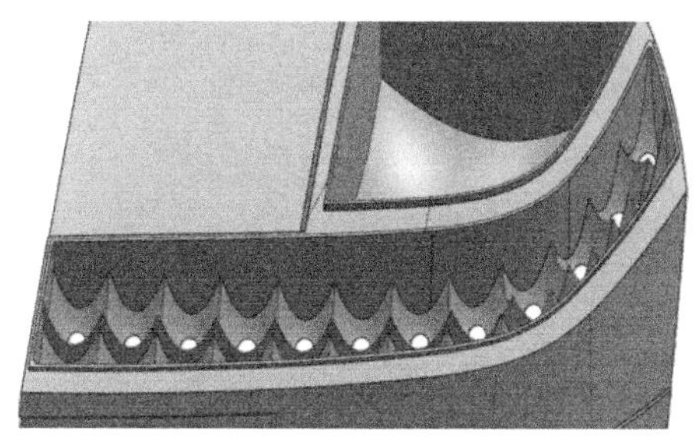

图6-149　制作LED灯组沿口处的凸起特征并倒圆角

10）使用【拉伸】命令创建一个圆柱体，使用【整体突变】命令创建曲面K。使用【修剪体】命令，以曲面K为边界，对灯壳进行修剪。使用【减去】命令，将圆柱体从灯壳中减去并进行【脱模】操作，如图6-150所示。

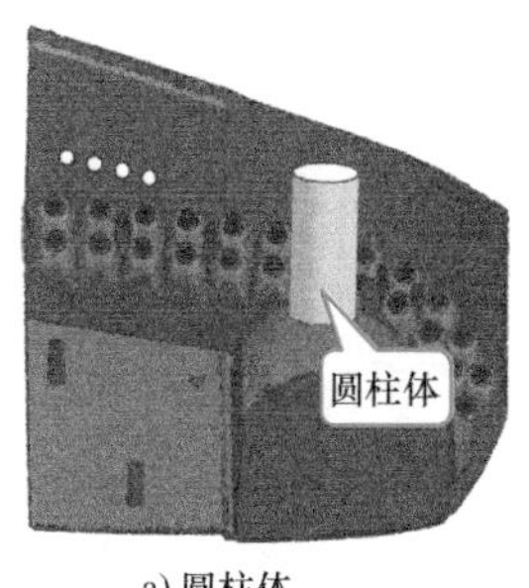

a) 圆柱体

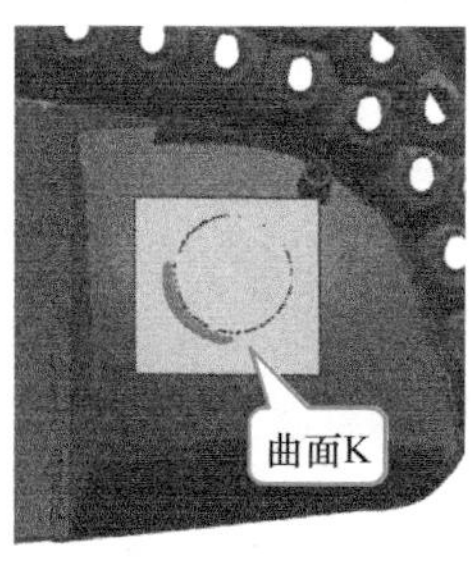

b) 曲面K

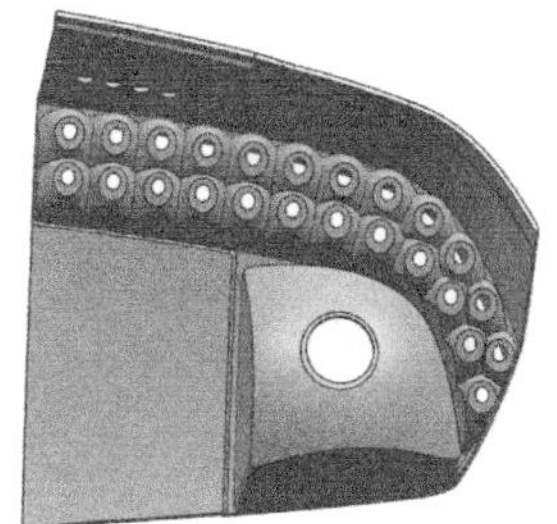

c) 修剪

图6-150　制作灯泡口

11）使用【拉伸】命令创建一个圆柱体并将其从立柱A中减去，如图6-151a所示。使用【倒斜角】命令创建大小为 1mm 的斜角，如图 6-151b 所示。使用【移动对象】命令，复制并移动立柱 A，得到立柱 B 和立柱 C，如图 6-151c 所示。

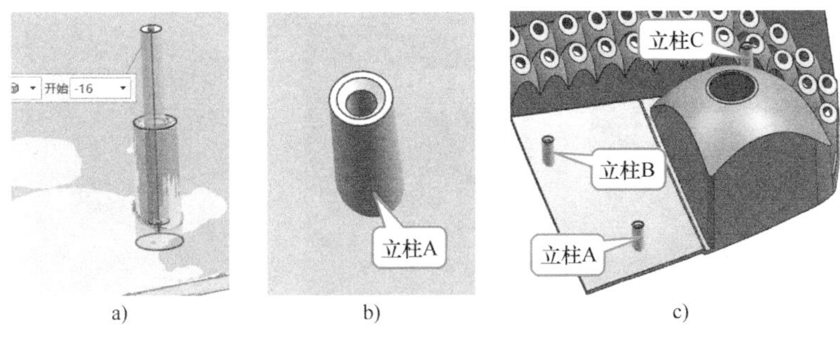

图 6-151　制作三个立柱

12）创建曲面 L、曲面 M 和曲面 N，如图 6-152 所示。使用【加厚】命令对曲面 L 加厚 1.2mm 得到实体 L。使用【替换面】命令，使用曲面 M 和曲面 N 对实体 L 进行替换，结果如图 6-152d 所示。

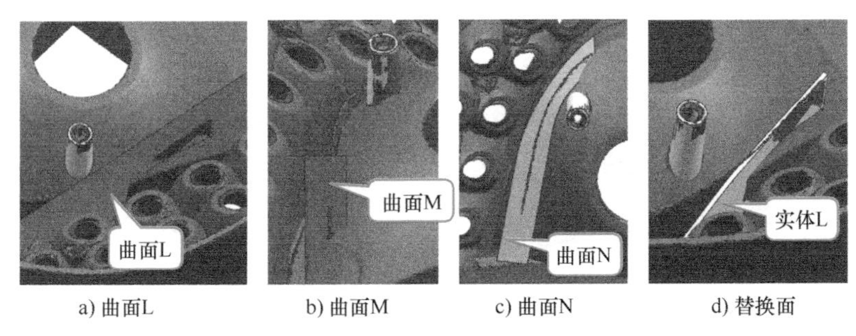

图 6-152　制作筋条特征

13）使用【取消修剪】命令得到两张曲面，对其进行修剪和缝合得到曲面组 O，如图 6-153a 所示。使用【加厚】命令对曲面组 O 进行加厚得到实体 O，如图 6-153b 所示。对实体 L 和实体 O 进行替换面操作，如图 6-153c 所示。将实体 O 和实体 L 与灯壳进行合并，并进行倒圆角、脱模等操作，结果如图 6-153d 所示。

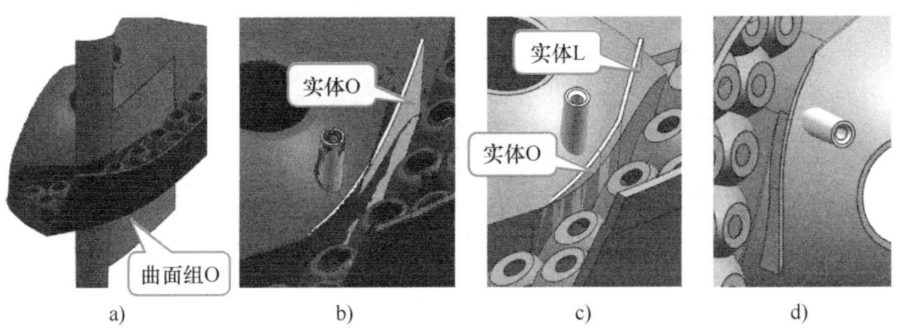

图 6-153　制作筋条特征

14）使用【在面上偏置曲线】命令，将边线向上偏置 6mm 得到曲线 P，如图 6-154a 所示。使用【规律延伸】命令，以曲线 P 为基本轮廓得到曲面 P，如图 6-154b 所示。使用【替换面】命令，将该处的台阶面替换到曲面 P 上，结果如图 6-154c 所示。

a)

b)

c)

图 6-154 制作斜面特征

15）使用【规律延伸】命令创建曲面 Q，对曲面 Q 进行加厚得到实体 Q，对其进行修剪得到如图 6-155b 所示的侧壁特征，将其与灯壳进行求和。

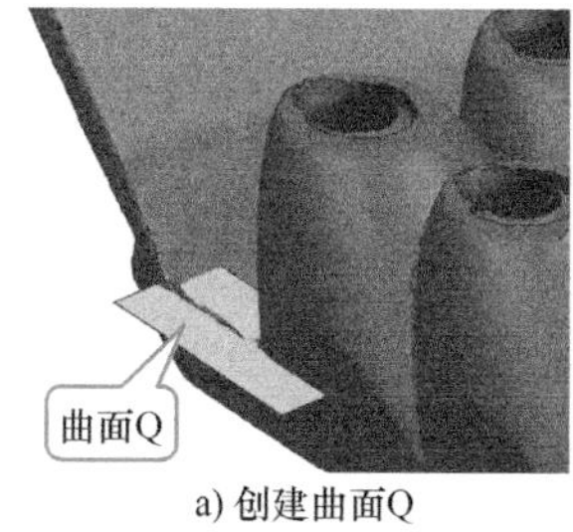

a) 创建曲面Q

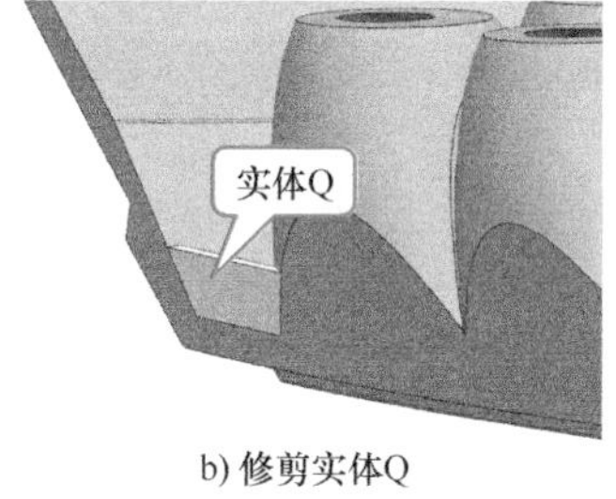

b) 修剪实体Q

图 6-155 制作侧壁特征

16）使用【基本曲线】命令创建如图 6-156a 所示的 4 条直线并对它们进行倒全角操作。使用【拉伸】命令得到实体 R，如图 6-156b 所示。对实体 R 进行修剪、替换、抽壳、偏置等操作，最终结果如图 6-156c 所示。用同样的方法制作另一处的腰圆形特征。

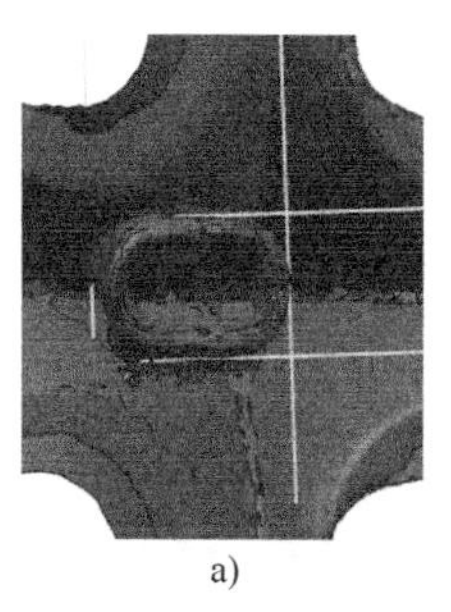
a)

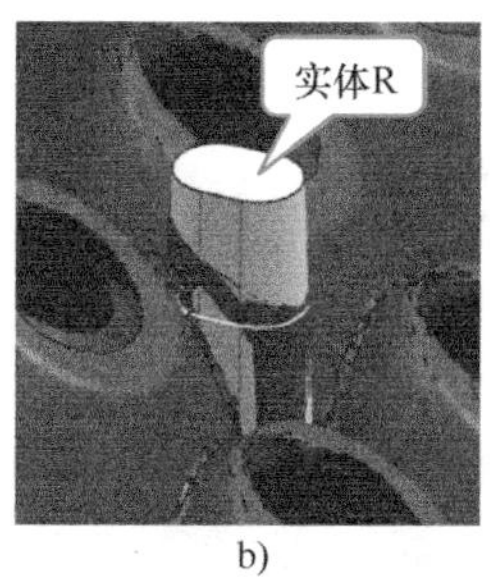

b)

c)

图 6-156 制作腰圆形特征

17）创建如图 6-157a 所示的三个曲面，并对曲面 S 加厚 1.2mm 得到实体 S，使用另外两个曲面对实体 S 进行替换面操作，结果如图 6-157b 所示。使用【移动对象】命令复制实体 S 并旋转 90°，得到实体 T，如图 6-157c 所示。对实体 T 进行修改，结果如图 6-157d 所示。用同样的方法制作另一处的十字形特征。

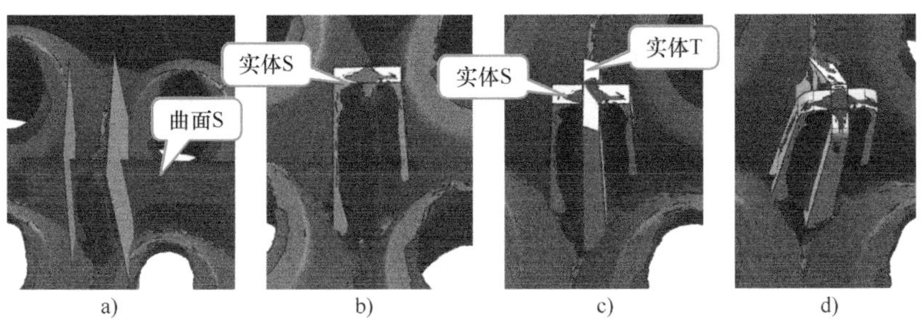

图 6-157 制作十字形特征

（6）完善细节特征

1）使用【偏置面】命令，将如图 6-158 所示的 4 个特征得到底面延长至超出反射镜主体。

2）使用【修剪体】命令，以反射镜主体为工具，对这 4 个特征进行修剪。

3）使用【合并】命令，对这 4 个特征和反射镜主体进行求和。

4）使用【边倒圆】命令，对如图 6-159 ~ 图 6-161 所示的边进行边倒圆操作，圆角半径都为 1mm。需要注意的是，在图 6-160 所示的三条边中，先对最短的边倒圆角，然后再对其他两条边倒圆角。

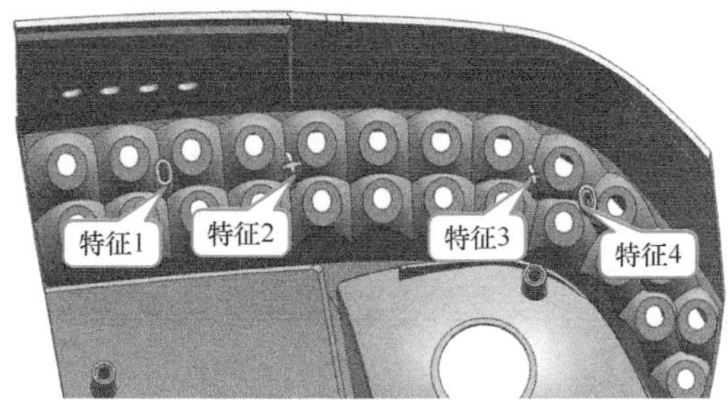

图 6-158 对四个特征进行偏置面、修剪体和合并操作

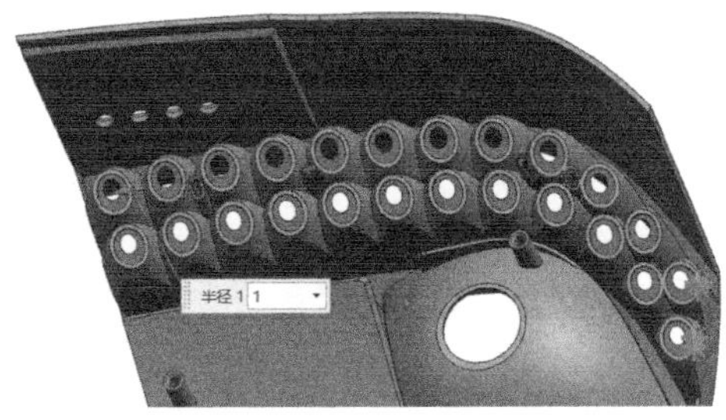

图 6-159 边倒圆 1

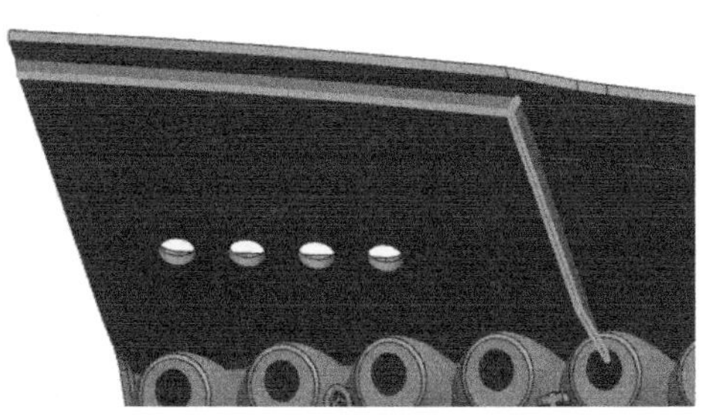

图 6-160 边倒圆 2

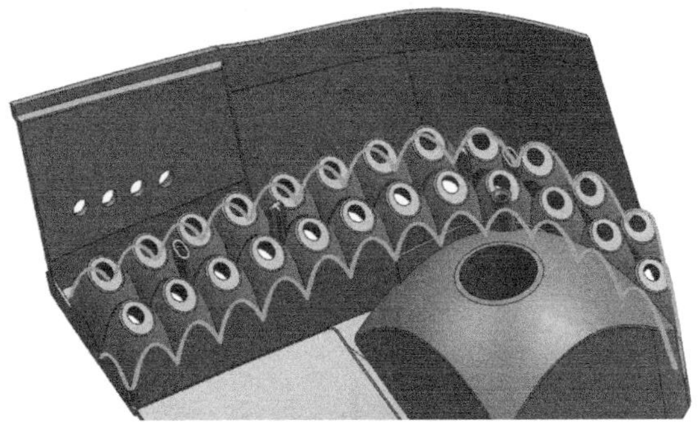

图 6-161 边倒圆 3

5）反射镜的最终设计模型如图 6-162 所示。

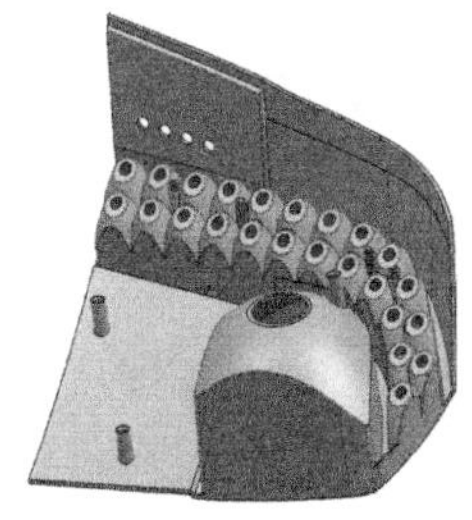

a) 模型效果1

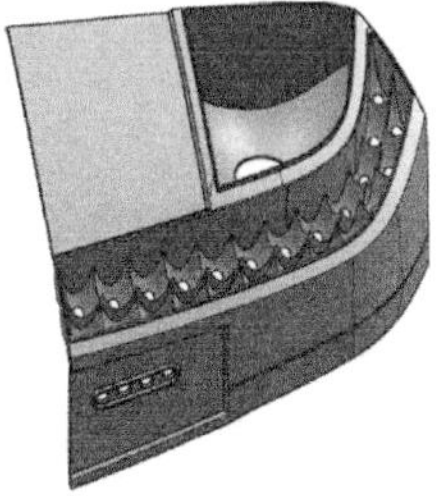

b) 模型效果2

图 6-162　反射镜逆向设计结果

参 考 文 献

[1] 潘常春，李加文，卢骏，等. 逆向工程项目实践［M］. 杭州：浙江大学出版社，2014.

[2] 杜志忠，陆军华，等. 逆向工程项目实训［M］. 杭州：浙江大学出版社，2014.

[3] 成思源，杨雪荣. Geomagic Studio 逆向建模技术及应用［M］. 北京：清华大学出版社，2016.

[4] 成思源，杨雪荣. Geomagic Design X 逆向设计技术［M］. 北京：清华大学出版社，2017.

[5] 陈雪芳，孙春华. 逆向工程与快速成型技术应用［M］. 北京：机械工业出版社，2015.

[6] 金涛，童水光，等. 逆向工程技术［M］. 北京：机械工业出版社，2003.

[7] 罗大兵，高明，王培俊. 逆向工程中数字化测量与点云数据处理［J］. 机械设计与制造，2005（9）：56-58.

[8] 黄国珍，卢章平. 面向逆向工程的点云数据精简方法［J］. 机械设计与研究，2005（3）：59-61.

[9] 李聪波，顾小进，李玲玲，等. 逆向工程辅助零部件再制造关键技术及应用［J］. 计算机集成制造系统，2015，21（1）：143-150.

[10] 张德海，李艳芹，谢贵重，等. 三维光学扫描技术逆向工程应用研究［J］. 应用光学，2015，36（4）：519-525.

[11] 袁晓东. 基于逆向工程与 3D 打印技术的产品创新设计研究［J］. 机械设计，2015，32（10）：105-108.

[12] 宫文峰，黄美发. 逆向工程技术的应用与研究［J］. 机械设计与制造，2013（1）：110-112.

[13] 鑫龙，孙文磊，张建杰，等. 基于点云数据的逆向工程技术研究综述［J］. 制造技术与机床，2018（2）：49-53.

[14] 周小东，成思源，杨雪荣，等. 基于逆向工程的参数化优化设计［J］. 组合机床与自动化加工技术，2016（3）：37-40.

[15] 周小东，成思源，杨雪荣. 面向创新设计的逆向工程技术研究［J］. 机床与液压，2015，43（19）：25-28.

[16] 杨雪荣，何佳乐，成思源，等. 基于逆向工程技术的产品创新设计实验教学［J］. 实验技术与管理，2013，30（10）：152-154，174.

[17] 吴兰岸，刘延申. 基于逆向工程的工程课程开放式教学［J］. 高等工程教育研究，2016（6）：185-189.